U0274688

本书为福建省社会科学基金项目“绿色经济背景下企业碳排放信息披露研究”（项目批准号：FJ2021B149）资助成果

绿色经济背景下企业碳排放信息披露研究

Research on Enterprise Carbon Disclosure Under the Background of Green Economy

高明华 著

厦门大学出版社 XIAMEN UNIVERSITY PRESS
国家一级出版社
全国百佳图书出版单位

图书在版编目(CIP)数据

绿色经济背景下企业碳排放信息披露研究 / 高明华著. -- 厦门 ：厦门大学出版社，2022.9
(经济新视野)
ISBN 978-7-5615-8720-1

Ⅰ. ①绿… Ⅱ. ①高… Ⅲ. ①企业－二氧化碳－排放－信息管理－研究－中国 Ⅳ. ①X511.06②F279.23

中国版本图书馆CIP数据核字(2022)第160857号

出 版 人 郑文礼
责任编辑 许红兵
美术编辑 李嘉彬
技术编辑 许克华

出版发行 厦门大学出版社
社　　址 厦门市软件园二期望海路39号
邮政编码 361008
总　　机 0592-2181111　0592-2181406(传真)
营销中心 0592-2184458　0592-2181365
网　　址 http://www.xmupress.com
邮　　箱 xmup@xmupress.com
印　　刷 厦门集大印刷有限公司

开本 720 mm×1 020 mm　1/16
印张 23.75
插页 2
字数 442 千字
版次 2022 年 9 月第 1 版
印次 2022 年 9 月第 1 次印刷
定价 88.00 元

本书如有印装质量问题请直接寄承印厂调换

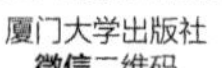
厦门大学出版社
微信二维码

厦门大学出版社
微博二维码

序 言

本书是福建省社会科学基金项目“绿色经济背景下企业碳排放信息披露研究”(项目批准号:FJ2021B149)的资助成果。

科学技术的快速发展创造了方便的交通和发达的网络,经济全球化已成为不可逆转的趋势,全人类共同依赖的生态环境也成为影响国际政治经济的重要因素。在经济高速发展的同时,空气污染、自然资源枯竭、全球变暖、水危机、土壤退化和植被破坏等问题直接阻碍了人类生活水平的提高。因此,以环境污染和资源过度消耗为代价的传统发展模式受到质疑,人们在理解和处理人与自然的矛盾时逐渐倾向于采用“绿色”思维,并开始探究以绿色技术为支柱的绿色经济发展道路。近年来,绿色经济逐渐走进了人们的视野,联合国环境规划署等多家国际组织多次发布有关绿色经济的公告,呼吁在全世界范围进行绿色转型。

作为世界温室气体排放大国,我国的碳排放交易市场拥有巨大的体量和不容忽视的影响力。目前我国正在积极探索和建设适配我国绿色发展战略的碳排放权交易体系。2015 年习近平主席在巴黎气候变化大会上发表题为“携手构建合作共赢、公平合理的气候变化治理机制”的重要讲话,代表中国政府郑重承诺在 2030 年左右使二氧化碳排放达到峰值并争取尽早实现,2030 年单位国内生产总值二氧化碳排放比 2005 年下降 60%～65%。不仅如此,习近平总书记在党的十九大报告中首次提出,中国要“引领气候变化国际合作,成为全球生态文明建设的重要参与者、贡献者、引领者”。这是中国政府建设人类命运共同体战略的重要举措。我国在全球范围内倡导绿色“一带一路”,通过绿色资金和技术推动沿线国家经济可持续发展。随着 ESG 理念的发展,环境、企业社会责任与公司治理三者的关系日渐密不可分,保护环境成为企业履行社会责任的一个重要体现。

2016年，发改委发布《关于切实做好全国碳排放权交易市场启动重点工作的通知》，进一步明确了我国建设碳排放权市场的要求，强调碳排放权交易市场应当遵循客观价值规律，以市场机制为主导，依据客观供求关系调节市场运行，上至国家层面，下至各个企业，应全面协调，共同建设碳排放权交易市场，为全国碳排放权交易体系的启动提供保障。在积累了部分省市运行的经验后，2021年，我国的碳排放权交易系统正式投入使用。作为碳交易市场的实施机构，生态环境部也颁发施行《碳排放权交易管理办法(试行)》，对碳排放权市场交易提出了制度层面的指导和约束。

除此之外，我国还先后颁布了《CDM项目运行管理办法》《关于开展碳排放权交易试点工作的通知》《温室气体自愿减排交易管理暂行办法》《全国碳排放权交易市场建设方案(发电行业)》《中国钢铁生产企业温室气体排放核算方法与报告指南(试行)》等文件。政府鼓励企业尤其是重污染企业自愿开展碳排放权交易，积极实施节能减排。在此背景下，企业如何披露碳排放信息成为一个非常棘手且必须解决的问题。

做好碳排放信息披露，除了能满足政策要求之外，还对企业具有重要的现实意义。信息披露作为外界了解企业的一种有效方式，能够提高外界对企业的信任度。碳排放信息披露可以成为企业向社会传达其蓬勃发展和值得信赖的信号的一种有效手段。投资者会因为这些信息增加对该企业的兴趣，从而引导市场对企业的碳排放信息披露做出反应，促进企业市场价值的上涨。同时，资本资源的稀缺性容易导致企业互相争夺资本市场，而碳排放信息披露能够展示企业在节能减排大背景下的价值管理能力，有助于企业向投资者证明其内在价值和竞争优势，增加企业筹集资本的渠道，加快其筹集资本的速度。

我国的传统文化也蕴含着有关生态的智慧。儒家文化所崇尚的自然观为“天人合一”，即大自然与人类不是相互对立的两方面，而是息息相关、不可分割的。这种观念体现出古人对大自然的敬重与畏惧，同时也是我国顺应自然、保护环境的思想渊源之一。我国政府坚定不移地实行“节约资源，保护环境”的基本国策，企业投资者与其他利益相关者也会更加重视企业对生态文明建设的社会责任，更加关注企业碳排放情况、碳排放信息的披露与监管情况。

本书共分为十七章。第一章对绿色经济进行总体概述，阐述了绿色经济的概念及意义，具体分析绿色经济与传统经济的重大区别，并对绿色经济的六大产业类型进行介绍。第二章对绿色经济理论与实践情况进行总结分析。第三章介绍国外绿色经济的发展情况,并总结国外经验对中国发展绿色经济的启示。第四章归纳我国企业履行社会责任的现状,厘清了国内外企业社会责任概念的内涵和发展,探讨企业社会责任与绿色发展的关系,在此基础上分析当前我国企业社会责任实践中存在的问题,并提出相应的对策和建议。第五章探讨国内外碳排放权交易的概况、碳排放权交易的具体做法,并从碳排放权交易实践中总结出经验启示。第六章对碳排放信息披露的概念进行界定,探讨碳排放信息披露的经济后果以及对企业的实践意义,并对其相关理论基础进行概述。第七章从碳交易、碳排放信息披露方式、碳排放信息披露内容、碳排放信息披露评价指标、碳排放信息披露对企业业绩的影响五大方面梳理了相关的研究成果。第八章系统性梳理了国内外关于碳排放的相关政策与制度。第九章以美国、英国、欧盟以及亚太地区部分发达国家作为代表,介绍发达国家碳排放交易管理及信息披露的先进经验。第十章从宏观因素、企业外部微观因素和企业内部因素三个角度,全面系统地探讨影响企业碳排放信息披露的具体因素。第十一章首先分析我国企业碳排放信息披露的现状,挖掘其存在的问题,并从理论层面、政策层面、企业层面和社会层面四大层面探讨问题的原因。第十二章对企业碳排放信息披露框架进行构建,构建了碳排放信息披露内容、碳排放权交易会计、碳排放信息披露载体、碳排放信息披露形式、碳排放信息披露的审计鉴证五个模块的框架体系,并对其中的重点展开分析。第十三章对绿色审计与碳审计进行分析,探讨了绿色审计与碳审计的概念、绿色审计与碳审计的国内外发展现状、绿色审计与碳审计的实施框架,并对部分碳审计报告内容进行对比分析。第十四章至第十七章则是具体案例分析,分别探讨中国神华、中国石油、联想集团和安赛乐米塔尔集团四个企业碳排放信息披露典型案例,从中归纳总结出案例公司的先进做法及经验启示,以期为其他企业提供借鉴。

在世界对环境问题越发重视的今天,生态问题对经济的影响也越发重要。过去高耗能、高碳排放的旧习也逐渐被低碳环保的生活方式所取代,人们都将低碳生活理念当作一种普遍认同的社会价值观。企业的碳排放不仅对自身的经营活动以及财务状况产生直接影响,还会决定企业的可持续发展前景。企业的利益相关者也会基于不同立场,对企业所需要履行的相关社会责任以及参与碳排放权交易的积极程度给予不同的关注与压力，这会对企业的碳排放信息披露产生不同程度的要求。随着社会经济的发展，我们面临的环境问题日趋复杂化，以牺牲经济增长为代价进行环境保护的做法难以持续。为了实现经济增长和环境保护的双赢，我国越来越重视绿色经济的发展，越来越多的经济发展政策融入了生态文明建设的内容。在绿色经济发展的大背景下，加强企业节能减排的管理，完善碳信息披露的内容框架，任重而道远。

著　者

2022 年 5 月

目　录

第一章　绿色经济概述

一、绿色经济的概念

工业革命以来，人类生产力水平突飞猛进，物质文明水平超过历史上的任何时期。特别是新能源技术的改进和材料工程领域的进展最大限度地促进了人类经济的转型。然而，当人们痴迷于改造和征服自然时，自然环境也发生了巨大的变化。空气污染、自然资源枯竭、全球变暖、水危机、土壤退化和植被破坏直接阻碍了人类生活水平的提高。在环保理念的宣传影响下，以环境污染和资源过度消耗为代价的发展模式受到质疑，迫使世界反思传统产业的高排放模式，在理解和处理人与自然的矛盾时倾向于用"绿色"思维，并开始探究以绿色技术为支柱的切实可行的绿色经济发展道路。

自2010年以来，绿色经济逐渐走进了专家学者的视野。联合国环境规划署等多家国际组织多次发布关于绿色经济的公告，呼吁进行世界范围的绿色转型。与此同时，绿色经济也成为2012年在墨西哥洛斯卡沃斯举行的二十国集团(G20)峰会和在里约热内卢举行的联合国可持续发展大会的热门话题之一。

"绿色经济"这一概念的出现，最早可追溯到1989年，这一年英国环境经济学家大卫·皮尔斯与他的同事为英国政府撰写了一份《绿色经济蓝皮书》。在该报告中，他们主张从社会与生态的角度出发，建立一种可承受的经济。与黑色经济相比，绿色经济将资源损耗与环境破坏程度纳入考虑之中。但是，皮尔斯在报告中并未对绿色经济进行定义。随着2008年金融危机爆发和日益严重的生态破坏情况，人们更加关注绿色经济，绿色经济的理论与实践研究也成为社会经济发展的重要问题。

关于绿色经济的内涵，从字面解析来说，"绿色"代表着环保，而"经济"代表着人类的营利性活动,绿色经济是在保护环境的前提下,进行相应的人类营利性活动。它既是知识经济,又是绿色财富经济,是物质与非物质文明的统一结合。所以,本书将从两个角度对绿色经济进行解释。

第一,发展经济时,要注重环境保护。在进行经济活动时,不可一味地盲目发展,给环境带来不可逆转的伤害,而需要注重经济活动的污染程度和环境的承受程度。传统的化工、钢铁等产业产生且排放大量温室气体与污水,是一种粗放型的模式,严重污染环境。但是运用清洁技术后,污水可以循环利用,温室气体也大量减排,此时,传统行业转型成功,变为环境友好型经济。因此,绿色经济是可以为了环保适当放弃部分经济利益的经济。值得说明的是,绿色经济并不局限于某种产业,而是对社会经济体制的整体要求,即从黑色经济转变到绿色经济上来。绿色经济是从非环保到环保的转型,并衍生出绿色生产、绿色流通、绿色分配、绿色消费,在从生产至消费的全环节,最大限度地保护环境,把污染控制在自然可自我调节的范围内。

第二,在环境保护过程中,取得经济效益。绿色经济的核心,乃以人为本,服务于人类的发展与需求,在为后代保持绿色环境的同时,积累经济福利,逐步推进人类经济文明发展。如今,如丰田、沃尔玛等企业,在面对绿色浪潮的压力时,能从中发现新的经济增长点,获取潜在效益。这样既保持环境的可持续发展,又创造新的利润,一定程度上改变了"环保只赔钱不赚钱"的刻板印象。同时运用现代科技,研发出高质量、低成本的绿色产品,让每一个人消费得起绿色产品,并投身于绿色经济中。这样,让绿色产品占有市场,既可满足市场的需要,促进经济的发展,又可实现人与自然的动态平衡。

综上所述,绿色经济可定义为"同时兼顾环境和经济效益的人类活动"。

二、绿色经济的重要意义

(一)促进经济与环境协调发展

绿色经济作为一种"新经济",是以环境保护与生态平衡作为经济发展的基础,保护资源的可持续性。它不是极端的生态保护主义——为治理环境不惜以经济倒退为代价。绿色经济更强调经济与环境的协调发展,它不仅重视目前的自然资源，更关注自然资源与环境的动态循环与利用，在此基础上，促进经济健康发展。

传统的工业经济在短时间内促进了全球经济发展，极大程度上提升了人们的物质生活水平。在这明显的优势下，其劣势也十分显著，即生态平衡遭到严重影响。世界自然基金会的一个研究表明，地球生态的自我调节能力自20世纪90年代起已经不能维护生态平衡。步入21世纪后，人们的生态足迹已经远远超过生态供给能力，因而引发的全球变暖、极端气候、生物多样性流失等问题，已经严重影响了人类目前乃至后代子孙的生存环境。过度破坏生态，揠苗助长经济增速，是一种病态的模式，过度透支未来的资源，人类只会作茧自缚。

因此，绿色经济是一条全新的道路，让经济与环境协调发展。区别于传统经济，绿色经济包含了可持续发展的概念，在以效率为导向的经济模式下，把空气、矿产等自然资源纳入国家预算，衍生一种新的衡量体系，严格把握经济增长所消耗的自然资源，控制其不超出边界，从粗放型的投入自然资本，转为集中且高效地利用资源提高经济生产效率。绿色经济以一种长远的视角，科学地推动经济发展，实现经济与资源的可持续性。

（二）维持公平

众所周知，地球的资源是有限的，部分国家盲目发展经济而造成的生态破坏，需要全人类来承担。这对于经济不发达、没有高速发展能力的国家而言是不公平的，因为他们既没有享受到经济福利，又承受了环境污染所带来的恶劣影响。由于上述原因，发达国家与发展中国家间存在着严重的观点矛盾与利益冲突。前者希望通过生态问题制约其他国家的经济增速，而回避自身过度消费的问题；后者批评这种过度消费行为透支环境资源、突破地球承受边界，但又坚持不能因资源有限等名义束缚本国的经济发展。

公开资料表明，富人食物链中浪费的粮食，足以支撑世界13%的人口免于饥饿；全球近一半的碳排放量，仅由11%的富人产生，但只需减少1%的碳排放量，就可让世界19%的人远离能源匮乏的窘境。脱贫并不会造成巨大的环境压力，富裕人口的奢侈消费、过度侵占财富的行为才会突破地球边界。

因此，在生态规模有限的前提下，如何既发展经济，又让地球上的每一个人公平享受自然资源，是目前值得关注的问题。而绿色经济正是这样一种公平的经济发展方式,保护了各国的公正与利益。

在有关政策的制定上,绿色经济理论从公平的角度出发,指出发展中国家物质水平较低,未能解决国民的基本需求,在没有超过自然边界的情况下,可以稳定增长经济。与此相反的是,那些超过自然边界的发达国家,则要适当降低本国非绿色经济增长水平,减少国民的消费,给发展中国家留出空间。

这一做法并非无迹可寻。在 2012 年,凯特·拉沃斯提出"甜甜圈理论",指出地球资源有最高上限与最低基线,超过上限则生态崩溃,低于基线则人类生活水平无法保障。发达国家位于"甜甜圈"的外圈,发展中国家位于内圈。具有包容性、公平性的绿色经济,要把二者控制在中间圈,既能严格控制生态足迹,又能保障人类的基本生存,携手发展、打造美好世界。

(三)推动经济发展模式转型

部分经济快速增长的国家虽然极大地改善了国民基本生活水准,但是长期粗放型的经济增长模式,给环境带来了不可逆转的伤害。若继续坚持这种模式,严重的生态恶化与环境污染不仅会威胁人类健康,还会阻碍经济的正常发展。

绿色经济正是一种全新的经济发展模式,解决了发展与环境的矛盾,促进了粗放型经济的转型。绿色经济让国家与地方政府不再以 GDP 等简单的数字为考核指标,而是兼顾环境治理与保护的投入,以更大更远的视角看待经济发展。传统经济的发展模式已经被绿色经济所替代,即不再采用高消耗、高投入、高排放等成本高而产出低的经济模式,而更关注生产过程的绿色化与产业结构的合理化,实现投入、排放与产出同步的绿色生产。通过绿色化微观、宏观经济领域,淘汰落后工艺技能,减少污染严重的传统经济企业的比重,可促进经济发展方式的转型,提高绿色经济比重。

(四)打破政治经济壁垒

科学技术的快速发展创造了方便的交通和发达的网络,经济全球化已成为不可逆转的趋势,因此,全人类共同依赖的生态环境,也成为影响国际经济政治的重要因素。

全世界都在关注着粗放型经济增长国家的环境治理现状,这在一定程度上影响着这些国家和其他国家的政治经济关系。在各类国际贸易中，进口国常常以保护生态环境、人类健康为由，制定一系列直接或者间接限制进口、禁止贸易的政策与措施，主要包括国际和区域性的环保公约、ISO14000环境管理体系等。这些政策与措施有时会超过国际公认的标准，许多国家都不能达到此类标准。部分发达国家甚至蓄意设置以绿色为名的贸易壁垒，对本国进行贸易保护。

因此，推动绿色经济的发展，可创造与之相匹配的绿色发展模式政策，从而改进市场机制，增大社会参与度。上述方法可帮助粗放型经济增长的国家承担起节约自然资源、保护生态的责任与义务，避免全球生态的急剧恶化与资源的快速消耗，提高自身实力，打破经济壁垒，从而改善国际政治关系。

三、绿色经济与传统经济的区别

随着社会的发展，人与自然的关系也在不断推进演变。大自然给人类提供了各种能量资源与巨大的生存空间，以保障人类的基本需求和更高层次的经济发展。有了物质基础保障，人类得以展开一系列的社会活动。但也正是因为部分没有节制的经济、社会活动，让人类过度侵占和破坏自然环境，远超于地球可承受的边界，威胁到人类的基本生存。

传统经济的发展模式，正是加深矛盾的源头。传统经济更专注于技术、资本与劳动，认为只有与货币等价的物品才是生产要素，而忽略了自然环境也应归入其中。在当时的社会认知水平与经济条件下，人们仅仅把自然环境与农业生产挂钩；针对其他产业，节约资源的范围并不包括自然资源，这些行业只想以最低的成本赚取最高的收益，一味追求数字上的增长，随意挥霍有限的自然资源，导致生态环境遭到严重污染。长此以往，利益最大化的观念深入人心，地球不堪重负，碳足迹每年都超过预警线，严重透支着未来有限的能源。

因此，为了避免生态崩溃现象的发生，保障人类的长远发展，需要协调好经济与环境的关系。绿色经济正是以可持续发展为前提，协调人与自然的一种新型经济发展模式。绿色经济与传统经济的区别体现在以下几个方面。

（一）思想理念的区别

对于传统经济，经济学家萨缪尔森认为经济学是一种关于选择的科学。它研究人们如何利用有限的生产资源创造并获取各类产品，并把这些产品分配给不同阶层的人员。总而言之，传统经济的主要目的在于如何有效配置稀缺资源以满足人类需求，其中，稀缺资源的范围仅包括土地、技术、劳动等，并未把自然资源纳入考量范围。这种理论存在着巨大弊端：市场成本仅聚焦于商品与服务，而未将地球生态环境这种有限的、对人类影响深远的因素考虑在内，这造就了一种扭曲的经济模式——无节制侵害自然环境，却无法向市场决策者提供环境污染的相关信息，形成一种恶性循环。传统经济将生产力理解为人类征服自然的能力，从中可知，人类站在自然的对立面，以一种征服者的态度任意宰割、收获自然资源，人类中心主义体现得淋漓尽致。然而，人类也属于自然，仅是生物链中的一环，盲目的自大和傲慢只会割裂人与自然的平衡关系，最终造成反噬。

在上述方面，绿色经济展现出了革命性的进步。绿色经济的研究范围考虑了自然资源、生态环境与人类的关系，把改善环境、节约自然资源作为重要内容。人类的经济活动，是无法脱离生态系统独立运行的，自然生态是一个巨大的系统，地球上所有的生物活动都受其制约。经济生产运行只是其中的一部分，人类生产时需要从自然收集大量的资源作为原料，但在生产过程中和产品最终消费后，会产生许多废弃物，需要重新排放进入自然循环系统，从而形成一条完整的能量流动链条。如果不遵循基本的能量流动规律，肆意排放污染物，无节制地索取资源，就会破坏生态平衡。而在绿色经济中，生产力是一种全新的概念，指的是人与自然协调共处、共同发展的能力。绿色经济生产模式下，人类的经济、社会活动都转型为环保型，更友好地与自然相处，达到相对平衡的状态。

（二）特点的区别

1. 传统经济的特点

(1)高消耗、高排放。在传统的经济增长体制下，世界各国停留在追求经济体量的快速扩张上，不顾对自然资源的破坏。有人将传统经济比喻成“从摇篮到坟墓的经济”，现在许多国家的高速经济增长，都离不开对自然资源的透支消耗。在一些欧美发达国家，人均资源耗用量远超全球平均水平。世界环保组织在2019年发布的资源调查报告显示，在过去50年内，世界人口呈现极其快速的增长，数量是过去的一倍多，与之对应的，全球各国资源开采量也急速上升，由曾经的270亿吨上升至1 020亿吨。尤其在近几年，该数据呈现明显上升趋势。据专家预测，未来全球的资源开采量依然会继续增加。为了满足世界人口增长与经济发展的需要，如果增长趋势不变，至2060年，全球资源开采量有望超过2 000亿吨。巨大的资源开采量会造成温室气体的大量排放，以及其他资源如水、森林、生物资源的透支，引起短缺。据统计，全球近90%以上的水资源与生物资源的减少，是由于资源大量开采造成的。统计结果显示，欧盟的人均化石资源消耗量为6.08吨/人，加拿大与美国为8.28吨/人，中国为3.19吨/人，而世界平均水平为1.56吨/人。① 由此可见，全球经济的增长是建立在自然资源高水平消耗上的，而对自然资源的透支在过去的经济水平衡量中一直被忽视，从未建立系统的衡量指标对其进行评估。

(2)生态破坏度高。世界上存在许多的资源型国家与城市，其经济增长主要依赖自然资源开采与售卖，在此基础上进行城市建设与民生发展。我国有为数众多的城市属于资源型城市，比如国内许多典型的能源城市以及老工业基地，这些地区以开采能源尤其是不可再生能源为主要经济支柱，作为原料供应地向其他地区输送资源。然而，过度依赖资源开采带来经济效益，从长远来看并不能保证经济的持续增长，反而可能造成资源型城市在资源枯竭后转型困难。而且对于这些城市来说，开采导致的生态环境破坏也是巨大的，对于该地区人民的生活质量也存在较大影响。资源枯竭对于我国的资源型城市是个难以解决的产业问题。许多城市虽然在战略上提出了经济转型，但由于支柱产业的固化，导致转型条件受限，动力不足。目前国内因资源枯竭导致的失业人口多达60万。在城市建设中，棚户区的存在也让城市改造十分困难，目前尚有近7 000万平方米的棚户区需要改造，废弃矿区大约有14万平方公里需要填补。② 而且这些地区依然以资源挖掘为中心，围绕这一支柱产业开展其他服务，其中主要是依赖挖掘技术，对于高科技领域几乎没有涉足，创新能力

---

① 联合国规划环境署，2011.迈向绿色经济：实现可持续发展和消除贫困的各种途径[EB/OL]，[2021-11-20].www.unep.org/greeneconomy.

② 联合国规划环境署，2011.迈向绿色经济：实现可持续发展和消除贫困的各种途径[EB/OL]，[2021-11-20].www.unep.org/greeneconomy.

较低,发展新的支柱产业能力不足。

对于这些资源型城市,高度的开采曾经为它们带来高速的经济增长、人口的膨胀以及城市的扩张,然而在资源枯竭之后,城市的自然生态、就业问题、经济支柱均遭遇极大的转型考验。可见过度依赖开采资源的传统经济,并不是当代社会发展的最优模式,过度开采资源、不顾未来环境的行为也不符合时代的发展规律。

(3)发展局限性强。传统经济的发展主要集中在传统制造业以及建筑、服务业,更多的资源与关注度汇聚在实体行业,而生产虚拟产品的互联网企业与盈利性较强的生物医药行业并不属于传统经济中的支柱产业。可见传统经济的产业类型较为单一,不能提供多元化路径以实现企业利润的增长。

传统经济的发展依赖于传统的经济供应链,即"开采资源—生产—流向市场—产品废弃"。在这些环节中,每一个产品的流入都会消耗较多的物资与能源。从传统经济角度来看,这些耗费都是不可避免的,也无法进行技术创新减少能耗,因此,在经济发展过程中,技术与生产观念也无法达到较高层次,遏制了生产技术的进步。

2. 绿色经济的特点

(1)追求资源利用效率与资源节约。从字面上来看,"绿色"在微观上的解释是指绿色的生态环境,在宏观上可以抽象为更少的耗费和更多的利用,即更环保、更有效率的生产生活模式。对于传统经济而言,资源消耗过程中有很多可以避免的浪费,绿色经济就是寻求更加节约资源的生产方式,开发改造资源利用渠道。同时,社会对于资源再生与循环的把控依然属于绿色经济的管理范畴,绿色经济应该指导绿色资源更合理地分配与利用,把经济建立在保护有限资源、提高资源利用率的基础上。

(2)可持续发展。可持续发展战略于 1980 年由国际自然保护同盟的《世界自然资源保护大纲》首次提出,在国际组织中被定义为"既能满足当代人需要,又不损害后代人满足其需求的能力"的发展。我国于 1994 年在《中国 21 世纪人口、资源、环境与发展白皮书》中也提出了该项战略,并于党的十五大上将其定为基本国策。

在提出此项战略之后,绿色经济逐渐作为一个重要的名词,开始进入大众视野。在可持续发展战略的基础上,绿色经济既需要保证环境资源不被过分破坏,也需要国家与社会寻找更有持久力的发展模式,打造良好的经济环境。绿色经济是在可持续发展战略基础上逐步演变为当代经济发展的重要议题的。在经济发展中,我们不可避免地会面对环境、资源与社会的矛盾,社会对于经济发展是有一定要求的,群众会更期待高速发展的经济环境。当经济发展到一定程度时,我们的生态环境无法完全不受影响,一定会出现受损的现象。当自然资源被破坏时,经济发展必然会恶化,进而导致恶性循环,无法保证整个社会持续良好运转。

绿色经济的一大特点,就是支持环境资源的可再生性,支持大自然的修复能力与再生能力,维持一定水平的生产。在社会高度发展的今天,绿色经济应该替代传统经济,成为主流经济生产模式。“绿色经济”理念是希望通过科学的经济发展方式,借助可持续发展的思想实现经济发展,而不是要取代可持续发展。这一观念逐渐得到了人们的认可。而且,经济发展与环境保护未必是对立的,两者应互相促进、和谐共生。经济增长不能以对环境的无限牺牲为代价,我们应该寻求其内部可以进行绿色改造的改革点,将传统经济绿色化,注入新的驱动力,在社会承载能力范围内打造绿色经济发展模式。

(3)环境、社会、经济协调发展。从发展绿色经济的角度来看,人与自然的矛盾是可以调节的,生态与经济可以作为一个共同体,共同对整个地球做出贡献。在某种程度上,环境、社会与经济三位一体,协同发展,是绿色经济所追求的最高境界,也是我们应该为之努力的方向。当经济发展不再单纯追求利益增长,而是开始在环境与发展中寻求平衡时,这代表了社会多方面的进步。绿色经济推动社会的产业结构调整,最终达到环境、社会、经济的协调统一。

绿色经济可以支持社会发展,提高收入并创造就业。如果人们使用全部有价值的资产(包括自然资源)来衡量财富,而不是仅仅局限于来自生产线的产品,将会发现在采用绿色发展模式后,社会的总资产是可以保持长期增长的,而且优于传统模式。如果仅从短期来看,传统经济模式下的发展速度应该会比绿色经济模式更快,然而从长期来看,绿色经济模式将优于传统经济模式。

传统经济对环境的破坏,反过来会增加贫困人口,而发展绿色经济则有助于人们脱贫致富。对于农业、林业、渔业以及水资源部门来说,其绿色化改革对于贫困人口的就业将有极大的帮助,而且可以为世界粮食储量提供保障,在出现灾难时更有效地保障贫困人口乃至世界其他地区人民的生计。同时,对绿色部门的投资(利用小额信贷等方式),也可以为贫困人口提供一些针对自然灾害的小额保险,是保障人类脱贫的有利方式。在我国,“绿水青山就是金山银山”的理念,也说明了保护生态才能实现经济增长这一价值观。

(4)多样化发展。绿色经济发展应遵循多样化原则,这里的多样化包括因地制宜、产业多样化、制度多样化、观念与技术创新等。我国国土面积辽阔，资源丰富，不同区域的地理、生态环境、人文特色都有所不同，在我国发展绿色经济，需要根据不同的地域特色，制定不同的战略方针，地区间的差异，各自的特点、优势与劣势，都是需要考虑的因素，如根据土壤特点，发展不同的农业作物种植，合理规划土地安排，针对不同地形进行产业布局等。产业多样化体现在绿色经济的全方位布局中。绿色经济可以在多种经济供应链的环节上进行改革，如在农业、畜牧业、制造业、生物医药、教育、金融服务、互联网科技等领域，都有绿色经济可以发挥作用的空间。制度对于绿色经济的执行至关重要。由于不同地域、不同产业的特点不同，各地政府在执行经济绿色改革的过程中，不可过于死板，拘泥于统一但不合适的政策要求，而是要根据实际情况确定灵活的制度，保证绿色经济的发展顺利进行。同时，也要注重观念与技术的创新。我们需要摒弃“先污染，后治理”的思想，对于环境的保护一开始就要提上日程。而且绿色经济是一个复杂的、多层次的工程，不只是单一的保护环境就可以概括的，技术上也可以进行少损耗、高效率的提升创新。总之，绿色经济需要多元发展。

(5)合作性强。国家间的合作是绿色经济发展的重要基础。在欧美等西方国家，绿色环保组织较早兴起，在20世纪中期就开始建立起各种制度，保障社会资源不被过分破坏。时至今日，欧美国家的绿色技术相对来说发展较为成熟。我国绿色经济发展较晚，目前还没有形成成熟且系统化的实施方法，所以我们应该向西方国家学习一些先进的理念与核心技术。不过，世界上一些发达国家的经济发展水平虽然较为领先，但这些优势通常都是以对自然环境的透支，对不可再生资源的大量消耗与污染为代价换来的，这样的经济发展代价极大，这些国家需要尽量减少人均资源消耗或者降低消耗增长速度。

各国经济体制与发展阶段不尽相同，需要灵活学习，形成自己的绿色经济特色。目前呈现的全球化程度也说明了人类命运共同体的内涵，绿色经济本就是为全人类、全地球的持续发展服务的，因此绿色经济不可忽略的一点就是全球化发展，通过学术界、商界等各界人士的合作，建立国家间的多元路径合作。政府与民间组织也要积极建立交流，将绿色经济发展常态化，实现全球绿色经济的发展。各国应互相学习，互相尊重，加强交流合作，并赋予本国特色，发展有利于自己的绿色经济产业，同时应积极向世界推广成功经验。只有全人类共同努力，才能真正实现全球化的绿色经济，其效用才能达到最大化。

3. 绿色经济与传统经济的联系

绿色经济是在传统经济完全发展的基础上产生的新兴观念，两种经济发展理念诞生于不同的时代，都是历史沉淀下来的产物。无论哪种经济，其目标都是通过社会活动，基于客观公平的原则实现资源价值的互相交换，并最终达成价值最大化。不过两者对于“经济”的所属个体与理念均有所不同。

在传统经济理念中，经济活动的产生与发展基于人与人之间的社会关系，也可以说，人类是在由自然人进化成为社会人后，才会产生经济这一概念，人与人、人与社会曾经是发生经济活动的主客体。但人与自然的关系始终是被忽略的，曾经的传统经济仅认为自然会影响人类的农业生产，但对于更多领域的影响并未展开研究。随着社会的高速发展，经济活动的影响范围逐步扩大，对于经济活动的探讨也不再局限于传统的关系领域，而是将自然、环境资源因素纳入讨论，并形成具体的衡量标准。比如“绿色 GDP”等可量化的指标，可以形象地展现经济与自然资源的关系。这一进展依托于传统经济理念的不断完善。

绿色经济的发展需要一定的科学技术作为基础，许多可以节约资源、提高效率的生产方式，都是由最原始的方法逐步演变而来的，每一层次的技术进步，都离不开上一阶段的原始资本积累，而传统经济的逐步发展，为绿色经济的技术革新进行了铺垫。绿色经济目前倡导的创新理念，是将知识要素与生态要素融合进技术研发中，形成经济、社会与环境三位一体的复杂系统，这其中的技术要素则需要长久以来的知识积累，以基础技术打造绿色经济所需的创新科技。通过技术与理念的革新，传统经济造成的社会资源浪费现象将会得到明显改善，绿色经济也将会贯彻到重新构建社会生产模式的过程中，提高资源的利用能力，在理论、技术、实践中尽力保证更少的污染，更低的碳排放量，在传统经济模式上扩充更适合时代发展的经济模式。

在产业结构调整上，绿色经济需要将部分现有资本投放在改造传统部门的生产效能。从短期来看，或许绿色经济增长速度不如传统经济模式；不过从长期来看，能比传统经济带来更好的增长规模。绿色经济对交通、建筑、医疗、制造业等行业的改造与重组，是革命性的，如果依然按照传统经济模式发展，世界环保组织的调查结果显示，在未来可能还存在一段时间的惯性增长，但在2040年以后，世界经济将会出现显著下滑的现象，这对于世界人民的生活质量与人类发展来说，都是不可取的。

（三）评价指标的区别

传统经济以商品产出为生产要素，从微观层面上看，评价其绩效的指标主要是资本投资效率；从宏观层面上看，评价社会总资本的指标主要是国民生产总值（GNP）和国内生产总值（GDP）。传统经济衡量经济的整体规模和增长速度仅以简单的数字作评价，而不考量非资本的发展、规模和可持续性，它既没有包括活动的全部成本，也没有真实反映全部产值。因此，传统经济评价指标存在着一个巨大的弊端——常常把手段与目的混淆，造成背道而驰的结果：增加国民生产总值和国内生产总值本应是手段，人类社会生存发展才是目的；但部分国家为了前者，不惜毁坏人们赖以生存的空间，投入巨大的、不可逆转的成本，这些成本却由于传统经济指标的局限性，未能清晰明确地传达给经济决策者。

绿色经济的评价指标相较于传统经济评价指标，是一套全新的评价体系，它更关注人类所居住的自然环境，强调绿色可持续发展。从绿色经济的指标中可以看出在生产全过程中所耗用的自然资源、污染环境的程度和企业实现绿色化的具体情况。这些可视化的绿色考量指标在一定程度上可以遏制企业只求数字增长、不求环境保护的行为，也能帮助投资者开拓全新的视角，看待不同行业不同企业的长远可持续发展程度，而非仅靠传统财务数据进行判断。另外，“绿色账户”已经在部分国家与国际组织实行。在国民经济核算体系内，也可看到自然资本的身影，但若要做到全面推广与运用，还需要更长的时间。在人与自然关系不断恶化的过程中，越来越多的社会公众意识到，自然资本的保护程度是衡量国家社会发展总体水平的重要标准之一。合理循环利用资源，达到人与环境和谐发展，才是所谓的“绿色化”，也是绿色经济与传统经济的本质区别。

四、绿色经济的产业类型[①]

不论是推进生态文明建设还是做好污染防治，抑或是实现习近平总书记所说的高质量发展，都离不开发展绿色产业。根据我国发布的《绿色产业指导目录（2019 年版）》，我国绿色经济产业类型包括六大类：节能环保产业；清洁生产产业；生产过程废渣处理处置及资源化综合利用产业；生态环境产业；基础设施绿色升级产业；绿色服务产业。

（一）节能环保产业

1. 发展概述

节能环保产业，顾名思义就是旨在节约能源、保护环境的产业，它是实现循环经济的有力保障。和传统产业不同的是，节能环保产业的发展较为依赖国家宏观政策的推动，随国家发展目标的变化而变化。

“十一五”以来，为了建设环境友好型社会，我国大力发展绿色经济，这一宏观背景给了节能环保产业发展较大的“推力”。随后，在“十二五”期间，节能环保产业被视为经济发展的内在驱动力，国家为了鼓励并推动节能环保产业的发展，出台了一系列相关政策，相关政策的出台给该产业发展带来了机遇。“十三五”以来，节能环保产业进入了快速发展期，政策方面备受重视，产业规模不断扩大，已经形成了一定规模的产业集群，发展成果凸显。

节能环保产业可分成节能和环保两个部分，其中节能部分又可细分为高效节能装备制造节能改造等类型。

根据《绿色产业指导目录（2019 年版）》，我国节能环保产业链覆盖 18 162 家企业，包括 734 家上市企业以及 17 428 家未上市企业。其中，高效节能装备制造（5 633 家）、节能改造（4 384 家）及污染治理（3 421 家）企业较多。

节能环保产业涉及多达 1 516 883 项专利，专利数量分布在不同的产业之

---

① 本节内容主要来源于 2019 年 2 月中国国家发展改革委、工业和信息化部、自然资源部、生态环境部、住房和城乡建设部、中国人民银行、国家能源局联合发布的《绿色产业指导目录（2019 年版）》。

间呈现出明显的差异，申请专利较多的领域包括先进环保装备制造、新能源汽车、绿色船舶制造以及污染治理。在融资方面，不同的产业对于融资规模的需求呈现出明显差异，其中，绿色船舶制造、污染治理、先进环保装备制造以及新能源汽车获得的融资数量较多。

节能环保产业从地域分布来看，江苏、广东、浙江和山东四个省份的相关企业数量较多。该产业的专利数量在不同省（自治区、直辖市）之间的分布也存在着较大差异，相较于全国其他省（自治区、直辖市），广东、北京、江苏和浙江等拥有的专利数量较多。同样的，该产业的融资数量在不同省市之间的分布也存在着较大差异，相较于全国其他省（自治区、直辖市），上海、江苏、浙江和福建等能够获得较高的融资额度。

2. 现存问题

从整体来看，节能环保产业虽已取得一定的阶段性发展成果，但该产业尚未满足现实需求，主要面临以下问题：

（1）产业政策法规不完善。尽管我国已推出一系列关于低碳经济、环境保护的政策法规，但主要为宏观层面，属于框架性质的政策法规，不够具体细致，基层政府及企业对这些政策法规的解读难度较大，因此可能无法完全满足实际应用。比如，环保节能产业中新能源汽车面临的充电桩相关问题缺乏具体可行的政策措施；资源性产品定价标准缺乏规范，容易造成市场混乱，出现哄抬物价的情况，使得消费者原本就不熟悉的节能环保产品在竞争中更不具备价格优势，从而限制了该产业的发展。

（2）技术创新能力不足。我国节能环保技术较过去已有很大的进步，但和国外节能环保技术发展较先进的国家相比，还有较大的进步空间。在节能环保关键技术创新上，我国尚有所欠缺。例如，新能源汽车中比较核心的部分——动力电池仍需要进口。与此同时，我国目前已掌握的节能环保技术和能自主生产的相关设备，也需要进一步的升级和完善。

（3）服务体系不健全。与节能环保产业相配套的服务体系还有待完善，首先是该产业所处的市场还未形成完整的服务模式，在许多相关产品的经营管理上还存在缺失，其次是相关公共服务平台的设计和建设还处于空白阶段。

3. 建议

（1）健全产业标准，完善市场制度。产业的发展离不开政策的保驾护航。我们建议政策的制定者可在现有的系列政策法规的基础上加以细化，并结合实际应用情况标准化产品的定价。

(2)加强产业引导,推动产业创新。产业的发展离不开重点发展方向。我们建议地方政府充分发挥节能环保产业龙头企业的带头作用,引导中小节能环保企业发展。此外,鼓励产业创新亦至关重要,产业内部可以设立相关的创新基金,鼓励企业创新发展。

(二)清洁生产产业

1. 发展概述

清洁生产产业,顾名思义,是指提供清洁生产技术、装备和服务用于企业生产经营的产业。

发展绿色经济的一个关键在于推行清洁生产。清洁生产的核心在于既能够生产出高质量的产品,又在生产该产品的过程中对于环境没有造成明显的危害。清洁生产的核心在于"前端"治理,不仅可以提高资源利用率,避免资源的无效率消耗与浪费,也不会出现早期"末端"治理那种先污染后治理的发展模式,在发展的同时实现零污染。根据《绿色产业指导目录(2019年版)》,我国清洁生产产业链涉及2 990家企业,包括112家上市企业和2 878家未上市企业。其中,生产过程废气处置及资源化综合利用和危险废物治理这两类企业数量排名前二,分别为2 040家以及805家。

该产业涉及多达94 761项专利。其中,申请专利较多的产业节点包括危险废物治理、生产过程废气处理处置及资源化综合利用。在融资方面,危险废物处理处置和生产过程废气处理处置获得的融资数量较多。

清洁生产产业从地域分布来看,江苏、山东、广东三个省份的相关企业数量较多;从专利数量的分布来看,江苏、北京和浙江等拥有较多专利;从融资数量来看,上海、北京、重庆等能够获得较高的融资额度。

2. 现存问题

经过一段时间的发展,我国清洁生产产业已初显成效,但也存在一些问题。

(1)清洁生产政策落实不到位。为了指导清洁生产产业的发展,我国相继出台了《中华人民共和国清洁生产促进法》等一系列政策法规。但在实施过程中,基层政府和企业层面都出现了落实不到位的现象。部分基层政府对政策的重视程度不够,在日常的工作议事日程中少有关注,对相关组织的建设也不健全，缺乏管理，使得政策实施流于形式。企业层面，由于政策宣传不到位，社会环保氛围不浓厚，大多数企业对清洁生产的认识还停留在初级阶段，甚至所知无几。因此，大部分企业对清洁生产并不重视，对政策的响应并不积极，没有制定基于清洁生产的管理制度，导致清洁生产缺乏内在动力。加之缺少相关的监管制度，很多企业难以落实我国推出的相关政策法规和配套措施，使得清洁生产的发展无法快步向前。

(2)管理部门协调联动机制不佳。《中华人民共和国清洁生产促进法》出台后，部分城市积极响应国家号召，为了推进清洁生产产业发展建立了相关机构，也推出了一系列相关的政策规定，但部分机构与政策之间并不匹配，使得部分机构看似职能范围很广泛，而实际上缺乏必要的行政执法与统筹协调权力，最终机构的成立和政策的制定都形同虚设，未能发挥作用，难以实现机构成立和政策推出的初衷。有的城市在清洁生产监督管理方面并未设立专门的监管机构，多由众多行政部门共同来执行监督管理，权力分散，监督标准不统一，部门之间难以统筹协调，最终可能造成多头监管或无人监管的局面。

(3)政策激励与约束机制尚未充分激活。清洁生产的主体就是这个行业的所有企业，在这个行业实施产业激励或者产业约束，对于所有企业积极开展清洁生产是一种“推力”。我国目前的清洁生产政策多为引导性质的条款，强制性和激励作用均不显著。尽管部分地方政府推出激励措施，但由于界定标准不明确、资金支持量小、政策宣传不到位、资金申请手续过于冗杂、时间较长等原因，难以对清洁生产产业起到显著的激励效果，打击了企业投身该产业的积极性。

(4)清洁生产技术支撑薄弱。目前我国的清洁生产技术研究在国际上仍处于较为落后的位置，技术创新能力不足，关键技术有待突破。理论与技术之间存在一定的断层，理论研究成果无法及时转化为产业发展过程中所需的技术，对清洁生产技术的发展有一定的影响。

3. 建议

(1)加强各领域监管，协调统一管理机制。由前文可知，清洁生产产业目前相关管理部门协调联动机制不佳，故我们认为，可以整合产业相关领导小组，尽量减少由于部门众多而产生的信息沟通成本。此外，在整合部门的同时辅以管理机制，亦是不可或缺的。

(2)推动绿色金融改革，培育清洁生产技术。我国在清洁产业生产技术研究方面相对较落后。众所周知，技术的推进离不开资本的支持。若地方金融可以和清洁生产产业的技术培育合作，推动绿色金融改革，吸引社会资本培育研发技术，那么可以在一定程度上满足技术发展过程中的资金需求。

（三）生产过程废渣处理处置及资源化综合利用产业

1. 发展概述

得益于《中华人民共和国环境保护法》的出台及相关政策在各细分行业的有效施行，我国废渣资源综合利用产业的管理水平不断提升，且随着绿色经济发展和环保意识进一步提升，该产业也愈发受到重视。

废渣资源综合利用产业是指通过"资源开采－生产－产品－消费－废弃－回收－利用－再生资源－产品"的模式实现对废弃资源的再利用。这一模式是解决资源利用和防治污染这两个可持续发展核心问题的关键途径。

2. 现存问题

随着我国经济的迅速发展，对资源综合利用的技术也在逐步完善，我国有越来越多的生产废渣能够再次被利用，为企业带来了更多的价值，并促进了经济发展。目前来看，废渣资源综合利用产业在工业中的应用较为普遍，如对工业固体废物资源的综合利用等。目前该产业存在以下问题：

(1)区域发展不平衡。与我国区域经济发展不平衡相类似，我国生产过程废渣处理处置及资源化综合利用产业也存在区域发展不平衡问题。西部能源资源以及生产废渣量高于东部，因此，西部对于生产废渣的综合利用更为迫切。

(2)废渣的综合利用水平较低。虽然我国在废渣利用技术方面的研究已有所突破，取得了一定的进展，但从目前阶段来看，我国生产废渣的综合利用率仍然较低。由于相关企业的数量较少、规模较小，加之我国尚不具备完善的相关激励机制，企业难以在市场上形成竞争力，难以稳步发展，因此企业内部对生产废渣的综合利用技术的研发缺乏驱动力，导致相关设备及技术的发展进入瓶颈，难以得到进一步完善。

3. 建议

我国区域经济发展不均衡，生产过程的废渣利用程度亦不平衡。推动地方财税激励机制改革，有利于缓解区域不平衡问题。比如可以建立相关的财税优惠政策，让税费与综合利用率挂钩，扩大综合利用税收优惠范围，有利于提高生产过程的废渣综合利用水平。

（四）生态环境产业

1. 发展概述

近年来，大力发展生态环境产业成为污染防治攻坚战的重要举措之一。为了推动产业结构的转型升级，激活内外循环市场的潜力，我国提出了“双循环”这一战略。为了达成这一战略，需要生态环境建设在内循环以及外循环市场中充分发挥其应有的作用。在“双循环”这一战略背景下，生态环境产业将迎来高速增长的发展机遇。

生态环境产业，顾名思义，是一个同时涵盖工业、农业、居民区等多种生态要素在内的有机系统。这一系统能够将自然生态系统中产生的能量进行转化，最终形成一个自然生态系统、人工生态系统以及产业生态系统和谐共生的生态网络。

根据《绿色产业指导目录(2019 年版)》统计，我国生态环境产业链涉及多达 4 685 家企业，包含 193 家上市企业和 4 492 家未上市企业。在这 4 685 家企业中，生态农业和生态修复这两类企业的数量最多，分别为 3 193 家和1 504 家。生态环境产业涉及多达 204 635 项专利，其中，申请专利较多的产业节点包括生态保护和生态修复两方面，这两个方面获得的融资数量也是最多的。

从产业的地域分布来看，该产业在江苏、广东以及安徽三省的企业分布数量较多。从专利数量来看，北京、安徽以及山东等拥有的专利数量较多。从融资额度来看，陕西、山东以及北京等的融资额度排名较为靠前。

2. 现存问题

从 2012 年到 2015 年这几年间，我国对于生态保护和环境治理业的固定投资总额呈现出不断增加的态势，具体的固定投资总额如表 1-1 所示。从表 1-1 所列示的数据可以清楚看出我国对于“一手抓经济发展，一手抓环境治理”这一绿色发展理念的充分贯彻与积极落实。但由于农村基础薄弱、供给侧结构性矛盾突出、过于依赖政府等原因，我国生态环境产业的发展仍较为滞后，目前主要存在以下问题：

表 1-1　2012—2015 年我国对生态保护和环境治理业的投资情况

项　　目	2015 年	2014 年	2013 年	2012 年
生态保护和环境治理业的固定投资额/万元	22 490 000	18 007 000	14 160 000	10 981 000
生态保护和环境治理业的固定投资额同比增长/%	24.40	26.00	31.10	2.5

资料来源:国家统计局。

(1)尚未建立起符合国情的理论体系。目前我国尚未建立完善的生态农业理论体系,主要是依赖国外成型的理论,引进国外科技理论来发展我国的生态农业,因此发展成本较高,难以结合我国自身情况应对特殊问题。我国生产农业产品认证数量偏低,缺乏理论支撑使得我国的生态农业难以规模化发展。

(2)技术创新能力不足。我国关键技术的创新不足,比如土壤活力和规模性生态农场建设的研究仍有待突破。导致创新能力不足的原因有三:首先是生态农业创新体系尚不完备,使得创新能力缺乏合理的引导难以有效发展;其次是专业人才匮乏,生态农业发展时间较短,尽管行业前景光明,但由于初始研究困难大、支持少,该产业难以聚集人才,致使技术难以发展;最后是时间和资金投入较少,难以挖掘生态农业的巨大潜力。随着生态农业的作用和收益逐步彰显,未来将会逐步激发该产业的内在优势,一旦潜力激发,该产业将会取得较快的发展和较为明显的成就。

(3)生态农业流通体系的抗风险能力弱。我国现有的传统市场,仅能对常规的农产品进行销售,生态农业产品无法在市场上立足,不利于激发其潜在的经济价值,使得生态农业的发展受到限制。交易常规农产品的传统市场更加注重短期经济效益的获取,不利于长期发展。导致该问题的原因有两方面:一方面,现有的生态农业产品本身发展相对滞后,且缺乏品牌建设,没有形成市场竞争优势;另一方面,我国推出的生态补偿机制或相关经济奖励措施还需进一步完善和细化。

(4)生态保护产业和生态修护产业缺乏活力。我国生态保护产业和生态修护产业的发展主要依赖政府投资,尚未与市场形成有机的融合发展,并且由于缺乏激励政策鼓励企业在相关产业的发展,导致政府负担过重、产业活力不足等问题,阻碍了生态保护产业的发展。

3. 建议

(1)加快我国生态环境理论体系和创新技术建设。目前我国生产环境理论尚未形成完整的理论体系，已有理论大多是零散的，理论与理论之间衔接程度不高，无法满足现实需求。在今后的研究中，应该厘清该产业的理论体系，尽量结合我国实际发展情况展开研究。与此同时，还应该加强相关学科建设，积极培养该产业的人才，提高产业平均薪资待遇，防止人才流失，提高资金投入，大力发展技术创新，挖掘产业潜力。

(2)改善生态环境产业产品市场环境。我国目前生态环境产业的产品主要聚焦于农业这一细分产业中，然而生态农业产品的竞争力较弱，在市场上难以立足，由于缺乏核心竞争力，容易导致其发展进入瓶颈。此时，应当予以一定的激励政策及资金支持，促使企业提高研发能力，创新产品，提高产品价值，降低产品成本，形成市场竞争力，在市场上立足。

(3)加强企业和公众的社会责任感。生产环境产业应与市场有机融合，才能拥有源源不断的发展活力，这需要从两方面着手。首先，通过宣传教育，让公众更愿意消费绿色环保产品，重视生态环境保护，生产者也更重视生产环境产业的实践。其次，通过规范企业的社会责任，明确其生态环境方面的责任，促使企业在发展过程中注重生态环境建设，为该产业注入活力。

（五）基础设施绿色升级产业

1. 发展概述

基础设施绿色升级产业是一种由开敞空间和绿道、湿地、森林等自然区域组成的相互联系的绿色空间系统。该系统不仅可以实现在合适的季节帮助野生动物进行迁徙的目标，还可以通过对于降雨进行管理来达到减少洪水的潜在危害、改善整体水质以及节约城市管理成本的效果。

根据《绿色产业指导目录(2019 年版)》统计，该产业链共涉及 12 715 家企业，包括 518 家上市企业和 12 197 家未上市企业。在这 12 715 家企业中，数量最多的三个种类分别是绿色交通、建筑节能与绿色建筑以及海绵城市。从产业的地域分布来看，江苏、广东、浙江以及上海等省市拥有该产业中相关企业的数量较多。不同地区所拥有的专利数量也不尽相同，北京、广东、江苏以及浙江等省市所拥有的专利数量较之其他省市为多。从融资额度来看，北京、上海、浙江以及广东等省市的融资数量较大，融资额度相较于全国其他省市排名较为靠前。

2. 现存问题

(1)基础设施绿色升级产业政策法规有待完善。我国出台了《绿色建筑评价标准》、《绿色交通“十四五”发展规划》以及《关于加快推进城镇环境基础设施建设的指导意见》等一系列有关绿色升级产业的政策。然而大多数政策属导向性质,对企业和民众更多的是起引导作用,不做硬性要求,实施效率无法得到保障。部分政策并不具备强制效力,难以形成实际约束或规范效果。比如,《绿色建筑评价标准》仅起指导作用,作为推荐标准,而非硬性标准,因此,缺乏社会责任感的企业极可能为赚取超额利润而不按该标准采取行动,且并不会因此受到惩罚。大多数基础设施建设仍沿用原有的政策,这也体现出我国基础设施绿色升级产业法律体系的完善任重道远。

(2)地域发展不平衡。从企业分布、专利拥有率以及各地域融资情况来看,基础设施绿色升级产业主要集中在发达省份,如一些沿海省份等。相较于东部的一些较为发达的沿海省份,我国西部地区整体的经济发展水平较为落后,相应的,西部地区基础设施绿色升级产业的发展也相对较为滞后。在意识到这种情况之后,我国相继出台了一系列的政策法规,目的是提升西部地区绿色升级产业的发展水平。这一做法取得了一定的效果,但是从整体来看,东西部之间基础设施绿色升级产业发展不平衡的现象依然严重。

(3)建设能力有待加强。基础设施绿色升级产业的迅速发展,吸引着众多企业加强对其资金投入,但由于我国基础设施绿色升级产业尚未进入成熟阶段,发展时间较短,专业人才较少,承接建造的企业多为传统企业,对基础设施绿色升级产业的施工工艺缺乏了解和学习,导致许多项目存在设计、管理、施工多方面不科学、不合理的情况,或设计与施工衔接断层的情况,在花费了人力、物力、财力的同时,却未能达到绿色环保的目标。

3. 建议

(1)完善基础设施绿色升级产业政策法规。政府在推动基础设施绿色升级产业的发展中,起着至关重要的作用,出台的政策法规会直接影响基础设施绿色升级产业的发展方向和发展速度。因此,在政策法规方面,应当进一步完善法律体系,制定具体可行的产业标准,对现有空缺的细分产业出台有针对性的政策法规。同时还应考虑地区差异,促进全国平衡发展。除此之外,政府还应制定基础设施绿色升级产业方面的激励政策,以便激励传统基础设施建设向绿色升级产业转变。最后,应及时出台相应的监管政策,建立有足够权威性的监管机构，确保产业成果符合相关的标准，以保障基础设施绿色升级产业的发展。

（2）注重人才储备。我国的基础设施绿色升级产业建设能力较十年前已有较大的进步，未来还将进一步发展。因此，该产业人才的能力也应与之相匹配。然而，我国目前基础设施绿色升级产业还存在大量的人才缺口，绿色建筑工程师、设计师等职位面临着“人才荒”的状况。出现这种问题的主要原因是人才培养渠道不通畅和教学资源匮乏，甚至国内高校几乎没有对口专业。因此，高校可以先开设相关的选修课程试点，通过逐步完善课程体系，为我国基础设施绿色升级产业人才培养奠定基础。

（六）绿色服务产业

1. 发展概述

随着科学技术的不断进步，人类社会的生产力得到了快速提高，物质与文化生活水平越来越丰富。但与此同时，人类在发展过程中也伴随着全球性的生态危机，环境破坏现象屡见不鲜，生物多样性遭到了严重破坏，这些都严重地制约着人类的进一步生存与发展。为了解决上述一系列的问题，应当树立可持续发展的理念。可持续发展的基本要求是：经济建设应当与资源和环境相协调，人口的增长速度应当与社会生产力的发展水平相适应。这一理念要求绿色服务产业中的企业应当实现生产经营活动、自然环境以及社会环境三者的和谐统一。

绿色服务包含了丰富的内涵，有利于生态环境保护、资源能源节约、无毒无害且有益于人类健康的服务等一系列服务都可以包括在绿色服务的概念之中。根据《绿色产业指导目录（2019 年版）》，绿色服务产业链涉及 835 家企业，包括 41 家上市企业和 794 家未上市企业。在这 835 家企业中，生态环境监测、节能评估和能源审计、污染源监测这三类企业的数量最多，分别为 343 家、143 家以及 124 家。

该产业涉及多达 90 626 项专利，其中，申请专利数量较多的产业节点包括节能评估和能源审计、环境影响评价以及碳排放核查。从产业的地域分布来看，江苏、广东以及北京等相关企业数量较多。从专利拥有数量来看，北京、四川以及广东拥有的专利数量排名前三。从融资额度来看，广东和浙江的融资额度排名较为靠前。

2. 现存问题

绿色服务产业对于整个绿色产业而言起到了一定的保障作用，而其他绿色产业的发展也能够促进绿色服务产业的发展。目前，我国绿色服务产业的发展还比较滞后，主要存在以下问题：

(1)绿色服务产业政策法规有待完善。我国出台的与绿色服务产业相关的政策文件数量较多，文本类型和出台主体呈现出多样化的特点，但其中多数政策文件为公告类型，政策颁布主体的权威性有限，导致大多数政策文件的效力有限，难以发挥应有的作用。

我国颁布的绿色服务产业政策几乎涉及产业目录中所有的细分产业，对生产经营等活动过程中涉及的政策客体如产品、技术等几乎全覆盖。但是，各细分产业受重视程度却有所不同，生态环境监测产业方面的政策较多，而咨询服务类产业的政策就相对少了很多。

(2)绿色服务产业专业化程度有待提高。在大量政策出台的环境下，绿色服务产业前景看好，加之环保力度加强，产业呈现出的高需求，迅速吸引大量企业和人员涌入。但由于产业发展时间较短、人才储备不足、资金滞后等原因，产业整体的专业能力远远无法满足发展形势的需求。另外，产业中缺少龙头企业引领发展，多为小微服务机构，人才和资金有限，独立研发能力不足，难以形成有专业力量的企业。

(3)绿色服务产业市场有待规范。我国目前绿色服务产业市场还有待规范，多数企业规模小、示范作用不强，市场缺少标准予以规范，使得行业内鱼龙混杂，大量企业缺乏专业能力，不利于绿色服务产业的长期发展。另外，现有的经济政策对绿色服务产业支持力度不足，使得该产业在关键技术、人才培养等方面的资金投入不足，也会影响一些提供审核和审计类服务企业的独立性，从而扰乱市场秩序。

3. 建议

(1)完善绿色服务产业政策法规。需要结合整个绿色产业和我国的实际情况来制定和完善法律法规。同时应深化行政管理体制改革，出台针对性和权威性更强的制度，提高该产业的管理水平。还应细化和补充分产业的相关制度，健全绿色服务产业体系。另外，要强化执法和监督，界定清楚相关部门的职能与责任，促使部门之间在执法和监督过程中配合得更加协调，为该产业的发展提供保障。

(2)提高从业人员素质。绿色服务产业从业人员的素质普遍有待提升。首先,在人才资源配置方面,应当制定人才优惠和引进政策,带动绿色服务业的发展。在人才培养方面,需要同时注重科研型人才和技术型人才的培养,努力培养理论、技术双攻的复合型人才。最后,在市场准入方面,应当适当提高人才门槛,如制定相关考试制度,以考促学,提高从业人员素质水平,提高行业专业规范水平。

(3)鼓励行业整合。该产业目前缺乏龙头企业,应当支持中小企业做大做强,鼓励企业提高独立研发能力以增强市场竞争力。对部分崭露头角的企业,应通过市场机制和产业政策扶持等方式予以支持,支持其集团化发展,将其培养成为产业骨干企业,带动产业发展。

第二章　绿色经济理论与实践

经过几十年的发展，绿色经济的概念、内涵不断修正，作为主要理论来源的生态经济理论、循环经济理论和可持续发展理论也在不断完善。各个国家和地区都建立了绿色机构和组织，积累了丰富的管理实践。随着绿色经济理论和实践的发展，如何设计出能够有效评价绿色经济发展的指标体系显得日益迫切。环境科学、经济学、管理学等多个学科的研究人员进行了长期的探索，提出了多种方法，逐步建立了科学的发展评价体系。

一、理论介绍

(一)生态经济理论

1. 概念与内涵

从发展时间上看，生态经济学是20世纪60年代出现的新事物，但经济发展与自然环境的矛盾自古以来就切实存在，社会经济发展对生态环境的适应是社会发展各阶段共同的经济规律。正如该领域举世闻名的专家，德国海德堡大学教授费德曼特(1996)所指出的，生态经济学研究的是生态系统和经济管理活动发展之间的交互。生态经济学的研究对象囊括了当今人们面对的多种迫在眉睫的问题，如以煤、石油为代表的化石燃料消费和碳排放等问题。这些问题都渴望通过生态经济学的不断发展，提出切实可行的办法。国际生态经济协会主席约翰·马丁内斯将生态经济学定义为“可持续性研究和评价的科学”，同时提出生态经济学涉及新古典主义环境经济学等多个学科内容，还包括用物理的方法对人类活动施加的环境影响的量化评估。

国外学者对生态经济的概念和内涵的理解和分析表明，生态经济理论反对经济系统和生态系统作为独立系统的概念,强调经济系统和生态系统的统一性和有机性,提出了经济与生态一体化的概念。

生态经济理论在中国的发展开始于20世纪80年代,其出现最初旨在解决国民经济建设中出现的严峻问题——中国人口在这一时期增长过于迅速,生态环境恶化程度日益加剧。鉴于此,一些生态学和经济学等领域的研究人员积极参与了中国生态学会组织的成立过程。此后中国的生态经济学紧跟全球理论研究的进程,并不断创新,不断用各领域的新进展,如产权制度理论等扩充其内核,也将生态经济学的应用场景不断细化拓展。同时,注重生态经济的协调发展,将生态经济从原来的农业生态经济逐步扩展到完整的学科体系,并发展出了城市生态经济学等多个学科。国内学者在研究国外生态经济学的基础上,实现了将生态经济学与新发展阶段相结合,从一个全新的角度逐步构建了适应当代中国国情和时代发展的中国特色生态经济学的理论框架。

2. 主要内容

生态经济理论的研究内容主要包括以下几个方面:

首先,经济增长是生态经济学的一个经典主题。国内外文献中普遍存在对经济增长与生态变化和环境质量关系的理论评估内容和实证检验成果。目前的理论研究集中在三个方面。第一,更新经济增长模型。在过去相当长的一段时间里,经济学家遵循经典的经济增长模型,认为劳动力的高速发展足以弥补自然资本的衰败。经典模型假设自然这一生产要素是永恒不变的,然而现如今经济学家已经意识到了自然资本在经济发展的影响下将会发生翻天覆地的变化,劳动力与环境存在互补替代关系,因此建立一个将自然资本变化作为重要因素的增长与分配的宏观模型至关重要。第二,评估将国内生产总值作为经济增长的度量指标的合理性。由于国内生产总值这一指标的局限性,比如衡量的对象为历史数据、未消除价格水平变化、未包括无市场交易的特殊商品等,一些研究人员正在综合评估其作为经济增长度量指标的合理性。第三,将生态保护环境影响因素纳入国民经济核算管理体系。针对环境的外部性,学者们研究每个行业施加给环境的影响,如生产过程中产生的废水、废气等污染物的排放,量化后体现在核算体系当中。

其次,对生态系统的经济分析正在成为该研究领域的核心部分。研究首先肯定了生态系统具有在一定限度内的承载力与可修复性这一经济特征,并进一步量化生态系统对人类社会的影响。有实证研究已清楚地表明了功能良好的生态系统与人类福祉之间联系的重要性。

最后，寻求一种普遍适用的方法对生态系统服务价值进行公允反映。当前的研究大多集中于提高测算的精度和价值损益变化分析，如分析一些尚未涉及的生态系统服务的价值、生态系统服务的附加值，以及对生态系统服务未来价值的预测，遗憾的是并未涉及核算方式的根本性变革。

（二）绿色经济理论

1. 概念与内涵

绿色经济是一种“新经济”，是为人类社会创造绿色财富的有力保障。前文提到，“绿色经济”这一名词最早在皮尔斯 1989 年出版的著作中出现，其初衷是希望提高公众对于环境保护的重视程度。然而，在绿色经济概念出现的初始期，研究的思想基础并没有更新，仍然是将生态环境作为经济增长的外生变量，对经济发展方式并没有进行根本的颠覆性反思。当时普遍认为资源耗竭和环境问题是经济发展进程中必然出现的结果，因此仍然是就环境问题而论环境问题，只是希望通过一些新的政策手段和方法来解决伴随着经济发展而来的环境问题。联合国环境规划署在 2010 年发布的报告中将绿色经济的概念更新为“在减轻环境恶化、降低环境风险的前提下，增进人口福利，增进社会公平正义的一种经济发展模式”。现阶段，发展绿色经济不仅是协调生态保护和提高经济效益的问题，更需要我们改变现行的经济发展方式，以实现经济高效、生态和谐、社会包容为目的，并将绿色经济视为一种生态、经济、社会相互协调的革新发展模式。

2. 主要内容

目前不少学者的研究成果都对绿色经济进行了论述，如赫尔曼·戴利的《超越增长》、李政道和周光召主编的《绿色发展》、商迪团队的《绿色经济、绿色增长和绿色发展：概念内涵与研究评析》等。综合来看，上述国内外的研究成果对绿色经济主要内容的总结包括以下几个方面。

(1)绿色经济探讨资源、环境和经济发展三者之间的联系。绿色经济的研究涵盖了环境友好型经济、资源节约型经济等广泛的领域。现有研究成果对资源、环境与经济发展三者的关系，存在两种观点。一种观点是把经济、环境和资源视为并列的三种要素，重点分析这三种要素之间协调发展的相互作用。另一种观点是把经济作为第一层级系统，资源和环境只是经济这个第一层级系统中的第二层系统，资源和环境对经济有着直接的影响。

(2)与传统经济增长理论相比，绿色经济增长的主要驱动因素具有明显的区别。传统经济增长理论的分析有一个理论上的局限：资源和环境不是增长理论分析框架的一部分。绿色经济理论则更加注重对以人为本的生态能力、资源和技术发展等要素的分析，评估维度更宽泛。

(3)对衡量绿色经济发展绩效的研究。随着我国绿色经济管理的发展，环境、经济、管理等各个领域的研究人员对如何有效衡量绿色经济的发展绩效进行了研究，提出了以生态足迹法为代表的多种方法。早期广受认可的方法是联合国统计委员会在1992年修改的"环境经济综合核算体系"。这个系统正式引入了绿色GDP的概念。我国近年来的研究中有部分学者以绿色经济内涵为依据，从交叉学科的角度初步建立了评价指标体系，并在多个省市开展了实证研究。

3. 发展目标

绿色经济的发展具有效率、规模和公平三种目标导向。

(1)以效率为导向的绿色经济。绿色经济的这一导向是为了通过提高经济体系的效率来解决发展问题，主要途径是促进资本向资源效率较高、污染较轻的部门倾斜。与传统的可持续发展理论相比，绿色经济更注重宏观经济结构调整和产业政策，强调资本流动的影响，不仅要求降低单位经济产出的资源强度，而且关注宏观经济效应的影响。

(2)以规模为导向的绿色经济。以规模为导向的绿色经济注重生态系统的规模限制，并试图通过利用规模系统的整体限制，推动经济创造更高的效率。其主要目的是控制经济增长规模，使经济发展与自然资源和污染物排放脱钩。相关研究观点可以总结如下：第一，生态空间具有限制性；第二，需要研究保护自然资本的政策；第三，需要控制人类的消费，创造绿色消费文化，增加商品的使用总时长，减少单件商品的耗费。这些理论与传统可持续发展理论的不同之处在于，以规模为导向的绿色经济更倾向于务实，注重生态足迹等系统指标的发展，特别是在碳排放方面。

(3)以公平为导向的绿色经济。以公平为导向的绿色经济注重社会体系的公平性，认为贫富差距大是生态压力增加的重要原因，希望通过实现国家、人口之间的公平性，扩大绿色就业，消除贸易壁垒，促进技术传播，消除贫困，以实现经济系统的持续稳定发展，从而解决目前经济和生态之间的对立状态。

综合来看，绿色经济发展目标的三个导向平行存在，分别强调经济系统的效率、生态系统的规模极限、社会系统的公平发展，反映了在不同背景下和不同价值下对生态系统、经济系统和社会系统发展的重视因素。这三种发展绿色经济的观点具有不同的理论基础和行动路线，没有绝对的好坏之分。一般来说，以上三种目标导向并不是截然对立的，在实践中，它们可以分别适应不同地区的生态基础、经济条件和社会状况，相辅相成。

（三）低碳经济理论

1. 概念与内涵

随着新能源的不断开发和使用，人类社会发生了明显的转型，即从农业文明发展成了工业文明，而且随着全球人口总数的持续增长，经济也得到了飞速发展。但是，在经济快速发展的过程中也面临着不少困难，其中生态环境问题尤为突出。在工业文明发展的过程中，生态环境遭到了前所未有的冲击。滥用化石能源所引发的环境污染问题及其严重后果一次又一次地刷新了人们的认知。在全球范围内接连出现的环境污染，如二氧化碳浓度不断上升导致的气候变暖问题，以及废水污水大量排放导致的水污染问题等，均对人类目前的生活及未来的发展提出了严峻的考验。

在解决环境污染这一宏观背景下，“低碳经济”“低碳发展”等概念不断出现在国家政策中、学者们的研究热点以及人们的日常生活中。2003 年，英国在其白皮书《我们能源的未来：创建低碳经济》中首次提出“低碳经济”这一理念，明确要求“以较低的二氧化碳排放量为目标，在追求经济发展的同时，要将其与能源消耗的紧密相连的现象分离开来”。

学者们所讨论的“低碳经济”，不仅仅指经济概念本身，还涉及其他多个领域，比如信息、科技等，这些领域均对人们的生活产生重大的影响。事实上，低碳经济是人们在追求社会高质量发展过程中必然形成的产物，因为随着经济的飞速发展，人们的生活水平得到了极大的提高，现有的物质产品满足不了人们的生活需要，人们进而追求更精致、细作的产品，而这些产品在生产过程中难免会产生大量的污染排放，久而久之造成全球性的环境污染。为了人类社会的可持续发展，解决全球气候变化问题迫在眉睫，因此，低碳经济理念顺应潮流出现在大众视野中。低碳经济的发展模式主要依靠的宏观政策以及低碳技术的研发创新，建立从供应商到消费者全流程高效率低排放的产业链，进而将现有的能源消费结构由高排放高污染向低耗用低排放转变，并大力提倡建立以清洁能源为主的新消费结构，降低对能源的耗用，减少生态环境的压力，实现经济和人类生活双低碳化的发展模式。

与以往的高碳经济相比，低碳经济最大的不同在于严格控制产品在生产全过程中温室气体的排放量，尽可能达到最低水平。低碳经济模式最大化地提高能源的使用效率，进而减少资源短缺的现象，其最重要的三大建设内容为：(1)大力开发和利用新能源，促进新能源行业的发展；(2)研发创新、推广使用低碳技术；(3)促进企业生产低碳产品，提高人们的低碳消费意识，重点关注产业自上而下的产品服务模式以及城市建设规划领域中的绿色建筑和绿色交通。

2. 特点

除了与高碳经济的最大差异之外，低碳经济模式还具备以下四个特点：

(1)目标确定性。在人们的消费活动、企业生产产品的过程以及社会经济发展过程中，应该将低碳经济贯穿始终。学者们纷纷投入大量精力研究低碳经济，其最终目的是实现"低碳化、无碳化"，而这也是目前世界各个国家发展所追求的终极目标。但是，要想实现这个目标并不容易，需要我们结合可持续发展观，彻底转变传统的化石能源消费结构，降低企业在生产过程中对不可再生能源的依赖，大力开发和利用新能源产品，将以往的"高碳经济"转变成"低碳经济"。此外，在该种模式的经济发展过程中，不能仅仅依靠 GDP 这一衡量指标，因为经济的发展与多种因素有关，所以应该在低碳经济理念下重新设计一些合理的低碳和环境指标，作为经济发展的重要依据。

(2)渐进性。实现低碳经济是一个非常漫长的过程，需要长期的精密筹划，并将计划细化成各个小目标，在各个阶段将工作目标贯彻落实到底，进而逐步实现向低碳经济转变。在发展低碳经济的过程中，我们不能仅仅看眼前的利益，急于求成，而应该做好各阶段的工作安排，稳扎稳打。欧盟中的一些发达国家，相比于中国，在较早时期就提出了低碳减排的经济发展模式，但是也要经过几十年的发展，才能达到最终的目标。而且每个国家的基本国情和发展现状不同，所以在经济转变过程中，要结合本国的优势及发展状况，提出一个高度可行的发展计划。

(3)系统性。要想实现一个目标，必须采取系统性的措施。在实现低碳经济的过程中，要根据长远的发展规划采取切实有效的办法，制定出一套符合基本国情的系统性的发展方案。

(4)整体性。在采用宏观政策、低碳技术等手段发展低碳经济的过程中，要追求整个社会效应，而不局限于某个地区或者某个经济发达的地方；此外也要兼顾社会效益和生态效益，不能以社会和生态环境为代价来实现经济转型。

（四）循环经济理论

1. 概念与内涵

随着生活水平的提高，人们越来越追求高质量发展，要求遵循生态环境能量循环的发展规律，即以资源低开采、高应用、低排放为主，不将发展经济和环境效益孤立开来。采用生态学的规则给人类社会经济指明了一条高质量的发展道路，可以在追求高质量发展的同时，促进人类与自然的和谐相处，加强人们的环保意识，降低人们对环境造成污染的可能性，避免浪费资源而造成的资源短缺，提高资源的使用效率。过去世界各国在发展经济的同时，忽略了对生态环境的保护，造成大量的环境污染，使得全球气候变化问题日益凸显。

20 世纪 60 年代，美国经济学家提出了循环经济理念并给出了明确的定义，将其定义为以经济系统中的物质闭环流动为特征，以生态资源和环境容量友好型开发利用方式为手段，采用生态学的发展规律引导人类社会经济活动的绿色经济发展模式，以最大限度地减少投入和污染及废弃物的产生。随着全球经济的不断发展，循环经济也在特定层面上有了全新的突破。

2. 主要研究内容

（1）从物质流动形态层面来看，传统的经济模式主要是以“原材料—产成品—废物处置”为主，这一经济模式对全球性的资源枯竭做出了巨大的“贡献”。而循环经济则是以“原材料—产生品—再生品”模式进行循环生产，将用过的原材料、产品等进行重复利用，从降低废物污染的末端处理方式转变成生产和销售环节重复利用资源的方式。

（2）从行为原则层面上看，循环经济坚持减量化原则。该原则主要适用于生产产品的输入端，在生产消费过程中充分利用资源，避免资源的滥用，减少产品使用后的废物排放，这样不仅可以节约资源，还可以降低对环境的污染。但这仅是从单位产出的角度来看的，如果人口数量长期保持持续上涨的趋势，那么对产品的需求就会大大提升，这必然会导致资源的耗用量增加，以及废弃物的排放量增加，这时就需要再利用和再循环的辅助。再利用原则主要是针对过程端而言的，要求使用过或生产出的产品能够被多次利用，降低原材料及相关资源的投入压力，避免浪费现象的频出。再循环原则则是针对输出端而言的，要求生产出的产品不论是否被使用过，均可以被重新利用，达到减少废弃物的目的,进而降低对环境的污染。

(3)作为一种绿色生态经济,循环经济就是在投入原材料和自然资源进行加工生产,生成产成品,进入消费,再到废弃物终端处理的各个环节中,将之前耗费资源的发展模式逐渐向资源循环利用的发展模式转换。循环经济的核心是在给消费者提供产品服务的同时,不仅需要满足后续的可持续发展,还需要充分发挥资源的最大化效用,在循环的过程中减少对化石能源的使用,进而降低环境污染,助力绿色经济发展。循环经济的目标就是充分发挥循环利用资源的作用,以最小的环境成本,最大限度地提高经济发展水平,进一步规避为发展经济而过度浪费资源或破坏生态环境的风险。

循环经济之所以受世界各国的青睐,主要原因在于该经济具有传统经济所不具备的四大特点:一是减少资源浪费与耗用,从而提高经济效益;二是扩大生产工艺链条的宽度和长度,以防止污染物的产生,确保污染得到很好的治理;三是通过科技手段实现废物的回收利用,减少初始资源的采掘,提高可再生资源的利用率,防止因废物造成的环境污染;四是回收再利用无效处置的废物,提高各资源的使用效率,发展资源再生行业,为人们创造更多的就业机会。

(五)可持续发展理论

1. 概念与内涵

可持续发展理论与社会发展之间存在着密切的关系。也可以说,可持续发展理论在某种程度上指导着社会的发展,但可持续发展理论也会随着社会的不断发展而被赋予新的内涵。这一理论是人类社会最根本的价值原则的体现。可持续发展理论会被全世界广泛接受,最核心的原因在于其强调了世界的本质是不断前进发展的,而可持续性是社会在发展过程中最根本的要求。

可持续发展理论内涵丰富,但主要还是围绕四大系统,即社会、环境、经济和资源,划分为五个层面进行发展。

(1)共同发展。虽然世界上存在大大小小多个国家,但是这些国家可以被看成一个统一的世界整体,各个国家是整体中的一部分。各个国家的发展变化难免会对邻国的发展产生潜移默化的影响,进而影响世界整体的前进与发展。所以,要想实现可持续发展,就要实现整体与局部的共同发展。

(2)协调发展。首先,从纵向来看,协调发展包括整个世界和各个国家在空间上的协调。其次,从横向来看,需要社会、环境、经济和资源四大系统相互协调。可持续发展的目的就是在发展经济的同时，能够实现人与自然的和谐相处，人类要有节制地向自然索取，并在向自然索取的过程中毫不吝啬地给予自然，保持生态系统的动态平衡。

（3）公平发展。可持续发展要求各个国家既不能以牺牲子孙后代的发展为代价，毫不节制地消耗自然资源，也不能利用自身原有的发展优势压榨其他国家的利益或损害他国的发展来促进自身的发展。

（4）高效发展。自然与人类的和谐相处并不代表我们要一味地守护环境而忽略发展，而是要兼顾二者，协调经济、社会等方面的高效发展。

（5）多维发展。不同国家和地区因各自的基本国情不同，均呈现出较大的差异，可持续发展强调的是综合发展，各个国家要结合自身国情和实际情况促进多维发展。

2．原则

可持续发展除了具备上述五大内涵以外，还严格遵守以下三个原则：

（1）可持续性原则。其中环境可持续性指的是要促进人与自然的和谐相处，不断改善自然环境，提高其所能承载的环境压力。社会可持续性主要指科教文卫体等方面的共同发展。

（2）公平性原则。该原则重点包含三个层面的含义。第一，现代的公平发展主要体现在不能以损害其他国家或其他地区人民的利益来追求自身的发展。第二，隔代之间的公平发展是指当代人在为满足自身利益而追求发展的过程中，不能以子孙后代的利益为代价，不能将二者孤立开来。第三，资源的公平分配主要是指在发展过程中要实现资源共享，不能将资源全部集中在少数人手中，要让社会全体成员共享使用资源的权利。

（3）共同性原则。共同性原则认为全世界属于一个不可分割的整体，任何国家的风吹草动均能给其他国家造成影响，因此我们要采取一定的行动实现全球范围内的可持续发展。

（六）绿色增长理论

1．概念及其发展过程

绿色增长这一概念，是在人们对生态环境的保护意识逐渐提高的过程中形成的。绿色增长理论也是在追寻可持续发展的过程中确立并逐步完善的。

从国内外有关绿色增长理论的发展过程来看，绿色增长理论的形成大致经历了从牺牲环境发展经济的“褐色”阶段，到先污染后治理环境的“浅绿色”阶段，再到环境可持续发展阶段，最后到绿色增长阶段（武春友，郭玲玲，2020）。

1972年联合国在斯德哥尔摩召开人类环境会议，这是人类环境保护史上的一次影响广泛的关键会议，会议通过的《人类环境宣言》在此后成为许多国家制定环保政策的重要参考。1987年，世界环境与发展委员会在《我们的未来》报告中第一次使用了“可持续发展”这一概念。在此之后，联合国于1992年召开里约环境与发展大会，正式将“可持续发展”作为新的发展战略向世界各国推广，又通过了包含《地球宪章》在内的五个重要文件，促进可持续发展战略付诸实践。各国纷纷开展对这一新的发展模式的探索，相关理论研究也随之逐步丰富。2002年，约翰内斯堡首脑会议上，“绿色发展”这一概念正式启用。该会议强调不应当割裂社会经济和环境保护的关系，应当以实现发展的可持续为目标。2005年，联合国亚洲及太平洋经济社会委员会（简称“亚太经社会”，U. N. Economic and Social Commission for Asia and the Pacific，ESCAP）首次使用绿色增长的概念，认为其是“为减低碳排放、推动全社会成员的发展而采取的环境可持续的经济过程”。2011年，经济合作与发展组织（Organization for Economic Co-operation and Development，OECD）提出了更加完善的定义，即绿色增长是“在经济发展的同时，保证自然资产能够为社会福祉继续提供资源和环境服务”。同年，联合国环境规划署（United Nations Environment Programme，UNEP）表示，与以往的发展模式不同，绿色增长下的经济发展包含着消除贫穷、减少不平等、增添社会福利等重要内涵。联合国环境规划署对绿色增长的这一定义是目前相对权威的解释，既提及了绿色增长的经济内涵，又将其与社会福利和环境价值相互交融，强调自然资产能够长期为人类带来价值。绿色增长概念的提出和完善，反映了人们对“绿色”理解的逐渐加深，从最开始的事后治理污染的“浅绿色”环保观念，到强调经济增长与资源环境相结合的可持续发展战略，再到包含资源效率和社会包容的绿色增长，体现了人们的环保发展观念越来越包容，而非仅仅关注环境保护本身。在绿色增长的概念中，既强调了要在保护自然资产的前提下实现经济增长这一经济属性，又增加了实现社会公平、增进人类福利等社会属性。

2. 测量方法

为了对绿色增长展开更加深入的研究，需要对绿色增长的实际成果进行衡量，以实现在实践中检验理论的目的。建立科学可行的评价体系，不仅有助于对研究区域的绿色发展情况进行科学的测量，还能够帮助判断绿色增长战略带来的实际效益，以便及时调整战略布局，建立更为合适的绿色发展路径。因此，寻找科学可靠的评价方法，是推进绿色发展后续研究所不可回避的问题。

作为绿色增长概念的主要倡导者，经济合作与发展组织(OECD)、联合国环境规划署(UNEP)等国际权威组织均制定了相应的评价体系。例如，OECD将绿色增长的可见性和可衡量性作为重点，以实现经济增长为目标，将环境与资源生产率、自然资产基础、生活质量和政策响应等作为核心要素，再分别为各要素设立二级指标和三级指标，构建了一个较为完善的评价体系。这一评价体系的指标设计相对灵活，在许多成员国和非成员国中得到了广泛应用，许多学者也运用该评价体系展开对绿色增长的相关研究。UNEP为了给各国在绿色经济建设过程中提供切实可行的指导，建立了一个绿色经济衡量框架，该衡量框架主要包含重点行业发展、经济增长与环境、社会进步和人类福祉这三个方面。OECD建立的评价体系强调在经济发展的同时实现对环境资源的保护，也就是更加注重绿色增长的经济属性，而UNEP提出的衡量框架更加注重环境因素而非经济增长。同时，UNEP的框架中更加明晰地体现了对社会进步和人类福祉的测度，这也是OECD的评价体系中较少涉及的。

在实际运用过程中，各国往往不能直接照搬国际权威机构设定的评价方法，而是需要依据国情做出调整，建立适当的评价体系。我国学者也在不断尝试构建更加科学适当的评价框架。郭玲玲等(2016)在分析比较了国际较为权威的评价体系之后，参照OECD的绿色增长评价体系，重新筛选了五个维度的具体指标，又根据专家意见补充了重要的测量指标，建立了一套新的评价体系，弥补了原有体系中强调经济增长，对自然资产和社会整体福利考虑较少的问题。明翠琴等(2017)从旅游行业面临的资源环境问题入手，依据旅游行业生产活动的特点，参考国际权威机构发布的评价指标，运用层次分析法设计了一套专门用于解决旅游行业绿色增长测度问题的评价指标。赵奥等(2018)在以往研究的基础上凝练出了绿色增长的六个准则层，经过层层筛选后最终保留14个指标作为评价体系的组成部分，在经过实证检验后又提出了未来绿色增长应当关注的重点。唐谷文等(2019)则将评价的范围缩小到了企业之中，将绿色增长评价与企业“绿色化”相结合，建立了企业绿色增长评价的指标体系，运用这一评价指标体系，对特定区域内重点企业的绿色增长情况进行具体分析，弥补了微观层面缺少可行的评价依据的不足。

总的来说，当前运用较为广泛的评价指标体系仍然是以国际权威机构发布的通用性评价体系为主。在对绿色增长的研究从理论转向实践的过程中，许多学者参考国际组织发布的衡量框架，结合实际情况对具体指标进行筛选或补充，建立更加贴合实际发展情况的评价标准，并于实证检验中取得了相对理想的结果。纵观已有的研究结果，关于绿色经济评价指标体系的构建大多集中在国家整体层面，尽管有学者以企业作为研究对象进行绿色增长评价，但是相关的研究还比较少。另外，李林子等(2021)的研究发现，许多增长评价体系在考虑具体衡量指标的时候更偏爱结果型的评价指标，这样做的好处是评价出的结果有较强的可比性；不足之处在于，绿色增长是一个动态的过程，不同发展阶段值得关注的指标可能有很大的不同，那么一成不变的评价体系可能就不再适用，得出的结果就没有可比价值。因此，如何建立起能够灵活运用于各个发展阶段并良好适应于发展情况复杂的绿色增长的评价体系，是未来需要进一步研究的问题。

3. 绿色增长的实现路径

绿色增长是在环境保护意识不断加深，对经济社会发展与生态环境关系的探索逐步深入的背景下提出的概念。绿色增长理论则脱胎于可持续发展理论。一方面，绿色增长理论继承了之前的绿色理念中既要追求经济属性的发展又要做到保护生态环境的部分；另一方面，绿色增长理论又注入了促进社会公平、增加社会福利等新内涵。随着理论研究的逐步展开，一些学者对绿色增长的研究由理论转向了实践方面的探索，试图找出影响绿色增长的关键因素，从而寻找实现绿色增长的路径。

不同的学者从不同的角度对绿色增长的关键影响因素进行了分析。王海龙等(2016)采用DEA方法测量了研究区域的绿色增长效率和绿色创新效率，并用回归模型对二者之间的关系进行了分析，结果发现绿色创新效率对绿色增长有显著的驱动作用，政府应当支持绿色创新企业的发展以实现绿色增长。Hancheng Dai等(2016)从可再生能源的角度切入研究，发现在中国大规模应用可再生能源不仅不会大幅度提高经济成本，反而能在一定程度上推动能源行业上下游产业链的重塑，从而产生可观的绿色增长效应。韩晶等(2019)以绿色全要素生产率作为衡量绿色增长的指标，研究了中国城市产业升级对绿色增长的影响。他们的研究结果证实，产业结构升级对处于不同发展阶段的城市的绿色增长都有促进作用；而产业结构的合理化对于发展相对成熟、已经处于相对领先地位的城市有正向作用，对于那些发展相对落后、处于追赶状态的城市的绿色增长反而形成了阻碍。因此，要因地制宜地选择合适的发展路径以实现绿色增长。孙博文等（2020）以长江经济带的统计数据为例，研究技术市场如何影响绿色增长，结果发现，技术市场的发展对绿色增长有正向作用，劳动力市场和资本市场的一体化、资源配置效率以及研发费用支出的提高都能够促进绿色增长。陈素梅等（2020）则将视角聚焦到了经济相对落后的地区，通过对江西信丰的脐橙产业展开分析，得出贫困地区依赖当地绿色资源，实现绿色增长的路径构想。董庆前等（2022）在"双碳"目标的大背景下，将碳排放纳入绿色增长的分析指标，通过 SBM-DEA 模型进行测算，识别出了产业聚集、科技进步和人力资源等能为绿色增长带来积极影响作用的关键因素，同时还发现了能效消耗会对绿色增长产生一定的限制作用。

除了对上述产业结构和技术变革等因素的研究，还有学者从政策角度进行实证检验。韩晶等（2017）利用面板门槛模型研究了环境规则对绿色增长的作用机制，研究发现，在绿色发展相对落后的区域，环境规则对绿色增长的影响呈现出 U 形的特点。具体而言，一开始环境规则的强度增大会压缩生产污染性产品的利润空间，不利于区域绿色经济的发展；然而随着环境规则强度的进一步提高，该区域会学习清洁技术并生产更为环保的产品，从而实现绿色增长的大幅提高。王巧等（2020）将研究重点放在低碳试点政策对绿色增长的影响作用上，研究结果表明低碳试点政策能够促进城市的绿色增长，这一推动作用在行政级别较高的东部城市中尤为明显，因此东部地区要因地制宜开展碳试点工作，发挥区位优势，实现绿色增长。

不论是利用实证研究来探索影响绿色增长的影响因素，还是从政策角度探索环境规则/绿色政策对绿色增长的作用机制，学者们从不同的角度切入，丰富了绿色增长实现路径的研究，使得绿色增长从理论走向实践。从上述研究成果中不难发现，不同的因素对绿色增长的影响效果存在差异，而同一种影响因素对发展情况不同的地区带来的作用也不尽相同，甚至可能正好相反，因此不存在对所有地区都适用的绿色增长路径。要实现绿色增长，需要针对不同的地区依据实际发展情况寻找合适的路径，应当充分考虑地区的优势资源，促进各种积极因素正向协同，尽力避免抑制性因素可能带来的负面作用。另外，我国各地发展水平差异较大也给促进绿色增长的政策制定带来了不小的挑战，在制定政策时，应当考虑各地区的产业发展程度和资源禀赋，综合考虑政府对企业资源利用的限制可能带来的影响，利用制度为绿色增长提供必要条件，引导区域内的产业向着更加清洁环保的方向转型升级以实现绿色发展。

4. 未来发展方向

首先,关于绿色增长评价指标体系的构建,尽管国际权威组织给出了原则性的指导和值得参考的评价体系,但是世界各国的发展水平有很大差异,面临的实际情况也有很大不同,如果以相同的评价体系考察各国绿色增长的水平,可能会造成一定的不公平。缺乏公平合理的衡量标准也将为绿色增长的国际合作带来障碍。如何建立起足够灵活的能够评价不同发展水平国家的绿色增长情况是一个值得关注的问题。另外,绿色增长的评价不仅仅要考虑宏观层面,也要考虑微观部分。不同于宏观层面有相对通行的权威标准,微观评价体系的空白更多,这也是未来需要考虑的问题之一。

其次,目前关于绿色增长影响因素的研究已有不少,涵盖了技术革新、产业升级、政策制定等各方面,但相关的研究还较为分散。以往的研究往往只针对其中一个或几个因素进行影响分析,然而绿色增长的持续势必要依赖生产和消费方式的变革。在这一进程中,不会只有一种影响因素发挥作用,各因素之间往往紧密关联,相互影响,只关注其中一两个影响因素可能达不到实现持续性的绿色增长的目的。从政策制定的角度而言,只有明确了各因素之间的相互作用,才能为绿色增长提供更好的政策支持。因此探索不同影响因素之间的作用机制,发挥各类因素的协同作用以促进绿色增长,是有待研究的方面。

最后,在新冠肺炎疫情反复的大背景下,绿色经济的发展面临着更多未知数。受疫情影响,传统的经济模式正在遭受冲击,而对于新发展模式的探索也受到重大打击。对于我国而言,不仅面临着疫情带来的经济下行的压力,还需要兼顾“双碳”目标的实现。在这样的条件下,如何实现经济复苏与绿色发展的共赢是亟待研究的问题。随着世界环境日益复杂,经济形势瞬息万变,发展绿色经济不可能总是处于有利的条件之下,因此如何在外部条件带来不良影响的情况下实现绿色增长,这是绿色发展从理论走向实际不得不面临的问题。

二、绿色经济发展政策

2020 年 9 月 22 日,国家主席习近平在联合国大会上宣布,中国力争 2030 年前实现碳达峰,2060 年前实现碳中和。“双碳”目标的提出,是我国绿色经济发展更深层次的要求和挑战。实际上,中国历来就是绿色经济的践行者和国际合作的推动者。2012 年,党的十八大提出了“五位一体”的总体布局,将生态文明建设作为国家总体战略规划的重要一环，并据此提出了建设“美丽中国”的目标；2015 年，党的十八届五中全会以实现“绿色”作为国家发展战略规划中的目标之一；2017 年，党的十九大报告又一次强调了通过改革推进生态文明建设、促进经济绿色发展的重要性。随着社会经济的发展，我们面临的环境问题日趋复杂化，以牺牲经济增长为代价进行环境保护的做法难以持续，为了实现经济增长和环境保护的双赢，我国越来越重视绿色经济的发展，越来越多的经济发展政策融入了生态文明建设的内容。

（一）绿色金融政策

在绿色信贷方面，早在 2012 年，我国就出台了有关环境保护的信贷政策，随着有关统计制度、信息披露要求和业绩评价等政策的出台，我国的绿色信贷制度总体架构已基本确立，国内的评价标准实现了一定程度上的统一，相关的专项统计工作也有序展开。截至目前，相关的主要政策如表 2-1 所示。

表 2-1　绿色金融相关政策

年份	政　　策	颁发部门
2012	《绿色信贷指引》	中国银监会
	《银行业金融机构绩效考评监管指引》	中国银监会
2013	《绿色信贷统计制度》	中国银监会
2014	《绿色信贷实施情况关键评价指标》	中国银监会
2015	《能效信贷指引》	中国银监会、国家发改委
2016	《关于构建绿色金融体系的指导意见》	中国人民银行等七部委
2017	《“十三五”节能减排综合工作方案》	国务院
2018	《关于建立绿色贷款专项统计制度的通知》	中国人民银行
	《银行业存款类金融机构绿色信贷业绩评价方案(试行)》	中国人民银行
2021	《绿色债券支持项目目录(2021)》	中国人民银行、国家发改委、中国证监会
	《商业银行绩效评价办法》	财政部

中国人民银行等七个部门在 2016 年联合制定并下发了《关于构建绿色金

融体系的指导意见》(以下简称《指导意见》)。《指导意见》首先从理论层面上阐述了加快建设绿色金融体系对促进中国经济未来发展的重要性;其次,进一步从经济实质和实际操作层面上提出了能够有效推动体系建设和完善的重要具体措施。上述《指导意见》的鼓励措施基本涵盖了我国金融机构已经推出的绿色信贷、绿色债券等内容,也涵盖推动开发基于污染排放权利的多样化环保类型融资工具的举措;既包括鼓励发挥市场作用促进绿色经济发展的措施,又包括推动政府参与社会资本合作设立基金的内容;既有对地方发展绿色金融的指导,又有对国际层面的绿色金融合作的展望。《指导意见》为相关绿色金融政策的出台提供了指导方向,对绿色信贷、绿色债券和绿色产业等许多领域都有重大意义。

在《指导意见》出台之后,我国又陆续推出《绿色信贷指引》《绿色信贷实施情况关键评价指标》《关于建立绿色贷款专项统计制度的通知》以及《绿色债券支持项目目录(2020 年版)征求意见稿》等一系列政策,这些基础性政策对促进我国绿色信贷的分类标准趋向完善有重要的指导作用。2018 年,中国人民银行制定的《银行业存款类金融机构绿色信贷业绩评价方案(试行)》(以下简称《方案》)提出要将绿色信贷的业绩表现作为考核银行业存款类金融机构业绩的一个重要指标。《方案》给出了业绩评价的具体指标,包括定性指标和定量指标两大类,要求评价者既要从数量角度衡量金融机构发行绿色债券的规模、增速和风险,又要考虑其对相关政策的具体执行情况。《方案》的推出有助于促进银行等金融机构提高对绿色金融的重视,从而推动绿色金融的发展。

此外,由于绿色债券市场初步建立时缺乏统一的判断标准,绿色债券的定义较为模糊;同时,与国际上相对成熟的绿色债券市场存在较大差距,为了解决上述问题,中国人民银行在新发布的《绿色债券支持项目目录(2021 年版)》中确定了相关绿色债券支持政策受益对象的清单,该目录还为支持项目提供了官方的解释与分类。这些项目清单的确定,为后续政策的出台提供了政策基础和前提条件。同时,项目清单的收录标准也反映出了我国绿色政策的制定在一定程度上逐步向国际市场的规范与标准趋同。相关政策的陆续出台,完善了我国绿色信贷的分类标准,建立起了相应的评价体系和信息披露制度,为我国绿色金融的发展提供了有利条件。

我国已经意识到,作为世界温室气体排放大国,我国的碳排放交易市场将拥有巨大体量和巨大影响力。目前我国正在积极探索和建设适配我国绿色发展战略的碳排放权交易体系。目前的交易主体主要是国内碳排放重点单位,未来将会有更多各类行业的碳排放单位参与市场交易。2011 年,国家发改委颁布《关于开展碳排放权交易试点工作的通知》，正式迈出了尝试建立碳排放权交易的关键一步，先后共有8个省市参与了碳市场试点工作。

2016年，发改委发布《关于切实做好全国碳排放权交易市场启动重点工作的通知》，进一步明确了建设碳排放权市场的要求，强调碳排放权交易市场应当遵循客观价值规律，以市场机制为主导，依据客观供求关系调节市场运行；上至国家层面下至各个企业，应全面协调，共同建设碳排放权交易市场，为全国碳排放权交易体系的启动提供保障。在积累了部分省市运行的经验后，2021年，我国的碳排放权交易系统正式投入使用。作为碳交易市场的实施机构，生态环境部颁发施行《碳排放权交易管理办法(试行)》，对碳排放权的市场交易提出了制度层面的指导和约束，从交易实施的主要流程、市场参与者的权利和责任、监管的原则与框架等重要方面对碳排放权交易进行了规范，是当前开展碳交易活动的主要制度依据。而与之配套出台的《碳排放权登记管理规则(试行)》、《碳排放权交易管理规则(试行)》和《碳排放权结算管理规则(试行)》三项规定，从政策层面规范了全国碳市场履约交易的基本流程，使得碳排放权的交易过程有章可循。

作为世界最大的温室气体排放国，我国的碳交易市场对国内乃至国际经济都将产生巨大影响，也必将成为实现经济"绿色化"发展的重点。目前，我国的碳排放权交易市场正式运行的时间还很短，相关的监管经验也不充分。未来，市场的交易机制和相关政策法规必然会进一步完善。

(二)绿色产业政策

绿色产业是在绿色经济发展背景下逐渐形成的新兴产业概念，不同于传统三次产业划分的标准，绿色产业涵盖了各种领域各类行业。我国在绿色产业发展过程中发布了许多相关的鼓励政策，具体如表2-2所示。

表2-2　绿色产业相关政策

年份	政　　策	颁发部门
2015	《中国制造2025》	国务院
2016	《工业绿色发展规划(2016—2020)》	工信部、发改委
	《关于开展绿色制造体系建设的通知》	工信部
	《绿色制造标准体系建设指南》	工信部、国家标准委

续表

年份	政　策	颁发部门
2017	《关于加强长江经济带工业绿色发展的指导意见》	工信部、发改委等
2019	《绿色产业指导目录(2019年版)》	发改委
2020	《关于组织开展绿色产业示范基地建设的通知》	发改委
2021	《"十四五"工业绿色发展规划》	工信部

其中,国务院颁布的《中国制造2025》提出通过将产业耦合的企业集中到一起建立绿色工业园区,实现园区的碳排放接近于零的构想,由此实现从现有制造模式向"绿色制造体系"的变革。"十三五"期间,工信部发布《工业绿色发展规划(2016—2020)》,将绿色工业园区的建设纳入发展规划当中,提出园区建设应当做好上下游企业链接,充分发挥产业耦合的正向作用,同时应当做好相应的软硬件支撑工作。《关于开展绿色制造体系建设的通知》从实施层面为建设工作提供了具体指导,强调建设标准体系的重要作用,要求做好从产品设计到加工工厂,从上下游供应链再到产业园的标准制定,引导制造产业向好发展,实现规划目标。

在此之前,由于缺乏相对权威的标准,我国绿色产业的界定一直不甚明确,甚至存在将不符合定义的项目也纳入绿色产业的问题,也导致相关绿色产业的鼓励政策难以确定重点对象。直到2019年,发改委颁布了《绿色产业指导目录(2019年版)》,明确了能够划分为绿色产业的具体项目,并列示了三级目录,又对每一个三级分类进行了详细的说明和界定。该目录不是具体的产业政策,但是能够为其他绿色产业的支持政策提供依据和技术支持,能够解决当前绿色产业缺乏统一标准所带来的种种问题。此外,该目录的出台也有助于绿色金融行业依据产业内容进行标准的更新与修订,从而推动绿色信贷和绿色债券的规范化发展。

(三)绿色税收政策

我国现行的绿色税收制度主要包括三部分:一是以环保为主要目的的单独税种——环境保护税;二是当前税收体系中能够间接实现环保目的的其他绿色相关税种;三是跟随国家绿色发展战略灵活调整的税收优惠政策。

2018年,《中华人民共和国环境保护税法》开始正式实施,这是我国首部专门为治理污染、优化生态而单独设立的税收法律，也是我国税制绿色化的重要体现。环境保护税相较于原来的排污费，在覆盖范围和适用税率等方面进行了改革。但是与国际上的环境保护税相比，我国环境保护税的覆盖范围比较有限。为了构建更加完善的绿色税收体系，我国还陆续推出了其他与环境保护相关的绿色税收政策。

除了环境保护税这样的单行税种，我国还有部分税种尽管不是专为环保而设立，但其设立目标与节能环保密切相关。资源税、城镇土地使用税、耕地占用税属于资源补偿型，也就是针对占用稀缺资源的生产、消费等环节增加税收，以提高成本的方式来约束此类行为，促使企业为降低成本而慎重使用自然资源。消费税、车船税、车辆购置税和城市维护建设税属于生产调节型税收，对环境不友好类型产品的生产或消费征税，能够为减少此类产品的生产和消费发挥一定的作用，从而达到减少资源耗费、保护环境的目标。

除了现行的绿色相关税种，我国还推出了多项支持绿色发展的税收优惠政策，主要包含鼓励节能减排、促进新能源消费和鼓励技术创新等方面。

例如，针对企业所得税税负问题，符合《环境保护、节能节水项目企业所得税优惠目录》标准的企业可以获得“三免三减半”的优惠，即在取得第一笔营业收入后的前三个纳税年度可以享受免征所得税的优惠，之后的三个纳税年度则可以享受所得税的减半征收。该政策对于环保产业而言有重要的导向作用，相关企业每年可以获得大量的税收减免，从而促进企业的发展。

在鼓励新能源消费方面，也有类似的税收优惠政策。例如，为了更好地发挥节能减排公司在环保减排方面的作用，对符合标准的公司免征增值税；为了刺激新能源汽车市场的需求，对新能源汽车免收购置税。

“双碳”目标提出后，我国绿色税收的重点逐步转向降碳，绿色税制进入“深绿税制”时期（白彦锋，柯雨露，2022）。目前，已经有学者对如何改进当前税制，帮助我国实现降低碳排放的目标展开研究，也有学者从择机开征碳税的可行性角度探索未来改革的方向。如何改进现有绿色财税政策，使其更符合促进绿色发展的要求，将是未来税制发展的重要方向之一。

三、绿色经济管理实践

习近平总书记曾指出，“我们应该追求绿色发展繁荣”，“良好生态本身蕴含着无穷的经济价值，能够源源不断创造综合效益，实现经济社会可持续发展”。与其他国家相比，我国近年来一直处于经济中高速发展阶段，但是与之不相匹配的是资源的巨大消耗和环境的严重污染。《中华人民共和国国民经济和社会发展第十四个五年规划和2035年远景目标纲要》明确提出，要推动绿色发展，促进人与自然和谐共生，到2035年，生态环境根本好转，美丽中国的建设目标基本实现。这意味着我们在追求发展和扩张的同时，也要重视保护自然环境，以降低碳排放为重点战略方向，促进经济社会朝着资源节约和生态保护的方向转型。

本节主要将我国划分为东、西、中部区域来介绍绿色经济管理的具体实施内容，分别从三个地区中选择具有代表性的城市来介绍其发展绿色经济的现状，以此分析和比较各经济区域的差异，进而为后文绿色经济评价体系的建设提供依据。

（一）我国绿色经济总体实践现状

根据中央制定的“双碳”目标，我国将在2030年实现碳达峰，2060年实现碳中和。该政策强调将绿色经济发展作为我国未来经济的主要发展方式，在研发、生产、消费、物流等步骤中都实施绿色管理。

1. 我国绿色经济发展取得的成效

随着“十三五”规划的完美收官和“十四五”规划的全面开启，我国绿色经济发展的许多领域都取得了显著成效，表现在以下三个方面。

(1)绿色产业得到了蓬勃发展。作为战略性新兴产业中的“种子选手”之一，我国节能环保产业的产值在2020年已经突破了7.5万亿元。同时，新能源汽车产业也开始进入全新的规模化、高质量快速发展阶段。2021年新能源汽车产销量超过了350万辆，连续七年位居世界首位。与此同时，我国绿色技术也在不断进步，在新能源、燃煤机组超低排放、煤炭清洁高效加工及利用等方面取得了重大突破。此外，我国绿色金融增长迅速，给予经济高质量发展以有力支撑。在“碳中和元年”的2021年年末，绿色贷款余额超过15.9万亿元，绿色债券存量1.16万亿元。

(2)资源利用效率有了显著提高。近年来，我国逐步完善了能源消费强度和总量双控的有关方案，强化了目标责任评价考核这一制度的实施，奖罚分明，以此来调动全员的节能积极性，推进了工业行业、公共机构、建筑行业等重点领域的节能工作，并推广了先进节能技术和产品。另外，我国也开展了国家节水行动，增强全社会的节水意识，鼓励旱作农业、节水灌溉，推动高耗水的工业行业节水增效，推进水循环的梯级利用，并推行水效标识、合同式节水管理等制度，用水效率逐年提高。

(3)绿色制度体系在不断健全。我国不断完善绿色生产和消费相关的法规政策体系，截至2020年年底，已形成包括30余部法律、60余部行政法规在内的绿色法律法规体系，累计修订绿色发展有关标准3000余项，持续强化着法规标准的约束力和引导性。此外，国家生态文明试验区的建设也在进一步深化中，并进行持续不断的探索，以期形成一批可复制、可推广的改革经验。

2. 我国绿色经济实践面临的问题

我国绿色经济的实践尚处于探索阶段，仍存在着一些问题。

(1)目前绿色实践道路仍然停留在理论讨论阶段。在实践中，我国还较为缺乏具有详细操作性的绿色发展战略规划。制定绿色发展战略纲要和绿色发展规划、将绿色发展理念融入生产实践是十分必要的，这需要通过政策引导、法律保护、科技推广和社会传播，进而展开一场彻底的绿色革新。此外，实践中激励到位、约束力强的制度体系尚未根本建立，政策的合力效果有待进一步体现，推动绿色发展的相关体系都有待健全。

(2)环境污染现状严重且恢复难度大。虽然与大部分国家相比较来说，我国地大物博，资源比较丰富，但是，人们对于现有资源毫无节制的攫取，对环境肆意污染，再加上社会对于环保意识在20世纪才刚刚觉醒，在日复一日、年复一年的破坏与掠夺中，我国的生态环境早已受到不同程度的损害，经济的发展尤其是工业的发展对环境资源的侵蚀尤为严重。无论是水污染事件，还是前些年的雾霾事件，层出不穷的环境污染事件说明了我国经济在高消耗、粗放型的增长方式下，对于环境和自然资源的高度依赖致使许多地方都出现了不可挽回的环境污染，说明传统的经济增长模式的不可持续性，不再适应当前世界经济的发展趋势。

由我国生态环境部发布的《2020年中国生态环境状况公报》可知，我国生态环境质量总体正在进步，煤炭消耗量占能源消耗总量的56.8%，比2019年下降0.9个百分点；而天然气、水电等清洁能源的消耗量占能源消耗总量的24.3%，比2019年上升了1.0个百分点，单位GDP能耗比2019年下降0.1%。虽然总体情况向好，但是现存的环境保护问题和资源紧缺问题依然亟待解决。

(3)绿色经济发展的内外环境有待改善。当前,我国在绿色经济领域已形成以清洁能源、节能降耗为主体的产业布局,但总体而言,发展成效一般,绿色经济发展所需的环境条件尚不成熟。此外,环境立法存在着理论与实践脱节的问题,绿色发展暂时还没有完全地被包含在环境资源立法的指导思想之中,所以,有关部门和单位还需要持续不断地去完善环境保护的相关法律。

(4)技术创新存在不足。随着 2015 年 12 月 22 日国内科技创新板的推出,高新技术一直是我国着力发展的板块。作为绿色经济管理主要依佐的工具,技术创新扮演着举足轻重的角色,其重要性不言而喻。2020 年,我国研究与试验发展(R&D)经费总量约为美国的 54%,是日本的 2.1 倍,稳居世界第二。虽然在研发投入上我国实现了阶段性的成就,但是还不足以与发达国家的发展水平相提并论,许多行业的顶尖技术还需要依靠引进,因此还需要在自主创新上多加努力。

此外,我国还需要在新能源技术的开拓上尽力追赶国际先进水平。长期以来,我国工业的中高速发展都是以石油、煤炭等传统能源的高消耗为主,而且短期之内很难改变能源的消耗方式,这就需要我们尽快探索出一条能将水力、风力等新能源作为主要能源的行之有效的道路。

(5)绿色核心技术水平总体不高。有关研究显示,相比于世界先进水平,我国绿色科技领跑、并跑、跟跑技术的比例大致分别为 10%、35%、55%,整体上仍处于跟跑阶段,缺乏核心技术的竞争力。此外,我国科研院所申请绿色专利技术的占比约为 30%,看似表现尚可,但转化率较低,失效和弃权比例高达 60%,整体的绿色核心技术水平有待进一步加强。

(6)传统产业转型存在阵痛。过去几十年,我国走出了一条符合国情的特色社会主义道路,使得各种产业繁荣发展,有效提升综合国力。其中,第一产业(农业)、第二产业(工业制造业)的贡献最大。如今,传统工业在过去的积累下已经发展得相对成熟,大多数依靠消耗化石能源发展的企业也都具有了一定的规模。如果要对绿色经济进行大面积实践,那么势必需要投入大量的资金和人力。在此过程中,部分中小企业难免会因为巨大的资金投入压力而无法继续正常的生产活动,这就使得发展绿色经济与企业发展、地区经济增长出现了冲突。因此,如何解决发展绿色经济与经济增长不适配的矛盾,是需要我们深入探究的。

(二)我国各区域绿色经济实践现状

绿色经济管理水平以绿色发展指数为评价指标,该指数包括资源利用、环境治理、生态保护、增长质量、绿色生活以及公众满意度等,反映某一地区经济发展和资源环境保护情况。《中国绿色发展指数报告:区域比较》报告显示,除重庆市、云南省外,指数综合排名前十位的省市均处于东部地区。这说明东部地区经济发展水平较高,资金实力相对较强,产业升级转型的速度较快,第三产业所占比例较大,资源耗用效率和污染治理效果比较显著。相应的,中西部地区资源利用、环境治理以及绿色经济增长质量等指数排名都要显著落后于东部地区。

1. 东部地区绿色经济管理实践

(1)北京

作为全国第一批循环经济试点城市之一,北京近年来出台了多项支持绿色经济的规范性文件。在节约能源方面,出台《北京市民用建筑节能管理办法》,主要用来规范民用建筑物的节能设施管理,尽可能减少能源消耗与浪费,唤起市民的环保节能意识。在空气污染防治方面,出台《北京市大气污染防治条例》,主要规范管理大气污染物排放,用来约束工厂企业不规范的排放行为,以此达到政府和民间共同防治的目的。在水资源管理方面,出台《北京市水污染防治条例》,主要以水污染治理、改善和保障用水资源为主,通过区域治理和污水循环再生等手段对居民用水和工业用水进行管理。除此之外,还在服务行业、农业以及旅游业等行业实施清洁生产。借助这一系列的政策指导,北京市在环境保护和资源再生方面一直走在全国前列。

北京市在发展绿色经济时并不是仅凭自己的力量,而是积极与京津冀的其他城市开展合作,共同探索出一条使得经济发展和资源保护齐头并进的路线。其中,最具代表性的就是与张家口的绿色经济合作。在2014年《京津冀协同发展规划纲要》发布之后,无论是在地理方位还是发展绿色经济的需求上,张家口与北京的合作都可算得上是双赢,更何况两座城市之间频繁的经济来往和生态联系。在2022年北京冬奥会举办的背景下,京张两市之间的交通基础设施建设得以大幅改善,这也为两地之间的经济建设和环保项目合作提供了便利条件。北京通过向张家口进行产业转移,来调整自身的产业结构,以此解决如大气污染、交通拥堵、人口过剩等问题。而张家口也因此获得了来自北京的经济资源外溢，从而提高了本市的经济发展水平。

（2）福建

福建省近年来发展绿色经济的效果显著，被评为全国首个生态文明现行示范区，在环境质量和资源保护方面都取得了丰硕的成果。在环境保护方面，福建省的森林覆盖率在2018年已达66.8%，并连续40年在所有省市地区保持首位，广袤的原始森林非常有利于绿色经济的发展。从福建省的产业结构来看，第二、第三产业的比重较大，强有力的经济发展水平也为绿色经济的发展提供了支持，具体可以从金融、人才、企业、文化、政策五个方面来阐述福建省绿色经济管理的现状。

第一，在金融体系建设方面，福建省近年来积极响应号召，根据中央发布的《关于构建绿色金融体系的指导意见》，着力在全省范围内推广绿色金融产品，例如健全绿色信贷制度，大力支持绿色企业的境内境外融资活动，实行绿色产业保险制度等。

第二，在人才引进与管理方面，通过倡议福建省全面融入“一带一路”，建设福州国家级新区、生态文明先行示范区，再加上生育政策、资金支持等有利条件，福建省的绿色经济人才支持体系具备了得天独厚的发展优势，不仅可以凭借政策优惠吸引大量的技术资本注入，也能自行培养优秀的绿色科技人才。

第三，在绿色企业建设方面，福建省2019年开始在上市公司中应用环保信用动态评价机制，超六成上市公司是环保良好企业，环保不良企业大概占比4%，这表明福建省在建设本土绿色企业方面收效显著。

第四，在绿色文化培育方面，福建省作为海上丝绸之路、郑和下西洋的起点，具有得天独厚的自然环境，还有全方位、多层次的厦门经济特区多年来为福建的经济发展招商引资。同时，福建省重点做好对鼓浪屿、武夷山等自然风景区以及传承已久的茶文化的保护措施，切实推进本省绿色经济文化的发展。

第五，在绿色经济发展的政策支持方面，福建省先后出台了《福建省绿色制造体系创建实施方案》、《福建省绿色金融体系建设实施方案》以及各项绿色企业优惠政策，踊跃响应中央关于发展绿色循环经济的号召。

2. 中部地区绿色经济管理实践

以河南省为例，河南省作为资源大省，近年来经济总量一直持续增长，2021年其国民生产总值达到了5.89万亿元，同比增长6.3%，位列全国第五。经济水平保持向好趋势使得河南省的绿色经济具备资金后备支持。2012年出台的《河南生态文明建设规划纲要》指明了未来20年河南省资源环保建设的目标和方向，全力将节约能源和环境保护的理念融入本省的经济发展进程中。河南省采取的措施包括秉持绿色环保理念大力推进传统产业的升级转型、针对水污染开展重点行业的节能减排行动、丹江口库区的生态建设管理等。然而，河南省绿色经济发展也还存在许多不足。

第一，虽然河南省的经济体量大，但是其质量并不高。河南省作为资源大省，农业和工业发展较为成熟，产业结构依然是第一、第二产业占较大比重。相对于第三产业来说，第一产业和第二产业对环境的破坏程度要更加严重，这种产业结构并不利于生态环境的建设。

第二，资源的利用效率较低且再生比例小。与其他排名较前的省份相比，河南省的能源强度较高，长期依赖煤炭等不可再生资源，在消耗资源的过程中产生大量污染物和废弃物。对于清洁生产的发展和推广，河南省还处于初级阶段，还需要政府和民间的协同努力，给企业创造出产业升级转型的动力。

第三，社会普遍欠缺绿色发展意识。虽然政府部门一直以来在学习中央下发的绿色经济文件，并大力推行，但是具体在实施管理工作和落实发展理念上还有所不足。部分企业仍然缺乏对社会、对自然应有的责任感，对于产业升级产生抵触情绪，甚至依旧不按规定处理有害污染物，随意排放。

3. 西部地区绿色经济管理实践

以内蒙古自治区为例，在"西部大开发"被提出后，内蒙古长期依赖于开发能源、开采矿产以及修建公路、铁路等大规模的工业建设。在经济得到腾飞的同时，内蒙古自治区的原始地貌受到了前所未有的破坏，资源被过度开采，经济的高速发展与环境资源保持量越发不相匹配。

2018年内蒙古政府开始着力落实绿色经济理念，顺利完成了黄河、"一湖两海"、察汗淖尔等重点湖海流域的治理任务；对于钢铁制造企业、重金属制造企业等耗能耗水企业进行改造，包括推广节水节能技术和减排技术；在乌拉特前旗等地引导建设资源再生绿色工业基地；在乌兰察布等多地大力推进风能、光能设施建设，并加强储能设备的升级。与此同时，几十年来的重工业发展使得内蒙古本土的许多企业都对传统产业形成高度依赖，尤其是能源开发型企业。一些企业在利益的驱使下，持续对某区域的煤矿进行开采，在暴利面前丧失了技术创新的动力。开采过程中产生的"三废"未经清洁化处理直接排出，在过度开采后又对环境进行二次破坏。传统生产模式带来的庞大利益使得银行往往会更容易借贷给这些资源型企业，而还在初步成长阶段的微型企业以及正在向环境友好型转型的企业筹资难度增加，更加不利于绿色经济发展。

除此之外，居民在日常生活中对污染物、废弃物以及生活垃圾的随意排放都对当地的生态环境产生了不可挽回的损害。

（三）绿色经济管理实践的地区差异分析及问题

1. 地区差异分析

首先，从全国范围来看，长江流域的省市比黄河流域的省市，其经济绿色化水平更好。这一方面是因为相较于西部，东部地区的地势较为平缓，恶劣天气较少，交通更为便利，而西部地区地广人稀，虽然绿色环境的破坏程度和资源的消耗程度较小，但东部企业向绿色化转型过程中由于交通、建设等产生的成本费用会更低。另一方面是因为东部地区的经济更为发达，企业普遍有较为充足的资金来源用于升级转型，而西部地区的政府虽然和其他区域一样都大力提倡绿色发展，并给予企业相应的政策支持，但是由于西部地区经济发展起步更晚、速度更慢，与东部地区之间自始至终存在着较大差距。从各省市自身来看，重点示范区与其他地级市之间的绿色发展水平也有较大差距。由全国省市地区的绿色发展指数可见，像北京这样的中心城市，绿色经济发展成效要远优于河北省、四川省的整体水平。究其原因，中心城市的大型企业集中度较高，资金储备量较大，在企业转型升级时能够提供充足的支持。除此之外，中心城市对中央政策的响应速度更快，发展战略也通常是以中心城市为示范区先行试点，再向各地级市辐射。

2. 地区经济管理实践中存在的问题

从整体上来看，各地区在经济管理实践中存在不少共性的问题。

(1)工业化进程处于中后期。虽然说钢铁、混凝土、重金属等是传统行业高污染和高消耗生产的典型代表，但是目前我国对其需求不是一朝一夕就能减少的。根据《中国工业发展报告 2015》，我国在“十二五”期间已然从工业化中期迈入后期，原计划在 2020 年全面实现工业化。但是由于西方国家掀起了信息技术革命，所以我国不得不在没有实现工业化时发展信息化，以工业化促进信息化。总之，我国仍处于工业化后期，对于传统工业的需求还将持续。另外，如何在工业化即将完成时向绿色经济转型，在资源配置和技术支持等方面利用好成本效益原则，让企业转型阵痛的时间缩短、程度降低，是我国经济转型过程中管理部门不得不面对的难题。

(2)绿色经济市场有待开发。与传统行业的发展相比,绿色经济尚在初级阶段,其市场还需要长时间培育。一方面,绿色技术还不够成熟,产品还不够完善,企业大多投入在产品研发阶段,营销常常欠缺资本支持,因而消费者在选择时几乎看不到绿色产品。一些能够处理污染物、实现资源回收再利用的环境友好型企业,对于政府补贴的依赖度非常高,仅凭自己的收入难以维系企业的正常生产经营。另一方面,国内的绿色企业大多数仍然处于刚刚起步的阶段,融资渠道比较单一,主要依赖于商业银行借贷和政府投资。而政府投资往往只注重基础设施建设,不能兼顾所有类型的绿色产业,所以有些绿色经济项目"巧妇难为无米之炊"。

(3)地区发展不均衡。传统行业在经济发达地区逐渐被绿色产业替代,而经济欠发达地区往往是承接了这些"淘汰"产业,地区与地区之间的发展步调常常错位。在"十二五"以来的这段时期,全国有26个省(自治区、直辖市)把钢铁制造作为重点产业,25个省(自治区、直辖市)把石油化工列为重点产业,20个省把有色金属列为重点产业。从产业布局来看,传统产业反而继续强化,由东部向中西部转移。如何在地区发展不均衡的现状下发展绿色经济,是目前面临的比较严峻的问题。

(4)绿色消费行为较弱。就目前来说,国内的许多家电行业已经在产品上标注节能降耗的信息,以此来告知消费者产品的环境友好属性。另外,我国也曾对节能家电进行财政补贴,用这种方式来拉动绿色消费。但从总体来看,我国的消费者目前还鲜少将绿色产品纳入考虑范围。这一方面是由于技术创新和工艺烦琐对绿色产品价格有一定的影响,如新能源汽车的价格一般要高于传统柴油汽车;另一方面是由于绿色产品市场还不够成熟,消费市场还处于初级阶段,缺乏规范。

四、绿色经济发展评价体系

(一)指标选取的基本原则

我国绿色经济发展指标评价体系可以从国家、省、市层面进行构建,本节主要介绍能够适用于多个城市的绿色经济发展指标评价体系。绿色经济发展的评价与可持续发展、生态保护以及经济发展状况联系紧密，因此在选取评价指标时涉及的因素很多。而在众多的影响因素下，要保证选取的指标能够客观、真实、准确地评价绿色经济发展的状况，就应当按照基本原则的要求去选取指标。

1. 科学性原则

在选取绿色经济发展评价指标时，选取的方法应当基于一定的理论基础，指标的选取应科学合理，指标的计算方法、公式的推导，以及指标反映的经济发展结果，应有一定的理论依据。

选取指标时遵循科学性原则可以使评价结果更客观，更具有可信度，同时也更能够体现绿色经济的内涵和基本特征。

2. 系统性与代表性原则

绿色经济发展是一个涵盖面十分广泛的经济运行系统，在选取指标时，应当考虑经济发展、社会进步、资源利用效率、环境保护以及政府有关政策，因此，选取的指标应尽量保证涉及绿色经济发展系统的方方面面，使各指标有机衔接，形成一个完备的评价体系。在保证指标评价具有系统性的同时，为了提高评价的效率，应注意选取的指标数量不宜过多。同时应注意选取指标的代表性，在绿色经济发展系统中部分指标具有一定的相似性与关联性，选取代表性指标进行评价，能够在保证评价质量的情况下提高评价工作的效率。

3. 可获取性原则

要做到准确、客观地评价绿色经济发展，依靠定性的指标是远远不够的，定性的指标主观性太强，说服力弱，因此，在选取指标时应注意指标能否量化。指标量化的前提是能够获取数据。为了保证数据的真实性与权威性，应尽可能保证数据能够从国家、地方政府等一些具有权威性的组织或机构中获取。总之，在选取指标时，除了应关注指标能否量化外，还应考虑指标数据能否从正式的渠道获取。

4. 可比性原则

绿色经济发展指标评级体系要保证具有横向与纵向的可比性，只有具有可比性，才能对绿色经济发展的现状以及未来的发展有更清晰的了解。在形成指标评价体系时，应当对指标的内涵进行详细的说明，对其计算方式有具体的规定。同时要注意数据的统计口径应当一致，如此才能确保指标在横向和纵向上有可比性。

5. 空间性与动态性原则

我国的绿色经济发展评价指标划分为国家、省级、城市三个层级，在选取指标时也应根据这三个层级的不同而有所差别。各省（自治区、直辖市）的经济发展、环境、资源等存在较大的差别，并且经济发展目标也有所不同，因此在建立指标评价体系时，应该因地制宜，建立起具有“个性”的指标体系，不能照搬其他省（自治区、直辖市）已有的指标体系。此外，随着社会的发展，绿色经济发展的评价重点可能也会相应地发生变化，因此，在指标构建中还应遵循动态性原则，选取的指标应当不断跟随经济状况、资源状况、环境状况及时更新。

（二）指标的优化处理

目前国内众多学者已经构建了许多绿色经济发展评价指标体系，但是各学者构建的指标差异较大，因此初步形成的指标量较多，考虑到指标评级体系的效率问题，可以采取科学的优化指标处理方法对指标进行再次筛选。

1. 可获取性检验

如果指标的初始数据来源不真实，指标评价的有效性就会受到极大的影响，因此应确保指标的初始数据有官方的来源，对一些无法获取或者是数据来源渠道不正式的指标，应予以剔除。

2. 相关性检验

若是评价体系里的指标具有较高的相关性，不仅浪费时间与精力，而且这些高度相关的指标评价信息高度重合也会影响评价结果的可靠性。因此，可以通过相关性分析进行筛选，对两两指标的影响因素进行相关性检验，对于相关系数较大的指标予以选择性删除。

3. 有效性检验

一些评价指标对评价结果并没有显著的影响，因此这些指标的评价作用缺乏一定的有效性。对于这类指标，可以在相关性分析的基础上，利用变精度粗糙集模型进行筛选，计算出同一层内各指标的近似分类质量系数，删除对评价结果缺乏显著性影响的指标。也可以通过主成分分析法，选取累计贡献率达到预期值的指标，删除其他方差贡献率较低的指标。

(三)绿色经济发展评价指标体系

1. 常用的绿色经济发展评价指标

(1)经济发展

绿色经济发展实质上是一种特殊的经济发展,其目的是更好地实现经济、环境、资源与社会的可持续发展,因此在评价绿色经济发展情况时,衡量城市的经济发展状况是首要的。倘若没有经济的发展,只有绿色环境,是没有意义的。在衡量经济发展时主要从总量与水平、产业结构两个角度来评价当前经济发展状况以及未来经济持续绿色增长的可能性。在总量与水平下设立人均GDP、GDP增速、财政总收入增长率、社会消费品零售总额、工业增加值等指标,在产业结构下设立第二产业增加值占GDP比重、第三产业增加值占GDP比重等指标。

①人均GDP。人均GDP直接明了地反映绿色经济发展的经济成果。人均GDP越高,经济基础越强,越能为之后的绿色经济发展提供保障。因此,人均GDP是衡量城市绿色经济发展潜力的重要指标之一。

②GDP增速。GDP增速反映了经济增长的速度,能够直观衡量经济增长的状况,也是衡量城市未来经济发展潜力的重要指标。

③财政总收入增长率。财政收入极大一部分来源于税收收入,而税收收入则直接反映了社会的经济发展状况,因此当财政总收入增长率提高时,说明经济发展较好。

④社会消费品零售总额。社会消费品零售总额直接反映城市居民消费的需求以及其购买力实现的程度,是衡量经济发展水平的重要指标。

⑤工业增加值。当前大部分城市的发展主要依靠于工业企业,工业增加值反映了工业的发展状况,同时也体现了工业企业为社会新增的财富。

⑥第二产业增加值占GDP的比重。大部分城市的产业结构仍然是第二产业占主导,通过计算这一指标可以了解目前城市的产业结构,以及未来向绿色经济发展转型的可能性。

⑦第三产业增加值占GDP的比重。第三产业大部分属于绿色产业,对资源消耗少、环境破坏小,同时能带来较好的经济效益。通过计算这一指标,能够反映产业结构的合理化与高级化,体现当前城市绿色经济转型的进程。

（2）资源状况

绿色经济发展模式同传统的经济模式相比，其不同之处在于强调对资源的节约以及对资源的高效利用，因此衡量绿色经济资源状况主要可以从资源禀赋以及资源利用效率角度来评价资源的充裕程度以及资源的利用效率。资源禀赋下设人均水资源占有率、人均森林蓄积量、人均耕地面积、人均湿地面积等指标，利用效率下设单位 GDP 能耗、能源转换率等指标。

①人均水资源占有率。该指标用来衡量该城市每个人拥有水资源的丰富度，反映水资源的充足度。

②人均森林蓄积量。该指标用来衡量该城市每个人拥有的森林蓄积量，反映森林资源的丰富度。

③人均耕地面积。该指标用来衡量该城市每个人能够拥有的耕地面积，反映农业的绿色发展状况以及潜力。

④人均湿地面积。该指标用来衡量该城市人均拥有的耕地面积的丰富度。湿地面积是自然资源重要的一部分，人均湿地面积在反映资源丰富度的同时，也能够反映对环境的保护情况。

⑤单位 GDP 能耗。该指标用来衡量单位 GDP 能源消耗水平的高低，反映能量在转化为生产总值方面效率的高低，同时也体现未来绿色经济发展的潜力。

⑥能源转换率。该指标用来衡量将输入的基本能源转化为日常生活、生产中可利用的能量的效率。该指标越高，说明能源转换时能量流失越少，能源的利用效率越高。

（3）环境保护

衡量环境保护成效主要可以从污染排放与治理、绿色生活质量这两个方面来评价。在污染排放与治理下设工业二氧化硫排放量、工业废水排放量、工业烟尘排放量、污水处理率、氮氧化物排放降低率、生活垃圾无公害处理率等指标，绿色生活质量下设人均公园绿地面积、城市每万人拥有公交数量、人均生活消费用电量等指标。

①工业二氧化硫排放量。该指标用来衡量工业生产排放的二氧化硫对大气环境造成的危害量。该指标越高，说明环境保护在源头上控制越弱，绿色经济发展的程度越低。

②工业废水排放量。该指标用来衡量工业生产排放的废水导致的水污染程度。该指标越高，说明污染在源头上控制越弱，水污染越严重。

③工业烟尘排放量。该指标同样用来衡量工业生产对大气环境造成的污染程度。该指标越高,说明大气污染越严重,经济绿色化发展程度越低。

④污水处理率。该指标用来衡量在污水治理上的重视程度以及污水处理的比率与效果。该指标越高,说明污水得到处理与净化的程度越高,对环境保护越好。

⑤氮氧化物排放降低率。氮氧化物是大气污染的主要来源之一,该指标反映了对大气污染治理的重视程度及其效果,降低率越高,说明治理的效果越好。

⑥生活垃圾无公害处理率。生活垃圾也是环境污染的主要来源。该指标能够反映生活垃圾的处理程度,处理程度越高,对环境的破坏越小。

⑦人均公园绿地面积。该指标用来衡量城市居民绿色生活环境的状况以及生活质量。该指标越高,说明城市的环境绿化做得越好,对环境越有利。

⑧城市每万人拥有公交数量。该指标用来衡量城市绿色出行的实施情况。该指标越高,说明城市越重视绿色出行且实施效果越好。

⑨人均生活消费用电量。该指标用来衡量日常生活中居民对电的需求量。该指标越低,说明人们在节电方面做得越好,绿色化程度越高。

(4)政策支撑

经济社会的发展往往需要政策的支撑与引导,因此,在绿色经济发展上,政策的倾向以及对某个方面的支撑力度对于衡量一个城市未来绿色经济发展的方向以及潜力来说十分重要。在政策支撑部分,主要可以从人口与教育、科技与投资这两个方面来衡量。人口与教育下设人口自然增长率、城镇登记失业率、普通高校在校学生人数、教育支出占财政支出的比重等指标;科技与投资部分下设环境污染治理投资占财政支出的比重、R&D 投入经费占 GDP 比重、城市环境基础设施投资占 GDP 比重等指标。

①人口自然增长率。劳动力对一个城市的经济发展来说十分重要,人口增长越快,越能推进社会生产力的进步。该指标越高,对经济的发展越有利。

②城镇登记失业率。该指标用来衡量城市的就业程度,可以反映一个城市就业岗位的稀缺程度,同时也能反映城市的发展状况。

③普通高校在校学生人数。城市的绿色经济发展离不开高素质人才的推动,该指标用来衡量一个城市高素质人才的稀缺程度以及在绿色经济发展方面的潜力。

④教育支出占财政支出的比重。教育发展是一个城市未来绿色经济发展

强有力的支撑,该指标用来衡量政府对于教育发展的重视程度。

⑤环境污染治理投资占财政支出的比重。该指标衡量政府对于环境污染治理的投入力度,指标越高,说明政府在环境污染治理方面越重视,治理环境的决心越强。

⑥R&D投入经费占GDP的比重。该指标用来衡量政府对科学技术与创新支持的力度,指标越高,说明政府在科学技术方面的投资越大,其绿色化发展的潜力越大。

⑦城市环境基础设施投资占GDP的比重。城市环境基础设施的建设对于城市未来的绿色发展至关重要,该指标越高,说明政府对环境基础设施的建设力度越大,城市实现高质量绿色发展的可能性越大。

表 2-3　绿色经济发展评价指标体系

一级指标	二级指标	三级指标	指标单位	指标类型
经济发展	总量与水平	人均GDP	元	正
		GDP增速	%	正
		财政总收入增长率	%	正
		社会消费品零售总额	亿元	正
		工业增加值	亿元	正
	产业结构	第二产业增加值占GDP的比重	%	正
		第三产业增加值占GDP的比重	%	正
		高新技术产业占工业总产值的比重	%	正
资源状况	资源禀赋	人均水资源占有率	立方米/人	正
		人均森林蓄积量	立方米/人	正
		人均耕地面积	公顷/人	正
		人均湿地面积	平方米/人	正
	资源利用效率	单位GDP能耗	吨标准煤/万元	负
		能源转换率	%	正

续表

一级指标	二级指标	三级指标	指标单位	指标类型
环境保护	污染排放与治理	工业二氧化硫排放量	万吨	负
		工业废水排放量	万吨	负
		工业烟尘排放量	吨	负
		污水处理率	%	正
		氮氧化物排放降低率	%	正
		生活垃圾无公害处理率	%	正
	绿色生活质量	人均公园绿地面积	平方米/人	正
		城市每万人拥有公交数量	辆/万人	正
		人均生活消费用电量	度/人	负
政策支撑	人口与教育	人口自然增长率	%	正
		城镇登记失业率	%	负
		普通高校在校学生人数	万人	正
		教育支出占财政支出的比重	%	正
	科技与绿色投资	环境污染治理投资占财政支出的比重	%	正
		R&D 投入经费占 GDP 的比重	%	正
		城市环境基础设施投资占 GDP 的比重	%	正

2. 指标权重的确定

构建好绿色经济发展指标体系后，在运用于城市的绿色经济发展评价时，还需要确定指标的权重。权重确定办法主要分主观与客观两种。

(1)主观赋权法。这种赋权方法的主观性相对较强，主要有专家会议法、德尔菲法等。

(2)客观赋权法。这种赋权方法通过运算来得出指标的权重，主要有熵值法、主成分分析法。

上述方法都有其不足之处，因此在运用时可以相应地进行一些改进，如利用客观与主观兼具的层次分析法，基于专家建议的基础上再利用一定的数据进行处理与分析，或者对熵值法加入时间变量使其评价更加准确。此外，在各指标权重确定之后，需要构建能够准确地对绿色经济发展状况进行综合评价的一个模型。在得出选取的各指标权重和标准化数据后，在评价模型的基础上，对指标数据进行逐层累积，这样就可以将所构建的绿色经济发展评价体系用于评价城市的绿色经济发展水平了。

第三章　国外绿色经济发展情况

一、国外绿色经济发展概况

（一）概况

前文提到，1989 年英国经济学家皮尔斯在其著作《绿色经济蓝皮书》中首次提出"绿色经济"这一概念，并提出要实现人类可持续发展道路，就必须从社会和生态环境两个方面出发来推动绿色经济的增长。2011 年，联合国环境规划署也对绿色经济进行了明确的定义，在当年发布的《绿色经济发展报告》中，绿色经济被概括为"能够在促进社会公平和改善人类生活的同时大幅度减少环境和生态环境风险的经济"。在过去的十几年间，绿色经济已经成为世界各国的战略重点，特别是在新冠肺炎疫情的冲击下，利用绿色经济增长实现国家经济的"绿色复苏"，是很多国家正在进行的探索。

欧洲一直以来都是绿色经济的先行者，进入 21 世纪之后绿色经济已经成为欧洲关注的重点领域。2010 年，欧盟正式公开了《欧盟 2020 战略》，在该战略中首次提出了"三个 20%"的目标，即"到 2020 年实现减排 20%，可再生能源占比及能效增至 20%"，使用更加高效绿色的能源，同时兼顾经济增长和绿色可持续发展。欧盟在 2019 年颁布《欧洲绿色协议》之后，绿色经济在欧洲发展的重要性进一步提升。在《欧洲绿色协议》中，欧盟进一步提高了温室气体排放要达到的目标，将 2030 年减少 40%排放的目标提升了 10%，并计划在 2050 年实现"碳中和"，并将可再生能源的比重提升至 40%。此外，协议中还明确指出"绿色新政"是社会转型、经济增长的重要战略，绿色经济也将会成为未来社会经济发展的新动力，欧盟将在 2050 年实现零排放，成为经济增长脱离资源消耗、具备高能源效率、强大竞争力的经济体。与此同时，绿色经济发展也成为欧盟实现经济复苏的重要措施。欧盟颁布的2021—2027年财政框架计划将1.2万亿欧元中高达30%的比重用于绿色经济，并且价值8 000亿欧元的欧盟复苏工具也将投入绿色经济和数字经济的发展中。英国、法国和德国在欧洲的绿色经济发展中起着主导作用，但这三个国家发展的侧重点又有所不同：英国从绿色能源、绿色制造和绿色生活方式三个方面着手；法国的重点是核能和可再生能源；德国的重心则是绿色生态工业。

在美国，绿色经济的浪潮源起于2008年爆发的金融危机。美国在奥巴马总统上任之后就推出了“绿色新政”，以“绿色经济复苏计划”为主要方法，大力发展清洁能源，创新绿色技术，试图刺激经济增长、增加就业岗位以及确立更为雄厚的技术优势。美国绿色经济实践较为成功的例子就是匹兹堡的绿色转型。匹兹堡作为著名的钢铁生产基地，由于产业结构的单一化，污染程度十分严重。在开始“绿色复兴计划”之后，匹兹堡进行了传统制造业的升级改造，城市的经济中心也转向高科技产业，致力于建设新型绿色环保城市。在多年的努力之下，匹兹堡已经成为美国最适宜居住的城市之一，吸引了大量的人才，实现了经济和环境的可持续发展，绿色经济外溢效应凸显。虽然美国在特朗普总统执政时期绿色经济的相关政策受到了巨大冲击，但在拜登总统上任后，重返《巴黎协定》，并继续以“绿色新政”为框架，应对气候变化的挑战，借助技术创新、刺激需求和基础设施投资三大支柱，以清洁能源为杠杆撬动美国的经济，重振美国在气候治理、清洁能源发展方面的主导地位。

亚太区域的绿色经济发展以发达国家为首。2009年，日本公布了《绿色经济与社会变革》草案，使得日本绿色经济在金融危机之后得到进一步的发展。现阶段日本通过研发核心技术的方式，创立了兼顾经济增长与绿色发展的可持续发展模式；建立起完善的绿色经济制度，利用税收、价格和金融手段促使企业推进循环经济和低碳经济；制定了绿色税收、投融资政策等一系列政策来保障绿色经济的发展。日本的绿色经济发展已经走在世界前列。

2020年随着新冠肺炎疫情的暴发，世界各个主要经济体都制定了诸如可再生能源、数字智能高科技、电动汽车、公共交通系统、绿色建筑改造等绿色发展政策，并分别计划在2050—2060年间实现“碳中和”零排放，意图启动绿色复苏计划来实现经济的可持续发展。由此可见，在疫情对世界各国经济的强烈冲击下，绿色经济的发展已经成为走出经济低迷的大势所趋。实现绿色复苏、启动绿色战略、加速产业绿色转型、制定绿色经济规划，能够助力世界各国早日走出困境。

（二）国外发展绿色经济的典型国家

1. 英国

(1)绿色经济发展概况

英国绿色经济的核心是绿色能源。英国政府在撒切尔时期颁布《非化石燃料公约》，这可以视为英国绿色经济发展的开端。在这一时期电力私有化的改革也为其发展提供了良好的国内环境。

初步发展阶段的里程碑是在20世纪90年代英国同多个国家参与制定的《二十一世纪议程》等国际气候公约。这一时期英国还制定了低碳减排政策和推进能源结构的深化改革，绿色经济在英国得到了进一步发展。

到了21世纪，英国逐步迈入了绿色经济的稳步发展阶段，2020年发布的《能源白皮书：为零碳未来提供动力》在绿色经济的发展历程中具有里程碑式的意义，在白皮书中英国设立了2050年能源系统实现碳净零排放目标，走在了绿色经济发展的前列。

(2)发展绿色经济的主要措施

①建立长期且明确的绿色经济发展战略。英国较早就参与到减排的国际协定中，制定了一系列推动绿色经济的相关立法和政策，从20世纪开始就逐步为绿色可持续发展的经济部署了详细的发展计划和战略（如表3-1所示）。英国的战略部署涵盖了新能源开发、碳减排、技术创新、公共交通等多个领域。

表3-1　英国发展绿色经济的重大战略计划

年份	事　　项
1992	签署《联合国气候变化框架公约》(UNFCCC)
1997	签署《京都协定书》
2001	成为全球首个征收气候税的国家，并推出了相应的气候税减征措施
2008	颁布《气候变化》法案，成为世界上第一个法律明确规定减排的欧美国家
2016	成为《巴黎协定》签署国，并致力于2030年可持续发展议程
2019	成为首个立法承诺2050年实现净零排放的主要经济体

续表

年份	事　　项
2020	公布《绿色工业革命十点计划》，涵盖清洁能源、自然创新技术等十大环保领域，并计划在绿色行业创造数以万计的就业岗位
2020	发布《国家基础设施战略》，发挥基础设施在绿色经济复苏中的重要作用
2020	发布《能源白皮书：为零碳未来提供动力》，对能源系统转型路径做出规划，明确力争到 2050 年能源系统实现碳净零排放目标
2021	启动《碳排放交易计划》，为工业制造业企业规定温室气体排放总量上限，并计划在 2023 年 1 月或最迟到 2024 年 1 月将排放上限对标 2050 年净零排放目标路径
2021	发布《工业脱碳战略》《国家公共汽车战略》《交通脱碳计划》

资料来源：根据公开资料整理。

在英国近年来颁布的绿色经济目标规划中，2020 年公布的《绿色工业革命十点计划》为未来 30 年英国的绿色发展做出了十分明确的规划和指导，并预计能够带来巨大的正面效益。该计划涉及英国在绿色产业具有优势地位并且将会继续重点发展的十个领域，详细地指明了政府将会采取的措施。其具体内容如表 3-2 所示。

表 3-2　英国《绿色工业革命十点计划》具体内容

计划内容	愿景	预计效益	政策影响
计划一：发展海上风电	到 2030 年，英国政府将投资约 1.6 亿英镑建设现代化港口和海上风电基础设施，届时其海上风力发电能力将提高 4 倍	到 2030 年，将支持多达 60 000 个工作岗位；在 2023—2032 年温室气体减排量将达 21 $MtCO_2eq$（百万吨二氧化碳当量）	到 2050 年，海上风电的接入可以为消费者节省高达 60 亿英镑的能源费用
计划二：推动低碳氢发展	到 2030 年，英国政府投资约 5 亿英镑推动低碳氢的发展，并吸引超过 40 亿英镑的私人投资，实现 5GW 的低碳氢产能目标，并建成首个氢能城镇试点	到 2030 年，将支持 8 000 个工作岗位 2023—2032 年的温室气体减排量将达到 41 $MtCO_2eq$	到 2030 年将制氢能力提高到 5GW；通过提高氢气的使用量，将消费者的温室气体排放量减少 7%

续表

计划内容	愿景	预计效益	政策影响
计划三：提供先进核电	到2030年，英国政府将投入约5.6亿英镑，发展大型核电厂，并研发下一代小型模块化反应堆（SMR）和先进模块化反应堆（AMR），使核能发展成为英国可靠的低碳电力来源	大型核电站将提供约10 000个工作岗位；1GW核能发电量将为200万户家庭提供清洁电力	核能、可再生能源及其他低碳技术将在实现电力系统深度脱碳中发挥关键作用；创造高技术工作岗位
计划四：加速向零排放车辆过渡	到2030年，英国政府将投入约23.82亿英镑，通过提供补贴、安装电动汽车充电桩、研发和批量生产电动汽车电池加速英国向零排放车辆过渡	到2030年，提供约40 000个工作岗位；到2030年，温室气体减排量将达到5 $MtCO_2eq$，在2050年达到300 $MtCO_2eq$	英国大量超低排放和零排放汽车及货车将获得额外的补贴；城市各处的充电桩覆盖率将大幅度提升
计划五：绿色公共交通、骑行和步行	到2030年，英国政府将斥资约92亿英镑加强和更新铁路网、零排放公共交通体系，将骑行和步行打造成更受欢迎的出行方式	到2025年，将提供约3 000个工作岗位；2023—2032年，绿色公共交通、骑行和步行的温室气体减排量可达到2 $MtCO_2eq$	新增4 000辆零排放公交车；推动铁路电气化；到2050年，将提供超过1 000英里的安全骑行和步行网络
计划六："净零飞行"和绿色航海	到2030年，英国政府将投入约5 000万英镑，研发净零排放飞机，可持续航空燃料和清洁海洋技术，帮助航空业和航海业变得更加绿色清洁	可持续航空制造业将提供多达5 200个工作岗位；到2032年，清洁海洋的温室气体减排量约1 $MtCO_2eq$，到2050年可持续航空燃料的温室气体减排量将达到15 $MtCO_2eq$	使英国能够生产可持续航空燃料，巩固英国航空航天的领导者地位；使英国处于净零排放飞机革命的最前沿

续表

计划内容	愿景	预计效益	政策影响
计划七:绿色建筑	英国政府将投入10亿英镑,并吸引大约110亿英镑的私人投资,使新老住宅、公共建筑变得更加节能、更加舒适	到2030年,提供约50 000个工作岗位;2023—2032年,绿色建筑的温室气体减排量将达到71 $MtCO_2eq$	到2028年,每年安装60万个热泵;根据未来房屋标准建造的房屋将实现"零碳准备";绿色住房补助金计划将帮助提高约280万户家庭的能源效率
计划八:投资于碳捕集、使用与封存(CCUS)	到2030年,英国政府将投入10亿英镑,创建4个CCUS集群,引领全球CCUS技术的发展	到2030年,提供约50 000个工作岗位;2023—2032年的碳捕集、使用与封存的温室气体减排量将达到40 $MtCO_2eq$	到2030年,每年捕获、使用与封存10 $MtCO_2eq$;到2030年,完成4个CCUS集群的部署
计划九:保护自然环境	英国政府将投入约52亿英镑的防洪资金和8 000万英镑的绿色复苏挑战基金,创造更多绿色就业机会,遏制生物多样性丧失,适应气候变化	到2027年,通过提高防洪能力,将增加约20 000个工作岗位	2021—2022年将启动超过100个自然项目;启动10个自然景观恢复项目;支持2 000个防洪计划
计划十:绿色金融与创新	将启动净零创新投资组合,该投资组合将包括10亿英镑的政府资金、10亿英镑的配对资金以及来自私营部门的25亿英镑资金	到2030年,将创造约30万个就业岗位	实现低碳行业的碳减排

资料来源:根据公开资料整理。

②从三方面入手发展绿色经济。英国绿色经济的发展包括三个方面,即绿色能源、绿色制造、绿色生活方式,其中绿色能源是核心。

绿色能源。英国作为绿色经济发展的先驱者,在过去的十几年间,在可再生能源领域投入了巨额的资金,逐渐摆脱了对传统高污染能源的依赖。英国绿色能源的发展一方面契合了全球低碳、可持续发展的战略，助力英国实现2050年“净零碳排放”目标；另一方面对可再生能源技术的探索也增加了数以万计的就业岗位，就业困境在英国有一定程度的缓解。《绿色工业革命十点计划》的前三项计划都与可再生能源相关，足以看出绿色能源在英国绿色经济发展中举足轻重的地位，这三项计划在未来也将创造更多的绿色就业机会，绿色经济在民众中的呼声也越来越高。

绿色制造。绿色制造的发展主要依赖于政府对新的绿色技术的大力支持。在绿色制造转型之路上，英国通过政策和资金两大手段来推进低碳产业的发展，为了达成“净零排放”的目标不断降低新制造汽车的二氧化碳排放标准。《零排放之路》是英国政府于2018年制定的新能源车规划，在这一规划中明确提出，为达成2040年起新的汽油和燃油车将禁止使用、2050年所有汽车零排放的目标，汽车制造商必须改进现有的生产技术，向绿色制造转型，促进电动车市场的发展。

绿色生活方式。英国加大对住宅与公共建筑的“绿色化”改造投入。在公布的战略计划中，英国政府在实施“未来房屋标准”上加快速度，并根据“脱碳计划”来对学校和医院等公共建筑进行改造，以减少排放量。在住宅的绿色转型上，“房屋升级补助金”将为现有住宅升级供暖系统，“脱碳基金”则为效率低的社会住房提供升级改造的扶助。与此同时，还在英国市民中鼓励绿色消费、重复使用、循环利用的绿色生活方式。

③利用绿色金融推动绿色经济发展。绿色金融是绿色经济发展的驱动力，绿色金融服务系统的建立在可持续发展中有着重要地位。英国以绿色金融支持低碳发展的道路始于2002年，在这一年英国建立了全球首个排污权交易体系。英国政府后来又于2012年全资设立了绿色投资银行，采用担保、股权投资等多种方式对绿色项目提供资金。2019年英国《绿色金融战略》的发布标志着其在融资绿色化、金融绿色化的道路上更进了一步。2021年4月，英国绿色金融与投资中心的正式运营更是将绿色经济在英国的发展推向了高潮。

在以绿色金融推动绿色经济发展的实践中，英国也做出了一系列尝试。在绿色信贷方面，英国政府出台相关政策，为环境友好型企业提供更高额度的担保和授信额度。针对个人绿色信贷，银行也推出了丰富的绿色信贷产品，以推广绿色生活方式。为促进绿色房屋的改造、实现净零排放的长期目标，英国创新了绿色房屋改造贷款，成立环保基金来解决英国家庭进行住宅的绿色改造的大额支出。这种绿色贷款的创新一方面提高了英国人民的绿色生活水平，另一方面推动了英国建筑节能产业的发展，达到了双赢的效果。

在绿色产业的发展中，绿色金融也起着至关重要的作用。伦敦证券交易所在2015年设立了绿色债券的专门板块——可持续债券市场（sustainable bonk market，SBM）。SBM的设立使得绿色投资市场拥有了更高的信息透明度，伦敦交易所也成了积极推出绿色债券专门板块的主要交易所。英国政府还在2021年为散户投资者发行了全球首支主权绿色债券，让个人投资绿色项目更加便捷高效。这种为个人发行的主权绿色债券能够为可再生能源和清洁运输等绿色发展领域的项目提供资金，在绿色金融产品的推广、为气候和环境目标吸引投资、创造更多绿色就业机会以及基础设施的改善中发挥着重要作用。

（3）绿色经济发展的实施成果

英国自20世纪发展绿色经济以来所采取的一系列可持续发展和绿色转型的政策及战略都起到了较好的作用。从温室气体的排放量来看，2008年以来英国就一直呈下降状态，在逐步向2050年温室气体“净零排放”的目标迈进。英国的新能源发展也已经在世界上占据优势地位，不仅提升了竞争力，还推动了绿色产业的转型，并带来了大量的就业机会，使得绿色经济在英国的呼声日益高涨，在一定程度上实现了经济效益和社会效益的双赢。在绿色金融的创新发展上，英国也取得了很大成就，在2021年10月发布的全球绿色金融指数排名及评分表中，伦敦名列第一位，绿色金融的发展也为绿色经济的进一步推进增添了动力。

虽然在新冠肺炎疫情的冲击之下，英国绿色经济发展也面临着新的挑战，但是在长期的战略和计划指引之下，加上政府的重视和大力投入以及民众的支持，英国的绿色经济发展预计能够带来更多的经济效益和社会效益，为世界其他国家的绿色经济实践提供很好的经验。

2. 日本

（1）绿色经济发展概况

20世纪50年代日本过度依赖重工业的发展，本就资源匮乏的日本出现了能源与环境危机。由此，日本走上了绿色经济发展之路，制定了一系列计划和法律法案，致力于能源结构改革与低碳社会的建立。

经过长达几十年的努力后，日本绿色经济已经取得了不错的成效，并陆续制定中长期战略目标，向着全面发展的道路不断迈进。2020年，日本追随其他国家的脚步，也承诺到2050年实现温室气体净零排放，完全实现碳中和。根据这一承诺，日本政府制定了“绿色增长战略”。该战略提出了“最迟到2030年，电动车取代燃油车成为主要乘用车，2050年日本电力需求增加30%～50%”的目标。

(2)发展绿色经济的主要措施

①大力推动绿色金融的发展。发展绿色金融是日本逐步实现绿色经济的一项强有力措施。为了推动绿色金融的发展，政府发挥了极强的领导作用，采取的相关政策和机制主要可以分为两类。一类是大力开发融资产品，对涉及绿色环保的项目和业务提供融资服务，这里的主力军主要是金融机构和地方政府。比如1993年日本提高了绿色贷款和投资支出，金额达到了4 100亿日元，足见政府发展绿色金融的决心。另一类机制则是通过银行对这些客户提供中长期低息贷款、政府提供税收减免来发展绿色金融。

在绿色信贷方面，最开始日本是由政府层面来主导绿色信贷工作，日本环境省专门成立了一个融资贷款贴息部门来对环境类的项目进行管理，为绿色产业和技术提供资金投入与政策帮扶。日本对绿色产业和节能技术的政策帮助和投资补贴最早可以追溯到20世纪90年代。典型事例就是提议开始将绿色环保融进金融业务类别的法规。《促进新能源利用特别措施法》就是在这个时期被提出的。在这项法规的规定下，绿色环保产业到金融机构进行相应贷款可以享受利息优惠。随后在1999年成立的Nikko生态基金更是加快了日本绿色金融的发展步伐。2004年由政策投资银行制定的一项规定，即对借款人进行环保评级，让日本的绿色信贷业务走上了更深入和更前沿的发展进程。

此外，绿色保险和绿色债券是日本发展绿色金融的两大突出表现。日本的绿色保险业务流程需要考虑到与环境相关的因素，因此日本的绿色保险主要有三种：地震保险、火灾保险和巨灾保险。完善的业务规定和政府与市场的合作方式让日本绿色保险业务有了保障和发展。同样的，日本绿色债券的发展也有了很大成效，自债券发行以来，债券的总额呈现持续上涨的增长趋势，尤其是在近些年表现越发突出，从2018年到2020年，日本绿色债券的总额共增长了154.76%。

②积极推动绿色产业的战略实施。为了更好地发展绿色经济，尽快实现碳中和目标，日本大力推动产业绿色化的重大战略实施。

首先，日本提出了“循环经济”战略来带动产业的绿色转型并为其专门立法。20世纪90年代初《环境基本法》的提出拉开了日本经济发展模式的新篇章,之后陆陆续续出台的《促进循环型社会形成基本法》以及《绿色消费法》,完善了循环经济的内涵与具体实施方式,带动各个高耗能、高浪费、高污染产业进入该体系中,加快了绿色产业和循环经济发展的进程。循环经济是将资源加工成产品,再将产品回收利用形成可再利用资源的一种经济形式。通过循环经济,资源和产品重复性利用,推动整个环保治理产业的进步。

其次,日本绿色产业的发展由政府宏观统筹和调控,具有明确的目标和奖惩机制。政府在其中发挥着极其重要的作用,除了制定相对应的法令条款来规范相关企业的经济行为、提供大量资金和政策补贴外,还给企业和政府提出明确的治污或减排目标,在进行具体公正的评估后对达标对象与不达标对象分别施行奖惩措施。中央政府和地方政府共同协作、互相协调,形成了系统的循环经济与绿色发展体系。

最后,持续绿色创新驱动绿色产业。日本自2010年以来重点在能源、交通、工业、建筑、农业等领域发布了促进绿色技术发展的重点战略规划,从2014年发布的《能源相关技术开发战略与技术路线图》到第四次、第五次修订的《能源基本计划》,日本紧抓能源转型。并且日本还加强投入研发资金,大力发展可再生能源,以氨燃料和氢燃料为重点研发对象,加强各项氨燃烧和氢能技术开发,形成稳定的氨气供应能力,实现交通、发电、炼铁等多领域的氢能应用。截至2019年,日本政府氢能源相关研发投入已达3亿美元。除了氢能的运用,日本对可再生能源的另一大利用就是大力发展新能源汽车产业,政府持续聚焦该产业,不仅投入大量资金用于技术研发,还拨款扩大充电设施的建设,用来提高新能源汽车的大众使用率。

根据2050年实现温室气体零排放的目标,日本政府在2021年制定了“绿色增长战略”,该战略主要关注绿色产业的构建和发展,计划了海上风电产业、半导体和通信产业、船舶产业等14个产业的具体部署目标和重点任务,如表3-3所示。

表3-3　日本2021年《绿色增长战略》产业部署目标和任务

产业	具体部署目标	重点任务
海上风电产业	①预计每年部署1GW海上风电机器,实现2030年10GW、2014年30～45GW的目标。②2030—2035年达到成本降低至8～9日元/kW·h的目标。③2040年风电设备的国产化率目标为60%。	完善基础设施,改善行业环境,开展海上风电行业人才培养计划;开展以未来市场开发为主要内容的双边政策对话。

续表

产业	具体部署目标	重点任务
氨燃料产业	①2030年示范在火力发电厂氨掺混燃烧比例达到20%，扩大部署煤炭掺混氨燃料发电技术。②提高混燃率，2050年实现纯氨燃料发电(每年市场规模为1.7万亿日元)。	开展更高的混燃率、纯氨燃烧的基础技术开发；形成稳定的氨气供应能力，建立日本可控的采购供应链。
氢能产业	①2030年达到30日元/Nm^3，2050年达到20日元/Nm^3的供应成本目标。②2030达到供应300吨氢的目标，2050年燃氢装置累计容量达到3亿千瓦，达到供应2 000万吨氢的目标。	加强各项氢能技术开发，实现交通、发电、炼铁等多领域氢能的运用。
核能产业	①参与SMR实用化的海外示范项目，2030年获得主要供应商地位，2050年在亚洲、东欧、非洲等地区开展全球业务。②利用高温气冷堆，实现到2030年生产大量廉价无碳氢。	开展SMR安全性示范工作；继续积极参与国际热核聚变反应堆计划(ITER)，加快与美国、英国企业的合作。
汽车和蓄电池产业	①21世纪30年代中期电动汽车取代燃油汽车，获得出行车销售市场的100%份额。②力争在2050年实现合成燃料成本低于汽油价格。	加快电动汽车普及，扩大充电设施；支持合成燃料规模化和技术开展；建立蓄电池产业。
半导体和通信产业	①2030年在数字化相关市场规模达到24万亿日元。②2030年数据中心服务市场规模达到3万亿日元，扩大数据中心投资规模，达到1万亿日元。③2030年所有新建数据中心节能30%。	以数字化推动绿色数据中心国内选址，开展下一代通信基础设施；支持半导体、数据中心的节能、用能绿色化。
船舶产业	①2028年在商业中使用零排放船舶。②到2050年实现船舶领域氢、氨等替代燃料转换。	进行长距离大型船舶的技术开发；开发小型化的创新技术燃料罐；尽早实施燃料经济性效率法规。
交通物流和基建产业	2050年实现碳中和目标。	建设碳中和港口；部署智能交通，推广自行车出行；打造绿色物流。
食品、农林和水产业	2050年实现碳中和目标。	大力开展中长期大规模碳封存技术；在农田、森林和海洋中长期、大量固碳。

续表

产业	具体部署目标	重点任务
航空业	①2030年，确立航空设备电气化技术、混合动力电气化技术。②喷气燃料（生物燃料）在2030年达到与现有燃料相同价格（100日元/升）的目标。③喷气燃料（合成燃料）在2050年实现低于汽油价格的成本目标。	支持发展混合动力和混电飞机；推动核心技术的研究开发；进行应用研究，实现商用化。
碳循环产业	①2030年 CO_2 的目标成本为30日元/kg，CO_2 制燃料的目标成本为100日元/升，2050年 CO_2 制化学品的目标成本为100日元/kg。②2030年 CO_2 制混凝土价格达到与现有混凝土价格相同（30日元/kg）的目标。	通过公共采购、大规模示范扩大销售渠道，降低成本；推进碳回收技术开发。
住宅、商业建筑和下一代太阳能产业	2050年达到净零排放。	改革推动市场应用的监管和规章制度；通过宣传等提高认知，并借助企业支持来扩大零能耗住宅的普及和零能耗建筑的示范。
资源循环相关产业	2050年达到净零排放。	制定相关法律和计划促进技术开发和应用。
生活方式相关产业	2050年实现碳中和目标。	推广零排放建筑和住宅，建立示范业务规模；开发技术、建立信用制度、使用城市碳测绘方法，建立大众化的商业模式。

③实施低碳经济发展战略。为了经济稳步发展，解决能源供给已经成了日本当前的一大要事，因此日本积极推动低碳经济战略的实施，来对抗能源与环境危机。

日本首先鼓励以低碳方式进行生产消费来进行碳减排。通过征收环境税，对给环境造成负荷的用户进行纳税，对应的，政府会给降低排放量、为环境减负的企业降税50%～60%。除此之外，政府对于使用节能汽车、节能家电等实行特别折旧、免除税额或者给予固定金额的补助，以此鼓励居民积极转向消费低碳产品。

其次，日本致力于将环保理念融进社会、融进企业、融进家庭中，因此公共绿色政策应运而生。该政策不仅将碳排放交易体系加入政府发展要点中，还改革了相关的税制，开始对企业二氧化碳的排放征税，并且推进了个人消费碳排放可视化措施的实施。2007年，东京政府讨论引入总量减少义务和排放交易制度(限额与交易制度)。2010年4月，日本强制减排计划启动，通过设置企业每年排放二氧化碳的限额，剩余的在市场中相互交易的方式来督促企业完成碳减排目标。

最后，日本也注意提高环保物品在人们日常生活中的使用率。日本政府特别规定，只要商品将环保意识全面融合在生产、使用、消耗等流程中，就可以在商品上使用环保标志。这一政策在提高企业和国民环保意识的同时，也显著提高了环保产品的购买与生产比重。同时日本还采取了消费者低碳经济补助金制度，鼓励民间家庭积极参与低碳经济行动，比如说经济节能车型补助金制度、住宅太阳光发电系统补助金制度、家庭燃料电池补助金制度、购买绿色家电积分制度等，以推动各产业研发制造节能产品，并由家庭、消费者使用的良性循环，最终实现碳减排的目的。

(3)绿色经济发展的实施成果

①绿债市场发展迅速，发行量一路跃升为亚洲第二。从绿债市场打开到目前，日本总共发行了22 158.6亿日元的绿色债券，尤其是近两年发行规模扩大，得到了国内市场的更多关注，需求量也随之增加。典型事件就是在2019年，日本绿债从欧元作为主导发行货币转变为以日元作为主导货币。此外，绿债标准化程度也在不断提高。截至2019年，经过第三方认证的绿债超过日本市场的50%，还有接近20%的绿债至少得到了一个评级。

②绿色产业范围在不断扩大。最初日本致力于将基础产业比如能源产业、材料产业等进行绿色转型，如在太阳能产业采用“固定价格收购制度”，太阳能发电的发电量从2012年的5.6GW成长到2019年的49.5GW，特别是非住宅用的太阳能发电的比例迅速从2012年的16%上升到2019年的78%。后来，日本将绿色产业的重点集中于新兴行业如计算机产业、机器人产业与文化服务产业如医疗产业与环保产业。此外，日本绿色技术的创新速度也在不断加快。从表3-4可以看出，日本在多个绿色技术领域的PCT专利数量表现突出，尤其在与交通运输相关的气候减缓技术领域，PCT专利数量位居第一。并且在2010年至2016年间，日本企业的绿色技术发明数量占日本整体的97%。

表 3-4　五个技术领域 PCT 专利数量国家排名

排名	环境管理技术	与能源生产相关的气候减缓技术	与交通运输相关的气候减缓技术	与建筑相关的绿色减缓技术	产品生产或加工的气候减缓技术
1	美国	美国	日本	英国	美国
2	日本	日本	美国	中国	日本
3	德国	德国	德国	日本	德国
4	法国	韩国	法国	韩国	韩国
5	韩国	中国	英国	德国	中国

资料来源：根据公开资料整理。

③碳减排效果明显。如图 3-1 所示，日本的温室气体排放量在 2013 年达到最大值，此后在绿色经济多项措施的持续推动下，排放量呈现逐年下降的发展趋势，从 2013 年的 14.1 亿吨下降到 2020 年的 11.49 亿吨，降低了约 20% 的二氧化碳气体排放量，达到了初步的减排效果。同时，日本的碳交易市场逐步成熟。现有的两个系统，东京 ETS 覆盖了 11.93 立方吨的二氧化碳排放量，埼玉 ETS 覆盖了 6.6 立方吨的二氧化碳排放量，在此基础上日本政府还成立了一个碳额度交易机制 J-Credit。通过这项机制，日本有望到 2030 年节约 13 立方吨二氧化碳。在 ESG 披露方面，2019 年日本共有 578 家企业根据碳披露项目披露了环境和气候影响。

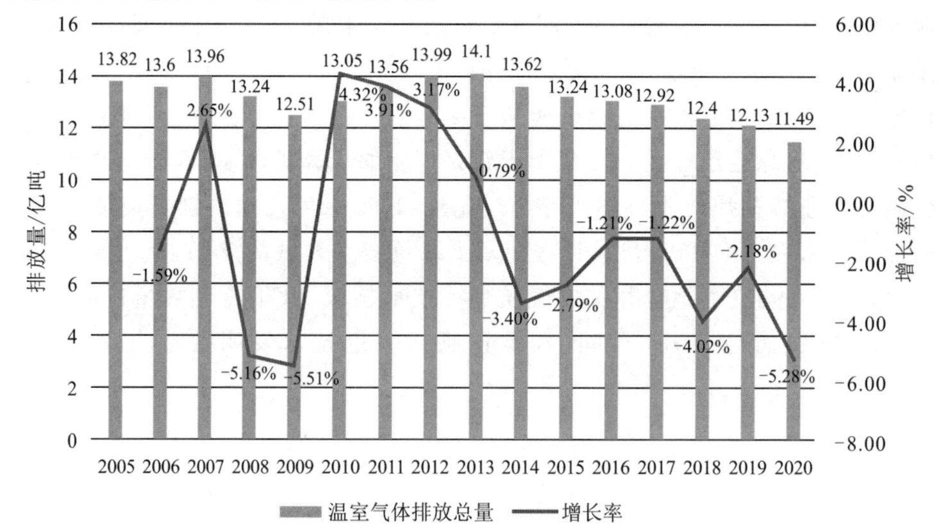

图 3-1　2005—2020 年日本温室气体排放总量与增长率变化

3. 法国

(1)绿色经济发展概况

法国是世界上最早提出可持续发展与城市绿色化等概念的国家之一,早在20世纪90年代,法国政府就对环境领域保护进行了立法,重点关注自然保护与公共卫生。自法国在2005年提出“能源政策框架”之后,法国改革的主要目标就转向了应对气候变化,并在2015年达成《巴黎协定》。随后法国也致力于达成“2050实现碳中和”的目标。2019年法国宣布立法,承诺到2050年实现温室气体净零排放的目标,同时提高了2030年将化石燃料消耗量减少30%～40%的目标。2020年9月法国提出“复苏”计划,投入300亿欧元用于加快生态转型,旨在通过交通运输革新、支持建筑物节能改造、发展绿色能源和提高食品质量来发展绿色经济。

(2)发展绿色经济的主要措施

①充分发挥绿色金融的引领作用。法国在绿色金融方面一直处于领先地位,是世界上第一个将绿色金融纳入法律范畴的国家。与绿色金融相关的法律包括2001年颁布的新经济规制法案、2010年颁布的“Grenelle Ⅱ法案”以及2015年颁布的《绿色能源转型法案》。

依托于法律的建立与完善,法国的绿色金融市场也逐步成长起来。从绿色债券的发行上来看,2013年第一只绿色债券便是由法国牵头发行的,开拓了绿色金融市场的先河。2017年法国发行了首只主权绿色债券,由此巴黎成为经济转型的金融中心。这笔债券允许法国借入70亿欧元来支持清洁能源项目。当时,它被认为是年轻绿色债券市场上规模最大、到期日最长的发行。法国发行的绿色债券资金用途主要涉及绿色建筑、水利、清洁能源、适应气候变化等方面,其中投向能源领域的资金占总规模的36%,投向建筑领域的资金占总规模的25%。法国金融机构在绿色债权等产品和服务方面持有大量的市场份额,并提供新的绿色基金。在绿色信贷方面,关于绿色贷款的未来投资计划在2014年就被法国提出,不少公司陆续参与其中。

为了将气候相关风险纳入金融体系,法国实施了以下五个措施:

· 在《能源转型与绿色增长法案》实施的第一年年底,明确要求遵守气候相关财务信息披露工作组(TCFD)的建议,增加气候风险的透明度;

· 建立绿色项目和活动的共享分类,法国起积极作用;

· 发挥法国在国际金融标准化中的贡献和作用;

· 扩大绿色金融产品标签,特别是针对个人的贷款和投资工具,引导法国家庭将储蓄转向生态和能源方面；

·监管机构加强管理气候变化风险。

②发展可再生能源，实现能源转型。法国一直致力于摆脱传统能源，实现能源转型。早在20世纪70年代，核能就被法国开发并应用。随后2008年法国就计划了一个项目，该项目涵盖的50项措施都用于发展可再生能源。2010年法国考虑优先重点发展海洋能源、离岸风能、清洁汽车、节能建筑等产业并发布具体报告。在国家政策如2015年颁布的《绿色发展能源过渡法》的支持和大量资金的投入下，法国的绿色产业正逐渐取代传统产业，在市场中占据更大份额。

2020年9月，法国宣布了一项资金规模为1 000亿欧元的“未来计划”，其中预计将会有近300亿欧元被用于各种产业绿色化，实现绿色转型。该项计划包括以下六项措施：

·112亿欧元将会被政府使用到工业部门中，升级技术，减少碳排放量。

·270亿欧元将会被政府用来发展各种绿色技术和开发氢能。

·359亿欧元将会被政府用来建设各种绿色基础设施和改造现代化铁路部门。

·467亿欧元将会被政府用来改造城市中的破旧建筑。

·510亿欧元将会被政府用来加快企业实现数字化转型。

·610亿欧元将会被政府用来培养人才，加快人才适应各类新型技术和产业的速度。

③建立完备的碳定价机制。为了全面有效地在全国范围内降低碳排放量，法国不仅建立了碳排放权交易市场，也在国内征收碳税。2005年1月1日，法国加入欧盟温室气体排放权交易体系，并在2013年承担了欧洲能源交易所的拍卖任务和事后结算。法国加入这个全球最大的碳交易市场中有利于控制碳排放量，加快碳减排进程。此外，本来2010年1月1日起法国就计划在全国范围内征收碳税，制定了征税标准，还对汽油和柴油的使用征收附加税，但最后该项目并没有实施。2014年法国重启该项目，开始征收碳税。近年来法国的碳税价格一路高涨，从2014年的7欧元/吨 CO_2 涨至2020年的65.4欧元/吨 CO_2，持续更新的碳税价格有助于碳中和目标的实现。

④强调企业社会责任的披露。法国在20世纪初就开始注重并强调社会责任的披露。2001年法国颁布的《新经济规则法》规定披露社会责任的主体为所有上市公司，披露的对象包括环境、劳工、人权等非财务信息。2010年颁

布的《综合环境政策与协商法Ⅱ》将披露的主体扩大到员工规模达到500人的公司，并且对披露的可持续发展报告的格式和内容进行了标准化规定。目前法国对企业社会责任披露要求最完整的法律是2015年颁布的《绿色增长能源转型法》，该法律要求金融机构必须发布企业社会责任报告，并且将披露内容从气候风险相关信息拓展到关于企业社会责任与投资的联系等。

(3)绿色经济发展的实施成果

①法国在绿色债券和绿色基金两个领域取得了显著成效。随着政府的稳步推进，法国已经建立欧洲第一、世界第三的绿色债券市场。2021年，法国的绿色债券发行量为129亿美元，累计发行量为1 257亿元。另外，到2019年年底，在法国注册的可持续基金达到了704只，法国管控的总资产的近50%都是可持续的投资，法国渐渐取代英国成为社会责任投资(SRI)的金融中心，在世界绿色金融领域颇具影响力。

②法国可再生能源丰富，应用广泛。法国不断地输出森林资源、风能资源、水力资源、地热资源到世界各地，目前已然成为欧洲第二的可再生能源输出国。能源的绿色转型也朝着原定的项目计划发展，在2013年法国已经达到国内的能源消耗14.2%依靠森林资源和水能资源等可再生能源。截至目前，低碳能源供应了法国国内88.8%的电力，这得益于核能、水力、风电、太阳能等能源的不断发展。

③法国碳排放量显著下降。2019年法国二氧化碳排放量为4.41亿吨，是自1990年以来的最低水平。法国在2017年欧盟脱碳计划的评估中获得第一。不仅如此，法国在环境领域的领导和先锋作用还体现在2019年成为第一个承诺到2050年实现碳中和的G7国家。2020年，在联合国发布的《可持续发展目标报告》中，法国以81.13(满分100)的高分位列全球166个参与国的第4名。这些成绩都归功于其国家低碳计划建立了雄心勃勃且具有法律约束力的碳预算，规定了碳定价轨迹，制定和监测低碳转型的明确流程。

4. 丹麦

(1)绿色经济发展概况

丹麦早在20世纪70年代爆发石油危机并遭受了能源的重创之后就开始逐渐部署和发展绿色经济，并取得了惊人的成效。从20世纪80年代到现在，丹麦的经济发展增幅高达80%以上，但能源消耗增加却接近于零，温室气体的排放量也下降了相当大的比重。此外，丹麦可再生能源出口量和利用程度，在欧盟各成员国中也已经处于领先地位。绿色技术的大力推广以及绿色能源产业的蓬勃发展也让丹麦在新能源利用和减少温室气体排放方面取得了较好的效果，其指标相较于其他发达国家更加优秀。在欧盟国家中，丹麦绿色技术和绿色产品的出口数量也名列前茅，其政策成为欧盟诸多能源政策的参考。

(2)发展绿色经济的主要措施

①制定绿色发展相关政策和法律。发展绿色经济在丹麦长期以来都处于国家战略高度，政府制定了一系列符合丹麦国情的政策和法律。

丹麦政府为发展低碳绿色经济制定了相关的政策，推出的政策主要依赖于政府补贴和价格战略来扩大绿色能源市场，例如：对清洁用电的价格优惠政策以及对生物质能发电的政府补贴；政府出台自行车出行和公共交通小户型的相关优惠政策。丹麦多数民众出行更加低碳环保，丹麦也因此成为名副其实的“自行车王国”。此外，为推广绿色建筑，丹麦政府还创建了“节能账户”制度，也就是建筑的所有者在每一年度向账户中缴纳资金，建筑的能效将作为支付价格的标准，以此推动建筑的绿色改造。

丹麦在绿色转型之路上也制定了相关的法律法规。1993 年丹麦进行了环境税收改革，围绕能源税，建立了涵盖 16 种税收的环境税体制。在之前的几十年内，丹麦已经逐渐形成完善的绿色税收制度，使得高污染的传统能源转向绿色低碳的新能源，有力地推动了能源结构的改善和经济发展的绿色转型。

②绿色技术创新带动绿色产业发展。丹麦长期以来都将发展低碳和绿色能源技术作为绿色发展的驱动力，一方面是因为其资源贫乏且受地理位置影响，气候对其的影响很大，另一方面是因为全球温室气体减排和绿色发展被大力提倡，也给丹麦增加了绿色经济发展的机会，因此把发展绿色能源作为减少碳排放的重要措施。

如今能源技术已经是丹麦政府大力投资的领域之一。丹麦制定了《能源技术研发和示范规范》等一系列政策来保证对能源技术投资的增长，并将成熟的绿色能源技术向市场推行。此外，政府立法税收之下的丹麦不断创新绿色技术，吸引了多个领域的积极参与，并在对新能源领域的技术创新投入大量的资金和人力之后，催生了大型绿色产业链。在不断改进之下，丹麦已经在碳减排相关的节能和绿色能源技术领域领先发展，在欧盟国家中，输出的绿色技术占据优势地位。

③打造绿色生活方式。丹麦政府还一直致力于在全国推广绿色生活方式，并且已经取得了相当大的成效。在 500 多万人口的丹麦，就有 400 多万辆自行车，尤其是在著名的哥本哈根市，有将近 1/3 的市民日常以自行车出行为

主，绿色出行已经深深植根于丹麦人的意识中。

除了自行车之外，绿色低碳的理念也已经涉及丹麦人生活的各个领域。丹麦民众在日常用品的选择上将环保指标作为重要的标准。为使家用电器更加绿色环保，丹麦建立了“能效标识”制度，根据家用电器的使用能效进行等级分类，共有A到G七个等级。其中“A”代表能效最高、最绿色环保。目前在丹麦，90%以上的家用电器都达到了最高等级的效能标准。这种有丹麦特色的消费原则能够进一步迫使企业改进生产工艺，切实做到生产流通领域的节能环保。

(3)绿色经济发展的实施成果

丹麦虽然只是资源贫乏的小国家，但是在绿色经济的道路上却取得了巨大的成就。在新能源的发展上，丹麦的消费结构从“依赖型”向“自立型”转变，并通过这一重大转型实现了经济增长脱离于能源消耗，可再生能源的技术和绿色产业在欧美国家中也位居前列；丹麦在绿色经济发展中制定的符合本国国情的措施及政策也成为欧盟和很多国家参照的依据；丹麦的绿色发展战略，也已经渗透到日常教育中，成为丹麦人生活方式和思维方式的一部分，是世界各国学习的典范。

二、国外经验对中国的启示

(一)构建绿色创新体系

最环保的国家往往是最具创新力的国家。党的十八大提出了创新驱动战略以及建设社会主义生态文明，并指出要更多地依靠节约资源和循环经济推动经济发展方式的转变。所以，中国的生态文明建设是以构建绿色发展创新体系为出发点的。绿色发展抛弃了工业文明，颠覆了传统的科学范式，创新模式也要求可持续、低能耗、低污染，把绿色科学技术作为科学范式的核心。可见，在绿色发展对创新道路提出新要求的同时，新的创新范式也将给绿色发展带来巨大动力。

中国绿色发展应建立以绿色技术为基础的创新体系。为了促进绿色技术的蓬勃发展，在研发过程中应考虑环境技术因素，提高企业的绿色技术创新能力，加强企业与科研机构的合作，完善绿色技术和企业绿色创新激励体系，同时积极参与国际竞争，打破绿色技术壁垒。需要明确的是，绿色经济发展不能局限于某些特定的行业或者领域，而应该立足于国家战略层面，全方位深化绿色经济发展变革，进而更好地构建绿色创新体系。

（二）完善绿色发展的政策保障

在绿色经济发展的领域上，我国目前的内外环境有待进一步改善。为此，要做好两方面准备。

一方面，要从我国国情出发，在法制保障的层面上为绿色经济发展提供重要支撑，建立健全绿色法律法规体系，壮大绿色发展动能。至于如何完善绿色法律法规体系建设，则可以借鉴世界绿色发达国家的立法经验，引进其绿色发展的先进立法方法和技术，从而加快国内立法的进程和实施。除了国际标准之外，绿色发展的理念也应该纳入国内的法律法规体系，在刑法、行政法、民法等法律中都需要考虑绿色发展，推动国内法的绿色发展。

另一方面，要积极探索绿色金融渠道，在金融改革的发展中引入生态文明的理念，形成包含实物金融政策的生态环境，进而有益于形成环境保护型、资源节约型的绿色金融增长模式。进一步来说，利用金融体系的融资功能，扩大绿色金融市场，为绿色产业的发展注入更多的资金。值得注意的是，这需要政府灵活采取宏观政策来加强调控能力，以避免潜在的市场失灵问题。更进一步来说，金融体系要为绿色发展新模式提供有效服务，促进绿色经济发展，最大限度发挥绿色金融体系的积极作用，让个人愿景与企业发展目标得以更好实现，使绿色经济得以纵深推进。

（三）为社会发展营造绿色氛围

在社会文化方面，要提高我国国民的绿色发展意识，培养国民对绿色发展的特殊情感，形成良好的绿色文明行为习惯，进而促使全体公民同心共建社会绿色文化体系。提高国民绿色文化意识的核心，需要努力提高每一个公民的生态忧患意识、生态道德意识与生态责任意识。要使得每一个公民从灵魂上重新塑造对绿色文明模式架构的印象，树立对绿色发展的正确认识，建立对人类生存生态环境的强烈情感，将绿色发展文化模式融入国民的心理结构系统，形成一种深入人心的绿色生活新方式，不仅简约适度，而且兼顾绿色低碳与文明健康。

构建中国绿色文化体系，应从以下两方面入手。一方面，要率先从绿色文化的理论研究入手，探索和总结中国传统文化中关于绿色发展的精髓。这需要我们利用批判性思维来看待传统文化中的绿色发展，并将从中概括提炼而来的绿色文化融入中国话语体系的民族文化中去。另一方面，要提高绿色文化的市场渗透力、内部创造力、外部吸引力，将绿色文化与中国的科学、技术和教育牢牢结合，在加强绿色产业研究的同时，提高绿色文化建设水平。通过文化的吸引力，来实现绿色文化在公民思想和行为上的引导作用，让公众自觉运用先进的生态文化为中国的绿色发展做出贡献。

（四）提高国家绿色科技水平

国家的绿色发展要依靠坚实的绿色技术。绿色技术指的是支持资源节约、环境友好和生态保护的技术，旨在实现资源的可持续利用、环境保护、生态恢复。它不仅包括绿色能源技术、绿色交通技术、绿色建筑技术等为人所熟知的新技术，也包括绿色制造技术、绿色科技服务、绿色农业技术等大众相对不那么熟悉的内容。为了更好地发展绿色技术，中国应该高度重视对绿色技术研发的投资。可以设定绿色标准，建立健全标识制度和绿色技术验证制度，完善知识产权保护制度，出台相关的税收优惠政策，设立绿色技术创新投融资机制，创设绿色采购体系、科技与绿色技术创新投资基金等。

当前，我国绿色经济发展如火如荼，但需要看到，日益增长的人才需求也随之而来。由于绿色经济发展涉及面广，我国现有的人才储备明显无法满足需求。因此，提高国家绿色科技水平的重要一环是加大相关的人才储备力度。一方面，应当逐步形成完善的高校培养机制，在缓解高校学生就业压力的同时，为我国绿色经济发展提供更多高质量人才，满足实际的人才需求。另一方面，要尽快制定并推行更具吸引力的人才引进政策。与此同时，政府也要鼓励绿色经济各产业加大对人才培养的投入力度，为相关的专业人才提供广阔的发展平台，促使更多人才有意愿为我国绿色经济的发展添砖加瓦，从而为我国绿色经济得以持续高质量发展增添源源不断的力量。

第四章　我国企业履行社会责任概况

企业社会责任(corporate social responsibility,CSR)一直都是学术界和实务界一个经久不衰的研究热点,尤其是在国际可持续发展准则理事会成立和ESG(environmental、social、governance)理论得到长足发展的新阶段。发展绿色经济,实现"双碳"目标,不可避免地需要企业具有履行社会责任的意识和担当。不过首先应指出的是,到现在为止,学术界对CSR的理解还没有达成共识。造成该现象的原因有两个方面:一方面,各派学说对于CSR的理解角度不一样;另一方面,CSR本身植根于经济环境,不同的经济发展水平赋予了其不同的时代内涵。Carroll(2000)认为,其他学者发表的社会责任的概念定义存在着局限,总结出一个受所有人赞同的社会责任的定义是不易的。这里存在一个几乎不能解决的问题:不同企业,其规模、生产能力和盈利能力、消耗的资源以及对内外部利益相关方的影响都是不相同的,因此需要履行和遵守的社会责任也存在差异。

一、国外企业社会责任的概念与内涵

"企业社会责任"这一概念最早源自欧洲大陆。起初人们更多使用"商人的社会责任"(social responsibility of businessman)这一概念,而不是现在我们所熟知的"企业社会责任"(corporate social responsibility)。

Bowen(1952)在其著作《企业家的社会责任》中提出的理念和观点为现代社会责任理论奠定了基础。这一阶段社会责任理论的革新,主要因为以下几个原因:

第一,企业经过数次资本积累和两次工业革命的生产力变革后有了更加广阔的前景和更为宽松的经营环境,企业的规模与实力大增。

第二,由于现代工业的快速发展,产生了资源掠夺、环境破坏、污染严重、贫富分化等现象，带来严重的社会矛盾，社会冲突加剧。

第三，人们除了追求经济效益外，更加注重人的社会尊严与价值，对社会和企业活动有了除经济利益外更高的期望。

第四，公民社会和民主政治的发展，社会公众的价值与追求被摆在更优先位置上，同时各种组织加强对企业履行社会责任的呼吁和提倡。

随后，Davis(1960)提出了影响企业决策的因素，除了企业的直接利益外还存在着一些与利益并不直接相关的因素。此外，Davis 也研究了企业社会责任对企业的影响，认为企业社会责任给企业带来的利益是长期性的，而不是短期的经济利益。后来 Davis 对之前的研究进行修改与提炼，最终提出了“责任铁律”这一概念，该概念的核心是要求商人承担一定的社会责任，而这种责任要和商人当前的能力相匹配。

Carroll(1991)提出的 CSR 金字塔模型则更多地被现代企业所采用。Carroll 将其进行逐级分解，自下而上分为经济责任、法律责任、伦理责任和慈善责任，四种企业责任按照要求程度逐层增加，共同组成了现代企业责任的基本框架，是社会责任体系的重要理论基础。

企业所要承担的责任与不同的利益相关者的利益诉求相关。

第一，经济责任。在最基本的经济层面，企业要承担的经济责任是创造价值，这是企业经营的最根本的目的，企业在经营活动中应将价值创造放在重要位置。在创造经济价值的同时，企业要实现更多的社会价值，如提供尽可能多的就业岗位和就业机会，为社会提供优质的商品和服务，促进社会的经济发展。

第二，法律责任。在这里不仅应包括各类成文法，也包括政府部门颁布的各种规章制度。法律法规对于企业遵守和承担法律责任同样作用重大，企业一旦违背法律法规，将会付出高昂的违法成本。

第三，伦理责任。伦理责任主要是指企业需要遵守的社会道德、行业道德等社会公序良俗，也包括一些国际公约和国际道德准则。在某些情况下，企业的行为虽然不违反基本的法律法规，但是会违背社会基本公序良俗，尽管企业不会由此产生违法成本，但是会受到社会道德谴责。

第四，慈善责任。作为社会责任中的最高层次要求，慈善责任是企业自发履行和遵守的责任。在这个层次上，企业通过自发开展组织各类慈善活动、关心弱势群体、改善民生福祉等方式履行慈善责任。

如今，关于企业社会责任的观点进入了百家争鸣的“论战”阶段。在众多观点中，本书认为利益相关者观点更符合当前企业发展实践。在利益相关者视角下，企业社会责任表面上直接源于企业价值分配，但最终源于利益相关者所投入的资源。

国外对于利益相关者影响企业社会责任的研究已经有了不少成果，并构建了对应的衡量方法体系。目前，应用比较广且影响较深的主要有 KLD 指数法、Clarkson(1995)的 RDAP 模式、道琼斯可持续发展指数等。利益相关者理论在 20 世纪 70 年代被大多数企业纳入企业战略考量的时候，社会责任并没有明显得到体现。在这一时期，利益相关者理论服从于企业的经营管理目标。经济学家 Freeman(1984)在其著作《战略管理：利益相关者方法》中将利益相关者概念的外延扩展至顾客、环境等。这一改变使得利益相关者的涵盖范围扩大，并且体现出企业与环境、消费者实质上是双向影响，而非单向影响。企业在开展经营活动时还需要考虑除了股东、债权人、员工等作为内部因素的其他被影响群体的利益。Clarkson(1994)将利益相关者的概念进一步发展为为企业提供了专门性投资并由此承担了一定风险的群体或个人。这个定义进一步加强了企业与利益群体之间的密切程度，进一步扩展了企业社会责任涉及的范围。Tirole 等人(2010)认为企业履行社会责任是企业与各利益相关方的共赢，企业在追求利润的同时也要为利益相关方谋取福利。企业的种种履行社会责任的行为其实是为利益相关者传递企业价值观的良好渠道。

二、国内企业社会责任的概念与内涵

企业社会责任进入我国的时间大约是 20 世纪八九十年代，此时国外相关的研究逐渐趋于完备。当时国内的研究还是以借鉴西方的理论成果和实践经验为主，在其基础上构建适合我国国情的具有我国特色的社会责任概念体系。企业社会责任概念刚进入我国国内时，因为其内涵与我国当时的发展理念一致，学者对其充满兴趣，政府也鼓励相关的研究。正是在这种大背景下，我国学者也取得了丰富的研究成果。

我国较早对企业社会责任进行研究的著作是袁家方的《企业社会责任》一书。在这本书中作者谈到了自己对于企业社会责任的定义，认为企业除了要追求经济利益外，还应肩负起对社会、国家乃至人类的责任，要积极维护这些群体的利益。

刘俊海(1999)提到企业社会责任应该是多方面的责任，于是他将企业社会责任在法律和道德两个层面进行了划分。同时他也认为虽然企业应该追求利润最大化，但在这一过程中，企业对其他相关者如雇员、供应商、当地社区等的利益，也应该尽量维护。

进入21世纪之后，随着企业规模和影响力的扩大以及社会发展理念的变化，人们对企业有了新的要求，企业社会责任也随之发生了一系列变化。卢代富(2002)进一步强调了企业在社会中应该扮演的角色，认为企业对社会负责不再仅仅只是一种要求，而应该具有强制性。

在此之后，我国有关企业社会责任的研究也进入了快速发展阶段。周祖城(2005)指出企业的社会责任应该是一种综合性的责任，不仅包含企业自身责任，还包含其他利益相关者责任，企业社会责任的要求也不仅只停留在经济层面，还存在于法律和道德层面。黎友焕(2007)则加上了对企业社会责任的时间限定，认为企业社会责任是在某一个特定的时期内，企业应该对利益相关者承担的各项责任，该责任包括经济、法规、道德、伦理、慈善等多项相关责任。

与国外研究类似，国内也引入了利益相关者理论来阐释企业社会责任。然而国内对于利益相关者的定义大不相同，基于利益相关者理论探讨企业承担的社会责任范围自然也就不完全相同。王楠楠(2008)认为除了传统的股东和社会利益，利益相关者的涵盖范围应该还包括社区、环境等内容，尤其是企业对环境的影响应该引起重视。徐尚昆(2010)总结出中国企业的九个社会责任维度，包括员工发展和保护、法律责任、社会可持续发展等。肖雅韵和陈俊龙(2021)基于利益相关者理论，将利益相关者主要划分为股东、员工、消费者和社区四大类，并将企业的社会责任由此划分为四大层次，认为企业通过实施社区层面的社会责任战略，有利于建立和谐的企业—社区关系，最终实现互利共赢。方博(2021)从完善法律制度的角度出发，提出要完善社会公益发展和生态环境的责任法律制度。王琦和杨安玲(2021)从少见的多元利益相关者角度出发进行实证研究，得出企业社会责任以价值创造为基础，其形成依赖于利益相关者所投入的资源的结论，验证了多元利益相关者通过创造企业价值间接影响企业的社会责任。

通过对国内外企业社会责任定义的研究，我们认为企业社会责任要求企业不仅要追求股东利益最大化，还应该承担对其他利益相关方的责任，这种责任是一种综合性的责任，包括经济、法律和道德等多个层面。在这一概念中需要强调两点。一是要包含所有的利益相关者在内。如今的企业不再只为股东的利益服务，更要服务于其他利益相关者和整个社会，只有这样才能为社会整体创造更多的价值。二是企业要承担的责任并不只是像过去一样是单一的经济责任，而是包括各项责任在内的综合性责任。

基于利益相关者理论对企业社会责任的研究，国内外目前已有一定的成果。然而，深入研究相关文献可以发现，尽管现在学者们可以利用相关理论进行深入研究，但是关于利益相关者对企业社会责任的影响还未形成一个完整的框架体系。而且，在研究所花费的长久时间的映衬下，相应的理论研究成果并没有明显突破，国内外研究成果有一定的趋同趋势。再者，目前学术界局限于集中研究单一利益相关者对于企业社会责任的影响，并未考虑到多元利益相关者的因素。

三、企业社会责任与绿色发展的关系

企业对生态环境负有责任。企业的经营活动依赖于自然，同时又对环境产生深远的影响，特别是在当下，随着技术手段的飞速发展，经济活动对环境的改造更加深刻。可持续发展的社会责任要求企业必须全面审视自身经济活动与环境责任的关系。为实现全面、协调、稳定的绿色发展，企业要做到保护环境、节约资源与自身发展相统一，企业因此负有追求生态稳定的伦理责任和慈善责任。此外，随着 ESG 理念在全球的推行，未来生态责任将成为企业更为基础的义务。

进入 21 世纪之后，环境保护运动的兴起让我们意识到了环境保护的重要性，这是与全人类利益息息相关的一件事。对于企业来说，应该承担起保护环境的责任，尤其是规模庞大的大型企业更应该责无旁贷。这是因为人们对环境的利用和环境对人的影响并不是平等的，企业尤其是实力强大的大型企业有足够的资源去避免环境恶化对自身带来的负面影响，但其他的弱势群体却没有这个能力，相反他们还会为其他企业损害环境的行为买单。这也就是为什么我们看到发达国家将很多重型产业向海外进行转移的原因：一方面是为了降低成本，另一方面则是为了把对环境的损害转移到其他国家。但我们也要明白一点，这种损害虽然是转移了，可是损害还是在这地球上，人们最终还是会吞下自己种下的苦果。所以，企业要做的并不是思考如何转移对环境的破坏，而是应该考虑如何保护我们的环境。这不仅是对自己和社会负责，更是对整个自然界负责。

虽然各国和各地区都对环境保护制定了相关法律，但法律并不能够把所有的问题都考虑在内，因此企业还需要积极承担一些法律规定外的环境保护责任。这些责任的具体表现可以概括如下：第一，通过运用先进的制作工艺或技术，提高资源的利用效率，减缓对地球资源的消耗；第二，妥善处理企业生成过程中产生的有害物质，积极引进相关的处理设备，并定期进行检查和保养，将企业对环境的破坏降到最低；第三，响应国家发展绿色经济，实现“双碳”的目标，努力为环保事业做出贡献，以自身资源助力环保事业发展。

四、当前我国企业履行社会责任的主要问题及对策

（一）主要问题

1. 起步较晚

我国建立当代企业制度相较于欧美国家来说，时间较晚。经过改革开放，我国的市场资源逐渐从政府转移到企业，随着市场经济发展阶段的转变，企业也拥有了更多的社会资源，企业所应该承担的社会责任也发生了很大改变，企业需要在当今社会中承担更多的责任。但改革开放初期，在经济建设为中心的背景下，企业尚未有一个较为成熟的社会责任观，大家对于企业目标的理解一般就是追求利益最大化，这使得大家只聚焦于个体利益的完成情况，从而使企业对于应履行的社会责任视而不见。一直到21世纪初，我国才开始注重企业在履行社会责任时存在的问题，出现越来越多关于企业社会责任的研究和政策。

2. 范围较小

我国大多数企业仍处在单一责任主体层次，对于企业应承担的责任范围还是局限于一个较小的范围。大多数人还是认为只要合法经营、依法纳税，就是完成了企业自身的责任，并没有意识到企业是植根于广阔的社会环境中的，而不是独立于社会之外进行商业活动的。企业在正常运转过程中享受了社会环境所带来的资源，虽然企业和这个资源提供者之间没有契约性的关系，但是企业在进行行为决策时应该考虑到其行为会对相关利益者（如社区、环境）的

影响。例如一些企业在进行生产活动时将未经处理的污染物直接排入江河，造成水资源的污染，进而引起一个区域某种疾病的暴发，这也是未履行社会责任的一种表现。

3. 缺乏动力

我国企业普遍缺乏动力来承担和践行社会责任。在企业的发展过程中，绝大多数管理层觉得企业的主要目的是充分利用企业所有的资源和能力，追求利益的最大化。社会责任在企业发展中通常被认为是和企业盈利目的相悖的，甚至认为履行社会责任是企业所需克服的问题之一，因此导致社会责任的履行缺乏动力。有些企业认为履行社会责任将导致企业资源的流出，且对企业自身的发展并没有什么好处。这主要是因为一些企业所制定的发展目标只关注了自身的利益，并没有与社会发展相匹配，甚至与社会发展目标背道而驰，无法在追求自身经济效益的同时，完成对社会责任的履行。

4. 氛围不足

目前我国企业在社会责任的承担和践行方面还缺乏相关氛围。缺乏氛围会导致企业缺乏对社会责任承担的动力，甚至认为是否履行社会责任与企业没有什么关系。伴随着改革开放的不断推进与加深，我国社会主义市场经济体制逐渐完善，经济得到了极大的发展，企业在发展的潮流中获得了很大的进步。随着市场化的进程以及经济全球化的发展，企业应履行社会责任也已经在世界范围内得到了共识，其社会责任的履行得到了政府机构及相关组织的关注与支持。因此，我国政府及非政府组织应该继续加大关于这方面的支持力度，帮助企业建立一个积极承担与践行社会责任的良好氛围，让企业在社会责任履行的同时能够得到正反馈，形成一个良性循环。

5. 法律不够健全

我国企业在履行企业社会责任的过程中尚存在着法律法规不够健全的风险。我国的市场经济体制建立的时间较短，许多新的关于企业社会责任的法律法规尚未制定出台。我国相关法律虽然要求企业须承担社会责任，但是对于企业应该承担的社会责任的内容并未做出具体要求，包括社会责任的主体和对象经常也并不明确，这就导致企业社会责任的承担以及履行有了较大的操作空间。

6. 监督缺失

我国经济在过往的发展历程中，对于经济成果的评判标准大多仅限于生产总值、利润和税收。这就导致部分地方政府对于企业社会责任的监管力度不够，为了让企业能够完成其经营目标，对于企业履行社会责任的情况睁一只眼闭一只眼，对于当地的支柱企业，有些地方政府更有可能会纵容企业不完成其社会责任。因此，对于社会责任监督职能的缺失也是造成企业未能履行社会责任的原因之一。

7. 劳动力市场供需不平衡

作为世界上人口数量最多的国家，我国劳动力市场供求关系不平衡在相当长的一段时间内都是存在的。改革开放发展初期，我国大多数企业属于劳动密集型企业，这类企业对于劳动力的素质要求不高，这就形成了“资本强于劳动”的情况，企业不用担心劳动力的流失，因为在同样的待遇之下，会有一批又一批的工人愿意加入企业，并且工人在工作中几乎不能表达自己的合理诉求。这样的供求不平衡成为企业忽视社会责任的原因之一。

8. 认识不足

“企业社会责任”这一概念经过多年发展，已为大众所熟悉，大多数人也已经知道履行社会责任能够提高企业的知名度，可以给企业发展带来潜在的助力。然而企业履行的社会责任通常是碎片化的，这是由企业对于企业社会责任认识不足造成的，因此有必要提高企业对于社会责任的了解。

通过对企业履行社会责任的观察可以发现以下几个问题：一是企业对于社会责任的概念认识不足，认为社会责任的完成就只是捐款和参与社会公益活动，因此通常会忽略企业社会责任中的环境、社区责任等；二是企业过于追求即时的经济利益，认为企业履行社会责任会增加企业运行成本，如加大生产过程中的环保投入、提升员工的福利待遇、参与社会公益活动等，会导致企业的经营利润下降；三是企业的领导更关注企业的短期发展，忽略了企业的可持续发展，如盲目扩张产能，造成产能过剩，浪费了社会资源，对社会责任的履行起了反向作用。

9. 激励不足

企业履行社会责任并不是一蹴而就的，而是循序渐进的，这就意味着对企业社会责任的履行不能够实施激进的策略，因为，企业管理者的观念转变需要一定的时间。因此，应出台关于企业社会责任的激励措施，如通过制定税法，来实现对企业社会责任的税收优惠，让企业在承担社会责任的同时，也能够获得即时的税收优惠，提高企业的经营成果，这样就能够提升企业履行社会责任的积极性，同时能够帮助企业提升履行社会责任的主动性。

（二）对策建议

1. 积极探索现代企业制度

针对我国建立企业社会责任制度起步较晚的问题，可以通过积极研究国内外的企业制度对企业在履行社会责任中带来的影响，帮助我们创立有效让企业积极履行社会责任的现代企业制度。现代企业制度的建立能够促使企业将自身的经营目标和社会目标协同一致，企业在完成自身经营目标的同时，也就完成了自身对社会责任的履行。

2. 推进企业社会责任立法

加快企业社会责任立法进程，通过社会责任立法，能让企业在履行企业社会责任的过程中有法可依，同时能够避免或减少企业不履行企业社会责任的情况及风险。因此，应该加速相关法律法规的制定，将企业社会责任纳入法律法规范畴，这样可以让企业更深刻地了解社会责任的重要性，对于不履行社会责任的企业有着一定的威慑力，可以在某种程度上规范企业在社会责任方面的行为，明确履行社会责任的奖惩制度，让承担社会责任的企业获得相对应的奖励，不履行社会责任的企业则得到法律的处罚。这样可以形成一个积极履行企业社会责任的氛围，形成良性循环。

3. 完善激励措施

对于我国企业缺乏承担社会责任的动力这一问题，可以通过制定激励措施来引导企业更积极地承担企业社会责任。比如，制定相关的税收法律，针对承担了相应社会责任的企业，可以在一定程度上减少税收，为企业带来一定的经济效益。此外，可以通过一系列措施，如成立专项资金，来保障企业的资金支持，一旦积极履行社会责任的企业陷入了资金困境，可以通过该专项资金来支持企业渡过难关，这也能减少企业履行社会责任的压力。

4. 加强宣传

加大关于社会责任的宣传，充分发挥媒体在宣传社会责任中的力量，让企业进一步增加对社会责任的认识。企业作为市场经济的重要组成部分，并不是一个独立的主体，它的存在、发展、壮大是需要在社会中才能完成的。作为社会中的一部分，企业从社会中获取生存的资源，同时也应为社会提供相应的产品和服务。脱离了社会，企业无法单独生存，社会若没有了企业，也无法正常运转，两者之间存在着千丝万缕的关系。企业要认识到，在如今信息化的社会中，企业对于社会责任的履行情况能够通过新媒体等媒介快速传递。企业通过积极履行社会责任，能够提升企业形象，为企业发展创造潜在的经济效益。虽然从短期来看，承担社会责任是对企业自身资源的消耗，但从长远来看，它可以为企业带来更加稳定的现金流，有益于企业的长远发展。

5. 健全劳动力制度

从一开始的劳动力过剩到如今的劳动力供需不平衡，在市场经济中均会导致劳动者的权益得不到保障，因为劳动力的过剩会导致其价格下降，企业愿意为员工提供的薪资福利就会减少，劳动者自身的合理权益就很难得到保障。针对这个情况，我们可以增加不同类型的岗位供应，减少劳动力市场不平衡状况，对于企业不保障员工合法权益的情况，可以通过加强劳动仲裁等形式，帮助员工合理合法地维护自身的权益。同时，我们应建立相应的惩戒制度，对于侵害员工利益的企业，加大其运营成本。

6. 强化监督

监督是对企业的约束方式之一。来自外部的监督力量，能够增加企业履行社会责任的动力。推进企业履行社会责任的情况通告，让企业接受社会大众的监督，便于投资者对比各家公司在社会责任中的履行情况，这样可以由里向外地促使企业履行企业社会责任。

7. 规范化管理

应建立一个完善的社会责任管理系统，通过完善社会责任制度，积极推进社会责任的规范化管理，制定相关的标准，逐渐建立社会责任评价考核机制，成立相关的专职管理机构，明确企业的责任主体，落实社会责任的分工，将社会责任的目标和企业经营的目标相结合，在评价考核企业经营目标的同时也反映其在社会责任中的履行情况。

伴随着经济的快速发展，我们对于美好生活的向往不应只注重于经济方面，“既要金山银山，又要绿水青山”这句话就是一个很好的写照。作为市场经济的组成部分，企业在经济发展中发挥了极其重要的作用，所以，解决好当前企业社会责任履行中存在的问题，可以帮助绿色经济得到更好的发展。

第五章　国内外碳排放权交易情况

一、国内外碳排放权交易概况

（一）全球概况

目前，欧盟、瑞士、韩国、美国加利福尼亚州和加拿大魁北克省拥有世界上发展较为成熟和稳定的碳市场。表 5-1 是全球碳市场的一些数据资料，它们的发展历程、发展阶段和特征均不相同，如覆盖行业不同、碳价和处理规则不同。

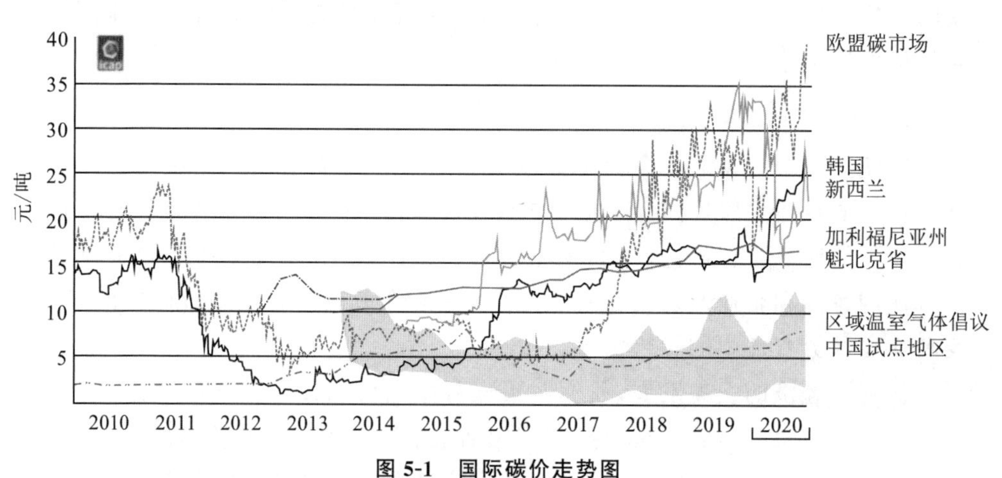

图 5-1　国际碳价走势图

资料来源：国际碳行动伙伴组织全球碳市场进展报告，2021。

表 5-1　全球碳排放权交易

国家/地区	启动时间	配额总量/亿吨	占温室气体排放总量/%	配额发放方式	配额分配方法	2021 年覆盖企业数量/家	未履约处理方式	核证减排允许占履约的比例（2020 年之后）
中国（电力行业）	2017 年	40.00	30	免费发放	产品基准法	2 225	2 万～3 万元人民币	不超过 5%
欧盟	2005 年	18.55	45	免费发放＋拍卖	产品基准法	11 000＋	118 美元/吨的罚款	2020 年之前 50%，2021 年之后不可用
瑞士	2008 年	0.05	10	免费发放＋拍卖	产品基准法	54*	127.82 美元/吨的罚款	不超过 4.5%
韩国	2013 年	5.48	70	免费发放＋拍卖	未公布	610	不超过市场价 3 倍的罚款	不超过 5%
哈萨克斯坦	2013 年	1.62	50	免费发放	历史强度法、产品基准法	129	31 美元/吨的罚款	无限制
美国加利福尼亚州	2013 年	3.46	80	免费发放＋拍卖	产量基准法	500	每吨短缺配额要支付 4 吨的配额价格	不超过 50%，但是每个行业的要求不同
加拿大魁北克省	2012 年	0.57	82	免费发放＋拍卖	产量基准法	149*	2 314～385 875 美元的罚款	不超过 8%
新西兰	2015 年	40.00	51	免费发放	历史强度法	2 448	20.76 美元/吨的罚款	N/A

注：* 为 2017 年的数据，其余为 2021 年的数据。

资料来源：根据中国碳排放交易网公开资料整理。

1. 碳价

从图 5-1 可以看到碳价格在过去十年发生了很大的波动，这是由于当前和预期的碳配额稀缺性的变化导致的。并且，碳配额稀缺性与当地的经济状况和法律的变动相关。

如图 5-1 所示，在 2011—2012 年，全球的碳价格总体呈下降趋势，在 2012—2015 年呈稳定状态，2015—2020 年总体呈上升趋势。2020 年全球碳价格大致情况如下：中国是 2～13 美元/吨，其他国家则是 8～40 美元/吨。其中价格最高达到 40 美元/吨的是欧盟的碳市场，也是全球最活跃的市场；其次是新西兰和韩国的碳市场。根据平均计算，如果气候达到巴黎协定规定的 2℃目标甚至是更低的 1.5℃目标，那么，2020 年的碳价格需要达到 40 美元/吨以上，2030 年甚至需要达到 50 美元/吨以上。在当前情况下，如果要达到这样的条件，只有欧盟能满足。

2. 覆盖行业

表 5-2 碳市场覆盖的行业

地区/行业	电力	工业	建筑	交通	航空	废弃物	林业
欧盟碳排放权交易体系	√	√			√		
瑞士	√	√					
美国加利福尼亚州	√	√	√	√			
加拿大安大略省	√	√	√	√			
加拿大魁北克省	√	√	√	√			
美国马萨诸塞州	√						
区域温室气体倡议	√						
新西兰	√	√	√	√	√	√	√
韩国	√	√	√	√	√	√	
中国北京	√	√	√	√			
中国深圳	√	√	√	√			
中国上海	√	√	√				
中国广东	√	√			√		
中国福建	√	√			√		

续表

地区/行业	电力	工业	建筑	交通	航空	废弃物	林业
中国重庆	√	√					
中国湖北	√	√					
中国天津	√	√					
哈萨克斯坦	√	√					
日本琦玉		√	√				
日本东京		√	√				

资料来源：国际碳行动伙伴组织全球碳市场进展报告，2021。

从表5-2可以看出，工业行业在大部分碳市场的交易覆盖范围内。由于日本的工业比较少，并致力于减少老旧的大型建筑，而且针对没有完成减排任务的企业没有制定高额的惩罚政策，所以日本是唯一一个没有将电力行业包含在碳市场交易范围的国家。

（二）国内碳排放权交易

1. 国内碳排放权交易市场建设

经过十几年的努力，我国的碳交易体系已逐步清晰。我国的碳排放权交易依托于国内碳排放权交易市场，其建设先后经历了三个阶段。第一阶段是主要以清洁发展机制（clean development mechanism，CDM）参与国际市场上碳交易项目，但此阶段我国仅仅是供方，而非真正的独立市场。这种情形在其后数年仍一直延续，但规模在不断递减。同时国内开始推行自愿减排交易，企业可自行购买减排量（voluntary emission reduction，VER）进行碳中和，但由于该模式的自愿属性，其交易数量与交易规模并不理想。为改善以上情况，2012年我国推出了核证自愿减排量（Chinese certified emission reduction，CCER）。与VER相比，CCER有政府背书，除可自愿进行碳中和外，还能作为试点区域甚至全国交易市场的抵消机制存在，因此对VER市场产生了不小的冲击。第二阶段以七省（市）启动交易市场试点为起点，经过多轮调整试行，我国自愿与强制并行、试点与全国并行的碳排放交易市场体系逐步完善成型。第三阶段随着“十四五”规划的提出，我国开始全面深化碳排放权交易制度改革，启动了全国碳交易市场，同时创新碳交易、碳金融产品种类，中国的碳排放权交易规模继续扩大。

2. 国内试点碳交易市场交易情况

2011年10月，我国七省市试点先行的工作得到批准。2013—2014年，七个试点市场陆续启动，各地区可依照自身经济状况和节能减排目标实施针对性措施，不断试错，不断完善市场建设。

(1)纳入标准。从七个试点市场的覆盖范围来看，深圳试点市场的活跃度与企业参与度名列第一，纳入标准较低，参与交易的主体不仅有各行业强制减排企业，还包括个人或机构投资者。湖北、广东、天津三个交易市场的纳入标准较高，纳入企业多为工业行业。上海则更为灵活地采取了分行业纳入标准。从纳入企业数量来看，深圳和北京试点市场纳入企业数量最多，二者参与主体众多，试点交易市场更为活跃。详见表5-3。

表5-3 七个试点市场的纳入标准

时　间	碳交易试点市场	纳入标准
2013年6月18日	深圳排放权交易所	纳入标准为3 000吨碳排放量。前期开市纳入了近200栋公共建筑和635家工业企业。
2013年11月26日	上海环境能源交易所	初期共纳入近200家企业事业单位。分行业设定门槛标准：工业类为2万吨，非工业类为1万吨。
2013年11月28日	北京环境交易所	共纳入415家企业和事业单位。市场参与主体主要为2009—2012年四年二氧化碳排放超1万吨(含)的企业单位。
2013年12月16日	广州碳排放权交易所	共纳入202家企业。纳入标准为2万吨碳排放量(或1万吨标准煤能源消费量)。2017年纳入企业增至290家。
2013年12月26日	天津排放权交易所	共纳入114家企业和事业单位，纳入标准为2万吨碳排放量。
2014年4月2日	湖北碳排放权交易中心	共纳入138家企业，均为2010年与2011年两年中任一年能耗超过6万吨(含)的工业企业。

续表

时　间	碳交易试点市场	纳入标准
2014年6月19日	重庆碳排放交易所	共纳入254家企业，纳入标准为2008—2012年五年中任一年碳排放大于2万吨的企业单位。

资料来源：根据中国碳排放交易网公开资料整理。

(2)碳交易价格市场波动性。深圳和广州两个试点市场的碳价波动幅度较为一致，都表现为碳交易价格在市场启动初期迅速上升，后期平缓下降并趋于稳定。其中，广州试点交易市场初期开市时碳排放权交易价格为75元/吨，随后不断下滑，最终在25元/吨左右保持稳定。深圳试点交易市场的碳交易价格在开市初期曾超过100元/吨，居全国之首，其后价格逐渐下降，于2015年后保持在25～50元/吨的价格区间。其他五个试点城市中，重庆的碳排放权交易价格自开市以来波动剧烈，表现为猛涨猛跌，中间部分时间段碳交易价格在个位数上徘徊。近几年价格稍有上升，预计随着国家低碳经济的建设，碳交易价格会保持在合理的范围。上海试点市场的碳交易价格在开市前期不断下滑，自2016年逐渐回升，并维持在40元/吨左右。天津试点市场的碳交易价格在初期多起伏，后续逐渐稳定。北京试点交易市场的碳交易价格自2017年后逐渐上涨，但其后数年均有较为明显的波动，尤其是2020年碳交易价格受疫情影响剧烈下降，但随着中国经济的回暖，预计北京市场碳交易价格未来形势明朗。

总体来看，北京试点市场的碳交易价格均值最高。主要原因是北京作为金融中心，碳配额一直在逐年减少，配额需求大于供给，导致碳价一直水涨船高。同时，北京的煤炭、石油等能源价格偏高，而钢铁、电力、化工等以化石能源为燃料的企业数量较多，这也推动了碳交易价格持续上涨。深圳作为我国最早开展试点运行的交易市场，参与主体多，相关机制发展成熟且政府监管力度大，其碳排放权交易价格均值位居全国第二。再次是上海，由于上海近些年重视能源减排，尤其是减少城市交通能源消耗，将非工业企业也纳入碳交易试点，进而推动了碳价上涨。而重庆试点市场由于建设发展时间最短，所以碳排放权交易价格也最低。其他几个城市试点市场的碳交易价格则相差较小，市场流动性也差别不大。

(3)碳交易量市场活跃度。在市场活跃度上，七个试点市场的碳交易成交量也差距较大，如图5-2所示。湖北碳排放权交易中心在碳交易总量、活跃度、总额和流动性等方面均为全国之首，投资者数量和引资金额也遥遥领先。原因可能在于湖北是我国中西部唯一碳排放权交易试点城市，且率先启动了碳排放配额现货远期交易等创新之举。北京环境交易所的总体碳交易量并不大，但其产业链最为完整，交易量较为集中，建设后期其市场活跃度也明显上升。上海环境能源交易所的线上碳交易规模位列第三，同时也是我国唯一连续三年100%履约的试点市场，但其整体波动显著。深圳交易市场市场活跃度位于全国前列，这得益于其较低的市场门槛。同时，深圳在碳金融产品创新上也非常活跃，深圳碳排放权交易所率先发行了全国第一只碳基金、碳债权等，配额托管制度也走在国家前列。但近几年深圳市场交易量明显下滑，配额的成交价也一直下跌，加剧了市场流动性的恶化。广东和天津的碳交易量都呈阶段性高峰，随后快速下滑的趋势。重庆碳排放交易所的碳交易量则是在2017年前后曾有阶段性暴涨，但其他时间段则趋于稳定，波动幅度不大。总的来看，各试点市场的交易量都呈现出一定程度的波峰。具体表现为履约期前出现交易量峰值，但持续时间短，而峰谷时间跨度则明显较大，这也表明了中国碳排放权交易市场整体存在活跃度较低的问题。

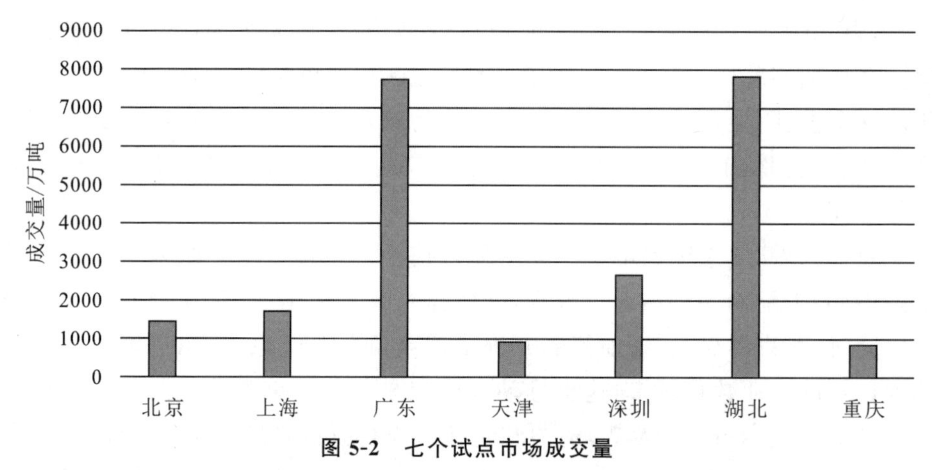

图 5-2　七个试点市场成交量

资料来源：中国碳排放交易网公开资料。

3. 全国碳排放权交易市场

经过七个试点交易市场的经验积累，我国的碳交易市场开始由“试点”走向“全国”。全国碳排放权交易市场由上海牵头建设，湖北武汉负责建设登记结算系统，于2021年7月16日正式开市。市场首批纳入2 162家重点排放企业，发电行业成为首个纳入行业，共覆盖了近46亿吨二氧化碳排放量，成为全球规模最大的碳交易市场。

开市首日，全国市场CEA(carbon emission allowance)项目挂牌协议交易量近410.39万吨，单日成交额近2.1亿元，当日收盘价为51.23元/吨。开市一个月后CEA项目交易量累计651.88万吨，累计交易额为3.29亿元。自开市以来，全国碳排放权交易市场一直平稳运行，碳交易价格稳定上升，从开市初期的48元/吨最高涨至61.07元/吨，而一般交易日其交易量稳定在8万～30万吨。同时，随着开市后第一个履约期期限截止日期的到来，我国碳排放权交易活跃度进一步上升。2021年11月10日，开市后第77个交易日，全国市场CEA项目交易总量累计2 344.04万吨，交易额累计已突破10亿元。截至2021年12月3日，全国碳排放权交易市场CEA成交量达78.23万吨，成交额为3 359.13万元。当日开盘价、最高价、最低价和收盘价分别为43元/吨、43元/吨、42.85元/吨、42.94元/吨。当日大宗协议交易量214.42万吨，交易额8 608.87万元。长期来看，随着我国低碳经济的加速转型，碳交易价格持续上涨将是必然趋势。

（三）国外碳排放权交易

世界银行公布的数据显示，自2005年全球第一个碳交易市场建立开始，经过十几年的发展，目前全球有24个碳交易市场正在运行中，所属区GDP占全球54%，市场遍及欧、美、亚等。这说明，在国际愈加重视气候变化的背景下，以市场机制推行节能减排受到越来越多国家政府的青睐。

1. 国外主要碳市场

(1)欧盟

全世界第一个碳市场是欧盟碳市场，其在2005年成立并启动，一直到2017年年底，始终占据世界上最大碳市场的地位。欧盟一共有3个行业参与了碳交易，分别是电力行业、工业行业和航空行业。到目前为止，其发展分为四个阶段：

①2005—2007年：试运行阶段，当时市场只有发电厂和一些能源密集型的工业企业。此阶段的配额免费发放，但是由于数据的来源不够准确不够可靠，无法合理制订计划，导致最后实际排放的配额不及总配额。所以，在这个阶段，总供给大于总需求，这直接导致2007年的碳价格降到了0。未履约惩罚措施为40欧元/吨。

②2008—2012 年:把免费发放的比例下调至 90%,同时开启拍卖的手段,覆盖范围增加了由于生产硝酸而产生的一氧化氮。在 2012 年,覆盖行业新增了航空业。但是,在 2008 年,生产经营活动受经济危机的影响,这个阶段的减排量比计划中的多,导致还有余量的碳排放额和信用额,从而造成碳价格的下降。这阶段未履约惩罚措施为 100 欧元/吨。

③2013—2020 年:覆盖行业新增了硝酸和管线输送等。电力行业实行 100%拍卖的制度,工业行业实行 80%免费发放、剩余 20%拍卖的制度,并且免费发放比例逐年降低;未履约惩罚措施为 100 欧元/吨。在 2019 年,欧盟引入市场稳定储备机制,其主要原因是欧盟每年都发布累计到前一年年底的盈余总额,将其中 24%的盈余部分转入市场稳定储备中,在实际发生交易的时候,可以把这部分配额在年度拍卖量中扣掉。

④2021 年至今:配额的上限每年都降低 2.2%,以此来增加和巩固推动投资的动力;建立和融资相关的机制,帮助工业部门和电力部门转型低碳模式;正讨论修订和扩大行业覆盖范围。

(2)瑞士

瑞士碳市场分为两个阶段。

①2009—2012 年:自愿加入阶段,主要目标是使得当前碳排放量与 1990 年的碳排放量水平相比可以降低 8 个百分点。

②2013—2020 年:强制加入阶段,每年的配额比上一年下降 1.74%,留下一定额度的配额以备不时之需,如拍卖,或者当有新的企业加入时可以使用,一般额度设置为 5%的配额。每年的总排放量要设定一定的限制,并且限制减排信用的使用。允许不在覆盖行业范围内的企业申请加入。

(3)韩国

在东亚地区,韩国是首先开启全国碳市场交易的。其发展分为三个阶段。

①2015—2017 年:实行全部配额免费分配,导致价格一直上涨,最高峰时碳价格达到了 173 元人民币/吨。本阶段结束时的价格约为 124 元人民币/吨。

②2018—2020 年:97%免费分配,3%拍卖。但是这一阶段市场并不活跃,原因是配额的固定化和碳价格较高。为此,政府推出了新计划,即稳定的碳信用交易计划,以鼓励那些有配额的公司把自身配额拿去交易,增加市场流动性。

③2021—2025 年:高于 10%的配额通过拍卖的方式分配,并且如果国外项目存在减排量,则可以抵消国内的减排量。

(4)美国加利福尼亚州

2013 年,加利福尼亚州开始实行碳交易,在当时的北美范围内,是最大的区域性强制市场。该碳市场开始运行之后,加利福尼亚州平均每年的 GDP 增长速度(6.5%)超过了美国平均增长速度(4.5%),同时,加利福尼亚州投资了一些对气候有利的项目,收到了非常好的社会效益,如人口健康和节能减排等。其发展分三个阶段。

①2013—2014 年:把一些工业部门和电力部门纳入覆盖范围,具体是那些排放量超过 25 000 吨二氧化碳当量的,如果存在其他州输送给位于加利福尼亚州的电厂的情况,也要算在范围内。加利福尼亚州制定了如下规定:新项目会全部收到配额;对于那些碳排放量较少,且坐落位置不容易迁移变动的企业,免费配额调整为 30%;发电企业必须购买配额,但负责输配电的企业可以获得免费配额;如果是私人投资的项目单位,必须先通过拍卖的方式获得碳的排放权利,但如果是共有的项目单位,则可以免费获得配额。2012 年的时候,设置的起拍价是 10 美元/吨,在这之后,每年比上一年增加 5%的比例,并且根据现实通货膨胀情况来调整。

②2015—2017 年:把交通行业、房地产住宅行业和电力进口商等纳入范围,纳入的碳排放占比提高至 80%。

③2018—2020 年和 2021—2023 年:这两个履约期每年的减少率越来越高,覆盖的行业依旧。

2. 国际主要碳排放权交易市场交易情况

从全球碳交易市场的市值和交易量来看,2005 年国际碳市场发展迅速,总成交额在 2011 年达到巅峰。但在 2014—2016 年,由于全球金融危机的席卷以及《京都议定书》形势的不明朗,全球碳交易市场成交量、成交额持续下滑。2018 年后,随着《巴黎协定》的签署、欧盟碳交易市场的重振和全国对气候变化的日益重视,全球碳市场交易无论在数量上还是在价格上都开始强劲复苏。2020 年全球碳排放权交易累计总量突破 130 亿吨,发展前景十分广阔。

国外主要碳排放权交易市场近几年交易情况呈现出以下特征:

(1)交易规模持续增长。2020 年国际代表性碳交易市场的累计成交量为 103 亿吨,累计交易额近 2 290 亿欧元,较 2019 年增幅达 20%,增长速度已连续四年创纪录,是 2017 年累计交易额的 5 倍之多。其中,欧盟、韩国、美国 RGGI、新西兰四个主要碳交易市场的累计成交量相比 2019 年,增幅分别为 20%、10%、16%、20%。

(2)交易价格持续上涨。2020年碳交易市场大多受疫情影响,交易价格出现了短期内剧烈下降的情况。而如今国际碳价正普遍恢复正向增长。美国RGGI和加利福尼亚州、新西兰、欧盟等交易市场的价格已恢复至疫情前的基本水平,欧盟的碳交易价格更是于2021年5月创下了56欧元/吨的历史新高。

(3)市场制度得到不断完善。国际上各个碳交易市场一直在不断探索、修订相关制度,举措包括持续扩大覆盖范围、收紧免费配额、提高有偿或拍卖比例、设置碳排放上限等等。目前,以上交易制度体系包含了众多温室气体种类,覆盖多个领域如电力、航空、交通等,年度碳配额上限在400万吨至18亿吨区间。

表5-4 五个主要碳交易市场覆盖行业

行业	欧盟碳排放权交易市场(EU ETS)	新西兰碳排放权交易市场	加利福尼亚州总量和交易计划	韩国碳排放权交易市场	区域温室气体减排行动(RGGI)
电力行业	√	√	√	√	√
工业领域	√	√	√	√	
建筑行业		√	√	√	
道路运输		√	√		
民用航空	√	√		√	
废弃物处理		√		√	
林业		√			
覆盖比例/%	45	51	80	74	18

资料来源:国际碳行动伙伴组织全球碳市场进展报告,2020。

二、国内外碳排放权交易的做法

(一)我国的碳排放权交易做法——自愿与强制的有机结合

1. VER市场

除CDM交易外,2008年开始我国多地陆续成立了环境交易所,积极探索国内自愿减排活动,建设市场体系,包括开发减排标准、培育买方市场等等。

但在具体实践过程中，由于我国碳排放权交易市场建设经验不足，且缺少政策保障，自愿交易零星，难以成市，企业和个人半公益的交易动机难以维系。但在CDM项目逐渐式微，而强制市场仍须探索的时段，VER市场的发展是推动我国碳排放权交易市场建设的坚实基础。

2. CCER市场

2012年国家发改委发布了相关管理条例，对我国CCER市场的交易主体、产品、场所、规则和监管等进行了具体的界定规范。在此条例下，我国建设了第一个现实意义上的国内自愿减排市场。同时由于拥有政府公信力背书，CCER也具有了应用于强制交易市场的预期。

3. 强制市场

2013—2014年，我国七个强制碳交易试点市场先后启动。试点期间各市场依照自身实际经济发展水平和减排目标制定了针对性的政策，各市场也均允许一定数量的资源减排量用于试点履约。

（二）国内碳排放权交易机制

1. 碳交易市场主要交易标的物

（1）碳排放权配额。碳配额就是经相关部门核定，企业取得的一定期限内的温室气体排放量，即企业合法拥有的“碳排放权”。其核算方法包括历史法和基准线法两种；主要分配方式包括免费发放、免费发放和拍卖相结合、完全拍卖三种方式；单位为一吨二氧化碳当量。

（2）核证自愿减排量。核证自愿减排量也称中国温室气体自愿减排量。CCER签发的基本流程为：判断适用的方法学→准备项目设计文件→项目审定→向主管部门提交项目备案申请→技术评估与审查→项目备案→准备项目监测报告→减排量核证→向主管部门提交减排量→备案申请→技术评估与审查→减排量备案→在CCER交易机构交易。CCER体系不仅适用于自愿减排，也适用于强制市场充当抵消额度以降低履约企业的减排成本，具有自愿与强制双重属性。

（3）金融化的交易产品。无论是国际还是国内市场，能开发出多种类的碳金融产品都是其发展的目标。我国对于碳金融衍生产品、碳交易融资工具的开发一直非常重视。虽然目前我国的相关碳金融产品并不丰富，相关衍生品交易量也较少，但国内各交易市场对于碳金融产品的创新研发已层出不穷。

表 5-5　我国碳交易产品汇总

2012 年之前	2013—2016 年	2017 年之后	
自愿市场：VER 清洁发展机制市场：CER	自愿市场：VER、CCER 清洁发展机制市场：CER 试点市场：BEA、TIEA、SHEA、CQEA、GDEA、SZEA、CCER、HBEA 及其他核准交易产品，如碳汇、节能能源等	自愿市场：VER、CCER 全国强制市场：CEA、CCER	自愿市场：VER、CCER 全国强制市场：CEA、CCER 以及基于二者的衍生品
自愿市场	自愿市场 地区强制市场	自愿市场 全国强制市场	自愿市场 全国强制市场
主要为现货市场			现货＋期货市场

资料来源：国际碳行动伙伴组织全球碳市场进展报告，2020。

2. 国内的碳配额模式

（1）免费分配模式。该模式下，政府将按照一定的配额比例将碳排放权无偿分配给企业。具体有历史总量法、历史强度法、基准线法。该模式兼顾公平和效率，主要适用于碳市场建设初期。但该方法也存在计算复杂、标准混乱等问题，易导致资源配置偏颇等问题。

（2）拍卖分配模式。该模式下，企业以市场拍卖的方式获得碳配额。该模式具有简单方便、公开透明的特点，由市场自行决定配置效率，还可以增加政府的财政收入。但该方式也会给企业带来较大的资金压力，且相关政策仍不够明确，存在一定程度的制度漏洞。

（3）混合模式。由于前两种碳配额模式各有利弊，且适用阶段也不同，因此目前多数国家大多采用两种模式结合的混合模式。各市场可以结合本地实际经济状况调整拍卖比例，具有一定的灵活性。目前我国各试点市场配额方式如表 5-6 所示。

表 5-6　我国试点市场配额方式

试点省（市）	配 额 方 式
广东	无偿＋有偿，电力行业免费比例 95％，钢铁、水泥和石化行业为 97％
深圳	无偿＋有偿，拍卖比例不低于 3％

续表

试点省(市)	配额方式
上海	无偿发放,不定期竞价拍卖
北京	免费发放
天津	无偿发放,不定期拍卖
湖北	免费发放
重庆	免费发放

资料来源:根据中国碳排放交易网公开资料整理。

我国的碳交易试点以免费配额为主,其中以历史强度法与行业基准法为主要分配方式,这两种方式适用于产量相对稳定的经济体,也是发展中国家普遍采用的方法。但随着工业部门的转型升级和经济结构的调整,减少政府干预、尊重市场规律、提高公平和效率的拍卖法正逐渐被全国采用。

3. 交易方式

(1)公开交易。公开交易方式下,交易参与人通过交易所交易系统,发出申报、报价指令,参与交易。申报的交易方式分为整体竞价交易、部分竞价交易和定价交易三种方式。

(2)协议转让。协议转让是以签署交易协议的形式进行碳配额交易的方式,交易双方在签订协议后需及时前往交易市场完成配额和资金的转移。

4. 交易抵消机制

抵消机制上,各试点市场均支持 CCER 项目。企业碳排放选择权较大,可以以 CCER 对碳清缴额度进行抵消。但各试点交易市场对指标类型、抵消比例和地域限制的规定各有不同:一般抵扣比例为 5%~10%,占比较小;除重庆、深圳、上海外,其他试点市场均实施了一定程度的地域限制,保证公平的同时也对 CCER 跨区域发展产生了限制。试点市场抵消机制如表 5-7 所示。

表 5-7　试点市场抵消机制

试点省(市)	指标类型	抵消比例	地域限制
广东	CCER、PHCER	不超过年度排放量的 10%	优先本省项目
深圳	CCER	不超过年度排放量的 10%	无

续表

试点省(市)	指标类型	抵消比例	地域限制
上海	CCER	不超过配额数量的1%	无
北京	CCER、节能项目、林业碳汇	不超过年度核发配额的5%	京外CCER不超过配额2.5%
天津	CCER	不超过年度排放量的10%	优先京津冀
湖北	CCER	不超过年度初始配额的10%	湖北省内和合作省市项目
重庆	CCER	不超过审定排放量的8%	无

资料来源:根据中国碳交易网公开资料整理。

5. 国内碳交易试点市场交易制度

(1)北京碳排放权交易。依托北京环境交易所。开户银行为建设银行。主要交易标的物为北京碳配额。配额方式为免费配额,采取的交易方式有公开交易和协议转让。履约管制上,每年6月15日截止履约。对于未及时履约企业,将处以市价3～5倍的罚款。同时,北京碳交易市场还大力推进碳交易金融化,推出了丰富的投融资产品,如中碳指数、配额回购、配额掉期等。北京碳交易市场不仅完成了国内首个林业碳汇交易抵消项目,还尝试开展了北京、天津跨区域碳排放权交易,对我国的碳交易创新有重要意义。

(2)天津碳排放权交易。依托天津碳排放权交易所。开户银行为浦发银行。交易标的物为TJEA及其他核准交易产品。配额方式综合考虑了企业历史排放量、行业特点、节能潜力和未来规划等,采取无偿与有偿发放相结合,以及不定期竞价拍卖方式。交易形式以线上和协议转让结合,碳配额允许结转。交易参与人设定方面,控排企业、非控排企业以及个人投资者均可以参与交易。在履约管制上,天津发改委明确规定了企业主体需提交年度排放与核查报告。对于未及时履约企业,将冻止其财政补贴或下调其信用评级等。

(3)上海碳排放权交易。依托上海环境能源交易所。开户银行为建设银行、浦发银行以及兴业银行。交易标的为上海配额及其他核准交易品种,以免费发放和拍卖方式进行配额。与其他六家试点市场不同,上海碳交易市场不支持场外交易,不开放个人投资者交易平台,交易主体主要为控排企业和相关投资机构，交易数额超过10万吨的单笔买卖需以协议转让方式进行交易，配额有结余的允许延至后年使用或用于买卖。履约管制上，企业被要求及时提交年度量化与核算报告，每年6月30日截止履约。对于未及时履约企业，将记入黑名单、处以罚款并取消专项补贴。

(4)湖北碳排放权交易。依托湖北碳排放权交易中心。开户银行为建设银行。交易标的为HBEA及其他核准交易产品，免费发放碳配额，当年未行使配额当年注销。交易形式为定价转让与协商议价两种。交易市场对控排企业、个人投资者和机构投资者均开放。履约管制上，每年5月31日截止履约。

(5)重庆碳排放权交易。依托重庆碳排放交易所。开户银行为招商银行。交易标的为重庆配额以及其他核准交易产品，配额方式为免费发放。交易方式主要为协议交易，同时每年盈余配额允许储存或交易。交易市场对控排企业、个人投资者和机构投资者均开放。履约管制上，每年的6月20日截止履约。对于未按时履约企业，将对其通报批评，禁止其参与评优和领取相关财政补贴。

(6)广东碳排放权交易。依托广州碳排放权交易所。开户银行为浦发银行。交易方式主要为公开竞价、拍卖和协议转让，企业每年盈余配额可结转至下一年度或用于交易。交易标的为GDEA以及其他核准交易产品。采取行业基准线法和历史总量法进行配额。履约管制上，企业提交年度碳排放报告的截止期限为每年3月15日，提交年度核查报告额的截止期限为每年4月30日，每年6月20日截止履约。在碳金融交易业务上，广东省在碳配额抵押融资、绿色金融试点推进、碳市场指数编制和发布以及绿色ABN等领域有重大突破。

(7)深圳碳排放权交易。依托深圳排放权交易所。开户银行包括浦发银行、建设银行、兴业银行和中国银行。采取历史强度法及行业基准线法进行配额。交易方式采取线上和线下两种，线上交易通过交易所平台，线下交易则包括拍卖和大宗交易。履约管制上，每年6月30日截止履约。对于未及时履约的企业，将记入黑名单、处以罚款或取消补贴资质。

6. 碳排放权交易的流程

(1)开立账户。如要参与碳交易，需要开立账户。根据碳市场的法律要求和市场交易规则，可以参与交易的主体范围如下：

①控排企业；

②非控排企业和机构，如自愿参加控制排放的企业和机构等；

③个人投资者。

其中，非控排企业和机构开户一般具有门槛。例如四川省要求，机构的注册资本应≥100万元人民币；个人投资者的年龄需要达到18周岁，而且不接受无投资经验的个人投资者。

(2)买卖申报。开立账户后，如果要在市场交易，应进行买卖申报。最大和最小的申报数量由交易机构决定。

根据相关制度和各地区碳市场的交易规则，申报卖出的数量不得超过账户内可以进行交易的数量，申报买入所需要的资金不可以超过账户内可以用来购买的资金。申报于交易系统收到后立刻生效，交易系统锁定交易双方对应的产品数量和金额，有效期为当天。如果申报没有交易方与之成交，则可以撤销。如果申报没有撤销，那么有效期也是一天，当天自动失效。交易成立的判定标准是交易申报在系统成交。

(3)注册登记机构办理清算交收。双方交易成立后，应履行各自的清算交收义务。注册登记机构按照交易成功结果负责办理清算交收业务。

（三）国际碳排放权交易做法

近年来，随着节能减排问题成为国际共识，各国碳交易市场建设也在不断加快中，交易规模一直在持续增长。总体来看，国际碳排放权交易市场分为强制交易市场和自愿减排交易市场两类，详见图5-3。

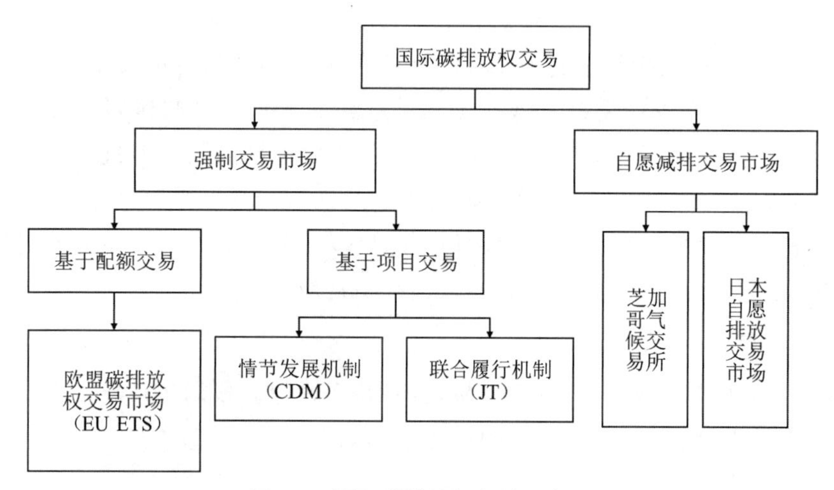

图5-3 国际碳排放权交易示意图

1. 国外市场的配额总量

EU ETS(European Union Emission Trading System)配额总量在其发展的第一、二阶段分别为每年21.8亿吨和20.8亿吨；第三阶段略微下滑，2013年为20.4亿吨/年，2020年为17.8亿吨/年；第四阶段则以2.2%的速度线性继续下滑。新西兰并未设置配额总量上限。RGGI(Regional Greenhouse Gas Initiative)的配额总量为1.88亿吨/年(2009—2011年)、1.65亿吨/年(2012—2013年)、0.84～0.61亿吨/年(2014—2020年)。加利福尼亚州市场配额总量自2015年至2020年，每年下降3.2%～3.5%。

2. 国外市场的配额方式

早期国际碳交易市场采用的分配方法大多为免费发放，但随着市场的不断成熟和完善，各国市场中有偿部分的占比逐渐加大。五个主要碳交易市场中，除了RGGI是完全采用拍卖方式，其他四个市场均采用免费发放和拍卖相结合的混合模式。其中，EU ETS中的发电行业、碳捕捉行业、运输与储存行业100%采用拍卖方式获得配额，其他行业使用混合模式；韩国碳交易市场额免费发放比例最高，近90%。在采用拍卖形式的交易市场中，除加利福尼亚州采用委托拍卖法外，其他市场均采取密封统一价格进行拍卖，如表5-8所示。

表5-8　国外市场的配额方式

碳交易市场	配额分配方法	具体配额方式
EU ETS	免费＋拍卖	第一、第二阶段：历史法免费分配为主 第三、第四阶段：拍卖比例增至50%以上，其中电力行业完全采用拍卖法，免费发放部分采用基准法
新西兰碳排放权交易市场	免费＋拍卖	基准法为主 2021年起逐渐增加拍卖比例
加利福尼亚州总量和交易计划	免费＋拍卖	基准法 拍卖比例逐渐增加
韩国碳排放权交易市场	免费＋拍卖	基准法、历史法
RGGI	拍卖	100%

资料来源：根据中国碳交易网公开资料整理。

3. 国外市场的监管方法

MRV(monitoring、reporting、verification)系统是国际碳排放权交易市场实行定量运行的支撑。目前五个主要碳市场的碳排放权交易体系均采用电子化的排放报告平台或模板,并由第三方机构对排放机构进行核查。国外市场的履约监管如表5-9所示。

表5-9　国外市场的履约监管

碳交易市场	监测方法	对于未履约行为的处罚
EU ETS	二氧化碳排放:测算法、连续在线监测、回退法等;二氧化氮排放:CEMS; 同时欧盟对数据质量和准确性还提出了分级要求	每吨未履约配额缺口处以100欧元的罚款
新西兰碳排放权交易市场	大多采用测算法,部分行业采用CEMS	每吨未履约配额缺口处以现行市价3倍的现金罚款
加利福尼亚州总量和交易计划	测算法和直接测量法;特定排放活动采用CEMS	未履约配额缺口处以最低1000美元/吨、最高10000美元/吨的罚款
韩国碳排放权交易市场	具有不同不确定度和数据要求的计算法;特定设施要求使用CEMS	每吨未履约配额缺口处以平均市价3倍的罚款
RGGI	固体燃料使用CEMS;燃气和燃油可使用其他方法	违规企业必须在未来清缴3倍的配额缺口;同时还会受到RGGI成员州的具体处罚

资料来源:根据中国碳交易网公开资料整理。

4. 国外市场的抵消机制

抵消机制上,五个主要碳交易市场均允许企业使用抵消信用来完成履约责任。其中,EU ETS、新西兰和韩国碳排放权交易市场允许使用国际抵消信用进行抵消,但使用量上各有规定:RGGI和加利福尼亚州仅准许使用美国国内项目形成的减排信用用于抵消。如表5-10所示。

表 5-10 国外市场的抵消机制

碳交易市场	抵消机制
EU ETS	第二阶段开始允许使用国际抵消信用(CER 和 ERU),且规定 2008 年至 2020 年使用量不能超过减排量的 50%
新西兰碳排放权交易市场	允许使用国际抵消信用(CER、ERU 和 RMU),使用量上不设限制
加利福尼亚州总量和交易计划	允许企业使用抵消信用完成 8%的履约责任,但仅允许使用美国国内项目产生的减排信用
韩国碳排放权交易市场	允许使用本土减排信用和国际抵消信用(CER 和 ERU),且规定使用量不超过 10%
RGGI	允许企业使用抵消信用完成 3.30%的履约责任,但仅允许使用美国国内项目产生的减排信用

资料来源:根据中国碳交易网公开资料整理。

三、国内外主要事项对比

(一)国内外碳排放权配额分配方式对比

在碳交易刚出现时,绝大多数企业都没有超强的减排技术,所以几乎所有的国家都是推行以免费分配为主导的制度,其余小部分采用有偿分配的方式。免费分配有两种方式:其一是历史法,根据字面意思来理解,就是参考以前历史的排放水平,设置大概的额度,通常产品和工艺都较为复杂的行业会选择这种方法;其二是基准线法,即根据每个行业的基准排放水平来设置配额,通常产品和工艺都较为标准化的行业会选择这种方法。有偿分配也有两种方式:其一是公开拍卖的方式,其二是政府定价出售的方式。

1. 欧盟配额分配方式

2003 年,欧盟配额由各个国家自由决定本国的分配方案,欧盟进行审核汇总。第一阶段设定的免费配额是 95%,在第二阶段将这个比例下降了 5 个百分点,即 90%,剩下的小部分配额通过拍卖的形式进行分配。2009 年,欧盟通过了新的法案，增加了第三阶段和第四阶段。第三阶段废除了历史法，拍卖的比例起点提高到40%，之后每年增加，大约在2027年能够全面取消配额。

2. 美国配额分配方式

美国不同地区的分配方式不同。如加利福尼亚州采用的是部分免费分配、部分拍卖的方式，区域温室气体行动的分配方式是完全进行拍卖。不同产业之间的分配方式也存在些许不同，有按产量分配的方式和按能源分配的方式。

3. 中国配额分配方式

我国在刚启动之时，采用的是免费配额的方式，在市场逐步稳定发展时引入有偿分配，并视市场情况调整占比。此外，为了市场调节，主管部门会先留存部分配额，以备不时之需。市场稳定后引入的有偿分配所得到的收益，一般用于国家减排控排方面的建设。

（二）国内外碳排放权交易主体的对比

1. 欧盟交易主体

欧盟碳交易市场的交易主体范围：排放单位法律上的控制人、实际控制人，法人或自然人。具体范围是加入《京都协定书》的发达国家及其经营实体，包括企业机构和非政府组织。

2. 美国交易主体

美国的碳市场采取的是自愿原则，其交易主体是主动加入碳市场的机构和个人。主要分为三类：第一类主要直接排放温室气体；第二类主要间接拍卖出售温室气体配额；第三类只从事金融运作。

3. 中国交易主体

我国参与碳交易市场的交易主体主要有碳配额的买卖双方、交易规则的制定者、承担结算和清算业务的第三方机构以及监督核查机构和中介机构。各交易主体依照市场规则和流程，在交易活动中调节自身配额的余缺，追求自身的利益最大化。

(三)国内外碳排放权履约清算的对比

1. 欧盟履约清算

根据欧盟的规定,每个实体可以免费分配得到的额度在每个阶段开始前事先制定好。企业需要在每年 4 月底之前上缴一定的配额,每年上缴的配额都有固定要求,需要与上一年排放总量相等的数额。当年的排放总量如果与预先上缴的数额相等,二者进行注销处理。如果配额存在余缺,可以通过碳市场进行交易,以此获得所需的配额,或者将不需要的配额出售。如果第一个阶段的配额存在盈余,也不能留到下一阶段。同一阶段所需的配额可以提前买入或者卖出,如此一来,大大提高了企业碳交易的灵活性。此外,也可以提前预支下一年度的碳排放配额。在第二阶段之后,没有用完的配额处理方式和第一阶段不同,可以继续保留,等后面阶段需要时可以使用。

但与此同时,欧盟也制定了严格的惩罚机制。如果企业没有履行约定,将会受到超额排放罚款。每个阶段的罚款金额不一致:第一个阶段每吨超额排放量将罚款 40 欧元,第二阶段为 100 欧元。除了缴纳罚款之外,还需要补缴相应超出的排放量。

2. 美国履约清算

美国的履约清算使用芝加哥气候交易所的结算平台。该平台可以记录交易的数据,从中判定企业履约与否。但是美国的交易市场遵循的是自愿原则,所以针对未履约的惩罚力度也较轻,罚款的性质不是惩罚性的,而是补偿性的。

3. 中国履约清算

由于我国对碳交易市场暂时还没有统一的管理办法,因此对于未履约的企业没有统一的惩罚政策,各个地方自行制定的规定也不尽相同。深圳的管理办法是需要在规定时间内完成规定数量的履约义务,如果没有完成履约义务,必须在限定期限内补缴;如果过了一定期限还没有补缴,则管理部门会采取强制扣缴的措施;如果账户余额不够,则下一年继续扣缴剩余配额,同时还要罚款,记入信用档案。上海的规定是如果超过期限还没有足额缴清,也要罚款和记入信用档案,未来三年不能参与评优。北京和天津都是采用罚款的方式,但天津还有一项未来 3 年内不能享受扶持政策的规定。广东省采用的也是罚款方式，最高不超过15万元，并记入信用档案。重庆市需要缴纳未履约上年3倍平均碳价金额的罚款，并且在未来3年内不得评优。湖北省需要缴纳未履约当年3倍平均碳价金额的罚款，并且在下一年度需要扣除上年未缴清限额的2倍。福建省的未履约惩罚金额为未履约的上月的碳市场平均价格的1～3倍，罚金≤3万元，还需要在下一年扣除上一年未缴清限额的2倍。根据全国统一规定，在清缴日之前没有足额清缴的企业需要缴纳上一年碳配额市场平均价格3～5倍的罚款，超过期限的，需要加收罚款，按照每天3%的比例进行。

四、国内外碳排放权交易的经验启示

（一）健全碳排放权初始分配制度

为了提高公平性，应当建立健全碳排放权初始分配制度，这不仅可以为企业增加经济效益，还有助于更多企业主动进行减排工作。比如欧盟建立了前期无偿、后期有偿的碳排放交易分配体系，不仅促进了碳排放权交易的顺利发展，而且减轻了各个企业的压力，并积累了有效经验。我国可以借鉴其成功经验，根据实际情况进行调整，建立一个公平公正、高效透明的碳排放权初始分配制度。

（二）优化配额分配模式

当前我国碳配额还是以免费发放占大部分。借鉴欧盟碳机制的发展经验，同时随着“双碳”目标的推进，应该逐步增加配额有偿发放的比例，进一步增强对企业的排放约束。这对企业增加碳市场管理意识，活跃、稳定碳市场都非常重要。

（三）建立健全完善的法律体系

要想保证碳交易市场的有序进行，需要强有力的立法支持来明确规定交易市场所拥有的权利、承担的责任和义务。国家层面上法律的不完整会间接导致地方试点没有可供依据的法律法规，因此，为了建立一个有序、合法的市场，应尽快制定和完善相关法律法规，并落实执行，增强相关文件的法律效力，从而合理控制交易主体、碳排放规则和限制以及数据管理，细化和约束各行业的覆盖面，使得全国的碳市场有法律可依，并在各部门之间建立有效的协调和监督机制，打击违法违规行为，确保全国碳市场长期稳定发展。

（四）扩大覆盖行业范围

除了现有的规模较大的电力等重点行业，我国应尽可能地将更多领域的行业、企业纳入强制性减排范围，以保证减排义务和责任由全社会共同承担，加快“双碳”目标的实现。这也在一定程度上有利于扩大市场规模，提高配额的盈余调节能力，缓解碳排放配额增速放缓甚至减少的趋势。

（五）积极发挥政府的引导作用

从目前来看，碳排放交易还不能给企业带来直接的明显的经济利益，因此并没有调动企业参与的积极性。由于大部分大型企业都集中在一线城市，二、三线城市能够参与碳交易的企业不多，造成中国的碳交易市场整体活跃度不够高。政府应当发挥自身的引导作用，必要时对相关政策适时调整，宣传碳排放交易的好处，大力鼓励和扶持碳排放交易，增强企业的责任意识。同时，政府应完善监管，加快全国碳排放交易市场的建设，建立严格的监督考核制度，实时调控价格，引导企业积极合理地进行交易。

（六）加强碳数据管理，监督数据质量

碳交易市场要想得到持续稳定的发展，顺利完成高质量交易，必须精准测算碳排放数据，并进行统计和分析。按照现行管理办法，碳排放数据以企业自查、编制本单位温室气体排放报告、生态环境部门组织核查的方式开展，对数据先进行采集，然后重点监测，最后进行报告并核查。全国碳市场上线交易曾经在临近开市前被主管部门叫停，其主要原因之一便是碳排放数据的准确性问题。因此，应强化碳排放信息的形成，制定科学合理的碳排放统计标准和碳核查监督机制；加强对数据管理的质量管理，提高标准；同时第三方要加强自身的核查能力，提高数据质量。此外，还要加强对排污权交易的监管：一方面，

要准确分析查明原因，找到关键责任主体；另一方面，也要落实主管部门的监管责任，必要时引入第三方进行核查。最后，对于当前市场存在的数据造假的现象，有关部门应加大惩罚力度，制定更加严格的政策并落实到位。

（七）开发多元化金融产品，提高市场活力

目前，我国碳市场的交易产品过于单一，不易于市场流动。总体来看，碳排放权交易市场的交易产品和交易方式仍属于传统的商贸类型，相关的金融衍生品和金融工具尚未获批应用。所以应聚焦市场上各方主体的新风险、新需求，持续创新研发设计有针对性的特色碳金融产品，加大对积极践行碳减排目标企业的支持力度。

（八）培养碳交易人才，加强金融产品创新

金融化是碳市场发展的方向之一。EU ETS 发展至今离不开其多元的碳金融产品，韩国也创立了碳基金并用于绿色行业投资。碳市场金融化有利于优化碳资源配置，完善我国的碳交易体系，护航我国“双碳”目标稳定落实。当前，我国的碳市场竞争力不足，归其原因，是因为在定价碳金融资产方面，我国没有太大权利，而且缺乏相关人才。因此，我们需要制定相关政策来培养、吸引并留住人才，加快金融产品创新的脚步。

综上所述，“边做边学”是每个市场完善碳排放权交易的必然路径。由于每个国家和地区的经济结构、排放特征、减排目标和管理体制各不相同，需要将碳交易理论与本国实践相结合，才能将碳交易制度成功落实。而当前碳市场主要集中在欧、美、韩、新等发达国家和地区运行，一方面是由于这些国家和地区需要承担的减排责任较大，另一方面也是因其市场经济较为成熟，更愿意使用市场工具作为减排政策手段。目前我国的碳排放权交易仍处于新兴起步阶段，经验相对不足，因此可以借鉴国外经验，结合本国国情，建立我国碳排放权交易市场，通过碳交易机制促进减排和经济转型。我国应当参考其他国家的成功经验，根据我国国情、制度和市场情况进行适当调整，寻找更多的改善措施。可以预见，当上述问题得到改善之后，我国的碳排放市场能够得到进一步的发展。

第六章　碳排放信息披露概述

一、碳排放信息

随着世界经济的快速发展，环境污染问题日益严重，社会公众和各国政府等利益相关者也持续关注生态环境的变化。引起气候变化的主要原因是温室气体排放量日益增加，其中二氧化碳因其含量最高成为影响全球气候变化最主要的因素，对全球的生态造成了负面影响。因此，世界主要发达国家和发展中国家开始以积极的态度应对环境恶化问题带来的生存和发展挑战，并倡导低碳经济。近年来，中国的碳排放量不断增长并且其总量一直位于世界较高的水平，因此只有发展低碳政策，才能实现经济的绿色转型。从微观层面来看，经济社会的运行离不开企业。企业作为二氧化碳的主要排放者，必须不断提高低碳意识，进行节能减排，并及时地向社会公布相应的碳排放信息。碳信息、碳会计、碳排放信息披露等名词正逐渐被大众所熟知。

世界范围内在碳排放信息披露方面比较具有影响力的组织——碳信息披露项目(Carbon Disclosure Project，简称 CDP)将其所调查的碳排放信息解释为：管理者对于因气候变化而产生的风险和机遇的认识，温室气体排放相关的核算和节能减排情况调查，以及企业应对气候变化采取的措施和战略规划。根据张彩平(2010)等学者的观点，碳信息是企业在符合低碳经济相关的法律法规基础上，通过一定的方法计量和披露企业与碳排放相关的业务活动。与财务数据不同的是，碳排放信息不仅反映企业在生产经营中的碳减排活动，更多展示的是企业的资源利用效率和在低碳经济下企业的价值管理能力以及企业所承担的社会责任。碳信息包括的内涵主要归纳如下。

（一）在企业运营中发生的与碳排放相关的客观行为

该行为包括根据碳足迹核算的温室气体排放量和碳会计相关的信息两个方面。

1. 基于碳足迹核算的温室气体排放量

企业在核算温室气体排放（Greenhouse Gas，GHG）量时，首先要核算的是因本企业生产经营活动而产生的能源消耗、交通运输等第一碳足迹所包含的GHG排放量。其次需要核算的是企业上游业务和下游业务所产生的能源消耗、交通运输等第二碳足迹所包含的GHG排放量。最后，将第一碳足迹所包含的GHG排放量和第二碳足迹所包含的GHG排放量加总，得到完全碳足迹链，核算企业GHG排放方面的碳信息。

2. 碳会计相关的信息

碳会计指的是企业以法律法规为基础，运用会计方法核算本单位与碳排放、碳减排方面有关的生产经营活动，并根据这些数据和信息制作相应的碳会计年度报告。碳会计作为促进企业绿色发展的一种管理方式，通过披露企业的碳资产、碳负债、碳排放权交易等情况，向社会报告和披露企业的节能减排效果，反映出企业在生产、经营和发展过程中的资源利用效率和社会效率。碳会计信息是指企业有关碳减排活动的会计信息，包括与碳排放有关的成本、收益等，体现的是企业在碳减排方面的资金状况、营业收入等。

（二）在企业运营中发生的与碳排放相关的主观行为

1. 与碳相关的意识层面

全球气候变化对于企业而言，既可能是潜在的风险和挑战，也可能是机遇。企业管理层对于因气候变化而产生的对企业当前和未来的财务与经营产生影响的风险（包括直接风险和间接风险）以及机遇的认识与看法，就是所谓的与碳相关的意识层面。其中，直接风险的含义是由于温室气体剧增所造成的物理环境改变对企业生产经营所产生的风险。比如，台风、干旱、洪水、河水冰封期和山体崩塌等极端气候事件的频繁发生，对多种交通运输的运输能力都产生了不同程度的影响，对企业的正常运转产生了负面影响。间接风险是指与气候改变相关的法律、国家政策等宏观因素对企业生产经营和竞争环境所产生的风险，如国家出台相关的碳减排政策、消费者需求变化、企业声誉危机和市场竞争力降低等。

2. 与碳相关的行为结果

与碳相关的行为结果是指企业在正确看待和认真分析与气候变化相关的风险和机遇的基础上，积极采取一系列节能减排措施(科学管理、技术创新等)来应对气候变化，并且这些措施已经产生了一定的经济效益，对环保做出了一定的贡献。

3. 与碳相关的未来行为预期

碳排放信息不仅需要反映目前企业与碳相关的行为信息，还要反映企业关于未来碳相关行为的预期信息。这种碳相关行为包括：一是企业通过系统的方法核算当前的温室气体排放情况，综合考虑温室气体排放量和减排空间后，制定以后年度的碳减排目标，确定减排的时间规划以及未来的碳减排应对措施；二是企业为降低因气候变化带来的风险对其未来财务状况和经营发展的不利影响，所做出的战略调整。

二、碳排放信息披露

(一) 碳排放信息披露的含义

碳排放信息披露是指企业自愿地或者应其他组织(包括政府、环保组织等)的要求，通过系统的方法核算企业在各个生产经营步骤中产生的以二氧化碳为主的温室气体的排放量或企业的年度减排量，以此为数据基础编制企业的碳排放信息报告，并及时地、完整地向社会披露。通过碳排放信息披露，企业能更好地向外界报告企业具体的碳减排情况以及碳减排的完成情况。我国现行的碳排放信息披露原则是自愿性原则：一方面，企业可以通过自愿性填写碳披露项目的调查问卷来披露碳排放信息；另一方面，企业可以通过发布社会责任报告来披露碳排放信息。自愿性披露原则的含义是企业以积极主动的态度向社会披露企业与碳减排有关的业务信息，以达到维护企业形象、提高投资者的投资信心、保护环境等目的。

（二）碳排放信息披露的经济后果

目前，国内外学者关于碳排放信息披露的经济后果的结论可以归纳成以下三个方面：

1. 碳排放信息披露与资本成本

企业的资本成本会受到碳排放信息披露程度的影响，关于碳排放信息披露是如何影响资本成本的，还有待探讨。Lambert 等（2007）认为通过碳排放信息披露，利益相关者能够根据这些信息对企业的碳减排行为和所面对的气候变化风险做出合理评价，从而降低企业的权益资本成本。何玉等（2014）的观点是碳信息披露会对企业的资本成本造成负面的影响。与此不同的是，Richardson 和 Welker（2001）认为碳排放信息披露和公司的权益资本成本呈正相关。Najah（2012）得出的观点是碳排放信息披露不能降低公司的资本成本，并认为产生此现象的原因可能是投资者对企业披露的碳减排活动不感兴趣或者认为企业的碳排放信息披露行为并不能增加企业的市场竞争优势。

2. 碳排放信息披露与企业价值

国内外有很多关于碳排放信息披露和公司价值的研究，但是不同研究得出的结论也有所不同。有的学者认为当碳排放信息披露程度较高时，企业价值却会有所下降。Matsumura 等（2014）通过实证研究发现二者存在负相关关系。张巧良等（2013）的结论是企业碳排放信息披露对企业价值的影响不大。但是也有学者提出不同的观点，如 Najah（2012）认为企业不能通过碳信息披露来降低企业资本成本，同时也不能提高企业价值。王仲兵和靳晓超（2013）得出的结论是二者具有正面关系。

3. 碳排放信息披露与公司绩效

对于碳排放信息披露是否会影响公司绩效，国内外的研究人员也存在不同的看法。Wegener（2010）通过实证研究得出的结论是碳信息披露会对公司绩效产生正面的影响。贺建刚（2011）通过分析世界 500 强企业的碳排放信息披露情况指出，这些公司正以更加积极的态度进行碳信息披露，并不断提高披露信息的质量。蒋琰和周雯雯（2015）通过具体的实证方法发现碳排放信息披露总体上和公司绩效具有正相关关系。然而，也有学者提出不同的观点，如

Freedman 和 Jaggi(2005)认为碳排放信息披露会对公司绩效产生负面影响。

三、碳排放信息披露的现实意义

随着气候变化带来的生态问题、经济问题的利益突出，减少主要温室气体二氧化碳排放，应对全球气候变化已成为人类共识。作为一个有责任、有担当的大国，我国将制定更加积极的政策，采取更加有效的措施应对气候变化，做到在预计日期前实现碳达峰和碳中和。通过碳排放信息披露，能引导企业积极履行社会责任，让外界能更加了解企业在碳减排方面采取的措施，进一步改善温室气体剧增的形势，促进我国经济绿色转型。

（一）有助于我国更好地应对温室气体增加带来的挑战

全球气候变化是 21 世纪人类面临的重大挑战，以前靠牺牲生态环境为代价的经济发展之路早已不再合适，现在只有进行可持续发展才能有出路。根据全球碳图集提供的数据，我们可以发现，2020 年碳排放总量最大的国家是中国，为 106.68 亿吨，其次是美国 47.13 亿吨、印度 24.42 亿吨、俄罗斯 15.77 亿吨。从表 6-1 可以看出，2020 年我国的二氧化碳排放量位居世界前列，且 2015—2020 年间的增幅远超世界水平。二氧化碳排放强度的含义是一个国家一定时期内一单位的 GDP 所承载的二氧化碳排放量。从表 6-1 还可以看出，2015 年到 2020 年间，我国的二氧化碳排放强度从 0.5 千克/美元下降至 0.4 千克/美元。这是因为近年来我国经济不断发展、技术不断进步、政府积极采取节能减排等，再加上这几年我国煤炭消费量的下降和新能源技术的不断发展，所以我国的碳排放强度开始降低。但是与世界经济发达的国家和世界平均水平相比较的话，我国的碳排放强度还是相对较高的，还是处在较为危险的水平。所以，通过碳排放信息披露，能让社会更好地了解企业碳减排活动情况，有助于我国更好地应对温室气体排放增加带来的挑战，实现经济的绿色和长久发展。

（二）有助于提高我国经济竞争力

为了应对环境问题带来的挑战，在世界范围内，各个国家开始流行建立碳排放交易所。碳排放交易所允许企业在一定的碳排放交易规定的排放总量内，通过碳交易系统对碳排放权进行交易。企业利用这些减少的碳排放量，一方面可以获取其他企业内部或国外的能源资源，另一方面还可以通过市场交易本企业的能源资源。随着中美贸易关系的恶化、贸易保护主义的抬头、逆全球化的不断发展和新冠肺炎疫情的影响，我国的国际贸易形势不容乐观。在此背景下，如果世界主要的发达国家以我国碳排放超标为理由，为我国出口产品设立进入门槛或拒绝和我国进行外贸交易的话，我国的经济贸易形势将会面临更大的挑战。所以，为了能够在国际市场上处于更加有利的位置，我国必须健全碳排放信息披露体系。

表 6-1　2015—2020 年二氧化碳排放量

国家	总排放量/亿吨		排放强度/(千克/美元)		人均排放量/公吨		2015—2020 年排放增长率/%
	2015 年	2020 年	2015 年	2020 年	2015 年	2020 年	
中国	98.48	106.68	0.5	0.4	7.0	7.4	8.33
美国	53.72	47.13	0.3	0.3	17.0	14.0	−12.27
俄罗斯	16.23	15.77	0.5	0.5	11.0	11.0	−2.83
日本	12.23	10.31	0.3	0.2	9.6	8.1	−15.70
印度	22.69	24.42	0.3	0.3	1.7	1.8	7.62
德国	7.96	6.44	0.2	0.2	9.7	7.7	−19.10
世界	354.96	348.07	0.3	0.3	4.8	4.5	−1.94

数据来源：Global Carbon Atlas 公开资料。

（三）有助于我国实现经济转型和绿色低碳发展

2017 年中共十九大顺利召开，习近平总书记在会议中指出我国要继续大力发展绿色低碳经济，建立并完善绿色低碳循环发展的经济体系。为了顺应世界潮流和促进我国经济的绿色转型，我国政府大力推进碳排放信息披露体系法律法规的建设和完善，并积极推进相关平台的搭建。在此基础上，政府可以通过该体系严格监管企业的碳排放和碳减排情况，及时、完整地根据企业披露的最新碳排放信息对企业的碳排放和碳减排情况进行分析和报告，并根据这些数据制定政府未来年度的碳减排目标。企业也可以利用该体系对自身的碳排放情况和节能减排效果有一个较为全面的理解，及时调整减排结构，有助于企业在经济转型中寻求更多的机会，更好地履行社会责任。

（四）有助于减轻企业与利益相关者的信息不对称

1. 企业内部利益相关者

(1)股东。股东为了降低投资风险和了解企业的经营成果，会主动了解企业为实现节能减排所付出的成本和得到的回报以及二者的差距，及其投资所产生的环境绩效。

(2)管理层。管理人员可以利用真实可靠的碳排放信息进行生产经营决策和投资决策，在实现经济利益增加的同时兼顾企业的环境效益。

(3)员工。通过企业的碳排放信息披露，员工可以了解公司产品的碳信息以及公司为环保做出的贡献，让自己在公司的价值链中有一席之地，提高自身对公司文化的认同感。

2. 企业外部利益相关者

(1)债权人。债权人比较看重的是企业的还款付息能力。通过碳排放信息披露，债权人可以获得更多关于企业节能减排措施对公司财务状况和盈利能力影响的信息，并以此评估企业是否具有良好的还债能力，降低企业未来前景不确定对其造成的风险。此外，碳排放信息也能更加全面地反映出企业的价值管理能力，债权人可以据此判断公司是否值得投资。

(2)消费者。对于消费者而言，他们会希望企业提供更多绿色产品。通过碳排放信息披露，消费者可以了解企业在哪些业务开发了低碳产品，进而可以自主地体验低碳产品。

（五）有助于企业获得竞争优势

碳排放信息披露作为外界了解企业的一种有效方式，为外界提供了更加全面的信息，能够提高外界对企业的信任度。碳排放信息披露可以成为企业向社会传达其蓬勃发展和值得信赖的信息的一种有效手段，投资者会因为这些信息增加对该企业的兴趣从而导致市场对企业的碳排放信息披露做出反应，促进企业股票价格的上涨。同时，资本资源是稀缺的，这就容易导致企业互相争夺资本市场。碳排放信息披露更多展示的是企业在节能减排大背景下的价值管理能力，有助于企业向投资者展示其内在价值和竞争优势，增加企业筹集资本的渠道，提高其筹集资本的速度。

（六）有助于企业实现可持续发展

随着国家相关环境法律法规的日益完善和社会大众环保意识的不断提高，企业除了需要考虑如何提高盈利能力和维持存在的生命周期外，还需要考虑如何让企业在市场上永久的生存下去，走可持续发展之路。碳排放信息披露能够促进企业加强技术创新，降低经营活动中的碳排放量，创新出更多的低碳产品，从而获得更多消费者的支持，增加企业的竞争优势，实现可持续发展。此外，企业形象的长期维护与碳减排的目标计划及完成情况息息相关，维护好企业的形象也有助于企业实现可持续发展。碳排放信息披露通过展示企业在碳减排方面所做出的努力，有助于提高消费者对企业的文化和价值观的认可，和对公司未来发展的支持。

四、碳排放信息披露相关理论基础

碳排放信息披露问题作为我国近年来新兴的研究热点，其理论的完善、发展与实践指导都需要其他相关理论基础的支撑。本节对这些相关理论进行归纳。

（一）相关理论基础

1. 生态学理论

生态学理论原本用于分析动植物与它们所赖以生存的自然环境之间的关系，主要以研究自然现象为主，较少涉及人类社会。随着社会的发展，人类社会逐渐出现粮食不足、能源短缺、环境污染等与生态环境息息相关的问题，因此生态学理论经过进一步的发展与完善形成了现代的生态学理论。现代的生态学理论主要描述人类社会发展与生态系统之间的关系。该理论指出，人类的开发和建设活动既依赖于生态系统，同时也受制于生态系统，生态系统的结构与功能也会被人类的活动所改造，两者相互依赖、相互影响，因此人类必须正确认识和学会运用生态规律，在发展的同时恰当地改造环境、促进生态良性循环。生态学理论认为可持续发展中最根本的问题是生态环境的可持续，倘若生态环境已遭受严重破坏，那么经济、社会的发展没有基础，更不用谈可持续了。人类在发展、建设过程中不应该具有“征服自然”的想法，随意地消耗资源、破坏环境对于后代以及自然界中其他生物来说既是不道德的，也是不负责任的行为。

2. 可持续发展理论

传统发展理论认为资源、环境因素并不是影响经济发展的重要因素。该理论忽视了自然资源并非永不枯竭、环境也并不能无限地净化人类产生的污染，因此在这种理论指导下的经济发展方式逐渐显露弊端，浪费资源、破坏环境成为社会的常态，随之而来的就是一系列资源环境问题与社会问题，甚至产生对人类生存的威胁。在此背景下，人类开始重新认识发展与自然环境的关系，寻求更加合理、可持续的发展理论。可持续发展理论在经过各国的研究与探索后，得到社会较为认可的是布氏定义。该定义认为可持续发展是指既要满足当代人的需求，又不能损害子孙后代对自然资源和环境需求的能力。可持续发展理论主张既要生存又要发展，作为一种全新的发展模式，它强调发展过程中经济、社会和生态环境三者的协调，这要求人类不得以过度利用资源及牺牲生态环境作为代价来获得经济的发展以及社会的进步。各国在发展经济的过程中，应当制定相关政策以及采取具体措施，比如通过技术研发、生产流程精简、能源结构调整等多种方法，尽可能地减少人类活动对自然环境产生的负面影响，实现人类社会与生态环境共同发展，从而促进人类社会可持续发展。

3. 环境经济学

自进入工业时代后，人类只考虑近期的经济效益，因此开始大规模地利用自然资源、环境来追求经济的增长。然而随着环境遭到严重的破坏，环境灾害逐渐频繁发生，人类的生存与经济遭受了严重的威胁。这种严峻的环境问题引起了社会各界的关注，人们逐渐意识到保护环境的重要性，许多学者迫切从理论与实践中对其加以研究，环境经济学就是在这样的背景下产生的。环境经济学认为环境资源具有一定的经济价值，同时试图通过运用环境的经济规律使得花费最低的成本就能解决环境问题，从而为人类创造良好的生活环境。在环境治理中必然涉及治理成本和治理收益，环境经济学认为环境治理并非治理程度越高越好，因为随着环境的改善，进一步改善环境的成本会越来越高，与其带来的效益不匹配，因此环境治理目标应该是使得环境治理的边际成本等于边际收益。此外，在相同的环境下，不同的环境治理政策、方法，其效率与成本是不一样的，因此，在既定环境目标下，如何使得消耗的成本最低十分重要。

4. 环境管理学

环境管理学将环境与社会和经济发展相结合，运用各种合理途径协调经济发展与环境保护之间的关系，在环境承受力的范围内发展经济。它通过政府的政策、法律法规、公众的监督以及市场等手段来控制对环境的损害。如政府通过对排污行为进行收费、建立排污交易市场等环境管理手段来制约企业的污染行为，引导企业承担起环境社会责任；通过制定行政法规、环境法规等对破坏环境的违法行为进行处罚；通过开展环境教育来引导社会公众全民参与环境管理。

5. 企业社会责任理论

企业作为社会发展中重要的一部分，应深刻认识到自身的责任不仅仅在于实现企业利润最大化，还应主动履行对社会应有的责任，实现其社会价值最大化。企业在发展中的决策与行为会影响整个社会系统，因而，企业在经营决策过程中，除了考虑获取利润的多少，还应将决策可能产生的社会成本与收益考虑在内，为推动社会问题的解决和社会系统的协调发展出一份力。当前，广义的社会责任理论认为企业主体不仅应对其利益相关者，如股东、债权人、员工、供应商等履行责任，还应对社会和环境履行责任，企业在获取经济利润、维护股东权益、维护员工权益的同时，也应积极履行遵守商业道德、公益捐赠和环境保护等责任。在企业社会责任理论中，企业环境保护责任指的是企业在生产经营中主动承担降低环境污染的社会责任，对于环境造成的污染应积极主动地进行治理。社会责任理论强调的环境保护更多的是呼吁企业去履行一些法律规定以外的环境保护责任。该理论认为企业可以通过这种方式来塑造积极承担社会责任的良好形象，而这种形象能够提高投资者、社会公众对于企业的认同感，从而支持企业持续发展。

6. 信息不对称理论与信号传递理论

通常情况下，在任何市场中参与交易的各方掌握影响决策的有效信息量不同，掌握信息充分的一方相较于信息缺乏的一方在决策中处于有利地位。信息不对称理论指出，在市场中存在着掌握有效信息不均衡的两方，手中掌握有效信息多的一方向掌握信息少的一方提供相应信息并从中获取收益，处于信息劣势的一方也会采取各种措施获取更多的有效信息。在这一过程中，如果掌握信息少的一方能够获得真实有效的信息，那么它就能够获得相应的收益；反之，如果掌握信息少的一方获得的信息是虚假的，那么将对他的投资决策产生不利的影响。对于企业而言，企业经营者通常处于信息充分的一方，而政府、外部利益相关者、社会公众则属于信息劣势的一方。在信息不对称的市场中，处于信息劣势的一方需要借助企业对外披露的信息来判断企业目前的生产经营状况以及未来的发展前景。倘若市场缺乏信息披露或者信息披露不充分，那么信息不对称性会使得处于信息劣势的一方由于总是缺乏信息来帮助决策而遭受损失，久而久之这部分人的交易欲望就会大幅度下降，这对于市场的发展来说十分不利。因此在市场交易中处于优势地位的一方需要通过信息披露或者其他途径来实现“信号传递”，从而向处于劣势地位的一方传递真实有效的信息以实现市场的均衡。这就是信号传递理论。

7. 利益相关者理论

企业利益相关者直接或者间接地影响着企业的经营发展，有的承担着企业的经营风险与财务风险，有的为企业产品的生产、经营提供保障与服务，有的能对企业的行为、活动进行相应的制约与督促。倘若企业将目光局限在只获取股东的支持上，而不满足其他利益相关者的需求从而获取他们对企业发展的支持，那么企业经营将难以为继。弗里曼(1984)正式提出的利益相关者理论指出，企业的良好发展应该全面考虑各方利益主体，不能够只关注个别关键利益主体的利益的最大化，而应当关注各利益主体整体利益的最大化。而企业的利益相关者涉及面很广，除了直接利益相关者，如股东、管理层、债权人、员工、消费者、供应商、竞争者等之外，还包括间接利益相关者，如政府部门、社会公众、媒体等与企业有社会利益关系的团体。企业的经济活动直接或者间接地受利益相关者的影响，所以企业必须不断通过利益协调和行为调整，来取得各方利益主体对公司发展最大限度的支持，只有如此，才能够获得可持续的发展。

8.“协同治理”理论

在公共生活领域，政府、社会组织、中小企业、社会公民个人运用货币、知识产权、法规等调节其所处的社会架构，形成整体效应，实现有效地保护和促进公共之意愿。政府、社会组织、企业、公民四大主体进行全面的谈话、磋商，进而构建公平的合作，达成共同治理社会公共事务及利益最大化。在经济日趋复杂化的情势下，为有效解决公众事务中遇到的各种困难和问题，逐步产生了人民政府、中小企业、社会公民等多种市场主体积极参与社会的各种方式，最后产生了“社会协同管理”概念。政府、公司、社会团体和公众，协调运用法律手段、经济手段、行政手段，达成共同治理社会环境事务的目的。

9.“经济人”假设理论

经济人假设包括以下三个原则：一是自利性，企业以寻求自身利益最大化为根本行动指南；二是利益最大化原则，企业通过成本—收益计算，权衡经济利润与生产成本，以达到公司价值最大化；三是人的理性假定，认为人会通过资料的搜集，筛取强相关信息，在理性计算比较后做出满足自身需求的选择。

（二）相关理论基础与碳排放、碳排放信息披露的关系

1. 生态学理论与碳排放、碳排放信息披露的关系

生态学理论中包括物物相关、相生相克、能流物复、负载有额、协调稳定、时空相宜这六个基本规律。其中负载有额与时空相宜为控制碳排放提供了理论支撑。负载有额是指生态系统的自我调节能力、环境承受力以及自然资源有限，人类的开发建设活动不能超过这个极限。随着人类经济活动的不断发展，产生的碳排放量也在逐年增多。近些年，人类的碳排放量已经超出了自然生态系统的自我调节范围，世界各国都开始出现温室效应，这个效应引发许多自然与社会问题，如海平面逐年上升、气候异常、海洋风暴多发、沙漠化面积增大等。从这个角度来看，控制碳排放量是控制温室效应必须采取的措施。时空相宜是指各类特定的生态系统随时间以及空间的条件而发生改变，人类的开发建设活动应因时、因地制宜。在经过长期的工业化发展后，地球环境已经与之前大有不同，最显而易见的就是由于碳排放量过多而出现的温室效应等一系列问题。根据时空相宜理论，人类的开发建设活动应当因时制宜。但目

前,各国为了经济的发展不得不继续进行会增加全球碳排放量的有关活动,因此如何控制并减少人类活动中的碳排放问题就变得至关重要。

2. 可持续发展理论与碳排放、碳排放信息披露的关系

经济发展与环境保护的矛盾越是显著,可持续发展道路就越是成为各企业长远发展的必由之路。可持续发展强调既要生存又要发展,企业在自身发展的同时,也应为保护环境与实现可持续发展的目标做出贡献,来实现经济、环境、社会的可持续发展。随着全球温室效应的加剧,全社会都开始关注二氧化碳等温室气体的排放,相应的,对碳排放相关信息的需求也逐渐增强,因此对于作为社会中的一大碳排放源的企业而言,应将可持续发展理念贯穿于生产、经营中,控制发展过程中的碳排放并及时、如实披露碳排放的信息。控制企业的碳排放有利于在源头上控制企业对环境的污染。披露碳排放信息则有利于外界了解企业碳排放是否违反环保规定,有利于企业接受社会监督,外部的信息使用者也可以根据披露的碳排放信息来判断企业的碳排放状况,正确估计企业未来的价值以及可持续发展能力。

3. 环境经济学与碳排放、碳排放信息披露的关系

环境经济学认为环境能够作为经济成本的一部分,因而环境保护也是一种降低成本、提高经济效益的方法。因此,我们要做的并不是在经济与环境中选择其一,而是在经济发展的过程中控制对环境的污染,如控制企业在获取经济效益时尽可能减少碳排放量,寻求两者的平衡。其次 ,在治理环境时我们还需关注治理的成本与效益问题。以碳排放为例,我们的目标并不是要将碳排放水平降至越低越好,而是寻求边际污染收益等于边际污染成本时的最佳点。因此在制定控制碳排放量的措施时不能只以降低碳排放量为衡量指标,而应当在降低碳排放量与获取的经济效益中寻求最佳点。

4. 环境管理学与碳排放、碳排放信息披露的关系

环境管理学理论主要涉及的是管理环境的基本思想与基本方法、途径,因此该理论也为碳排放治理的途径以及措施提供了理论支撑。首先,从政府的政策出发,政府应提倡并采取强有力的措施来降低碳排放量,例如监督企业提高能源使用效率,大力提倡开拓新能源业务,推动企业发展绿色经济。其次,从法律法规出发,政府可以通过制定相应的法律法规对过度碳排放行为进行收费、建立碳排放权交易市场等环境管理手段来制约企业的碳排放行为,引导企业承担起环境社会责任。再次,从公众的监督角度出发,国家应向公众广泛

宣传碳排放目标的重要意义，动员公众形成绿色发展的意识，主动积极参与监督碳排放的控制情况，推动企业主动采取措施控制其碳排放量。最后，从市场角度出发，政府可以提供激励性、引导性的政策（例如，通过政府制定绿色投资指南，设立绿色投资基金；碳排放空间可以拿到市场上交易；发展绿色信贷银行等），引导更多企业更加积极主动地去钻研、研发新的技术，从而控制企业碳排放量。

5. 企业社会责任理论与碳排放、碳排放信息披露的关系

在社会责任理论中包含企业对于环境保护的责任，因此企业经营时应该充分考虑其生产行为可能对自然环境造成的影响，从而采取相应的措施、手段去控制或者消除这些负面影响。在碳排放量激增的今天，企业作为碳排放量的一大源头，应主动承担其在控制碳排放上的社会责任，应当主动改革生产技术、完善流程管理、提高生产效率，从而减少企业对自然资源的消耗，控制其温室气体排放。同时，政府和社会公众作为环境资源的拥有者，有权利得知企业在发展过程中碳排放的相关信息，因此，披露碳排放信息十分重要，是企业履行社会责任的一部分，企业积极披露碳排放的信息十分重要。碳排放信息披露有利于外界更好地监督企业是否履行了其在保护环境方面的社会责任，企业在外部监督压力下也能在控制碳排放上进行自我约束。

6. 信息不对称理论、信号传递理论与碳排放、碳排放信息披露的关系

在我国，国家、社会公众是环境资源的所有者，而企业是环境资源的使用者之一，因此，企业在环境资源的使用上与国家、社会公众存在着委托代理关系。当前国家不断强调企业应向“环境节约型”和“环境友好型”转型，企业本应该在获取经济利润的同时加大对环境保护的力度，但由于存在信息不对称现象，国家无法准确地获取企业对于环境保护的信息，无法监督企业在环境保护方面的社会责任履行情况。同时随着投资者意识到企业对环境进行保护会对企业形象以及未来发展的可持续性产生显著的影响，投资者也越来越关注企业在环境保护方面的信息，但由于信息的不对称性，使得投资者无法取得有效的信息或者取得的是虚假的信息，从而影响投资决策。在碳排放信息披露方面，我国存在着明显的信息不对称现象。大多数企业在生产经营过程中不控制碳排放量，导致温室效应、环境污染日益严重，而由于企业碳排放信息的不对称性，使得国家与投资者缺乏企业碳排放信息，无法对企业进行有效的监督，企业在碳排放上更加肆意妄为，因此要求企业进行碳排放信息披露十分必

要。在信息不对称的市场中，企业大部分利益相关者处在信息劣势地位，这些利益相关者掌握企业碳排放状况几乎只能通过管理层对外披露的信息。因此，企业对外披露碳排放的信息也是企业向处于信息劣势一方传递关键信息，实现市场均衡的必要手段。

7. 利益相关者理论与碳排放、碳排放信息披露的关系

企业在为利益相关者提供经济利益时，也要满足利益相关者在其他方面的需求。当前全球正面临着严重的生态问题，传统的工业化经济增长模式已经难以为继，企业各方利益相关者都越来越关注企业在环境保护方面的力度，都对企业抱着节能减排、走绿色经济发展道路的期望。企业在当前市场环境下，为了满足利益相关者的需求，必须减少企业发展过程中对环境的污染，而首要的就是控制企业的碳排放。企业积极披露碳排放信息更是现实所需，企业在转变经济发展方式、践行低碳减排义务、履行环境责任的同时也应将对应的信息对外披露，以满足各方利益相关主体在碳排放方面的信息需求，取得他们对公司发展的支持。各利益相关者也能够利用披露的碳排放信息对企业进行合理的价值评估，做出有效的决策。

8. “协同治理”理论与碳排放、碳排放信息披露的关系

“协同治理”理论可以用于分析四大主体在环境治理中的具体做法。政府部门、民营企业、组织和公民作为社会运作的核心主体，在环境治理中也承担着非常重要的社会责任。政府应当反思的是，不断变化的社会发展所造成的混沌无序现象和层出不穷的挑战是一个一成不变、封闭、故步自封的体系早已无法应对的，政府部门、市场、公民社区需要借助“协作”这一自组织形式的更高形态，重塑并形成更深层次的秩序性架构，协作管理社区公众事务，进而完成社区的总体跃迁。环境治理应是四大主体协调下的综合治理。

政府部门应制定环境保护有关文件和奖惩制度，规范企业的污染行为；公共和新闻媒体应注重环境保护权益，督促中小企业治理污染；企业应从根本上意识到治理环境污染的必要性，从而发挥自身能动性，适应新时代环境治理对公司发展提出的要求。政府部门、中小企业和社会公民均可能出现失灵的情况，表明单纯的治理主体并没有真正解决社会环境的治理问题，环境的综合治理要求多市场主体一起参加才能得到最佳解。为了获得最佳解决方案，环境的综合管理必须由多个市场主体参与。在多方主体的积极参与下，由于各主体之间利益诉求的差异，市场主体通过充分的利益博弈和分享，达成一致的可

持续治理方案，在治理过程中充分发挥各市场主体的资源优势，通力合作。因此，解决环境治理现实问题的最佳选择是政府、社会公民、中小企业和组织多元共治模式。

9."经济人"假设理论与碳排放、碳排放信息披露的关系

对经济利润的至上追求是企业寻求股东价值最大化的体现。企业在环境效益和生产效益面前，仍倾向于选择生产效益的模式，验证了其"经济人"本质。在企业外部环境治理压力较小的情况下，理性的企业管理层会选择资金全部投入生产，创造最大化的经济效益，忽视环境治理，尽量减少环境治理的支出成本。即使政府施加更多的环境治理压力，企业仍会出现一些投机性行为，在保全自身利益的情况下选择性地进行治污。只有政府下达文件进行强制性要求，企业才会真正开展环境治理。从治理程度来看，企业治理措施的采取仍首要考虑经济成本。从碳排放的角度来看，"经济人"假设表明，企业今后的碳排放量将受国内与国际碳排放权价格波动的制约，碳交易市场给配额设置了可以灵活变化的价格，碳交易市场上的配额价格由企业与企业以拍卖或者双边协商的方式确定，在市场运行有效时，这一价格一定是兼顾了生产效率和保护环境的最优价格。将碳污染排放纳入产品成本考虑取代过去不考虑污染排放的做法将是未来大势所趋。从碳排放信息披露的角度来看，企业碳排放信息披露的程度影响着公众对公司市值的估计，从而影响股价的波动，这从一定程度上倒逼企业提高碳排放信息披露的完整度与透明度。所以，企业在环境治理过程中，其"经济人"本质与对利润的驱动将使企业主动承担环境保护责任，将环境问题置于市场的无形之手调控下。此理论主要应用于企业的治污选择与实际治理行为。

（三）主要理论基础在支撑碳排放信息披露上的优缺点

1. 可持续发展理论

(1)优点。企业经营的目标之一是获得可持续发展。可持续发展理论指出企业主动对外披露碳排放的相关信息，能使投资者对企业做出正确的判断，有助于实现企业的可持续发展。因此，根据可持续发展理论，主动履行控制碳排放量的企业会主动、积极对外披露碳排放的信息，可持续发展理论在披露碳排放信息的重要性上提供了一定的理论支撑。

(2)缺点。可持续发展理论强调碳排放信息披露有利于信息使用者判断企业的碳排放情况，从而判断企业是否具有可持续发展能力，然而该理论忽视了正确判断应当基于充分、准确的碳排放信息上，倘若对外披露的信息只是其中的一小部分，甚至是经过篡改的，那么这些信息反而会使得信息使用者对企业可持续发展能力做出错误的评估。

2. 社会责任理论

(1)优点。当前市场上，企业利益相关者对企业的评价变得多元化，不再仅仅关注于企业实现的利润多少，也开始关注其是否履行了社会责任。社会责任理论指出企业能够通过主动承担碳排放信息披露的社会责任，来塑造主动良好的社会公众形象，从而实现企业价值提升，可见社会责任理论也为碳排放信息披露的重要性提供理论支撑。

(2)缺点。社会责任理论更加强调企业应有承担责任的自觉意识，而目前我国企业的环境保护意识普遍较弱，对企业的经济、资源、环境等的可持续发展存在短视，企业首先关注的是自身效益的最大化，因此目前我国大部分企业并不主动履行环境控制碳排放量的社会责任。同时，我国碳排放信息披露的制度体系不成熟、不完善，倘若仅依靠社会责任来给企业的碳排放信息披露施加压力，会导致公司碳排放信息披露意识不强、披露的信息具有较强的主观性、在披露时避重就轻、仅披露对于企业有利的部分等问题。此外，仅依靠社会责任这种软约束，对于我国推进碳排放以及信息披露的发展和制度完善也十分不利。

3. 信息不对称理论与信号传递理论

(1)优点。信息不对称理论与信号传递理论正确认识到了市场上信息传递、沟通中存在的问题及其可能导致的后果，指出通过碳排放信息披露这种方式来实现“信号”传递，可以消除市场上信息不对称问题，有利于利益相关者利用这些信息做出正确的决策。这两个理论从实现市场均衡的角度阐述了碳排放信息披露的必要性。

(2)缺点。信息不对称理论与信号传递理论仅仅指出通过信息披露、传递来消除信息不对称性，但是并没有提出以何种方式披露碳排放信息更加有效，因此现在市场上企业的碳排放信息披露几乎仅以表外的文字性披露为主，大部分信息披露集中在董事会报告、社会责任报告中，并没有对碳排放的信息定量化进行表内披露，导致碳排放信息披露严重不足，信息不对称性显著存在。

此外，信息不对称理论与信号传递理论并没有明确指出完全实现“信号”传递、消除信息的不对称性是不可能的，没有指出应在披露碳排放信息的成本与所消除的信息不对称性中找到平衡点，容易导致企业在披露时披露不足，而政策制定者在制定碳排放信息披露政策时过分苛刻，忽视了成本效益原则。

4. 利益相关者理论

(1)优点。利益相关者理论强调当前市场上企业利益相关主体对于碳排放情况的信息需求激增，而企业要实现最大化经济效益以及可持续经营就应当最大限度地满足利益相关者的需求。因此，企业披露碳排放信息是在所难免的，利益相关者理论为阐述碳排放信息披露的必要性与重要性提供了理论支撑。

(2)缺点。利益相关者由于目的不同，因此对于企业碳排放信息的需求也不一样，利益相关者理论并没有对所需要披露的碳排放信息内容进一步细分，可能导致企业对外披露的碳排放信息只考虑了部分利益相关主体。例如政府、监管机构关注的是碳排放以及节能减排是否满足了政策和法律法规的规定；投资者及债权人关注的是企业碳排放所造成的风险对其财务以及融资能力是否产生不利影响；而社会公众可能更关注的是企业碳排放的控制措施以及执行过程、执行结果的披露。

5. 协同治理理论

协同治理理论强调政府、企业、社会组织与公民之间的合作协同作用，提出各社会组织之间的多元共治模式可以帮助环境治理的观点。这种观点有其先进性，表现为认识到环境治理并不是单一主体的责任，而是社会各主体间联动、共同的责任。但其也有局限性，表现为将环境治理责任分散到多个社会治理主体，有可能出现主体间利益分化、互相推诿责任、责任分布不清的情况。

6. “经济人”假设理论

“经济人”假设从企业追逐会计利润的角度分析企业进行有序碳排放和主动披露碳排放信息的内在动机，但无论是政府设立碳排放权交易市场还是进行行政性措施治污，都建立在市场经济主体全面公开环境信息或政府掌握企业排污情况的假设下。倘若市场主体没有及时披露环境信息，或披露虚假信息，政府就无法掌握真实情况，出现行政干预措施不足或过度的情况，进一步影响企业主动承担环境责任。

第七章　碳排放信息披露相关文献综述

一、有关碳交易与碳排放的文献综述

Dales(1968)基于产权经济理论提出的“排污权交易”普遍被认为是碳交易理论的起源,认为排污权具有商品属性,可以有偿或无偿地分配给排污者,通过市场化的方式进行交易,以达到治理环境的目的。随着对温室气体排放导致全球气候变暖问题的重视,之后相关学者对碳排放权的研究更着眼于碳交易机制与政策的搭配使用。Hans W. Gottinger (1998)采用一种可计算的一般均衡模型,以欧盟为样本进行模拟发现,碳排放权的交易可以有效减少碳排放。欧盟的减排绿皮书发布后,Svendsen 和 Vesterdal(2003)为碳交易机制设计了一套理论机制,涵盖了交易配额、范围,并结合经济政治因素,为维护碳交易机制的有序运行提出了搭配的政策建议。

关于碳交易市场的构建与完善,Miao (2020)从熵值原理出发,揭示了碳排放权交易流程中生产要素的流动,并对碳交易市场的内部机制和碳减排联动机制进行探讨,进一步明晰了碳交易机制运行的底层逻辑。在碳交易市场的交易价格研究方面,Kim(2009)认为,原油和天然气价格将在短期内影响碳交易市场的价格,但长期来看,碳排放权交易价格的主要制约因素是碳本身的市场价。在全球疫情反复的背景下,社会整体生产水平下滑,Elkerbout 和 Zetterberg(2020)认为这将导致 2020 年和 2021 年的碳排放权供大于求,多余的碳排放权将导致碳排放权价格的下跌。

我国引入碳排放的交易机制相对较晚,但在我国产业结构转型和可持续发展理念的支撑下,碳交易机制已成为我国未来实现“碳中和”和“碳达峰”目标的关键市场化机制,更是成为关键制度。学术界对碳交易给予了高度关注,周宏春(2009)对比发达国家如何构建碳交易市场后,分析了碳交易的运行机制，认为我国可以借鉴发达国家的碳交易机制和政策经验来实现低碳经济结构的升级转型。自从碳交易机制在我国试点以来，关于机制的相关研究更是不断涌现。谭志雄和陈德敏(2012)认为国外的经验必须和我国当前的国情紧密结合，认为碳交易机制顺应了当时的低碳经济发展，可以作为一项基本政策，将实现从局部试点到全国的大范围使用。赵黎明和殷建立(2016)分析了政府和企业在减排方面的决策问题，认为碳交易的政策制定不能忽视企业的整体利益，要正视企业的盈利诉求，以保障企业有充分动力施行碳减排行动。马忠玉等(2019)通过分析政策对碳交易机制减排效果的影响，指出碳交易市场的良好运行离不开良好的政策环境。

目前全球碳排放权交易有强制减排和自愿减排两种模式。许向阳等(2018)指出，我国于2009年开始参与自愿减排市场，在2013年7个省(市)正式开展碳交易市场的试点工作后，于2017年正式成立全国统一的碳交易市场，我国的碳排放权交易市场已由自愿减排模式发展到两种模式相结合。

在探索碳交易机制的建设和完善方面，我国也坚持创新驱动发展，以数字技术推进碳中和目标的实现。例如马天祥(2019)运用DEA模型研究如何合理分配东西部省份的碳排放权额度，指出应该增加东部的初始配额，降低中西部省份的碳排放初始配额；刘林林(2021)基于CP-AB的区块链碳排放权的密封拍卖交易模型，经过MATLAB仿真，证实了区块链技术的碳排放交易模型的有效性，并认为在碳排放交易的初期阶段，我国的碳排放交易体系可以应用区块链技术；王猛猛和刘红光(2021)认为厘清碳排放责任是完善碳交易机制的难点，他们发现现有的碳排放责任核算方法存在局限，多原则融合的碳责任核算体系有待进一步拓展。

在累积一定量碳交易相关数据后，不少学者开始研究碳交易实施的效果。例如路正南(2020)采用双重差分法进行有效性分析，得出碳交易机制确实对环境的改善发挥了正面影响，促进了可持续发展。同时，也有更多学者关心碳交易机制目前存在的问题并提出自己的建议，如何建坤(2019)认为目前企业的碳排放测量标准缺乏统一要求，标准化程度低，需要进一步加强交易体系建设。段茂盛(2018)认为，我国目前没有统一的法律指导碳排放交易，即立法层次低，需要从立法层面加强对企业的政策约束力。

综合来看，国外对于碳排放和碳交易的研究主要是在欧盟、北美等发达国家和地区展开，研究聚焦于碳交易市场中碳排放权的价格制定以及如何搭配更科学合理的政策。我国作为发展中国家，涉足碳交易的时间较晚，因此早期集中于对国外碳交易市场成熟经验的研究，在吸收国外经验的同时，基于我国国情制定碳交易政策。随着碳交易市场的向前发展，我国也开始致力于采用新兴技术来完善交易机制的建设，肯定了碳交易实施的效果。但与此同时，我国碳交易体系也暴露出立法层次不高、企业内决策优先级低、责任厘清困难、标准不统一等问题，国内学者针对上述问题纷纷提出改进建议，但改进效果有待进一步的实践检验。

二、碳排放信息披露方式的文献综述

国外学者 Kamat(2013)以在印交所上市的公司为对象来研究其碳排放信息披露方式，认为由于公司披露信息的复杂性、多样性以及关联性，碳排放信息披露应当与其他财务信息一起披露，两者无法单独披露。

国内学者对此方面的研究较多，其中朱敏和李晓红(2010)认为既要在表内又要在表外进行碳排放信息披露。在表内层面，企业应当在资产负债表、利润表以及现金流量表这三张报表里增加相关科目来衡量碳排放货币性信息；在表外层面，可以披露与之相关的非货币性信息。张巧良(2010)认为企业应当尽可能以量化的形式对碳排放信息进行披露，同时还提出对于与气候有关的碳排放信息披露方式，可以单独设立一个气候相关的模块。郭海芳(2011)建议企业应当按照碳资产、碳负债、碳所有者权益 、碳收入、碳费用以及碳利润这六个要素进行碳会计系统的核算，并在单独的低碳资产负债表和低碳利润表中进行反映；同时还应当在表外披露低碳法规、低碳管理、低碳质量等相关碳信息。王爱国(2012)结合我国工业化以及城市化的发展进程，提出我国应当尽快出台相关法律来强制企业进行碳排放信息披露，并建议相关法律可以大致分为四个部分：一是要求企业应当以文字的形式在社会责任报告中披露碳排放相关信息；二是对某些重要方面企业应当编制独立的报告来进行披露；三是应当在现行的财务报表中增加可以反映碳信息的会计科目；四是企业应当同等对待碳活动与日常的经营活动，即对其进行全方面系统的核算以及披露。郜东芳(2012)在归纳和总结我国上市公司碳排放信息披露方式的基础上，结合我国国情，提出适合我国上市公司碳排放信息披露的方式是构建单独的碳会计报表以及低碳报告。其中，碳会计报表主要披露以货币计量的碳会计信息，而低碳报告则主要通过非货币计量的形式来进行披露，两者互相补究。赵鹏飞和盛李铭(2014)认为企业主要是通过招股说明书、上市公告书、定期报告以及临时报告等形式进行碳排放信息披露的,他们根据我国碳减排相关工作的实施情况,结合当前我国低碳经济的发展形势,认为我国尚未到采用独立报表来披露碳排放信息的时机,并建议可以在保持现行会计准则框架体系的基础上,增加相关核算碳排放信息的会计科目,并同时在附注中予以解释说明。康玲(2015)通过研究发现目前我国绝大多数企业都是通过报表附注或者董事会事项来披露碳排放信息的,而且几乎没有企业采用独立报表的方式来进行披露。这反映出了当前我国在低碳节能方面的认识还远远不够。她认为企业采用独立报表的方式来披露碳排放信息更加可取,因为这种方式可以方便利益相关者更好更快地做出决策。左颖谓(2015)认为企业在披露碳排放的相关信息时,既应当在表内披露又应当在表外披露,只有这样才能给企业的利益相关者提供决策可用的信息。顾署生(2015)对学术界已经形成的关于碳排放信息披露方式的研究成果进行了归纳总结,提出目前主要有三种披露方式:第一种是在企业现有的财务报表体系内增加碳会计科目;第二种是编制一张独立于企业现有财务报表的碳会计报表;第三种是编制低碳报告书。该研究认为这三种披露方式各有优点,企业应当根据自己碳信息的相关情况选择适合自己的披露方式。王志亮和郭琳玮(2015)认为目前我国企业主要是通过CDP(carbon disclosure project)项目和社会责任报告这两种方式来披露碳排放信息的,并提出我国当前对碳排放信息存在多种披露形式,建议应当对此尽快加以规范。李静(2017)认为企业可以采用编制独立的"低碳报告书"的方式进行碳排放信息披露,这种方式相较于在原有财务报表中披露,能更好地展现企业的低碳信息。赵则铭和吴梦月(2018)通过对我国上市公司碳排放信息披露方式现状的研究,总结认为当前我国各企业碳排放信息披露的方式存在差异,缺乏统一的标准,但主要都是通过社会责任报告、年报、环境报告书等方式披露的。杨方蕾(2018)选取高污染行业的上市企业为研究样本,通过研究发现有越来越多的企业采用数字加文字结合的方式来披露碳排放信息,这无疑是一个良好的趋势。李廷廷(2019)以华能公司为案例对象,对其在碳排放信息披露方面存在的问题予以分析,并指出企业应当设立单独的低碳报告来披露碳排放信息。蒋纯(2019)通过对我国企业与英国企业碳排放信息披露的对比研究,认为和英国企业相比,我国企业碳排放信息披露的方式单一,我国大多数企业都是将碳排放信息披露在社会责任报告中,而很少披露于年报或者专门的碳信息报告中。徐国平(2021)以我国所有的上市公司为样本,通过调查发现有许多企业是通过社会责任报告来披露碳排放相关信息的，而并非披露在其年报中。王微（2021）从博弈论的视角对企业碳排放信息披露行为进行了研究，并建议企业在披露时，应当遵循表内与表外相结合、财务信息与非财务信息相结合、自愿披露与强制披露相结合的原则。

根据国内外学者对碳排放信息披露方式的研究，学者们对此方面的建议大概可以总结为以下几点：（1）定性与定量方式相结合；（2）在现有财务报表体系中增加碳相关的科目；（3）编制独立的低碳报告书；（4）编制独立的碳会计报表。虽然学者们在此方面研究的理论成果较为丰富，但是并没有形成一致的意见，而且学者们并没有用具体的案例来对其观点进行检验。

三、碳排放信息披露内容的文献综述

国外关于碳排放信息披露内容的研究早于国内，但目前国内外都尚未出台统一的框架体系来进行规范。虽然有一些国际组织曾发文说明过企业进行碳排放信息披露应当包括的内容，但是由于主体性质的不同，对内容的规范也随之有所差异。其中国外的 CDP 项目被应用得较多。CDP 项目是采用调查问卷的方法对企业的碳信息进行收集，并通过收集到的信息来构建碳排放信息披露框架，目的在于促使企业完成低碳转型。但是由于企业没有强制性的义务来回复这些调查问卷，收集到的信息在完整性以及准确性等方面自然存疑，这个项目的缺点也随之暴露出来。因此，许多学者对此进行了研究。

在国外学者的研究中，Ans 和 David（2008）通过对碳排放信息披露内容的研究，指出在考虑企业实际情况的基础上，企业碳信息的格式可以比照碳会计的格式，但是碳信息披露的内容要比碳会计的范围更广，比如应当包括气候变化以及温室效应等。Kiernan（2008）在其研究中提出，由于碳信息披露缺乏统一和标准的规范，导致企业披露的碳排放信息各不相同，缺乏企业之间的可比性，而且其所披露内容的真实性和准确性还值得怀疑，因此必须制定碳信息披露的相关标准和规范，提高碳信息披露的可比性和规范性，从而使得碳信息披露能够为企业带来价值。Stechemesser 和 Guenther（2012）认为在进行碳信息披露时，既要披露货币信息又要披露非货币信息，两者都不可或缺，但是应当将披露重点放在非货币信息上。此外该研究认为，披露的内容还应当包括对货币信息和非货币信息的评估过程、各个价值链层面上碳排放的监测和确认过程以及预计气候变化将对企业产生的影响。Faisal 等(2018)在对一些企业温室气体排放信息披露的情况进行研究后得出结论:在企业披露的所有项目中,气候变化带来的风险和机遇这一项目最值得披露。Faria 等(2018)选取了48家巴西企业为研究对象,对其2014—2016年间的CDP报告进行了分析。研究结果表明,这些企业在进行气候变化的信息披露时,污染预防、损失预防、环境资产管理、温室气体排放量、气候变化战略等项目占比较大。

国内关于碳排放信息披露内容的研究还未成熟。虽然《上海证券交易所上市公司环境信息披露指引》和《上市公司环境信息披露指南》为企业进行碳排放信息披露提供了一些指引,但是我国目前仍然缺乏统一的框架体系来规范企业的碳相关信息。谭德明和邹树梁(2010)通过对CDP项目基本框架的深入分析,指出CDP项目在可比性、可理解性等多方面存在一定的问题。其研究结合我国碳排放信息披露现状,构建了适合当下我国国情的碳排放信息披露框架,并指出这个框架应当包含核算、管理以及审计三个部分。汪方军等(2011)通过对国内外企业碳排放信息披露政策与现状的对比与研究,构建了适合我国的自上而下的碳排放信息披露理论框架体系。该体系要求首先应当运用法律手段强制碳排放量高的企业披露相关信息;其次,应当出台报告指南,该指南不仅可以用来指导并规范企业披露碳排放信息,还可以规范第三方审计机构对此事项出具审计报告的行为;最后,政府应当根据企业披露的信息及第三方审计机构的审计报告出具相应的碳排放信息分析报告。

陈华等(2013)认为企业的碳信息披露应当满足利益相关者的要求,并且从这一目标出发,提出企业进行碳排放信息披露应当包括六个方面的内容:与企业碳排放有关的风险、机遇及应对战略与方针政策;企业的碳排放量;企业实施的减排措施与效果;企业碳交易情况;碳信息审计及鉴证;其他有关的碳排放信息。王雨桐和王瑞华(2014)认为目前国际上的CDP项目和CRF项目存在着可比性差、缺乏强制性等缺陷,并在此基础上提出了适合我国的碳信息披露框架,即从温室气体排放、碳排放绩效指标以及气候变化带来的风险三个方面来进行披露。赵鹏飞和盛李铭(2014)认为我国目前还没有出台具体的规范来统一碳排放信息披露的内容,但是其研究提出碳排放信息披露的内容至少应当包括以下三方面:(1)参与碳减排计划的情况及企业对未来碳减排预计结果的预期;(2)碳排放的相关会计政策;(3)碳减排结果的考核及未来的调整计划。

顾署生(2015)则认为,一方面,企业应当披露碳减排的策略,如减排的目标及计划等;另一方面,企业还应当披露二氧化碳的排放情况,如二氧化碳的排放来源、排放量及排放种类等，以方便投资者做出相关决策。

在实证研究方面，吴勋和徐新歌(2015)以我国资源型上市公司为研究对象，研究其碳排放信息披露内容，发现其披露内容存在着不全面、缺乏定量描述等一系列问题，披露内容的质量堪忧。杨惠贤和郑肇侠(2017)选取89家资源型上市企业为研究样本，对其2012—2015年间的碳排放信息披露相关内容进行分析，研究发现我国当前碳信息披露水平整体上还处于较低的水平。该研究建议在进行碳排放信息披露时，至少应当包括碳减排目标、管理、政府补助、资金投入等项目。

江逸(2019)通过对我国重污染行业中的上市企业碳信息披露内容进行研究，发现企业主要运用定性的方式来披露碳信息，而定量的信息披露不足。其中，定性的方式主要是通过文字来叙述企业碳会计管理机构的设置、减排方案、碳管理制度等；而定量的方式则主要是通过数字来计量企业减排的成果及所耗资金等。马冰和章雁(2020)通过对我国企业碳排放信息披露的现状进行分析，并和国外进行对比研究，提出企业在进行碳排放信息披露时既要披露对企业有利的消息，如温室气体排放量较低等，也要披露对企业不利的消息，如碳排放量超标、污染过大等。此外，该研究认为企业披露的碳排放信息既要包括财务信息，如碳减排的成本与收益、碳资产、碳排放权交易情况等，还应当包括非财务信息，如碳排放量、企业的低碳战略和目标等。李海燕(2021)以煤炭企业为研究对象，通过研究发现目前煤炭企业的碳排放信息披露内容缺乏实质性，建议应当加强货币性信息方面的披露。

学者们对碳排放信息披露内容的研究成果较为丰富，可以总结为以下三点：(1)企业碳排放信息披露的内容尚不全面，处于较低水平；(2)对企业应当披露的内容予以举例建议；(3)通过研究构建碳排放信息披露框架体系。然而，虽然目前国内已有部分学者构建了碳排放信息披露框架体系，而且这些框架体系也有相似性和统一性，但是这些框架体系的适用性、可行性等还有待验证，因此还需要进一步的研究来佐证。

四、碳排放信息披露评价指标的文献综述

关于碳排放信息披露质量的研究，最早是从国外开始的。但是国外学者对碳排放信息披露质量方面的研究大都是基于CDP项目，在评价指标的构建

上研究较少。其中，Bo 等(2013)为了评价上市公司碳排放信息披露的质量，以澳大利亚的上市公司为研究对象，从五个维度出发构建了碳排放信息评价指标体系，这五个维度分别是气候变化对企业的生存与发展提出的新的挑战和机遇、二氧化碳的排放量、二氧化碳排放量的计量方法、二氧化碳的减排量以及进行相关碳行为所发生的成本费用。Lippert(2015)认为在进行碳排放信息披露时，碳排放量指标是一项基本指标，它不仅可以度量全球低碳经济发展的决心，还可以体现全球变暖的程度和低碳经济的进程。

与国外不同的是，国内有不少学者构建了碳排放信息披露评价指标体系来衡量企业的碳排放信息披露水平。其中，彭娟和熊丹(2012)在 CDP 项目调查问卷内容的基础上，设计了及时性、真实性以及相关性和完整性这三个一级指标，并在此基础上细化出 22 个具体的二级指标，同时还对这些二级指标配以权重，以此来对上市公司碳排放信息披露的情况进行评价。田国双和章金霞(2013)以我国参与 CDP 项目的 100 强企业为研究对象，发现企业对 CDP 调查问卷的回复情况可以用来大概评价企业碳排放信息披露的质量。并且其研究发现，回复调查问卷这一行为可以帮助企业提高碳排放信息披露质量。

王仲兵和靳晓超(2013)以 89 家在沪上市的社会责任股公司为研究对象，将其披露的碳排放信息划分成五个维度，并运用内容分析法构建了碳信息披露指标评价体系。陈海宁(2013)对 CDP 项目的调查问卷进行了详细的分解，并参考其他国家组织在此方面的研究成果，初步构建了 CCGD(Carbon Cumulative Gain Development)这一碳排放信息披露评价指标体系。该体系由 7 个主题以及 24 个指标构成，并采用同一比重和不同比重两种方式对企业披露的信息进行评分。刘叶容和喻琴琼(2014)基于 AHP，运用定性和定量相结合的方法，从目标层、准则层以及措施层三个方面构建了碳排放信息披露评价体系。该研究还应用所构建的评价体系来对 11 家既在中国又在美国上市的公司的碳排放信息披露情况进行评价，结果发现对于同一家公司，其在美国披露的碳排放信息的质量高于中国。

赵选民和孙武峰(2015)以我国重污染行业的上市公司为样本，以其 2010—2012 年的年报以及社会责任报告为对象，根据层次分析法，从多个维度出发构建了一套碳信息披露质量评价指标体系。李慧云等(2015)同样运用层次分析法，从 8 项会计信息披露质量要求出发，在 CDP、CRDI(Club of Resource Deal Italy)等知名机构对碳信息披露研究的基础上，构建了 5 个一级指标和 14 个二级指标来对上市公司碳信息披露情况进行评价。

在指标的精确度方面,苑泽明和王金月(2015)在对我国企业披露碳排放信息现状进行分析后,构建了5个一级指标和15个二级指标,并赋予每一项二级指标不同的分值比重,通过一系列计算得出公司碳信息披露指数这一数值,并根据此数值来反映企业碳信息排放披露的质量水平。李慧云等(2016)利用Java数据分析和文本挖掘等方法,设计了一套用以评价企业碳排放信息披露质量的方法,该方法能够利用计算机对上市公司碳排放信息披露水平进行精准的评价。袁建辉和张灵灵(2017)在进行上市公司碳排放信息披露对融资约束影响的研究中,采用了CCGD这一碳排放信息披露评价指标体系。其研究认为陈海宁学者构建的CCGD体系是在国内碳排放信息披露报告和国外CDP项目调查问卷的基础上建立的,具有一定的应用性。

对于利益相关者,闫华红和蒋婕(2018)根据指数构建等相关理论,从碳会计角度构建了碳信息披露指数以及碳绩效评价指数,以便政府、社会公众等其他利益相关者能够更好地了解企业的碳排放状况。此外,该研究还根据构建的指标体系对我国制造业的上市公司进行了分析。李世辉等(2019)在以往碳信息披露质量评价方法的基础上,结合变权理论等方法设计了一套新的碳信息披露质量评价指标体系,该体系具有精确性、普适性等优点,并以中兴通讯为例证实了这一体系的可行性及准确性。宋晓华等(2019)在相关组织颁布文件的基础上,结合企业碳活动的整个流程,构建了一套用以评价碳排放信息披露水平的评价体系。该体系由上至下包括4个一级指标和9个二级指标,并采用内容分析法来获取各个指标对应的数值,并对其进行打分。

综合来看,国内外学者大都采用层次分析法或者内容分析法来构建碳排放信息披露评价指标体系。虽然学者们构建的体系有一定的相似度,但是仍然没有形成统一的结论,而且这些研究成果都具有一定的主观性。因此,还需要进一步利用案例实践来验证指标体系的可行性以及适用性。

五、碳排放信息披露对公司业绩的影响的文献综述

国内外有不少学者对碳排放信息披露对公司业绩的影响进行了研究。其中,大多数学者都认为碳排放信息披露对公司业绩具有积极的正向作用,但是也有少部分学者认为碳排放信息披露与公司绩效之间存在负相关的关系甚至是没有关系。

从国外的研究来看，Takeda(2007)运用模型构建的方法，动态地对日本所有行业的碳管理行为进行了研究，并得出结论：企业进行碳排放信息披露能够有效地降低环境成本，从而给公司业绩带来正向反馈。Lucas 和 Wilson(2008)对超过 1 200 家环境服务型公司发放了与环境管理相关的调查问卷来研究环境管理与公司绩效之间的关系，通过大样本的研究，最终得出了公司的环境管理能力与绩效存在着一定的正相关性这一结论。Plumlee 等(2015)选取美国 500 家环境信息披露质量较高的企业为研究样本来研究环境信息披露质量水平与企业未来现金流量之间的关系，通过分析发现，企业未来的现金流量随着其披露的环境信息质量的提高而提高。Velte 等(2020)在已有研究的基础上，结合信息不对称理论，发现披露碳排放的相关信息能够降低信息不对称，从而增加利益相关者对企业的信赖程度，最终提升企业财务绩效。

然而，Hassel(2005)根据成本相关论这一理论，认为企业进行碳排放信息披露所发生的成本是大于其所带来的收益的，而且，碳排放信息披露得越全面详细，成本也就耗费越大，根据成本效益原则，不建议企业进行碳排放信息披露。因此该研究得出结论：企业进行碳排放信息披露会降低企业的财务绩效，从而降低企业的价值。Matsumura(2014)也认为检测以及降低温室气体排放等需要增加不必要的成本，从而使得公司业绩表现下滑，最终导致温室气体排放信息披露程度与公司价值存在负相关关系。Griffin 等(2017)认为进行碳排放信息披露需要付出巨额的成本，因此披露碳排放信息不会为企业带来经济利益，甚至可能会不利于企业的业绩表现。Alsaifi(2020)通过研究也认为碳排放信息披露与公司业绩存在着负相关的关系，原因是企业需要为碳排放信息披露付出成本但是却没有得到与之相匹配的收益。

与上述研究不同的是，Stanny 和 Ely(2008)总结归纳了 CDP 对美国标普 500 强公司的评分数据，通过研究发现碳排放信息披露和投资之间没有显著的相关关系，碳信息披露并不能提高公司的绩效，因而认为碳排放信息披露水平与企业绩效之间没有关系。Trumpp 和 Guenther(2017)认为之所以许多学者对环境绩效与企业财务绩效之间的关系存在争议，是因为他们都局限于认为两者存在线性关系，其实两者的真实关系是 U 形的，而非线性的。

国内同样也有许多对这方面的研究成果。黄建迪(2014)选取了标普 500 强企业为研究对象，对其 2010—2012 年间的数据进行分析，并得出结论：从总体上来说，碳排放与企业的财务绩效呈负相关关系，但是企业进行自愿性碳排放信息披露可以给公司绩效带来积极影响，从而缓和上述的负相关关系，甚至这种积极影响在企业下期的绩效中仍然有所体现。黄丽珠(2015)选取在沪深两地上市的200多家高碳排放企业为研究对象,利用其2011—2013年间的相关数据构建回归模型进行分析,研究发现披露碳排放信息的企业,其盈利能力明显高于未披露的企业,这也说明了企业进行碳排放信息披露能够提升盈利能力,从而提升公司绩效。

曾晓和韩金红(2016)以在2012—2014年发布CDP报告的我国世界500强企业为研究对象,研究发现企业碳排放信息披露与企业价值呈负相关关系,并且这种负相关关系在重污染行业中表现得更加明显。

梁德华(2016)通过对标普500强企业进行筛选,最终选出241家企业为对象进行多元回归的实证分析,研究发现企业进行碳排放信息披露能够有效地提升企业绩效。刘宇芬和刘英(2019)根据投资者信心理论,以2013—2017年在我国A股上市的化工企业为对象,在建立碳信息披露质量指数的基础上,运用实证研究的方法,发现碳信息披露质量可以增加投资者的信心,进而增加企业的价值。赵家正和赵康睿(2018)选取在我国沪深两地上市的重污染行业的企业为研究对象,对其2013—2015年间的相关数据进行实证分析,并得出企业进行环境信息披露能够明显提高企业价值的结论。潘施琴和汪凤(2019)选取上证A股916家企业为研究样本来分析其2014—2016年间的相关数据,研究结果同样表明企业的财务绩效随着碳排放信息披露质量的提高而提高,并且这种关系在国有企业以及非高污染行业企业中表现得更为明显。

在长期绩效方面,张静依等(2021)以在A股和H股上市的房地产企业为例,对其气候信息披露情况和企业长期绩效进行了回归分析,并得出结论:企业气候信息披露得越好,其长期绩效也就越好,两者呈正相关关系。柳学信等(2021)则以2010—2018年在上海以及深圳A股上市的企业为对象,选取碳排放信息披露水平和企业价值两个因素进行实证分析,并得出了碳排放信息披露水平与企业的长期价值呈显著的正相关关系的结论,但这一关系在与企业的短期绩效中并没有得以体现。

但是谭婧(2012)有不同的观点,其研究选取了85家标普500企业为研究对象,采用多元线性回归的方法,来对企业碳信息披露对其价值的影响进行实证研究,研究发现,企业碳排放信息披露与企业价值之间没有显著的相关关系。

虽然目前国内外学者对于碳排放信息披露对企业绩效影响的研究不少,但是不足之处也较为明显,就是学者们的研究结论之间存在很大的争议,尚未形成统一的意见,因此还需要进一步的研究。

第八章　国内外碳排放相关政策与制度

一、我国碳排放相关政策

（一）相关政策

1.《关于加快培育和发展战略性新兴产业的决定》

为发展战略性新兴产业，2010 年 10 月，国务院下发该项《关于加快培育和发展战略性新兴产业的决定》，主要针对培育和发展战略性新兴产业做出了 8 项决定，与碳排放相关的政策主要体现在第 8 项决定中。《决定》指出要深化重点领域改革部分，明确提出要“加快建立生产者责任延伸制度，建立和完善主要污染物和碳排放交易制度”。该项政策充分表明，我国已经意识到碳排放的相关问题，要制定完善的碳排放交易制度体系，让碳排放交易市场能够文明交易。

2.《“十二五”节能减排综合性工作方案》

“十二五”时期，我国的经济发展情况相比于其他国家来说依然还有很大的上升空间。我国对于能源的需求，在各经济结构不断升级的背景下，呈现出一种增长的趋势，而在消耗能源的过程中，也会产生大量的有害气体。此外，我国的节能减排工作还存在着诸多问题，如相关责任落实不到位、激励政策不健全、监管力度松弛等。

为各相关单位的思想和行动能够完全统一于中央的决策部署上，2011 年 8 月，国务院颁布了《“十二五”节能减排综合性工作方案》，其具体内容及要点如表 8-1 所示。

表 8-1　《"十二五"节能减排综合性工作方案》

序号	内　　容	要　　点
1	制定总体要求，明确主要目标	总体要求及主要目标
2	强化节能减排目标责任	合理分解节能减排指标，加强目标责任评价考核
3	调整优化产业结构	抑制双高行业的过快增长，加快淘汰落后产能，推动传统产业改造升级，调节能源配置结构
4	实施节能减排重点工程	实施节能重点工程，实施循环经济重点工程
5	加强节能减排管理	合理控制能源消费总量，强化重点用能单位节能管理，加强工业节能减排，推动建筑节能，推进交通运输节能减排，促进农业和农村节能减排，推动商业和民用节能，加强公共机构节能减排
6	大力发展循环经济	加强对循环经济发展的指导，全面推行清洁生产，推进资源综合利用，加快资源再生利用产业化，促进垃圾资源化利用，推进节水型社会建设
7	加快节能减排技术开发和推进应用	逐步加强对节能减排技术研发的重视程度，完善相关技术创新体系，扩展推广渠道，加大推广力度，并加速产业化基地的相关建设
8	完善节能减排经济政策	推进价格和环保收费改革，完善财政激励政策，健全税收支持政策，强化金融支持力度
9	强化节能减排监督检查	健全节能环保法律法规，加强节能减排执法监督
10	推广节能减排市场化机制	建立"领跑者"标准制度，加快推行合同能源的管理举措
11	加强节能减排基础工作和能力建设	加快节能环保标准体系建设等
12	动员全社会参与节能减排	加强节能减排宣传教育，政府机关带头节能减排

资料来源：根据中国政府网公开资料整理。

文件末尾严格规定了各地区排放污染气体所能达到的控制计划，也以此表明我国实现"十二五"节能减排目标的决心。

3.《关于开展碳排放权交易试点工作的通知》

为了贯彻落实"十二五"规划中有关碳排放交易市场的相关要求，2011 年 10 月，国家发展改革委办公厅下发《关于开展碳排放权交易试点工作的通知》。该通知通过了先在七个省市内建立相应的试点碳市场的意见，要求试点的省份在试点过程中，能够探索出适合推向全国各地的低碳产业发展的相关体制机制。

4.《“十二五”控制温室气体排放工作方案》

控制温室气体的排放不仅是我国抵御全世界气候变化的主要任务，还对我国的经济发展以及产业革命具有显著的意义。为使各相关部门能够意识到控制温室气体排放工作的紧迫感，2011 年 12 月，国务院制定《“十二五”控制温室气体排放工作方案》，安排了控制温室气体排放过程中的重点难点工作，并对目标任务进行了详细的分解，可以让各单位、各部门更好地落实控制过程中的工作。其主要内容如表 8-2 所示。

表 8-2 《“十二五”控制温室气体排放工作方案》

序号	内　容	要　点
1	明确总体要求，制定主要目标	总体要求，主要目标。
2	综合运用多种控制措施	加快调整产业结构，大力推进节能降耗，积极发展低碳能源，努力增加碳汇，加强高排放产品节约与替代
3	开展低碳发展试验试点	在全国范围内稳步推进低碳试点工作，增加在低碳产业试验园区的试点项目，积累相关经验
4	加快建立温室气体排放统计核算体系	建立健全试点单位温室气体排放的基础核算制度，加强温室气体排放核算工作
5	探索建立碳排放交易市场	建立自愿减排交易机制，开展碳排放权交易试点，逐步完善碳排放交易支撑体系，并探索适用于全国的交易体系，为后续推广到全国打下基础
6	大力推动全社会低碳行动	发挥公共机构示范作用，推动行业开展减碳行动，提高公众参与意识
7	广泛开展国际合作	加强履约工作，强化务实合作
8	强化科技与人才支撑	强化科技支撑，加强人才队伍建设
9	保障工作落实	加强组织领导和评价考核，健全管理体制，落实资金保障

资料来源：根据中国政府网公开资料整理。

5.《温室气体自愿减排交易管理暂行办法》

为给自愿减排交易活动的顺利开展提供制度保障，鼓励全社会在制度内办事，遵守相应的制度原则，2012 年 6 月，国家发展改革委组织制定了《温室气体自愿减排交易管理暂行办法》。

暂行办法首先严格明确了自愿减排交易活动的六大主体，并规定在相关的交易活动中要坚持公平、公正、公开和诚信的交易原则，项目活动要具有真实性、可测量性以及额外性。此外，国家主管部门也会严格遵守该办法的管理规则，并倡议全社会中的团体以及个人积极主动地参与到项目活动中来。其次，为了能够让自愿减排工作顺利开展，暂行办法还专门部署了对自愿减排项目的管理工作。最后，暂行办法对审定时间、核证工作等进行了明确的规定。

6.《碳排放权交易管理暂行办法》

为贯彻党的要求，推动全国碳排放权交易市场的成立，2014 年 12 月，国家发展改革委公布《碳排放权交易管理暂行办法》，以此引导全国碳市场的建立和发展。

暂行办法首先明确了该办法的主要目的。其次，对温室气体排放的配额提出了明确的管理办法，规范了排放交易要素，并制定了相关的核查工作以及配额清缴办法等。最后，加强了交易市场的监督管理工作，明确列出各级单位监督管理的范围，并详细阐述了重点排放单位若未及时履行义务所要承担的法律责任。该办法末尾还清晰定义了办法中的用词术语，如温室气体、碳排放等，以避免真正落实时因概念界定不清而发生争执。

7.《关于切实做好全国碳排放权交易市场启动重点工作的通知》

在“十二五”取得阶段性胜利的背景下，2016 年是全国碳排放权交易市场建设的攻坚时期，各相关单位要按照国家统一部署扎实推进各项工作（国家发展改革委办公厅，2016）。为此，2016 年 1 月国家发展改革委办公厅发布《关于切实做好全国碳排放权交易市场启动重点工作的通知》，具体部署了全国统一碳市场启动前的重点准备工作。

该通知具体安排了四项工作任务。第一项，提出拟纳入全国碳排放权交易体系的企业名单。第二项，要求有关部门严格按照程序制度收集资料，为日后提出配额分配方案提供有力的支撑。第三项，培育和遴选第三方核查机构及人员，明确要求从相关的领域中选拔出具有丰富的从业经验以及足够的专业性人员的检查机构，来为本地区提供相关的服务。第四项，要强化能力建设，加强对相关人员的培训，并针对不同的对象，制订出适合的培训计划，确保相关人员都具备一些必要的工作能力。

该通知还从组织保障、资金保障、技术保障三个维度对实施工作过程中的保障措施进行了相应的探讨，表明了在做好工作的同时，也要加强相应的保障措施，给相关的工作人员予以精神上的支撑。

8.《“十三五”控制温室气体排放工作方案》

为加快推进国内绿色低碳产业的发展，推动我国二氧化碳排放2030年左右达到峰值并争取尽早达峰，2016年10月，国务院颁发《“十三五”控制温室气体排放工作方案》。该方案明确要求，相比于2015年的单位国内生产总值二氧化碳排放，2020年要下降18%，要高效控制碳排放总量；非二氧化碳温室气体控排力度需要进一步加大，不能仅控制二氧化碳温室气体排放的力度，并且碳汇能力也需要显著增强。该方案针对“十三五”时期控制温室气体排放制定了八项重点任务：一是低碳引领能源革命；二是打造低碳产业体系；三是推动城镇化低碳发展；四是加快区域低碳发展；五是建设和运行全国碳排放权交易市场；六是加强低碳科技创新；七是强化基础能力支撑；八是广泛开展国际合作。该方案要求，各相关部门要强化任务目标的责任考核制度，完善相应的考核体系，扩展融资渠道，加大相应的资金投入，同时做好相关的宣传引导工作，进而提高各单位控制温室气体的责任意识，将工作落到实处。

9.《全国碳排放权交易市场建设方案（发电行业）》

国家发展改革委2017年12月正式印发《全国碳排放权交易市场建设方案（发电行业）》，这标志着我国通过市场机制，利用经济手段降低碳排放达到了新的高度。

首先，该方案从指导思想、基本原则以及目标任务三个方面制定了总体要求，这为后续实施交易市场建设方案起到了总引导的作用。对于市场建设的基本原则，方案一共提出四个坚持。针对目标任务，方案将其详细地分为三个阶段来逐步开展：第一阶段是基础建设期，主要任务是建立健全碳市场的管理制度，让碳市场在明确的制度下有效运行；第二阶段是模拟运行期，主要任务是开展相关的模拟交易，完善碳市场的管理制度以及相应的支撑体系；第三阶段是深化完善期，主要任务是营造适当的条件，尝试尽可能多的办法将国家核证自愿减排量尽早归入国内的碳市场。

其次，该方案从三个方面对市场要素、参与主体以及制度建设做出了明确的规范。接着，该方案加强了发电行业配额管理工作，明确界定了配额的分配方法以及配额的清缴时间。

最后，该方案提出要推动区域碳交易试点向全国市场过渡的展望，也提出要做好相应的保障措施，为全国碳排放权交易市场能够有效建设提供坚实的保障。

10.《国家能源局关于减轻可再生能源领域企业负担有关事项的通知》

为贯彻落实国务院对减轻市场主体负担的相关要求，2018 年 4 月，国家能源局发布《国家能源局关于减轻可再生能源领域企业负担有关事项的通知》，明确要求严格按照收购制度来实现可再生能源发电保障性，强调电力市场化交易应当维护可再生能源发电企业的合法权益，同时也要制止乱收费等提高企业负担水平的行为。

11.《关于印发打赢蓝天保卫战三年行动计划的通知》

随着人均收入水平的不断提高，人们在生活中越来越注重非物质精神的满足，比如住在城市的居民在节假日往往会选择去度假村放松自己，因为在那里可以欣赏美景，呼吸到新鲜的空气。为了满足人们对绿色居住环境的渴望，为了更快地改善环境空气质量，2018 年 6 月，国务院下发《关于印发打赢蓝天保卫战三年行动计划的通知》，要求全国煤炭的消耗总量占能源消费总量的比例到 2020 年要下降至 58%以下，长三角地区下降 5%，2020 年全国电力消耗的煤炭总量占煤炭消耗总量的比例要达到 55%以上（中国政府网，2018）。

12.《大型活动碳中和实施指南（试行）》

为指导大型活动碳中和的实施，2019 年 5 月，生态环境部发布《大型活动碳中和实施指南（试行）》。该指南首先对“大型活动”“碳中和”等相关术语做出了详细的定义，让有关部门更加清晰地界定本指南的适用范围；其次，提出了相关的基本要求，比如核算气体排放量要坚持规范性、完整性以及准确性三原则，并做到公开透明，让大众进行有效监督；再次，明确了碳中和的相关流程，以免后续不能顺利地实施，在举办活动阶段要开展减排行动，并在活动结束时计算温室气体排放量并采纳抵消措施来完成碳中和；最后，文末详细地阐述了碳中和的其他相关规定，并对大型活动的排放源及其对应的标准和技术规范做出了明确的界定。

13.《碳排放权交易有关会计处理暂行规定》

为保障我国碳排放权交易能够顺利进行，在顺利开展的基础上能够更好地用数字展现给社会大众，2019 年 12 月财政部制定了《碳排放权交易有关会计处理暂行规定》。该暂行规定先明确了该规定的适用范围；接着详细地阐述了在编制报表的过程中所适用的会计处理原则，以及如何设置能够运用到的会计科目,并对编制过程中涉及的账务处理做出了详细地解释;最后明确说明了碳排放交易在企业财务报表中列示披露的要求。

14.《碳排放权交易管理办法(试行)》

为积极利用市场机制来解决抵御气候变化和推动绿色低碳发展中所面临的问题,降低温室气体的排放,2020 年 12 月,生态环境部发布《碳排放权交易管理办法(试行)》。该管理办法定位服务于全国碳排放权交易及相关活动,如有关碳排放的配额分配以及清缴方式、温室气体排放报告与核实等活动。

该管理办法不仅规定了符合相关条件的温室气体重点排放单位要列入名录,将被列入名录的单位上报给生态环境部,并向社会公众加以公开,还规定了列入名录的单位在满足一定条件后还可以被移除等。文末还公布了具体的惩罚制度,针对不同类型的违法行为,制定相应的处分,并将处理结果公布于众。

15.《国务院关于加快建立健全绿色低碳循环发展经济体系的指导意见》

为加快建立健全绿色低碳循环发展的经济体系,2021 年 2 月,国务院发布了《国务院关于加快建立健全绿色低碳循环发展经济体系的指导意见》。意见首先明确了建立体系的总体要求,总体要求中制定了相关的指导思想和工作原则,确立了主要目标,分别于 2025 年和 2035 年在绿色低碳循环发展的经济中达到前所未有的突破;其次,从绿色低碳循环发展的生产体系、流通体系、消费体系三个维度系统指导如何健全绿色低碳循环发展的经济体系;最后,完善了相关的法律法规政策体系,并强调各有关部门要为尽快建立健全绿色低碳循环发展经济体系要落实好各阶段的工作。

16.《中华人民共和国国民经济和社会发展第十四个五年规划和 2035 年远景目标纲要》

2021 年 3 月,《中华人民共和国国民经济和社会发展第十四个五年规划和 2035 年远景目标纲要》发布,提出落实 2030 年应对气候变化国家自主贡献目标,详细制定出 2030 年前碳排放达峰的行动方案;规范和完善能源消费总量和强度双控制度,严格控制化石能源的日常消耗;执行以碳强度控制为主、碳排放总量控制为辅的制度,大力支持有条件的地方和重点行业、重点企业率先达到碳排放峰值;加大甲烷等其他温室气体排放的控制力度;提升生态系统碳汇能力;锚定努力争取 2060 年前实现碳中和,采取更加有力的政策和措施。

17.《企业温室气体排放报告核查指南(试行)》

为进一步引导全国碳排放权交易市场企业温室气体排放报告核查活动的

规范性，2021 年 3 月，生态环境部编制了《企业温室气体排放报告核查指南（试行）》，规定了所适用的范围，以及重点排放单位温室气体排放报告的核查原则等内容，并对相关术语进行详细界定，为严格核查温室气体排放报告做出巨大的贡献。

18.《碳排放权登记管理规则（试行）》、《碳排放权交易管理规则（试行）》和《碳排放权结算管理规则（试行）》

为进一步规范全国碳排放权登记、交易、结算活动，保护全国碳排放权交易市场各参与方合法权益，2021 年 5 月，生态环境部组织制定了上述三项规则。这三项规则对碳排放权活动的重点过程进行了详细规定，进一步维护了国内碳排放权交易的市场秩序。

（二）总结

从政策梳理结果来看，我国碳排放的相关政策主要还是在“十二五”时期以后相继出台的。在国内二氧化碳排放总量居高不下，且我国在节能排放工作中存在相关责任落实不到位、激励政策不健全、监管部门的监管力度不到位等一系列问题的背景下，我国提出了节能减排的工作方案，具体部署了如何才能实现“十二五”节能减排目标的相关工作，也详细制定了各地区要达到的温室气体排放量的控制计划。

为碳排放交易市场能够更好地推向全国，我国制定相关政策，率先审批了七个试点省份，希望在试点阶段，这些省份能够探索出适用于全国的低碳产业发展的相关政策体制。紧接着，我国就制定出“十二五”期间要如何控制温室气体排放的指导政策，政策中详细阐述了要实施什么样的工作以及如何开展工作等一系列问题，为我国能够将控制温室气体排放的目标落到实处而不断努力。

随着上述政策的不断推进，有些地区已经自主开展了许多减排交易的活动，这一举动对于提高社会公众的责任意识具有重要的意义。因此，国家制定了《温室气体自愿减排交易管理暂行办法》，并以此来鼓励社会各界自主自愿开展减排交易。

“十二五”时期末，我国根据碳排放交易发展的进程，提出了有关碳排放权交易管理的暂行办法。纵观“十二五”全程，我国有关碳排放交易取得了阶段性胜利，这也为以后时期的发展及目标的实现提供了坚实的保障。

为在“十二五”时期阶段性胜利基础上稳扎稳打，“十三五”开年，我国就制定了相关政策，具体部署了启动全国碳排放市场交易的重点工作，切实推进了“十二五”时期的革命性成果。在推动全国市场交易的同时，也不忘控制温室气体的排放工作，因此我国又颁布了相关工作方案，表明了我国实现“十三五”时期碳排放目标的决心。

在严控温室气体排放的同时，也要充分发挥市场机制的作用，采用有效的经济手段来降低碳排放总量，因此我国颁布了有关市场建设的方案，明确制定了市场的交易原则，规范了交易中的市场要素、参与主体以及制度建设。

在积极鼓励市场交易的过程中，我国也意识到了市场主体所承载的负担，因此国务院建立相关政策来降低相关企业的生产成本，推动实体经济的健康、绿色发展。而伴随着国内经济的不断发展，人们对于美好生活需求的侧重点也有所转变，从物质需求逐渐转变为精神需求。为满足人们对美好生活的需求，我国颁布相关政策，其中涉及能源消耗量量化、社会各界的责任，呼请坚决打赢蓝天保卫战。

随着碳排放交易进程的发展，“碳中和”等术语首次出现在人们的视野中。为了更好地完成“十三五”阶段的目标，生态环境部出台了相关指南，提出了有关碳排放交易的新概念，旨在指导大型活动实施碳中和，发扬低碳的新风尚。

“十三五”阶段末，为更好地规范碳排放交易系统，财政部制定了有关碳排放交易的会计处理，其中明确指出了适用的会计处理原则，对有关的会计科目进行了设置，并规定了相关披露列示的要求。此外，对碳排放交易的管理做了进一步的加强。希望在交易过程中能够充分发挥市场效用，积极抵御气候变化问题，解决绿色低碳发展过程中所面临的问题。

在“十三五”成果的基础上，“十四五”开年，我国就对碳排放问题相继颁布了六个政策，表明党中央越来越重视碳排放相关问题。此外，随着相关政策的颁布，在碳排放市场交易的过程中有法可依、执法必严、违法必究，预示着我国碳交易市场也逐渐走向成熟。

二、欧盟碳排放相关政策

对于全球气候变化问题，欧盟从始至终一直积极寻找解决途径，很早就从环境治理角度出发试图解决该问题。随着全球气候变化问题日益严重，同时国际上各国的关系发生了巨大变化，能源依赖成为欧盟急需解决的问题，欧盟希望能够建立自身的技术优势，加强欧盟一体化，提升国际地位以及获得更多利益，所以至今欧盟仍在致力于完善其内部碳排放的政策。

（一）建立及发展阶段（1992—2017 年）

从 1992 年开始，欧盟为了解决对传统能源的依赖，从调整能源结构角度出发制定了减碳的一系列政策，此时减碳政策的重心是发展新能源。同时在环境治理取得一定效果后，欧盟不再只关注环境污染的治理，也开始重视气候变化问题。

欧盟正式成立时签署的《马特斯里赫特条约》中曾经提出了相关环境政策，主要内容为传统能源、水污染以及土地管理等方面的防治。欧盟在 2000 年提出了“第一个欧洲气候变化计划”，提出通过发展碳排放交易市场，推动减少内部成员国的碳排放。在 2007 年欧盟继续完善有关气候政策，在同年通过的《2020 年气候和能源一揽子计划》中进一步提出“20-20-20 计划”，首次将气候问题和能源问题在整个欧盟内部联系起来，在同一个发展战略中形成关联，共同推进各国的碳减排，使整体碳排放政策呈现出以应对气候变化为目标，利用能源改革委员会重点去推进节能减排的发展趋势。同时，欧盟在 2005 年试图构建内部的碳排放交易系统，希望通过这种方式优化原有的市场配置，调动各国减少碳排放的积极性，从而更好地开展减少碳排放的项目。

表 8-3　欧盟碳排放发展阶段的主要政策

<table>
<tr><th>年　份</th><th>政　　策</th><th>主要内容与作用</th></tr>
<tr><td>1992</td><td>《马斯特里赫特条约》</td><td>欧盟正式成立，其在减碳政策方面的主要内容为传统能源、水污染以及土地管理等方面的防治</td></tr>
<tr><td>1995</td><td>《欧盟能源政策白皮书》</td><td rowspan="3">对能源政策实行有关规划，提出支持可再生能源的研发和利用；明确发展的具体目标</td></tr>
<tr><td>1997</td><td>《未来能源：可再生能源——共同体战略与行动计划》</td></tr>
<tr><td>1998</td><td>《能源行动框架计划》</td></tr>
<tr><td>2000</td><td>第一个欧洲气候变化计划</td><td>从碳排放交易、热电联产、可再生电力等方面开展应对气候变化的行动</td></tr>
</table>

续表

年 份	政 策	主要内容与作用
2006	《可持续、竞争和安全的欧洲能源战略的绿皮书》	对欧盟内部电力和天然气市场做出规定；要求应对气候变化应积极通过能源结构调整来面对
2007	《2020年气候和能源一揽子计划》	提出"20-20-20计划"目标，提出减少各部门碳排放、扩展欧盟碳排放交易体系以及发展碳捕捉获及封存技术
2011	《2050年迈向具有竞争力的低碳经济路线图》	提出欧盟在2050年需要将碳排放量减少80%以上的目标
	《2050年能源路线图》	
2012	第七个环境行动计划	提出开展气候变化政策立法、提高能源利用效率、投资绿色创新等，要求将减碳融入各部门中
2014	《2030年气候与能源政策框架》	提出在2030年前要继续减少碳排放、研发可再生能源、提高传统能源能效；要求推进减少欧盟各部门的碳排放，并完成能源结构的转变
2017	《强化欧盟地区创新战略》	提出要以创新技术推动欧盟脱碳
2005至今	欧盟碳排放交易体系	限制碳排放配额，利用市场机制推动碳减排

资料来源：根据公开资料整理。

在欧盟碳排放政策的发展时期，一系列政策主要以新能源开发、构建碳排放交易系统、发展新碳汇技术以及补贴新能源项目为主，以此来推动减少欧盟整体的碳排放。而这一阶段不同于初始阶段的是，欧盟开始通过碳排放权交易机制以及财政手段来推动碳减排的实施。

欧盟的碳排放机制通过限制企业碳排放额度，将该额度变成一种资源，并且赋予它流通的性质，让它能够成为在市场上可交易的物品，通过市场机制来调节碳排放量。在欧盟构建的交易系统中，企业可以通过下面三个途径来获取碳排放权，即各国免费分配方式、拍卖方式、两种方式混合的方式，并且允许配额足够的低碳排放企业可以将多余的额度在系统内出售给配额不足的高碳排放企业。详见图8-1。

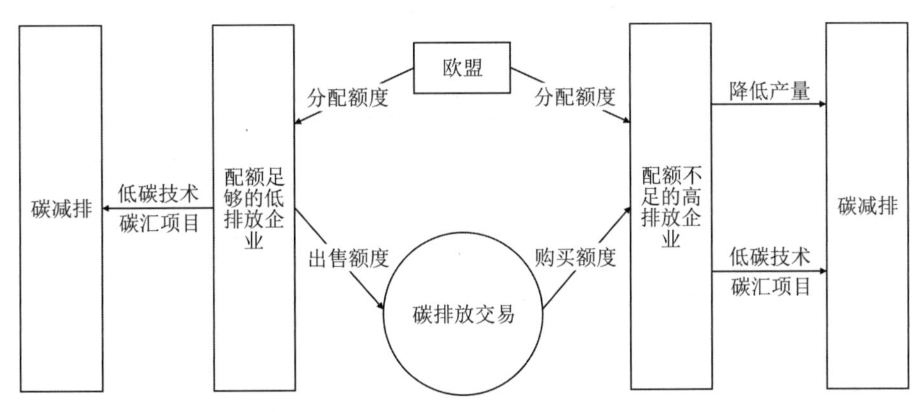

图 8-1　欧盟碳排放权交易机制

这种交易机制就是将碳排放与企业的利益相联系，通过市场自我调节的作用来调动企业的积极性，从而达到碳减排的目的。不同类型的企业对于碳排放权交易的措施存在较大区别。对于高碳排放的企业，交易体系的实施让其受到碳排放的约束，为了不受到欧盟方面的惩罚，会采取部分措施来降低碳排放，如降低产量以及采用新的低碳技术或者投资碳汇项目。而对于低碳排放的企业，不仅能够享受低碳排放的奖励，还能将配额足够的碳排放权在碳排放交易系统交易获得额外的经济利益，这样的一种奖惩制度能够推动企业开发更多的低碳项目，从企业减碳方面来达到整个欧盟碳减排的目的。

欧盟在原有“污染者付费”的原则上提出了收取碳税、资源税等环境税的措施，从而使企业碳排放的成本极大，进而促使企业自主寻找有关解决碳排放过大的方法；同时，对于部分企业的减排产品以及服务提供更大的税收优惠，从而使企业自主去投资和研发相关减少碳排放的项目。

该阶段对企业碳排放影响最大的就是碳税的实施。碳税直接提高了排碳成本。碳税实施的作用机制可分为三个方面：首先，由于全体企业碳排放成本的上升，作为成本嫁接方的消费者，价格的影响会推动消费者提高产品的使用效率或者购买低碳产品，而这一改变会导致整个市场结构中相关需求发生巨大变化，整体上会形成低碳需求；其次，由于碳税直接导致成本的增加，企业会考虑将原有的高碳排放的项目由低碳项目替代或者寻找减少碳排放的技术，从而减少最终的成本，获得更多的利益，这使得市场的生产端能够实现较大的碳减排；最后，高额碳排放的企业会因为高额的碳税而选择将生产工厂建立在一些对于碳排放规定水平较低的国家，从而减少欧盟整体的碳排放。详见图8-2。

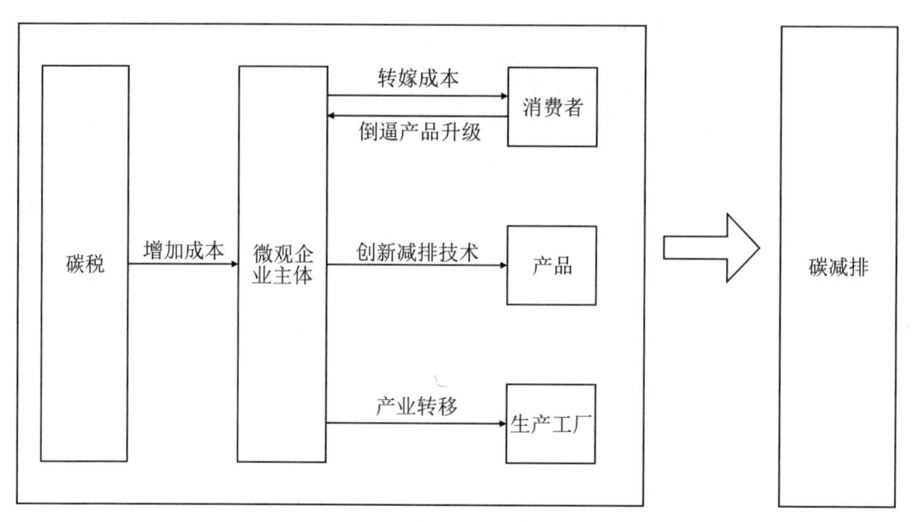

图 8-2 欧盟碳税等碳排放措施作用机制

(二)成熟阶段(2018 年至今)

2018 年欧盟通过《欧盟 2050 战略性长期愿景》,寓意着欧盟的碳排放政策已经进入成熟时期,碳中和变成了欧盟未来的目标。碳中和政策提出,欧盟在 2050 年会将自身建成为现代化、有竞争力、气候中性的经济体。同时 2020 年提出并于 2021 年通过的《欧洲气候法》明确提出要从法律层面确保欧盟所通过的政策都要围绕着碳减排、保护自然环境展开。随后的“《*Fit for* 55》”计划更是进一步对欧盟如何实现碳中和进行阶段性的规划,并且将能源税作为未来实现碳中和的主要政策。欧盟碳排放成熟阶段的政策归纳如表 8-4 所示。

表 8-4 欧盟碳排放成熟阶段主要政策

年份	政策	主要内容与作用
2018	《欧盟 2050 战略性长期愿景》	要求欧盟从能源、建筑、交通、土地利用与农业工业、循环经济等多方面入手
2019	《欧洲绿色新政》	以调整能源结构等为主线,从能源、工业、金融等领域提出政策,构建欧盟可持续发展模式;提出实现碳中和的目标

续表

年　份	政　　策	主要内容与作用
2020	《欧洲气候法》	对实现碳中和提出一系列保障措施，以法律形式来保障欧盟碳中和目标的实现
2020	《欧洲新工业战略》	提出欧洲传统工业应该向数字化转型，并且提出气候中立的目标，希望能够提升欧盟工业行业的竞争力和自主性
2020	《欧洲氢能战略》	以提高氢能技术与氢能产量为主线，将未来欧盟氢能发展分为三个阶段
2020	《生物多样性战略》 《欧盟森林战略 2030》	制定了 30 亿棵树的植树目标，推动恢复生物多样性的同时增强碳吸收
2021	《欧盟适应气候变化战略》	为提高欧盟气候变化适应能力、降低面对气候变化的脆弱性、实现碳中和等目标，提出实施措施与路径，主要通过技术创新、数智化发展、各部门碳减排、财政政策、提高新兴技术投资等方式来实现碳中和
2021	“《Fit for 55》”计划	要求整体推进欧盟产业转型，并且继续发展可再生能源，加大能源税的范围
2021—2030	碳排放交易体系第四阶段	创新发展阶段，对欧盟内部的减排率、配额方式等进行改革，推动欧盟碳减排

资料来源：根据公开资料整理。

从最初的防治环境污染政策到如今所提出的碳中和目标，欧盟大部分产业的碳排放已经都有着不同程度的降低，然而要实现未来碳中和的目标，欧盟仍需要较为强有力的措施来推动各个部门实现最终的目标。所以欧盟出台了较多的政策来指导实现碳中和的路径，主要措施有对新能源的持续创新应用、优化碳排放权交易体系、全面推进能源税、严格各行业的碳排放标准等，推动各个部门以及产业减少碳排放，重点行业如能源、建筑、交通等行业实行更加严格的排放标准，同时创新负排放技术、发展绿色金融，共同推进欧盟碳中和目标的实现。

（三）启示

随着气候中性目标的提出，欧盟的碳排放政策已经开始重视这一概念，其政策主要通过金融工具和碳交易系统实施，将能源结构调整视为推动各部门碳减排的主要措施，辅助其他诸如创新负排放技术、发展绿色金融、碳汇增加等措施共同推动碳中和的实施。同时，欧盟碳交易体系始于 2005 年，经过十几年的发展，已经成为一个不仅仅涵盖工业的全球市场发达体系，范围从原来的能源和能源密集型行业开始扩张，将航空工业引入监管范围，并且逐年减少二氧化碳配额，促使企业采取减碳措施，从而促进欧盟的碳减排。

我国碳交易市场虽然早就开始试点，在 2013 年开始建设碳交易示范市场，但是整体市场发展还是较为缓慢，8 个试验碳市场所完成的配额仍旧只占据中国碳排放的较小部分。目前全国碳交易市场上拥有排放碳配额的企业仅限于能源、钢铁、水泥等行业，整体的碳生产体系并不完善，并没有和内部的市场参与者存在积极交易，这些都阻碍了我国碳交易的发展。所以我国应该采取扩大交易范围、提高价格、完善体系等措施来调动市场参与者的积极性，促进不同部门的碳减排。

除碳交易制度外，欧盟还根据“污染者付费”原则继续改善包括环境税、能源税在内的税收制度。例如，德国在 2019 年修改能源税法，从 2021 年开始向运输部门征收碳税，利用碳税提高煤炭和天然气等化石能源的使用成本，除此之外，德国也一直对于新能源的开发和绿色应用采取支持的态度，如提供税收优惠等。而我国在 2016 年通过了《中华人民共和国环境保护法》，其中有关环境税收的范围虽然包括了大量的污染物，如水污染物、噪声和固体废弃物，但是未能直接限制二氧化碳的排放，影响了碳减排效果。

三、美国碳排放相关政策

2019 年美国碳排放量约占全球碳排放量的 15%，累计碳排放量（1900—2019 年）位居世界第一。面对碳排放较高的情况，美国负起了应对当前气候变化的责任，但是随着美国两党的意见分歧，各阶段减排政策的立场发生了变化，减排政策出现反复，导致整体减排效果不佳。与欧盟不同的是，早期美国更依赖石油进口，随着天然气革命的发展，传统的化石能源产业仍旧占据着美国经济的命脉，代表新兴能源行业的利益集团与代表传统能源行业的利益集团之间一直存在着矛盾和冲突，因此美国的碳排放政策出现多次的反复变化。

（一）发展阶段（2009 年以前）

1. 克林顿时期(1993—2001 年)：从污染治理到以能源政策为核心

克林顿政府的碳排放政策主要集中在开发和使用新能源、提高能源效率上。污染问题缓解后，人们开始关注气候变化问题，美国开始在国际层面实施气候外交。美国国内开始实施以能源政策为核心的碳排放政策，通过税收和财政不断调动市场积极性、调整能源结构以及提高能源提高效率，从而实现节能减排。

同时，为了提高美国的国际领导力，带动全球发展，获得经济和政治利益，美国促进各国签订了《京都议定书》。在美国国内，克林顿政府于 1993 年呼吁经济、社会和环境发展的协调，并发布《气候变化行动计划》，该计划首次提出了减少碳排放的明确目标。环境污染得到控制后，美国碳减排政策的基础转变为能源政策，并制定了一系列措施，如《国家综合能源战略》《免除替代燃料税提案》《再生能源和分布式系统整合计划》《清洁燃料融资计划》《生物能源研究开发计划》等一系列政策，希望提高美国各部门中使用能源的效率，同时通过碳捕获和储存技术改善能源消耗结构从而减少碳排放。与此同时，克林顿政府还利用财政补贴，提供税收减免，实施环境保护税，发起“气候拯救者”政企合作项目，引导企业自主节能减排，完成美国节能减排的目的。

2. 乔治·布什时期(2001—2009 年)：对外消极应对气候变化，对内实施低碳政策

在 21 世纪初期，国际社会越来越注意到气候变化所带来的问题，而此时的美国总统乔治·布什所代表的党派和利益集团对此问题的处理却非常消极。考虑到对能源的高度依赖和低碳经济的发展潜力，美国政府对内仍然以相对积极的方式制定国内碳减排政策，保护国内能源安全，避免失去技术优势。布什政府上台初期，美国岩气革命并未取得好成绩，能源自给率下降，对外依赖度不断上升。那个时期美国更加重视国内新能源的开发。2005 年，美国出台了许多政策法规，如《年能源安全法案》等，帮助美国新能源的发展。

与美国对外消极的态度相比，当时的欧盟正在极力支持积极面对气候变化，并开始推动低碳技术的研究和发展。面对这种情形，美国政府希望保持自身的技术优势从而获得政治和经济利益，因此也在国内开始推动低碳技术的创新和应用，所以当时美国联邦政府逐步提出了《2007年节能建筑法案》和《2008年气候安全法》等政策法规，利用财政补贴和新能源技术，制定了《美国气候变化技术计划》。同时开展"能源之星""高效运输交通计划"等项目，通过这些政策来减少当时美国各部门的碳排放。

（二）推进阶段（2009年至今）

1. 奥巴马时期（2009—2017年）：在国际上进行气候管理，在国内发展低碳经济

奥巴马政府时期，为了提高美国的国际地位，消除布什政府的影响，美国对全球共同应对气候问题表现出积极的态度。奥巴马总统在任期间积极参加不少国际会议，如在巴黎气候大会上共同签订了《巴黎协定》，同时也促进美国和其他发达经济体和发展中国家签订一系列合作协议。奥巴马政府为了应对经济危机，积极支持美国低碳经济的发展，通过财政补贴和碳交易，推动企业建立资源减排模式，实现经济复苏。奥巴马政府重视低碳发展，将"绿色经济复苏计划"作为恢复经济的首要任务，将清洁能源和减排技术的发展作为美国经济的新增长点。

表8-5 奥巴马时期碳排放政策

年份	政　策	主要内容与作用
2009	《2009年美国复苏与再投资法案》	计划通过大量财政补贴推动美国的经济复苏，其中20%的资金用来进行可再生能源的开发
2009	《美国清洁能源领导法》	加强能源生产、利用效率，同时进一步细化明确新能源标准，发展智能电网技术
2010	《美国电力法》	要求电力行业提高传统化石能源的使用效率；设定减少碳排放目标的计划，要求在2050年减排80%以上
2010	《新电厂温室气体排放标准》	提高2010年后新建电厂排放温室气体的排放标准，推动减少未来电力部门的碳排放

续表

年份	政　　策	主要内容与作用
2013	《总统气候变化行动计划》	发展清洁能源，开发燃油标准，减少能源浪费、解决地方气候变化影响
2015	《清洁电力计划》	要求燃煤行业提高热效应，扩大清洁能源的使用，并应用可再生能源发电

美国政府为了加强清洁能源的使用和发展，颁布了有关新能源开发和使用、减少温室气体排放的《美国恢复和再投资法案》。此外，区域温室气体减排倡议和加利福尼亚碳市场分别于 2009 年和 2013 年正式启动，利用碳交易来推动企业减少碳排放。这些政策和措施主要以提高能源效率、开发新的温室气体减排技术和创新为中心，以税收、财政补贴和碳交易的方式来减少不同部门的排放，同时加强政府与企业之间的合作来调动企业的积极性，创建自身的减排模式，从而在美国的节能减排中发挥积极作用。

2. 特朗普时期(2017—2021 年)：对于碳排放政策内外都持消极态度，但是美国国内已经形成"自下而上"的低碳经济发展模式

在国际上，特朗普政府对全球气候变化持消极态度。特朗普不认同人类活动导致地球变暖的事实，其背后的利益集团主要是传统制造业和化石能源行业，其共和党身份也使得他对气候变化产生负面看法，采取的政策更倾向于支持传统能源行业。同时特朗普总统在任期开始时便退出《巴黎协定》，破坏了对国际气候合作的信任，对全球碳减排产生了重大影响。

在美国国内，特朗普政府对减少碳排放也持消极态度，因此联邦政府层面的碳排放政策发生了变化，取消了有关减少碳排放的政策账户，最重要的是取消了清洁能源计划，在限制能源发展的政策中，优先选择化石能源，取消了煤炭生产限制的规定。虽然当时的政策都向着传统能源倾斜，但是由于国内长期的低碳政策，美国的低碳发展整体方向并没有发生实质性的改变，新能源技术和碳减排技术仍然得到能源部、部分州政府和企业的支持。部分企业、行业和政府仍坚持低碳发展理念，已经形成"自下而上"的低碳发展模式。与此同时，美国能源部发布了一系列低碳和零碳能源技术支持计划，制定了《恢复美国的核能源领导地位战略》，战略中提到支持核能技术的发展，将会持续推动低碳项目的研发。

3. 拜登时期(2021 年至今):积极推进,从能源角度加速低碳发展

自从特朗普离任后,无论是国际上还是美国国内,美国的碳排放政策又恢复到原来积极的轨道上来。国际层面,拜登政府明确"美国外交政策和国家安全的基本要素"也包括气候变化,并希望美国能在未来的气候外交模式中起到主导地位。因此,就任初期,拜登政府宣布将重新加入《巴黎协定》,支持全球气候管理,并在解决全球气候变化的过程中发挥主导作用,同时拜登政府还制定了减少国际高碳项目的气候融资计划。这些行动表明拜登政府对气候问题采取了积极的合作态度,希望通过应对气候危机的种种行为来巩固美国的联盟体系,从而巩固美国的国际领导地位。

国内层面,拜登政府提出了"3550"目标,要在 2035 年通过再生能源生产无碳能源,2050 年实现碳中和。拜登政府为了消除特朗普政府的影响,下令推进新能源技术革新,解决国内外气候危机。拜登政府出台了《清洁未来法案》《应对国内外气候危机的行政命令》等推动新能源的政策来促进碳减排。

(三)启示

经过长时间的发展,虽然美国的碳排放政策因为政党理念与利益出现反复,但是其碳排放格局已经基本成型,创造了由市场监督的整体减排模式。这一模式以税收、财政补贴和碳交易为手段,并结合行政管制和市场机制,共同推进碳减排的实施。在该模式下,美国积极开发新能源、调整能源结构、创新负排放技术,在减少碳排放方面取得了一定的效果和技术优势,但由于共和党和民主党管理理念的差异,导致美国的碳排放政策并不具有连续性。

美国碳减排政策的内容以清洁能源创新为主,取得了一定的技术优势,逐步调整了自身的能源结构,提高了能源自给率,减少了碳排放。美国新能源产业在产业规模、生产技术水平、成本竞争力等方面打下了坚实的基础,具有明显的竞争优势。而目前中国的海上风力、氢气和燃料电池技术仍然没有达到世界最高水准,仍需要面对激烈的竞争来形成自身的技术优势,因此,中国应该在海上风力、氢能、燃料电池、碳捕获技术创新,加快形成新关键能源技术自给自足能力,获得国际竞争优势,提高能源独立性,促进国内乃至国际能源合作,从而减少全球碳排放。

四、日本碳排放相关政策

通过持续的发展和完善，日本的碳排放政策主要以新能源、减排技术的创新和绿色产业的发展为主，以税收、金融等为主要手段，促使地方政府积极参与碳减排，动员全社会发展低碳经济。

（一）发展阶段（1980—2017 年）

随着《联合国气候变化框架公约》的签署，国际社会对于气候变化问题关注，除此之外，日本国内的污染问题得到了有效的控制，此时日本有关碳排放政策的重点是应对气候变化。20 世纪 80 年代以后，为了解决气候变化问题，日本提出了协调能源、环境和经济，以能源安全、环境保护和经济发展为核心的政策。《地球温室化对策推进大纲》以及《新国家能源战略报告》的出台，支持优化日本的能源结构，控制化石能源消费导致的温室气体排放。

2010 年《气候变暖对策基本法》强调，与 20 世纪 90 年代相比，2020 年和 2050 年日本的碳排放量将分别减少 25％和 80％，要求采取支持核电、再生能源、交通运输、技术发展和国际合作等领域碳减排的措施。

表 8-6　日本发展时期碳排放政策

年份	政　　策	主要内容与作用
1993	《环境基本法》	要求推进建设可持续发展的社会环境，并且建议采取可持续发展模式
1994	第一个《环境基本计划》	以提高能源效率、改进生产技术、降低交通排放、明确各社会主体职责等途径推动可持续发展，推动新能源发展
1997	《新能源法》	推动新能源发展
1998	《全球气候变暖对策推进法》	对日本社会各主体的职责进行明确，将应对气候变暖作为国家基本对策
2002	《地球温室化对策推进大纲》	要求从节能、新能源、交通、建筑、居民生活方式、碳交易等方面应对气候变化

续表

年份	政　　策	主要内容与作用
2003	《环境教育法》	利用法律法规帮助企业、居民树立起环保理念
2005	资源排放交易计划	政府构建碳排放交易系统，通过政府税收优惠、财政补贴等手段推动企业参与减少碳减排项目的研发
2006	《新国家能源战略报告》	制定了核电、节能、新能源和能源运输计划，从能源供给与需求两端推动日本的能源结构调整
2008	核征减排计划	构建碳信用交易系统，鼓励企业参与碳汇、减排
2010	《气候变暖对策基本法案》	对于减少碳排放提出新的改进措施；如国际合作等，来推进日本国内的碳减排
	《2010 新成长战略》	
2012	《低碳城市法》	制定一系列有关电力、交通、建筑等方面的规定来推动低碳城市的建设，并推动各地政府实施
2012	《绿色增长战略》	推动环保产业发展，推进蓄电池、环保汽车、海上风能发电发展，推动能源从核能转向绿色能源
2014	《战略能源计划》	发展新能源，使能源供给结构多元化
2016	《全球变暖对策》	规定了温室气体的减少和消除目标，企业和市民、国家和地方自治团体的义务和责任

在这一阶段政策的实施过程中，日本依靠行政命令、税收、财政补贴、碳交易等手段，推动各级政府、企业和个人参与低碳社会的发展，从而支持日本碳排放政策。

在各级政府层面上，《低碳城市法》等法律和法规要求日本各地方政府从能源领域出发，推进建筑、工业、交通方面减少碳排放，逐步发展地方绿色产业，同时还强调要调整城市能源结构，增加城市碳汇率，从多方面支持城市低碳发展。从企业角度来看，日本采用碳排放限额、环境税（包括全球变暖对策税）、财政补贴等手段，推动企业主动采取减排措施，逐步转变企业的发展观念，从而实现低碳业务的发展。如 2012 年开始推行地球温暖化对策税，通过逐步提高相应税率使企业重视低碳发展。此外，日本还确立了阶段性的碳排放交易系统、核征减排系统、日本实验综合排放系统。在个人层面上，日本政府出台了《环境教育法》，从法律层面推动人们形成环境保护观念，明确民众的减排责任，同时利用财政补贴，引导人们创造低碳生活方式。例如，购买清洁能源汽车可以从税收减免中获益，通过补贴促进人们出行的绿色化。

在这一阶段，正如美国和欧盟的情况一样，日本采用管理工业企业发展的政策，发挥市场导向机制的作用，调动企业的积极性，在企业层面推动创新和绿色技术的应用，保持和融入主要技术优势，从而持续支持绿色产业的发展。

（二）成熟阶段（2017 年至今）

《巴黎协定》生效后，国际社会推动建立碳中和，日本的碳排放政策支持以能源转型为基础的绿色产业发展，从而实现碳中和目标。2018 年《能源基本计划》第五阶段开始后，日本继续研究开发和新能源使用。在《革新环境技术创新战略》中提出了 39 项关键的绿色技术，包括可再生能源碳捕获、智能电网等绿色技术，并准备出资 300 亿日元，用来支持绿色技术的发展。对于碳中和的推进，日本在 2020 年 12 月发布了《2050 年碳中和绿色增长战略》，其中提到了实现碳中和的产业分布战略，并提出要通过财政补贴等一系列方式来推动日本碳中和目标的实现。

表 8-7　成熟阶段日本碳排放政策

年份	政　　策	主要内容与作用
2018	第五期《能源基本计划》	要求提高可再生能源的使用率，降低传统高碳能源的使用，并且推动研发新能源
2019	《氢能及燃料电池战略发展路线图》	提出加强氢能以及燃料技术的研究和应用，推动整体日本氢能的发展，减少传统能源的使用
2020	《革新环境技术创新战略》	对绿色技术提出新要求，要求扩大绿色技术的应用并促进其研发
2020	《2050 年碳中和绿色增长战略》	构建日本如何实现碳中和的发展路径，以及包含 14 个行业的产业战略规划

（三）启示

日本以资源利用和技术效益为基础，制定了能源转换和绿色产业发展的碳减排道路，并对该政策的实施开发了政策使用模式。这个模式就是城市碳税系统，通过与财政补贴不同的方式，独立规划减少碳排放的计划，引导企业主动采取措施减少碳排放，积极鼓励人们参与环保运动，多方面共同推进碳减排工作。

日本制定的碳减排政策，有意识地确定了各种社会问题的责任，调动了全社会的积极性，全社会力量一起应对全球变暖，各级政府积极支持日本建设低碳城市。城市作为人类社会生产生活的中心会产生大量的碳排放，建设低碳城市是应对气候变化的一个重要突破口，因此日本政府开始制定一系列法律法规来建设低碳城市，如推进低碳交通、低碳产业等，同时日本还利用市场导向的管理体制，与商学院进一步合作，将国内能源引入低碳城市发展。

对于我国而言，低碳城市的概念也一直得到强调，但是由于我国城市数量多、城市类型差异明显、低碳城市总体规划不足以及区域不协调不一致、过分依赖政府力量导致公众参与度低等原因，所以目前我国低碳城市发展仍留有较大的发展空间。提高国民的经济和生活水平是我国的重要任务，工业化和城市化是我国发展的必经之路，而工业化会带来大量的能源消耗和碳排放，这将阻碍我国低碳城市的发展。所以我国应该加强低碳城市发展的高品质设计和独特的城市规划，通过市场导向机制动员企业，同时利用教育的方式来加深群众的环境意识，从而为低碳城市提供内在动力。

企业和个人作为一个特定的碳减排单位，在减少碳排放的过程中发挥着非常重要的作用。日本利用税收、财政补贴和其他手段帮助企业和个人减少碳排放，通过环境教育法等法律法规，支持企业和个人的低碳理念。有鉴于此，我国也需要利用政策法规来调动企业和个人的积极性，积极支持企业和个人参与节能减排，实现“双碳”目标。

五、印度碳排放相关政策

印度是世界第三大温室气体排放国，燃煤电厂、稻田和牛是其排放的主要来源。虽然人均排放量远低于全球平均水平，然而上述三种来源的排放量仍逐年持续急剧上升。印度承诺，到2030年，其经济相关的排放量较2005年一定会降低33%～35%。然而英国能源研究机构 Carbon Brief 的分析发现，即使兑现承诺，印度的排放量在2014年至2030年之间也可能增加90%。

2014年上任的印度总理莫迪将印度描绘成负责任的国际气候政治参与者。2018年，他告诉世界各国领导人，气候变化是“我们所知的对生存和人类文明的最大威胁”。根据皮尤研究中心（Pew Research Center）2015年的一项民意调查，3/4 的印度人非常担心全球变暖，这是所有接受调查的亚洲国家中比例最高的。在 2017 年的另一项调查中，47%的印度人称气候变化是他们国家的“主要威胁”，仅次于伊斯兰极端组织。

1949 年通过的印度宪法规定，国家应当“努力保护和改善环境”并“保护森林和野生动物”。随后，印度 2006 年的国家环境政策旨在将环境保护纳入发展进程。印度于 2008 年发布了国家气候变化行动计划，分为 8 个任务，涉及气候减缓和适应政策的各个方面。印度各邦也被要求制定邦气候行动计划，包括一些减排承诺、电动汽车政策或太阳能和风能配额。

2011 年，印度成立了“国家电动汽车计划”，旨在促进电动汽车和混合动力制造的发展。2017 年，当时的电力部部长表示，汽油和柴油汽车的销售应在 2030 年结束。但此后政府放弃了这一目标，现在的目标是到 2030 年实现 30%的电动汽车销量份额，并且到 2030 年使所有城市的公交车实现全电动。2015 年，印度推出了 FAME 计划，补贴电动和混合动力汽车、轻便摩托车、人力车和公共汽车。其中，政府拨付 12 亿美元用于补贴，1.4 亿美元用于充电基础设施。2014 年，印度顺利完成了首个乘用车燃油效率标准的制定。该标准于 2017 年生效，并在 2022 年收紧。

2002 年，印度主办了《联合国气候变化框架公约》(UNFCCC 缔约方)第八次正式会议。在这次会议上通过了《德里宣言》，呼吁发达国家向发展中国家转让减排和适应气候变化所需的技术。印度很清楚，其气候承诺能否落实将在很大程度上取决于发达国家的气候融资、技术转让和能力建设支持。总体而言，印度预计到 2030 年将需要至少 2.5 万亿美元的国内和国际资金。

根据气候行动追踪(Climate Action Tracker，CAT)的数据，印度的国家自主贡献符合《巴黎协定》的 2C 目标，但不符合 1.5C 的限制。但 CAT 表示，在 2018 年通过了最终的国家电力计划后，印度现在有望超额实现《巴黎协定》目标。此外，CAT 认为，通过使用水电和核电，印度可以提前十多年实现其 40%的非化石能源发电能力目标。

六、南非碳排放相关政策

南非是全球第十四大温室气体排放国，其二氧化碳的大量排放主要是因为其对煤炭的严重依赖。但南非最近发布了一个电力计划草案，提议从燃料转向天然气和可再生能源。虽然煤炭将在未来数十年继续发挥作用，但该计划宣布南非在2030年之后将不再新建电厂，到2050年将关闭4/5的产能。

近年来，南非的能源部门一直都面临着相当大的挑战。能源短缺意味着南非不得不反复实行“减载”措施，比如限制某些地区的电力供应，以保护电力系统免受完全停电的影响。此外，国家电力供应商Eskom遇到了重大的财务问题，财政部称这是南非经济面临的最大风险，因为Eskom负责95%的电力供应，运营南非的电网并拥有大部分燃煤电厂。Eskom正在建设的两个大型燃煤电厂的成本和时间超支是其财务问题的主要原因。

2018年8月，南非政府发布了众人期待已久的国家综合资源计划更新草案（2018年IRP草案）。根据对“最低成本”选项的分析，该文件列出了政府到2030年的电力扩容计划。作为更广泛的综合能源计划（IEP）的一部分，该计划涵盖了包括液体燃料在内的所有能源。作为一项“生活计划”，它本应定期更新，但南非内阁在2013年和2016年的两个拟议草案均未能通过。重要的是，该计划具有立法权，这意味着政府在决定可以获得新权力时受其约束。在2018年版新草案通过之前，2010年版是官方政策，包含所有技术的2030年目标，包括核能的大规模扩张和煤炭的持续增长，以及从2025年开始的发电排放总量上限。

相比之下，2018年更新的草案在其到2030年的“最低成本计划”中，最大限度地强调了新的可再生能源和天然气。它大大减少了新煤炭的计划，并否定了新的核能。然而，它仍然表明在2050年之前可以考虑使用核能和“清洁”煤。气候行动追踪机构表示，修订后的计划如果获得通过，“将标志着能源政策的重大转变……对于像南非这样以煤炭为主的国家来说意义重大”。

2018年8月31日，南非根据《联合国气候变化框架公约》提交了第三次国家信息通报报告，重点介绍了气候的趋势和预计变化，并提供了一份温室气体排放清单。南非政府目前正在制定国家气候变化适应战略，该战略将作为其向《联合国气候变化框架公约》（United Nations Framework Convention on Climate Change，UNFCCC）提交的国家适应计划。其“战略成果”包括制定适应计划，到2025年覆盖至少80%的经济，到2020年在所有“关键适应部门”实施适应、脆弱性和复原力框架；通过制定新的国家气候变化法案的定义来进行治理。

七、澳大利亚碳排放相关政策

澳大利亚在2015年的温室气体排放量位居世界第15位，是世界第二大煤炭出口国，最近成为液化天然气的最大出口国。气候变化是澳大利亚的首要政治问题，其相关政策有着悠久而复杂的历史。近年来，关于气候和能源政策的争论引发了多位澳大利亚总理的更迭。根据2017年的一项民意调查，大约有58%的澳大利亚人认为气候变化是澳大利亚目前的"主要威胁"，仅次于认为伊斯兰极端组织是主要威胁的比例(59%)。另一项2018年的调查显示，有60%的人希望燃煤发电在20年内逐步取消，并且有73%的人担心气候变化，这是五年来的最高水平。

在过去的10年中，澳大利亚已经宣布了几项重要的气候政策，但随后就对其进行了调整或取消，包括取消了全经济范围的碳税。当前的政策无效意味着下一届政府的政策可能会对澳大利亚的排放产生重大影响。2018年8月，马尔科姆·特恩布尔在其政党右翼的压力下，从他提出的主要能源政策——国家能源保障计划(National Energy Guarantee，NEG)中取消了电力行业的减排目标。然而斯科特·莫里森掌舵之后完全放弃了NEG。

现在澳大利亚政府减排工作的"核心"是直接行动计划(ERF)，使用反向拍卖来授予减排合同，这些合同来自企业、地方议会、州政府和农民的最便宜的投标。大众对ERF的担忧持续存在，包括纳税人的成本、兑现承诺减排的能力以及任何减排的额外性和持久性。大多数ERF项目都在土地部门，意味着土地部门获得了大部分的资金，尽管资金也流向了被认为比它们所取代的活动更清洁的新化石燃料项目。根据2017年的审查，该计划将需要"随着时间的推移减少澳大利亚的减排任务"。"其他政策将需要应对澳大利亚经济脱碳的挑战并实现结构性变革"，尽管ERF应该"作为政策工具包的一部分"来实现澳大利亚的《巴黎协定》目标。

总理莫里森执政后将ERF更名为"气候变化应对基金"，并承诺额外拨款20亿澳元来作为未来15年"气候解决方案包"的资金。该做法因远未达到解决澳大利亚排放问题的需要而受到批评，因为排放密集型电力和工业部门的项目短缺严重。莫里森在2020年2月宣布融资时说："在不损害国家的经济或您的家庭预算的情况下，我们的政府针对气候变化将采取并且正在采取有意义、实际、明智、负责任的行动。”

另一政党工党的气候变化计划把澳大利亚2030年的减排目标从2005年的26%～28%提高到45%。工党领袖比尔·肖恩称气候变化是“一场灾难”，他的政党将引入新的排放交易计划，并以到2050年实现“碳中和”为目标。为了建立跨党派共识，工党仍然支持NEG及其减排机制，虽然两者都被自由党放弃，但是工党将继续提高减排目标。如果这一计划失败，工党将制定一项耗资150亿澳元的新计划来减少能源系统的排放。新计划的100亿澳元将捐给2012年成立的国有绿色银行，其中包括一项10亿澳元的氢气出口计划。

选举后在参议院中保持权力平衡的绿党也宣布了一系列气候政策，包括到2030年实现100%可再生电力、禁止新的化石燃料开采以及到2030年逐步淘汰煤炭出口，以支持“太阳能燃料”等可再生能源出口。

澳大利亚的区域气候目标通常远强于联邦层面的目标。除西澳大利亚州外，所有州和领地都制定了强有力的可再生能源目标、净零排放目标，特别是南澳大利亚，其目标是到2050年实现净零排放。而在2015年澳大利亚提交给联合国的国家自主贡献计划中，澳大利亚仅承诺到2030年，其排放量将比2005年减少26%～28%。

八、国际可持续发展报告相关政策

针对国际上环境信息日益增多但是标准缺乏的情况，国际上多家机构积极推动环境信息披露的规范化，积极融入EGS(环境、社会和治理)理念，逐渐形成了三种主要的报告模式:全球报告倡议组织的可持续发展报告框架、国家标准化组织的ISO2600标准以及国际综合报告委员会的国际综合报告框架，其中包括环境信息披露标准。这三种模式的关系很独特:彼此独立，各自有不同的重点;但有的时候又存在一定的联系，互为补充。

(一)全球报告倡议组织(GRI)的《可持续发展报告指南》

全球报告倡议组织(Global Reporting Initiative, GRI)总共发布了好几个版本的指南:2000年发布第一版指南，其后分别在2002年、2006年与2013年发布第二、三、四版指南。目前来说，大部分企业主要依据的是可持续发展报告准则，也就是从G4指南演变之后的一种准则。这个准则一开始的时候是通过国际上的可持续发展标准理事会（GSSB）发布，但是随后其实是从G4指南然后过渡之后到GRI标准的一个准则，并且他们还提出了要采取一种新的意见收集方法，即收集公众意见来对GRI标准不断升级。这种措施不仅可以体现GRI标准发展过程中重视"多方利益相关者"的原则。GRI准则体系由彼此独立但又彼此关联的四大模块所构成，涵盖36项不同的标准。这四大模块可细分为通用准则和具体议题准则，如图8-3所示。

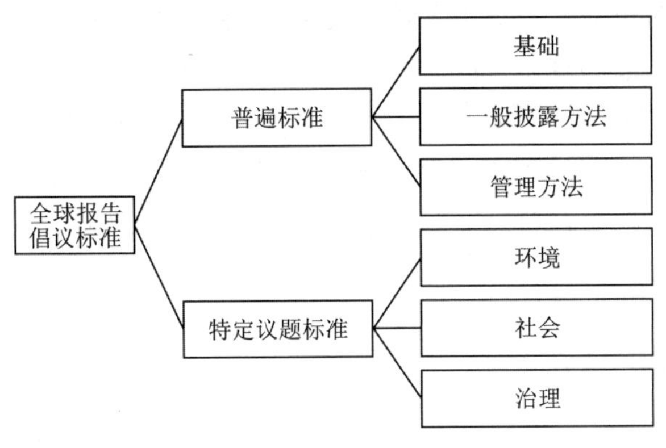

图8-3　GRI准则体系

通过研究GRI准则体系，可以发现具体议题准则为企业报告其经营活动产生的经济影响、环境影响和社会影响等提供了参照和遵循，详见表8-8。（主要列示经济与环境议题）

表8-8　GRI具体议题准则规范要点

	经济议题	环境议题			
项目	经济业绩	材料耗用	能源消耗	用水情况	生物多样性
	市场表现	二氧化碳排放	排放物和废品	产品与服务	互不保遵循情况
	间接经济影响	物流交通	总体影响	供应商环保评估	
	采购惯例	环保影响投诉机制			

（二）可持续发展会计准则委员会（SASB）的《可持续发展会计准则》

可持续发展会计准则委员会（Sustainability Accounting Stemdards Board，SASB）五维度报告框架的发展没有前文介绍的那种标准那么具有针对性，但是它的发布所产生的影响是不能忽视的。通过研究可以看到，SASB不仅时刻关注着企业会计方面的准则更新，也针对企业发展过程，越来越关注个别行业的不同准则规定，而且其内容涵盖环境和资本、商业模式创新，以及领导力等企业家才能，对这些方面都做出规定。其报告框架如图 8-4 所示。与其他报告要求相比，SASB 发布的准则具有很不一样的特征，这些特征使得这种报告编制依据更加符合不同行业的需求，同时也使得报告朝着更加规范的方向进步。

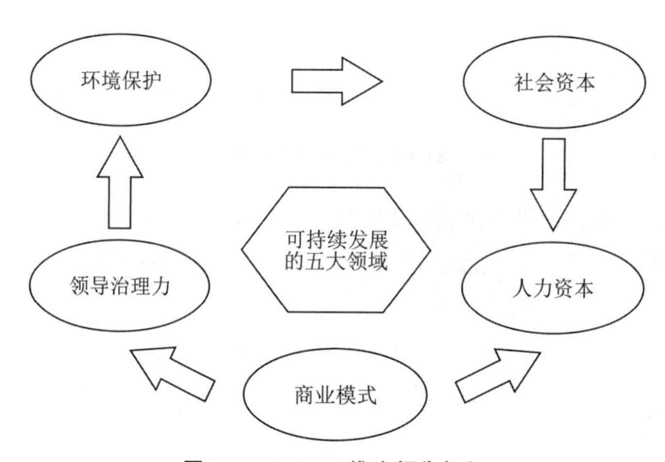

图 8-4　SASB 五维度报告框架

（三）世界经济论坛（WEF）四支柱报告框架

世界论坛经济（World Economic Forum，WEF）与世界上知名的事务所合作，提出了由四个模块，分别是治理原则、保护星球、造福人民和营造繁荣等组成的可持续发展报告框架，并强调该报告框架要和联合国可持续发展目标（SDGs）相契合。如图 8-5 所示。

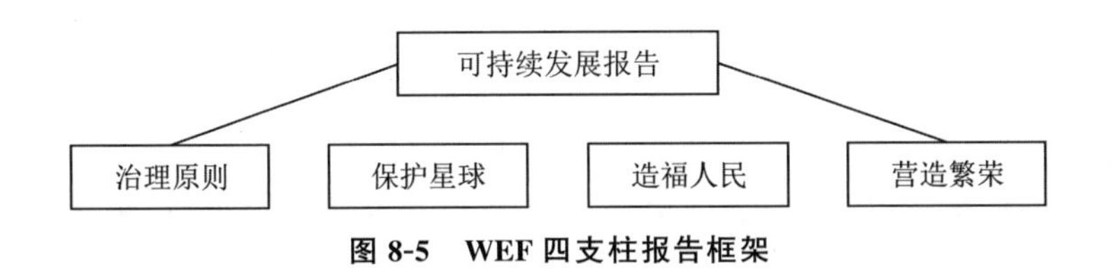

图 8-5　WEF 四支柱报告框架

（四）国际可持续发展政策未来趋势

可持续发展准则理事会（International Sustainability Standards Board，ISSB）于 2021 年 11 月 3 日成立，该理事会负责制定国际可持续发展报告准则，并且其组织性质与现行国际会计准则理事会（IASB）协同，日常经营规章也参照国际会计准则理事会（IASB）。由 IFRS 牵头制定的国际会计准则已在全球 144 个国家和地区应用，将会计准则制定模式复制到可持续报告准则制定中，有利于推动可持续发展报告标准与财务报告标准有效衔接，通过协同效应不断降低信息披露成本，同时提升信息披露质量。同时，随着 ISSB 的成立，IFRS 基金会受托人主席还宣布，目前领先的可持续发展报告标准组织 CDSB 和 VRF 将于 2022 年 6 月并入 IFRS，这种管理趋势更为制定一个统一标准且高质量可持续发展报告披露标准提供了强有力的保障。

可持续发展的信息披露和气候变化是关乎全球人民的一个巨大的挑战，现在大家都很关注企业所发布的报告中是否体现其对该挑战所做出的努力。因此，对于可持续发展报告的不同使用者来说，可持续发展对于企业来说越来越重要。虽然有些时候，不同行业的报告出发点不同，但是大多数使用者都持相同的观点，即提高可持续发展报告的一致性和可比性。

（五）国际可持续发展报告实务做法

近年来，随着可持续发展报告信息披露制度的不断推进，各国企业发布可持续发展报告的数量也在不断增加，虽然采用的报告名称及形式有所不同，但是报告中针对社会、环境和经济等方面的非财务信息披露的实质大体上一致。

以美国 GE 公司为例，GE 公司发布的可持续发展报告详细介绍了该公司的发展战略、与公司相关的关键指标以及公司对于应对目前最紧迫的三大挑战的解决方案。与该公司相关的三个主要方面是能源转型、精准医疗以及未来航空领域的发展方向。同时，该公司在报告中还披露了其为了实现“双碳”经济的目标，与客户、政策的制定者以及其他同行业的企业将共同开发解决方案的意向。

从发展趋势来看，其实国外可持续发展报告的发展趋势也是由大企业带头披露，从一开始的鼓励引导性披露走向半强制和强制性披露。在这一过程中，还有出现过不披露或者未遵循相关准则规定就需要向有关机构做出解释，出具解释报告的相关规定。在现行通用准则中，以美国杜克能源为例，该企业从2006年就开始持续发布可持续发展报告，属于较早拥有非财务信息披露意识的企业，报告内容主要集中于公司在产品与服务改革创新、环境保护和污染治理、培养员工技能等方面所做出的努力。虽然目前国外披露的可持续发展报告也没有明确统一的编制依据，但是由于国外发布报告的时期要远远早于国内，所以相对于国内报告发布的做法，国外的可持续发展报告更加规范。

第九章　发达国家碳排放管理及信息披露的经验

一、英美经验

（一）美、英碳排放交易情况

1. 美国碳排放交易情况

对于碳排放交易权，美国缺乏统一的联邦政策，但是在地方上出现了由一些州或企业发起的碳交易制度，例如，区域性温室气体减排行动（RGGI），加利福尼亚州、夏威夷州、俄勒冈州、宾夕法尼亚州以及其他成员州的碳交易制度。这里介绍美国东部区域性温室气体减排行动 RGGI 和加利福尼亚州碳排放交易体系这两个具有代表性的碳排放权交易体系的情况。

（1）区域温室气体减排行动（RGGI）。为了借助市场机制达到减排的目标，2005 年美国签订了应对气候变化协议，涵盖了美国东北部的 10 个州，这标志着美国第一个具有强制效用的碳排放交易体系正式建立。美国发电部门排放的二氧化碳量占全国总量的四成，所以当务之急是控制电厂的二氧化碳排放。

RGGI 的减排目标是：电力行业 2018 年的二氧化碳排放量削减至 2009 年排放量的 90%，2020 年削减至 2005 年的 1/2，再过 10 年要削减至 2020 年的 70%。配额分配以拍卖为主，每年进行 4 次，数量占配额总量达 90%，拍卖单价在 2 美元/吨和 7 美元/吨之间变动。ICAP 的 2021 年度报告执行摘要显示，过去一年里，美国区域温室气体减排行动 RGGI 全年拍卖总量都达到了

6500万短吨，拍卖底价约为2.3美元/短吨，每日二级市场价格的年平均值为6.33美元/短吨。

(2)加利福尼亚州碳排放权交易体系。美国加利福尼亚州通过的《全球应对变暖法案》明确规定了加利福尼亚州自2020年起，直至2050年的温室气体排放的减排目标。为了实现温室气体大幅减排的目标，于2013年年初开启了加利福尼亚州自用的碳排放权交易体系，且在第二年与加拿大魁北克省的碳排放市场达成关联关系。加利福尼亚州碳交易体系大致可以分成三个部分：

第一阶段包含2013年和2014年，主要涉及电力、工业部门，包括二氧化碳在内的所有温室气体年度排放上限为1.6亿吨二氧化碳当量，约占加利福尼亚州温室气体总排放量的33%。

第二阶段涵盖2015—2017年，将车辆燃油、液化气等也纳入范围内，温室气体年度排放上限增加至3.95亿吨，占加利福尼亚州温室气体总排放量的比例上升至八成左右。

第三阶段自2018年起到2020年截止，年均排放上限约为3.5亿吨，占加利福尼亚州碳排放总量约80%，覆盖500多个工厂的设备。

加利福尼亚州对碳排放交易权的配额分配主要有拍卖与免费分配两种方式。根据ICAP发布的《全球碳市场进展：2021年度报告执行摘要》，2020年加利福尼亚州配额拍卖底价为16.68美元/吨，年度拍卖总量2.15亿吨，成交均价为17.14美元/吨。

2. 英国碳排放交易情况

英国是对气候变化的认识比较超前的国家，很早就开始并一直探索积极方式去减少碳排放，应对气候变化。早在2003年，英国政府就出台了《能源白皮书》，成为首次使用低碳经济这一概念的国家。5年后又通过了《气候变化法案》，使英国成为全世界第一个为碳减排行动制定法律条文进行约束的国家，并在法律条文中对英国国内具体的温室气体减排目标予以明确规定：将英国1990年的碳排放量作为基准，30年后削减至原来的66%，再过30年削减至原来的20%。所以，比起全球其他国家和地区近10年才开始涉及碳排放交易权，英国早在二三十年前就对温室气体和低碳经济给予了法律条文的保障。

随着英国正式脱欧，相应的，英国的工厂设施不再纳入欧盟碳市场进行管理。英国建立了碳排放权交易机制，由政府对应的管理部门设定每年的碳排放基础量，并在年终向保持在基础量上限之下的企业发放碳排放权交易的信用额度，使企业可以出售或储存该额度，反之则需从市场买入。

经过与欧盟的多轮协商，英国启动了自己建立的国内碳市场。英国国内的碳排放权交易体系的编排与EU-ETS第四阶段的设计基本一致，总量最初设定为比英国在欧盟碳市场中名义上的总量份额低5%，涉及发电、工业排放源和国内航空部门等行业，并表示将在未来开放与其他国际框架的联系。总量将逐年下降，英国计划每年将减少420万吨，并将于2024年根据国家2050年净零排放曲线进行修订。

随后，英国国内碳交易权体系正式开启了首笔碳配额拍卖交易，这意味着英国完完全全脱离了EU-ETS，今后将主要运行英国国内的碳排放权交易市场。在这场拍卖中，英国碳排放交易权的价格最高涨到了每吨50英镑，最终以每吨45英镑结束拍卖交易，当日拍卖总量达到了600万个碳配额，拍卖的成交均价约为每吨43.99英镑。

（二）美、英对碳排放交易的管理情况

1. 美国对碳排放交易的管理情况

(1)明确区域法律规定，为碳排放交易配备制度保证。管理一个交易体系的重要支持就是法律条文，美国在加利福尼亚州等地利用规范法律条文和区域合作备忘录等手段，为管理碳排放交易权市场提供了强有力的制度保障，给地方政府对企业执行监督、激励和惩戒工作予以法律的支持。例如，为了保障落实温室气体减排行动，RGGI在各成员州之间成立合作备忘录，目的在于依赖指导性条例让各州统一行动，依照各州的地方特色制定出适合本土的法律条文。又如，2006年加利福尼亚州提出的AB32法案进一步确立了空气资源委员会的法律地位，并且对履行的时间安排进行了严格的设定，内容包括碳排放交易机制实施的范围和涉及的行业等条文。

(2)构建碳排放交易不同的配额分配机制。RGGI主要以拍卖的方式实现初始额度分配，通过拍卖进行分配的额度达到总额度的90%以上。为了能对拍卖分配和额度交易实施监督、核证，美国政府使用了碳配额追踪定位系统，并且借助了独立的第三方核证监督机构的力量，据此保证交易的安全性和真实性。不论是企业、个人，还是非营利性机构，甚至外国公司，均有参与拍卖的资格，不过每个交易方每次购买的碳排放权配额量最多只能占该次拍卖总量的1/4。

加利福尼亚州以使用免费和拍卖的混合配额分配机制为主，同时根据碳交易市场上配额价格情况，会存储保留一部分的配额数量。免费分配的配额

大多用于初始分配阶段，大约有90%的配额能够用于免费分配，但之后会逐渐减少免费分配的配额，增加拍卖的配额。

除此之外，加利福尼亚州针对私营的电力企业等生产公共产品的公司实行双重拍卖机制，促进拍卖市场中参与者和配额交易的增加，刺激碳交易市场迸发活力。这个双重拍卖机制的具体做法是：相关公共事业公司获得配额后，将获得的配额拍卖，获取的拍卖收入用于公共利益，而履约所要求的配额需参加竞拍获得，最终竞拍所得的配额才能用于履约。

(3)完善监控、报告与核实机制。美国政府具备对碳排放权交易完善的监控、报告与核实机制。为了监测、记录温室气体排放情况和计算排放量，RGGI要求美国相关行业的公司安装污染物排放连续监测系统。除此之外，美国政府明确要求相关企业每季度结束后30日内，借助美国环保局的排放统计和监控计划系统(ECMPS)提交本公司本季度的报告，然后由各地区环境保护部门收集政策覆盖的所有公司的报告，对比每家公司本季度的二氧化碳排放量与其持有的碳排放权配额数量，给予相应的评价。

除了借助ECMPS客户端工具对控排企业排放情况进行监测、报告这种电子审查的方式外，RGGI也会要求实地审查过往的信息数据，监测使用到的工具设施和体系周围的工具设施等。

加利福尼亚州实施的是监管部门评审与第三方机构核查相结合的双重核查机制。空气资源委员会(California Air Resources Board，CARB)的执行官负责管理双重核查机制，并对第三方机构和核查专员的资质、核查内容等予以明确规定。双重核查机制的具体实行顺序是：首先由被查公司自行找到独立的第三方机构对报告进行鉴证，然后将鉴证报告上交给CARB，让其对核查报告及附带的声明进行审核与评价，CARB的执行官对于某些第三方机构的不实或者错误核查结论进行撤销操作，并借助第三方鉴证机构在3个月内进行复核并出具报告。

2. 英国对碳排放交易的管理情况

(1)设置专门的监管机构。英国当局为碳排放权交易市场特别设置了专门的管理机构，以此来对碳排放权交易市场实施监督和管理。这些专门的管理机构主要有能源及气候变化部、英国环境部等监测管理部门，它们根据不同行业及领域详细划分了职权，虽然分担不同的责任，但相互配合、互相影响，体系设置比较完善，有利于英国政府对国内碳交易市场进行约束和管理。

在如今的英国碳排放权交易体系里，完备的监管机构体系由气候变化部与环保部二者一起组成，还包括其他机构如英国环境、食品与乡村事务部和英国能源及气候变化部。其中，英国环境、食品与乡村事务部构建英国的碳排放权交易体系及其法律基础。能源及气候变化部主要负责针对设置碳预算、国内的减排政策与使用其他国碳信用时如何实现平衡、减排目标如何设计与安排等问题，给政府提供相关领域的报告和具有可行性的建议。英国金融服务管理局的职能主要涉及监管碳期权这类金融衍生品，监管的依据主要借鉴了类似能源市场的管理方法。另外，公平交易办公室主要承担保证碳排放权交易市场公平竞争的职责，而且对碳排放权交易市场施加了英国竞争法的约束，使得英国碳排放权交易市场能有序运营。燃气及电力市场办公室则对诸如能源效率标准和绿色标准等有关联的规定进行协调管理。

(2)规范碳排放权交易监管系统的基本制度。监测与报告的内容主要涵盖了对英国减排企业的数据监测系统以及配额交易监测系统。数据监测是凭借设置对控排公司出具报告提出硬性要求，明确对碳排放数据的核实机制以达到监测的目的。配额交易监测系统主要是对碳排放权交易运营状况进行监管，主要内容有统计、核实控排企业碳排放配额的必要信息和数据，并且备案可交易碳配额的使用权归属情况及有关的交易。英国政府为了更好地对碳配额交易进行监管，在交易方间建立了联合交易登记注册簿。

(3)设立碳交易监测与管理系统的处罚机制。碳市场区别于普通市场，由于其设立对国家的环境目标和特性依赖性极强，对碳排放数量有明确的要求，再者，由于碳商品的特殊性，基本是通过电子系统进行交易，这就造成在市场实际交易中有发生违法操作和欺诈行为的风险。因此，有法律保障的处罚机制是碳排放权交易市场正常有序运营的重要支柱。

英国对此提出了三种处罚措施：行为处罚、经济处罚和名誉处罚。行为处罚主要表现为执行通知，当监管部门察觉到排放企业违反某项规定时，监管机构应当向该企业发出执行通知，使其获悉违反规定的事实以及补救措施、截止时间。经济处罚则是根据违反规定者情节严重程度及产生的经济效益总量，罚没相应的处罚金。名誉处罚指的是把受到监管部门处罚的机构和个人的基本信息对外公示。

（三）美、英碳排放信息披露的做法

1. 美国碳排放信息披露的做法

(1)碳信息披露法律层次的规定。西方国家中，美国算得上是最早具有环保意识并着手对二氧化碳等温室气体的排放情况进行披露的国家之一。相应的，美国在对碳排放信息披露的法律条文规定上，相对大多数国家会显得更加完备。例如《清洁空气法》就对工厂污染源的排放标准进行了明确规定，并对工厂安装污染控制装置进行强制要求；《萨班斯奥克斯利法》主要对企业向外披露报告时的真实性提出了强制要求；《美国清洁能源与安全法》则是要求美国的上市公司必须严格按照这一系列有关环境保护、清洁能源的法律条文进行生产经营，还对温室气体排放的总量和上限提出了明确的要求，约束对象大多是一些能源密集型企业。20 世纪 30 年代美国通过的《证券法》《证券交易法》中强制要求美国的上市公司在其财务报表中明确披露以下信息：公司在环境问题上是否符合法律规定及由此产生的影响，管理层的决策对环境问题及公司的前景造成的影响，公司是否存在环境方面的重大法律诉讼等。

除此之外，美国证券交易委员会也对企业披露的环境信息施加监管手段并进行审核调查，对于实际存在环境负债却并未如实公布，由此产生了大量污染对环境造成破坏的公司实行严重的惩罚机制。美国注册会计师协会在 1996 年颁布了有关环境补偿责任的报告，明文要求如若公司正在或者将会对环境造成危害，那么就需要对负有环境的赔偿责任以及责任确认的基本原则对外进行披露。

(2)碳信息披露的内容。在美国，减排企业对于碳排放交易的披露内容非常全面、翔实。披露的内容除了温室气体排放数量核实情况，还常常涵盖温室气体排放管理信息。更有甚者，将气候变化这个因素也归至公司战略，对气候变化进行充分分析，能够得到公司可能会因此产生的风险与机遇以及针对气候变化的治理策略。

(3)碳信息披露的形式。美国上市公司对外披露的碳排放权交易情况基本为量化数据，定性分析的内容也有但是不多，而量化数据往往包括温室气体排放总量以及一些相对指标。在披露报告中，为了让信息使用者更加直观、方便地获取和使用数据信息，往往将定量的数据和信息以表格、折线图、柱状图等方式呈现。

(4)碳信息披露的渠道。在美上市企业有多种方式和途径能对碳排放信息进行披露,这些企业除了会对外发布包含温室气体排放信息的年度财报外,不少公司还特别制作了单独的温室气体排放信息报告,如社会责任报告、可持续发展报告以及CDP气候变化报告等。不仅如此,公司还借助新闻媒体的力量对企业在达到碳减排目标时所付出的努力和做出的贡献以及最终的成果进行宣传报道。这样,社会公众(主要是信息使用者)将会对公司的排放情况和环境友好度有较为全面、及时的了解。

2. 英国碳排放信息披露的做法

(1)碳信息披露的法律法规体系。2002年,英国当局就颁布了《可再生能源义务法令》,对电力部门生产使用清洁能源提出硬性要求。《能源白皮书》则是对减少温室气体排放的目标予以明确:将1990年的碳排放数据作为基准量,规定到2020年,估量碳排放量会降至基准量的80%,再过30年会降至基准量的40%,以此来建立低碳、环境友好型社会。

到了2008年,英国在法律条文中明确规定了国家碳减排行动的长期目标:将1990年的碳排放量作为基准量,30年后,预估碳排放量将降至原来的74%,再过30年将降至原来的20%。除了碳减排目标的制定以外,还对实现目标将采取的措施如碳排放配额计划进一步予以明确。为了保证碳减排目标如期实现,英国当局还出台了其他文件,来保证实现低碳社会的目标贯彻落实。英国政府在2013年正式开始实施的公司法中强制要求,上市公司必须把碳排放的情况在董事会报告和公司战略报告中进行披露。

(2)碳信息披露的定位。和美国公司的做法相同,几乎所有英国公司都把因气候变化而产生的不利影响视为公司目前或未来将遭遇的最严峻的挑战之一,并将减排目标上升至公司战略的高度。

(3)碳信息披露的形式。与美国企业并无二致,英国企业也将定量化信息与定性化信息结合发布,存在多种碳信息披露的渠道和方式。比如说,英国企业常常对外出具企业社会责任报告、可持续发展报告等,通过这些报告,英国企业得以向信息使用者告知本企业在碳减排方面所做的贡献和成绩。这些报告内容除了与温室气体排放有关的附加披露信息,还特别讲述了企业如何应对气候变化的内容。

在英公司除了出具一年一次的可持续发展报告对企业的温室气体排放信息进行披露,有的公司还会对外公布中期报告,抑或借助互联网等新闻媒体开设一个能够及时更新温室气体排放信息的栏目,让信息使用者及时、准确地了解碳减排的具体情况。

(4)碳信息披露的内容。英国企业对于碳排放交易权信息披露的内容较为充分具体。例如,某公司对外披露的可持续发展报告通常分为以下几个部分:

首先,是关于碳中和与低碳企业的认证结果。

其次,包括温室气体限制排放的规定细则,对持有设施污染环境风险的评估情况,能够涉足的其他再生能源业务,对其他低碳企业的投资情况。

再次,对于新能源汽车的发展前景以及碳抵消志愿计划进行充分具体的公告。

最后,该公司会针对交易的定价和配额予以明确。

由此可知,企业的碳信息除了在日常生产经营活动中生成,还必须纳入其控股企业的温室气体排放数据。

(5)碳信息披露的质量。英国公司在对本企业的碳排放交易信息进行公告时,会同时公布对企业有利和不利的信息,保证其报告的客观公正。此外,这些企业通常会借助独立的第三方鉴证机构来对本企业披露的温室气体排放信息报告再次实施鉴证,从而保证了披露报告的信息质量,提高公众对企业的信任度。

(四)美、英促进碳排放信息披露的经验措施

1. 完善的碳信息披露法律法规体系

美、英两国都已具备较为完备的法律法规体系对碳交易市场进行约束,包括企业温室气体排放信息披露指引及企业温室气体排放信息披露跨级原则等,明确了碳信息披露的内容、方式等。

美、英两国为保证低碳转型的成功,对金融体系进行完善与补充,充分利用政策指导金融体系和市场的低碳发展。例如,英国财政部下属的银行审慎监管局在2015年公布了一份关于由于温室气体排放增加引起的气候变化对英国保险业影响的报告。英国政府还采取了担保支持、税收优惠以及财政贴息等方式,通过一系列的财政政策和金融政策使得企业碳减排的积极性显著增强。

而美国同样也制定了一连串有关于温室气体排放信息披露的法律条文,在规范上市企业对本企业碳排放权交易信息披露的内容和形式的同时,也对

企业自愿进行区域性温室气体减排行动以及其他倡议起到了激励作用。美、英两国都有较为充分具体的温室气体排放信息披露管理办法、企业和公共机构排放信息核定标准，在全国范围内搭建起通用的碳排放信息披露平台。

2. 碳减排激励和惩罚机制

美、英两国对企业碳排放情况给予相应的支持或者控制，让主动进行温室气体排放信息披露、自愿进行碳减排行动并主动接受社会公众监督、承担起社会责任的企业处处受益，而对于披露信息不实甚至造假、超标排放温室气体的企业处处受限。例如，将企业温室气体排放信息披露情况作为个人或者企业的征信记录在案，作为审批、贷后监管的重要依据，自愿披露且信用良好的企业纳入政府采购名单，给予如环境责任保险费率、精简办事程序等特别优惠和快速通道支持等。

(1)美国具有较为发达的区域性碳排放权交易体系，包括区域性温室气体倡议(RGGI)，芝加哥气候交易所(CCX)等。美国碳市场交易的流动性较高，在某种程度上也促进了企业自愿对外披露，增强了企业尽量削减碳排放量和树立环境友好形象的意识。另外，美国在节约能源方面采取了增加税负、设置环境保护专项基金、降低利率等惠民措施，许多金融机构设立了相应的基金以及贷款来激励碳减排目标的实现。

(2)英国当局为了推动企业自愿进行温室气体减排行动，针对本国企业实行了许多鼓励型政策，如气候变化税、气候变化协议等。这些激励措施在实施进度和内容上互相补充、互相影响，如气候变化税是用来对能源的使用进行征税，而气候变化协议则是要求企业主动与政府签订协议，自愿缴纳税款。不难看出，气候变化协议就是对气候变化税的补充，为能源使用税的征收提供了有效保障。

3. 借助独立的第三方机构进行鉴证

美、英两国的公司普遍对碳信息披露的质量十分重视，通常都会在出具本公司编制的报告之后，再邀请其他第三方鉴证机构对本公司披露的报告进行复查并给出评价。例如，根据2015年毕马威调查的信息得知，受调查的250家企业中，英国公司全都另外找到专业的鉴证机构对本公司的温室气体排放披露报告实施复查并给出意见。第三方鉴证机构能够将“漂绿”与“真绿”的企业区分开来，尽量消除信息的不对称性，有效抑制企业“漂绿”这类不诚信行为，帮助信息使用者获得真实有效的碳排放信息。从某种程度上来说，第三方鉴证机构还能帮助企业察觉内部碳排放和管理中存在的问题与疏漏，从而能够及时选择恰当的方法进行改进和补救。

4. 良好的环保意识和社会力量的推动作用

美、英两国的企业普遍具有很强的环境保护意识，这一方面和这些国家的政策实施有关联，另一方面也离不开全社会对环境保护的推动。美、英两国的企业通常将碳减排目标纳入公司战略，以此体现本企业对环境保护的重视程度，从而能在接受大众（主要是信息使用者）监督时保有良好的企业信誉度。除此之外，还有许多社会组织成员（主要来自各大高校、科研机构）和专家，为企业和政府之间的交互提供科学的指导意见，从而促进企业自愿进行碳减排行动及其贯彻落实。在美、英两国，环境保护早已深入人心，社会成员无时无刻不在关注减排公司的社会责任履行情况，而这些公司也在不断完善和改进温室气体排放情况和信息披露的渠道和内容，保持着环境友好的形象，切实履行了社会责任。

二、欧盟国家（英国除外）做法及经验

（一）碳排放交易情况

欧盟碳排放交易体系于 2005 年正式运行，该系统自开始实施，就迅速覆盖到欧洲大部分的企业。过去的数据显示，这些企业的温室气体排放量占到欧盟的 1/2。自 2005 年推出该系统至 2012 年的 7 年间，欧盟碳排放交易总量在世界排名始终居高不下，占据世界总交易量的近 85%。

欧盟碳排放交易体系的构建，以“管制碳排放总量”和“配额交易”为中心，在实施过程中形成了由各成员国分配方案、检测报告与核查、机构设置和注册登记系统、惩罚机制等一系列完善的流程，这些流程保证了交易市场的正常运行和健康发展。

1. 各成员国政府角度

在整个欧盟碳排放交易体系运行过程中，各成员国政府起到了至关重要的作用。

首先，由于各成员国的经济发展水平、产业和能源结构的不同，每个成员

国的减排目标不能完全相同。欧盟要将5.2%的整体减排目标，根据上述因素量化后，进行差异化分配。从这个时候开始，碳排放交易体系的实施就由政府开始接管。各个成员国的政府会对分配到本国的配额进行二次分配，按照企业的能源需求情况和消耗情况，将二次分配的配额下放给企业。

其次，为了及时记录和核实配额数量的变化，欧盟于2004年颁布实施了《关于标准、安全的注册登记系统的规定》。该规定要求所有成员国建立共通的电子数据库登记系统用来对配额进行记录，配额的分配、持有、注销、转让、交易等操作都会在这个数据库中留档保存，所有想要进行碳排放配额的企业也只有在这个平台上注册账号才可以进行交易。这个数据库的建成，极大地方便了欧盟整体以及各个成员国自身对碳排放配额的管理。

另外，各个成员国的政府还需要督促本国境内参与了欧盟碳排放交易体系的企业完成温室气体减排的目标。

由于这是一个强制性的碳排放交易体系，欧盟还针对这些配额建立了严格的监测系统和惩罚机制。而《温室气体排放检测和报告指南》的实施为监测企业碳排放数据、报告和核查排放情况的客观性和准确性提供了法律依据。按照指南，参与碳排放交易体系的企业必须按照指南的要求，对自己每一年的碳排放情况进行监测和上报，然后成员国政府或相关机构会对报告的真实性进行核查，对比企业该年度的数据库信息和实际排放情况，统计核算碳排放量与消耗配额，核准本国减排量和最终减排情况保证该报告没有虚报，然后将已经使用的配额进行注销。

最后，如果注销后的配额仍有剩余，那这部分剩余的配额可由企业自行安排，用于出售或递延至下一年使用皆可。欧盟碳排放交易体系能够持续活跃有序地交易，离不开完善的交易机制和高效的交易模式。由于欧盟碳排放交易体系的主要商品是碳排放配额，因此常用的交易途径也不是金融机构，而是气候交易所。而如果可使用的配额限度少于实际使用量，即企业已经超过了规定的使用限度，则该企业会被认定为碳排放不达标。不达标的企业需要缴纳高于减排温室气体的成本和配额购买价格的罚款，每吨40欧元的罚款价格使得减排目标未完成的成员国仅占约2%。

在这个过程中，政府也会参与制定每单位碳排放配额单价的上限与下限，防止价格剧烈波动对碳排放交易体系的运行带来不良影响，保证了减排目标的顺利实现。不过，虽然各个成员国政府会对碳排放配额做出价格限制，但是配额价格依然主要受市场供求关系的影响。

2. 企业角度

从企业作为碳排放交易体系的实际执行者，是整个交易体系最重要的参与主体。它们既是配额分配过程中的被动接收方，也是交易过程中的主动需求者和主动供应者，从被动到主动的身份转变，通过企业每年的减排来实现。通常来看，根据企业对于温室气体减排的态度与方法，可以将企业分成三种类型。

第一种是标准型企业。这些企业一般会完成规定的减排目标，然而在完成预设的目标之后，这些企业便不会采取新的更有效果的措施去更进一步地减排温室气体了。标准型企业通常处于其生命周期的增长期，除此之外，它们通常还具有生产规模较小、资金实力不强等特点。有两种具体的碳减排手段是它们经常会使用的：一是通过发展企业自身减排技术来完成减排目标；二是购买其他企业多余的配额，通过这种方式获得超出分配量的配额可以使它们免于技术改进成本的支出，也能达到减排目标。

第二种是积极型企业。这种类型的企业对温室气体减排体系非常支持，它们不但会完成政府规定的全部温室气体减排目标，还会通过技术改进与创新进行规定目标之外的超额减排。这种企业一般处在成熟期，通常有多余的碳减排配额。由于它们经常会将剩余的排放配额出售，而不是留到下一年继续使用，所以该类型的企业通常在碳排放配额市场交易中扮演着商品供给方的角色。因为它们可以从配额出售中获取一笔额外的收益，所以该类企业对碳减排持有的积极情绪会逐年累积，并形成减排的良性循环。

第三种是消极型企业。这类企业往往对环境变化和环境保护政策并不关注与在意，如果不是政府对其规定了碳排放限额，它们一般不会改变自己的生产方式和资源利用效率。受这种消极思维的影响，这些企业通常会为了将自己的温室气体排放量控制在政府给定的配额内，削减自己每年生产的产品数量。少数更加消极的企业甚至宁愿接受政府对未完成温室气体减排目标的惩罚也不愿意采取任何措施控制自己的排放量。这类企业通常处于企业生命周期的成熟期或者衰退期，它们所处行业的需求市场已趋近于饱和状态，同行业各个公司之间的竞争也非常激烈，企业本身的经营风险已经让它们自顾不暇，所以这些企业对温室气体减排这一目标持消极的漠视态度。尽管如此，由于其减排的巨大潜力，各成员国政府认为它们减排后会对欧盟整体的温室气体减排起到显著影响，它们仍然是值得大力争取的减排对象。

（二）对碳排放交易的管理情况

欧盟碳排放交易体系的实施按年份可以划分为四个阶段。

1. 第一阶段

第一阶段从 2005 年开始，到 2007 年结束，是该体系运行的试验期，共有来自 25 个成员国的约 11000 多家企业参与其中，且这些企业大多是对能源的需求量和排放量比较大的企业。在此期间，配额和减排的要求只针对二氧化碳这一种温室气体。

然而由于碳排放交易系统在这一阶段才刚刚建立，仍然处于完善阶段，而且此前也没有可以用来预测的准确基期排放数据，所以为了解决这个问题，欧盟不得不选择“祖父法则”——由成员国向上报给欧盟总排放量控制的目标。如果出于私心，上报的数据并不是先前的排放量，而欧盟也无法一一核查数据的准确性，这就导致体系运行之初，存在于该体系内的可以用于分配的碳排放配额的总量高于这些企业的实际排放量之和。此外，欧盟还规定，温室气体减排不合格，没有完成减排目标的企业需要接受罚款的处罚。

另外，由于未使用的二氧化碳排放配额不可递延至后续年份使用，在第一阶段末期，很多仍有剩余配额的企业对其持有的配额大量抛售，导致了碳排放配额交易市场供求不协调、碳排放配额价格大跌、定价体系崩溃，市场调控失灵等现象的发生。

在第一阶段，欧盟实施该体系的主要目标是建立基础设施和制定可以使体系良好运行维持的制度，收集核查准确的排放数据，在体系的实施中吸取经验以不断改正，为后期碳排放交易市场的高效运转做好前期准备工作。

2. 第二阶段

第二阶段从 2008 年到 2012 年。这一阶段，该体系的参与国进一步增加，有 28 个国家加入了该体系。欧盟对温室气体的界定范围也进行了扩大，计入温室气体的气体种类变多了，而不只限于二氧化碳一种。在此期间，欧盟通过对第一阶段数据进行分析，再根据 8％的削减目标，重新设定了比第一阶段更少的可发放配额。其中，这些配额的大约 90％免费发放给企业，部分由国家引进了拍卖机制，为配额交易提供了更多的方式。温室气体减排不合格的企业不仅要缴纳 100 欧元/吨的罚款，还需要在下一年度里，向其他企业购买多余的配额来弥补减排不合格年度的超额排放。但是由于大部分企业受 2008 年全球经济危机的影响,这一年的温室气体实际排放量远低于发放出去的配额。总之,无论什么原因,这一阶段欧盟企业的碳排放量得到了遏制,碳排放交易体系有了一定的效果。

3. 第三阶段

在第三阶段,即 2013 年到 2020 年,该体系进一步扩大到 31 个国家,覆盖的行业和温室气体种类也进一步增加,提出了 2020 年碳排放量比 1990 年减少 20%的目标。针对前两个阶段由于基期数据缺失和经济危机产生的配额量过多和市场供求不协调问题,欧盟在这一阶段进行了大幅度的改革,提出了许多新的减排措施:配额分配方案不再由各国自行制定安排,变为由欧盟委员会统一制定一份通用的方案;碳排放配额每年线性递减 1. 74% ;超过配额的碳排放量只能通过公开拍卖获得等。

4. 第四阶段

从 2021 年到 2030 年是第四阶段,这一阶段欧盟提高了对碳减排速度的要求,其目标是到第四阶段结束时,体系覆盖行业的碳排放量要比 2005 年降低 43%。为了达到这个目标,欧盟规定,从 2021 年起,每年放出的碳排放配额总量将会进一步缩紧,每年线性递减量升至 2. 2%。同时,在这一阶段,欧盟制定了更加严厉的碳泄露管理规则,对处在碳排放控制地区的企业向不是碳排放控制地区或者控制没那么严格地区的转移进行了管控,防止企业通过此种方法节约成本从而导致碳排放总量上升现象的发生,使得欧盟碳排放交易体系变得更加公平和完善。除此之外,为了让更多企业可以通过技术创新的方式减排,欧盟还提出了创新基金、现代化基金等政策支持企业的技术升级改造。

(三)碳排放信息披露的做法

2014 年 10 月,为了规范大型企业相关信息的披露,欧盟发布《非财务报告指令》并要求成员国将该指令转为本国法律。该指令对符合其要求的企业规定了每年应在环境等问题上披露的格式,具体包括所采取的政策、获得的效果及风险管理等相关事项。

但是,《非财务报告指令》的要求并不是针对所有企业的,为了减轻中小型企业在披露方面的成本与负担，该指令仅适用于大型公共利益主体。根据指令要求，从2018年起，所有符合大型公共利益主体定义的企业，每年在编制财务报告时，还需要编制一份非财务报告，两份报告在会计年度结束时一起上报。该指令希望通过非财务报告中对非财务信息的披露，使企业的利益相关者能够对企业有更多也更全面的了解。

为了使报告中的信息披露具有更强的一致性和可比性，该指令主要从以下八个方面进行了规范：

(1)企业的商业模式；

(2)环境、社会、人权、反腐败等问题；

(3)对上述问题所采取的政策、将取得的成效和所面临的风险；

(4)对上述问题所采取的尽职调查程序；

(5)企业经营活动在目前和可预见的将来对环境的影响；

(6)企业行政机构、管理机构和监督机构成员的多样性信息；

(7)所依据的报告框架；

(8)审计师对企业非财务信息的检查。

根据欧盟委员会在2020年年底发布的一份对该指令实施后效果的研究报告，指令的发布与实施使大多数企业的不良行为得到改善，一些隐患也得到了应有的重视。具体包括：企业加强了对指令中提到的环境等问题的重视；设计了非财务报告编制和审批的内控程序并调整了相关内部政策和管理程序；在企业战略中加入了对非财务风险的考量等。

2021年4月，欧盟委员会发布了《公司可持续发展报告指令》征求意见稿，拟取代《非财务报告指令》。一旦意见稿获得批准，欧盟的可持续发展报告将会发生以下几个方面的变化：编制理念将由社会责任拓展至可持续发展；各国将从被动采纳制定好的标准转为主动制定自己的标准；编制标准经过规范后的报告也会变得更加统一；编制范围将大幅扩充。总而言之，新指令的实施提供了可持续发展报告编制和披露的法律基础，也将为欧盟ESG报告的进步做出巨大贡献。

(四)促进碳排放信息披露的经验措施

经过十余年的发展，欧盟已经成为全球规模最大的碳交易市场。在欧盟排放交易体系刚开始实施的2005年，整个碳交易市场成交的碳配额约为3.2

亿吨二氧化碳,交易金额约为80亿美元。仅仅过了3年,同一市场的成交量就变为原来的10倍,将近31亿吨,成交额上升至约920亿美元。一直以来,欧盟都在不断地从自己的碳排放交易体系实施中改正错误吸取经验并进行完善,在成员国内部宣传企业提高新能源利用率的重要性,并大力发展推广新的减排技术,因而在碳减排和碳交易领域都取得了巨大的进步。

欧盟已经形成的碳排放交易市场,经历了十余年考验和完善,是一个相对成熟的交易市场。这个市场的建设过程中,有许多值得借鉴的经验。本书将从政府和企业两个方面分析欧盟碳排放交易体系运行中总结出的经验。

1. 政府层面

从政府角度来看,政府应该做到:建立一个不断完善的相关法律体系;制定合理的配额总量和合适的分配方法;加强对碳排放交易市场的监督,保证市场信息的准确性;做好价格管理,建立市场稳定机制。这些都是可以帮助稳定碳排放交易体系的经验。

(1)建立一个不断完善的相关法律体系。碳排放交易体系想要长久、健康地运行发展,离不开健全的法律制度和良好的法律环境。一旦碳排放交易市场存在法律条文不清晰的问题,那么一旦出现交易纠纷,双方的责任就无法区分,这会严重影响碳交易市场的发展。法律体系的建设绝非一朝一夕就可以完成的,政府需要对实施进行监控,记录发生的问题,然后根据实际情况不断改进完善。

(2)制定合理的配额总量和合适的分配方法。确定合适的配额总量和科学有效的碳配额分配方法对于建设一个碳交易市场具有重大意义,但也是一个巨大的挑战。历史数据的缺失使配额分配缺乏参考,极大地影响每个个体的配额数量。

除此之外,配额总量的设置也很重要。从严控制总量可以保证配额数量不被滥用,也能有效地完成减排目标,但同时也会给企业的经营带来巨大的压力,甚至威胁市场的稳定。因此如果采用较严格的总量控制,最好同时搭配配额价格监控机制,当配额价格超过合理的上限时,政府向市场投入存量的配额来改变供求调整价格,以免配额交易价格过高导致企业经营困难,拖累经济发展。而总量设置过多会造成碳配额交易市场的交易量过少甚至于无。

由于缺乏历史数据,欧盟在碳排放交易体系实施的第一阶段,采取了“祖父法则”进行配额分配。结果由于某些公司虚报历史排放量,发放了多于实际历史排放量的免费配额,导致配额交易市场上供需严重不平衡,降低了企业交易的积极性。从某种层面上来说，也阻碍了配额交易市场的正常发展，影响了整体减排目标的完成。

吸取欧盟的经验，监管机构应仔细核查企业能源消耗，并在后续碳排放交易体系实施过程中密切监控企业的能源消耗是否出现重大变化，避免配额发放量高于必要值。另外，政府还应根据市场、经济和技术的发展水平不断调整配额，确保发放的配额数量合理。

(3)加强对碳排放交易市场的监督，保证市场信息的准确性。进行碳排放交易系统的建设要求拥有准确可靠的信息数据。欧盟2004年颁布的《关于标准、安全的注册登记系统的规定》要求所有成员国建立共通的电子数据库。这个数据库用来对配额的分配、持有、注销、转让、交易等操作进行记录，和配额有关的所有信息都会在这个数据库中存档，方便政府、企业以及第三方机构等信息使用者对数据进行查阅。而且所有想要进行碳排放配额交易的企业必须在这个平台上注册账号，否则他们就无法进行交易。这个数据库的建成，使得欧盟整体以及各个成员国自身对碳排放配额的管理变得更加高效，极大地提高了数据记录和使用的效率以及数据自身的透明度和准确度。

参考欧盟碳配额交易市场信息公开的经验，配额信息的管理与公开机制对交易市场至关重要。政府可以设立专门的信息记录与监管机构来对配额进行详细的统计，也可以与第三方机构合作，定期对第三方机构的工作进行监督。此外，碳配额的相关信息也应该通过各种渠道让企业和民众了解，做到信息公开透明，保证碳配额相关的信息可以被轻易查阅到，而不能只是让企业、政府等这些直接接触碳配额信息的使用者了解。

(4)做好价格管理，建立市场稳定机制。即使在现在，欧盟经历了第一阶段的企业虚报历史排放量导致的供求紊乱和第二阶段的世界性金融危机影响企业生产之后，碳配额的价格波动和市场调节机制不足依然是欧盟在实施碳排放交易体系时的一道难题。想要解决这一难题，就不能允许碳排放配额市场完全“自由”。政府应设置价格的上限与下限，将配额价格的波动限制在一个范围内，才能降低价格剧烈变化带来的市场不稳定。

2. 企业层面

从企业的角度来看，企业应该做到重视碳减排并按照行业分类减排；加大创新投入，大力发展新技术；重视企业碳排放相关信息数据的核查与记录。这些都是可以帮助企业在碳排放交易体系中保持竞争力的经验。

(1)重视碳减排，按照行业分类减排。根据欧盟企业对温室气体减排的态度与方法，一般可以将它们分成三种类型。

第一种是标准型企业。标准型企业完成规定的减排目标后，就不再采取进一步减排的措施。

第二种是积极型企业。积极型企业不仅会完成政府规定的全部温室气体减排目标，还会积极进行超额减排，并将剩余的排放配额出售。

第三种是消极型企业。消极型企业通常会为了完成任务削减自己每年生产的产品数量，甚至有些宁愿缴纳罚款也不采取任何措施减排。

毫无疑问，虽然积极型企业需要投入成本减排，但其通过减排省下的配额也可以弥补这部分成本，况且企业承担减排责任还会提高其公众形象，带来隐性收益。而消极型企业虽然不需要付出改进生产技术的成本，但无论是减产还是接受罚款，都会为其带来另外一笔费用，综合来看，并不会因为消极面对减排而节约成本。

所以企业应该重视自身在碳减排方面的竞争力，随着配额总量分配的逐渐趋紧，这一竞争力会更加明显，能够帮助企业在同行业的产品竞争中占有优势。反之，如果企业消极应对，不改进能源利用方式和减排技术，其碳排放量会逐步使其经营负担加剧，最终使企业不得不退出产品市场。因此，企业在碳交易市场建设阶段应将碳减排写进企业战略、公司文化中，在各种减排方式中寻找最适合自身的减排方案。通过发展技术、换新设备、更改战略等方式减少碳排放，提高能源利用率，完成减排目标，提升企业竞争力，最终实现企业与社会的双赢。

(2)加大创新投入，大力发展新技术。在碳交易市场的起步阶段，企业的减排技术创新能力通常刚开始研发改进不久，此时企业的减排效率较低、减排的成本也相对较高。因此，为了能够早日实现降低减排成本、提升减排效率的目标，企业在加大对创新的资金支持的同时，还要提升内部的减排效率，取缔一些碳排放量过高的生产技术和生产设备，提高能源利用率，推动企业产品升级。另外，企业也需要将减排融入公司文化，开发绿色产品，重视这方面的人才，提高自身的环境应对能力。与高校、研究所等科研机构进行合作，可以有效加快企业新技术的改革与开发，提高企业的碳减排效率。

(3)重视企业碳排放相关信息数据的核查与记录。由于大多数企业对碳减排缺乏了解，由此导致对碳减排相关数据的核查和记录不够重视，引发了在配额交易市场上处于劣势，提交碳排放量报告时因为错漏被驳回等问题。为了解决这些问题，企业应当对碳减排工作给予足够的重视，成立专门的碳减排管理部门负责数据记录核查和碳排放配额的交易等，来保证企业顺利推进碳减排工作。具体来说，企业内部的相关管理部门应对企业碳排放数据有合理的估计，准确计量企业每年的排放量，按规定提交碳排放报告。企业还应当对碳排放工作逐步规范管理，积累经验，争取在碳排放配额交易市场中获得优势。

三、亚太地区部分发达国家做法及经验

（一）碳排放交易情况

1. 日本碳排放交易情况

2007 年，东京政府讨论引入总量减少义务和排放交易制度（限额与交易制度），2010 年 4 月强制减排计划正式启动。该制度是日本首次实现欧盟等国实施的限额和贸易制度，也是世界上第一个以办公楼等为对象的城市限额和贸易制度。计划分为两个阶段，每个阶段以五年为期限，第一阶段为 2010—2014 年，第二阶段为 2015—2019 年。2011 年埼玉县、京都碳交易体系也得以启动。表 9-1 就是对日本已经实施的两个阶段的碳交易制度的具体介绍。

表 9-1　日本两个阶段碳排放交易制度内容表

项　目	第一合规期（2010—2014）	第二合规期（2015—2019）
涵盖设施	上一财年的燃料、热和电力使用量为每年超过 1 500 千升的原油工厂的设施。	补充：中小企业等持有超过 50% 所有权的设施被归类为“具有温室气体报告义务的中小企业拥有的设施（中小企业设施）”。
撤销指定	（1）设施停止或完全停止运作。 （2）上一会计年度能源消耗量小于 1 000 千升原油当量。 （3）能源消耗持续三年低于 1 500 千升原油当量。	除了（1）到（3）补充： （4）中小企业在上一会计年度持有超 50% 的所有权。 （5）设施范围发生变化的。
覆盖气体	6 种气体（CO_2、CH_4、N_2O、PFC、HFC 和 SF_6）。	7 种气体（CO_2、CH_4、N_2O、PFC、HFC、SF_6、NF_3）。

续表

项　目	第一合规期(2010—2014)	第二合规期(2015—2019)
合规租户	(1)承租人的总建筑面积为 5 000m² 或以上。(2)租户在 6 月起的一年内消耗了 600 万千瓦时或更多的电力。	(1)租户总建筑面积为 5 000m² 或以上。(2)承租人自上年 4 月 1 日起的一年内,不论总建筑面积,其用电量 600 万千瓦时或以上。
执行的手段	(1)自我减少。将能源消耗设备和装置升级为更高效的设备,促进运营改进措施等。(2)排放交易。设施还可以利用源自可再生能源的环境价值。	(1)自我减少。(2)排放交易。新能源绿色电力供应转向促进低碳电力选择的框架。(3)第一个履约期的超额减排和信用可用于履行第二个履约期的减排义务。

数据来源:东京都环境局。

根据 2011—2020 年日本碳排放交易成交件数(如表 9-2 所示),在第一个合规期和第二个合规期前期,日本碳交易市场得到了良好的发展。2011 年东京都碳交易体系刚开始建立,总的交易件数在前两年仅仅达到 55 件,但在 2014 年就达到了 252 件,取得了很快的进展。第二个合规期更是发展迅猛,2016 年碳排放交易件数破千,碳市场发展达到了顶峰,此后碳市场又趋于稳定。

表 9-2　2011—2020 年日本碳排放交易成交件数情况表

项　目	2011	2012	2013	2014	2015	2016	2017	2018	2019	2020
超额削减量	—	10	62	73	159	927	175	28	18	20
都内中小信贷	—	13	200	158	313	279	39	182	0	0
可再生能源信贷	2	32	19	21	15	19	12	9	7	5
东京以外信贷	—	0	0	0	0	7	1	0	0	0
埼玉合作信贷	—	0	0	1	2	4	0	0	0	1
合计	2	55	281	252	489	1,236	226	219	25	26

数据来源:东京都环境局。

从各个类型的碳交易情况来看，在 2015 年前很明显都内中小信贷交易量始终排在第一位，交易成交件数一直占据总交易件数的 70%及以上，其他类型的成交情况则没有太多的进展。但在 2015 年后超额削减量的交易成交数则超过了都内中小信贷，在 2016 年增长迅猛，达到了 927 件。此外，可再生能源信贷交易件数一直处在稳定状态，交易件数在 15 件左右徘徊。东京以外信贷和埼玉合作信贷两种类型没有很好的发展趋势，交易件数趋近于无，说明除了东京都的碳交易市场在近年发展较为良好，剩下的埼玉县和京都碳交易市场还未得到充分的发展，仍有很大的上升空间。

2. 韩国碳排放交易情况

自 2009 年政府确定国家温室气体减排目标以来，韩国一直在推进全国碳市场建设。2015 年 1 月，全国性碳排放权交易市场（KETS）在韩国正式建立，碳排放权的配额按行业进行分配。为防止各行业的公平性争议，原则上分为 6 个部门（转换、产业、建筑、运输、废弃物、公共其他）、26 个行业进行分配。会被纳入碳交易企业的标准有两个，只要满足其中一条就是碳市场交易的主体。第一个标准是每年总排放量高于 125 000 吨二氧化碳当量，第二个标准是企业所经营的某个场所年温室气体排放达到 25 000 吨二氧化碳当量。此外，韩国 KETS 覆盖的气体有 6 种：CO_2、CH_4、N_2O、HFCS、PFCS、SF_6。韩国碳排放权交易分为场内交易和场外交易。

第一个计划期内碳排放券总数约为 1 687 百万 KAU，约 1 598 百万 KAU 在计划期前预先分配，约 89 百万 KAU 由政府保留并在计划期间追加分配。排放券总数按实施年份计算，2015 年 573 百万 KAU，2016 年 562 百万 KAU，2017 年 551 百万 KAU，逐步减少。在初创期，为了最小化对经济、产业的影响，无偿分配全部排放权。大部分行业适用历史平均法方式，对部分行业（水泥、炼油、航空）的部分排放设施应用基准方式进行分配（总排放量的 6%）。

在此阶段，韩国碳排放权交易量和价格都在逐步增加。表 9-3 数据显示，碳排放成交量由 2015 年的 191 万吨提高到 2017 年的 3 998 万吨，碳交易市场得到快速成长。场内交易主要有竞争买卖、协议买卖、市场稳定三种交易类型，三种类型的交易量都在三年内得到迅猛增长，场外交易在 2015—2016 年主要交易类型是一般事务处理，在 2017 年交换等其他交易突然间增加，甚至超过了一般事务处理。此外，根据表 9-3、图 9-1 和图 9-2 的数据统计，在此阶段碳交易市场容纳的企业有 590 多家，50%左右的企业根本没有进行碳排放权交易，年平均交易次数在 10 次以上的少数企业（3%）占总交易量的 55%。

表 9-3　韩国碳排放权交易量情况表

单位：千吨

项目	场内交易(a)				场外交易(b)		a+b
	竞争买卖	协议买卖	市场稳定	有偿摊派拍卖	一般事务处理	交换等其他交易	
KAU15	336	1 010	274		2 860		1 906
KAU16	2 450	6 543			4 573		13 567
KAU17	6 338	10 752	4 665		8 794	9 430	39 978
KAU18	3 229	4 291		4 650	7 105	13 916	33 192

数据来源：韩国环境部。

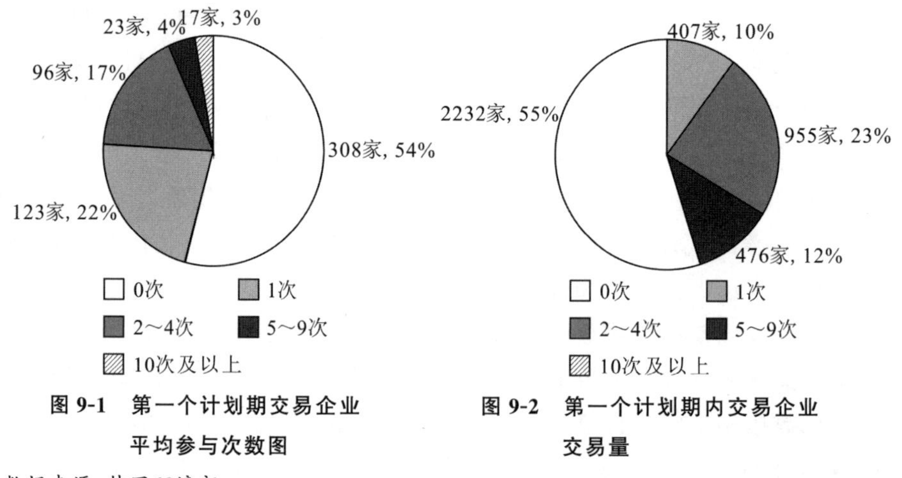

图 9-1　第一个计划期交易企业平均参与次数图　　**图 9-2　第一个计划期内交易企业交易量**

数据来源：韩国环境部。

从碳价格趋势可以看出，2015—2019 年碳排放权价格保持着稳定的价格波动率，并不断提高。年均成交价格由 2015 年的 11 007 元/吨增长到 2019 年的 30 500 元/吨。尤其在第一个计划期内碳排放权增长到将近 3.5 倍，说明在这期间碳排放带来的污染问题正在持续被关注，吸引着越来越多的企业进入碳市场并再次交易，碳市场发展进程加快。

在第二个计划期间 BM 适用比重扩大(6%→50%)，对七个行业以 BM 方式分配(占总排放量的 50%)，包括炼油、水泥、航空、发电、集团能源、产业园区、废弃物。此外，第一个计划期间无偿分配全部排放权，从 2019 年开始实行有偿分配(有偿对象行业排放权的3%),根据无偿分配对象行业划分标准,出口和大企业100%被列入无偿分配。同时对内需、中小企业适用有偿分配,确保排放责任公平。

3. 新西兰碳排放交易情况

新西兰碳排放交易体系(NZ-ETS)于2008年启动。目前涵盖电力、运输、工业、国内航空、建筑、废物和林业(作为排放和信用的来源)七个部门。此外,ETS涵盖的温室气体有CO_2、CH_4、N_2O、SF_6、HFCS和PFCS。该体系目前有2 398家注册实体,218个实体具有强制性报告和上缴义务,2 103个实体有自愿报告和上缴义务,其中大部分是1989年之后的林业活动,77个实体具有强制性报告且无退税义务,这些实体都从事农业加工活动。NZ-ETS提供25新西兰元的固定价格期权,实体可以购买单位以遵守规定,经过2020年中期的改革决议,固定价格期权将从2021年起被成本控制储备取代,并且2023年开始执行单位拍卖,逐步淘汰工业分配,ETS范围内的排放上限以及林业的平均核算也被添加到该计划中。

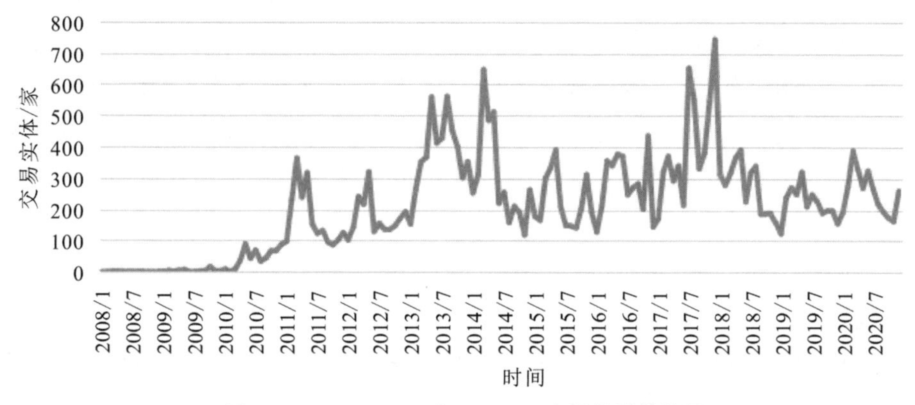

图9-3　2008—2020年NZ-ETS交易数量趋势图

数据来源:新西兰国家图书馆统计资料。

从图9-3可以看出,2008—2009年ETS还处在新生阶段,两年的总交易数量只达到了48,说明碳交易市场还不发达。但在2011年全球碳交易市场低迷的情况下,新西兰碳交易体系交易量却逆势而上,增长惊人。此后多年交易数量表现出分段式波动升高的走势,在2013年与2018年分别迎来了两次高点,交易数量分别是4 607和4 919,碳交易市场迅速成长。近三年来NZ-ETS趋于稳定,每月的交易数量在250之间浮动,形成了越来越成熟的碳交易体系。

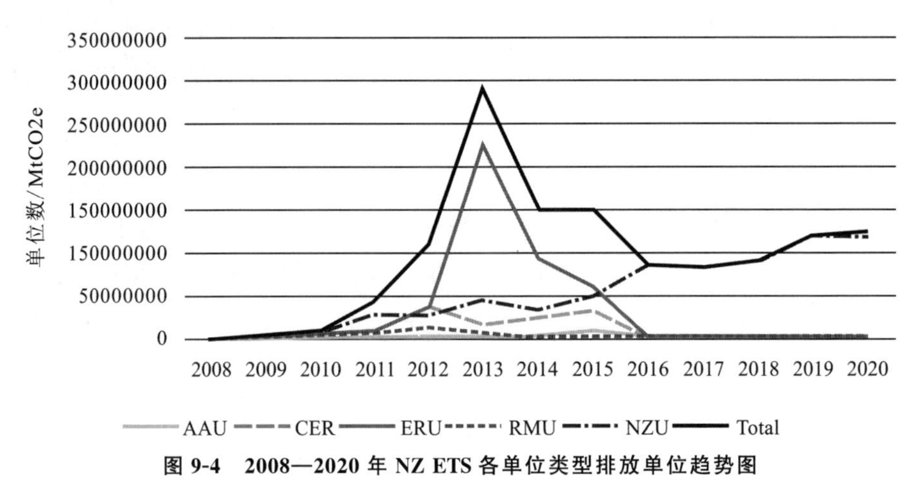

图 9-4　2008—2020 年 NZ ETS 各单位类型排放单位趋势图

AAU:分配数量单位　CER:核证减排量　ERU:减排单位　NZU:新西兰排放单位

数据来源:新西兰国家图书馆统计资料。

如图 9-5 所示,2008—2020 年 NZ ETS 各单位类型碳交易排放单位趋势有很大的不同。以 2014 年为分界点,2013 年前 CER、ERU、RMU 主要呈现增长趋势,尤其是 ERU 碳交易量飞涨,从 573 469 $MtCO_2eq$ 增长到 222 152 508 $MtCO_2eq$。2013 年后,三者呈现下降趋势,甚至从 2016 年开始,CER 和 RMU 的交易数量直接为 0,但 NZU 的交易数量却呈现一路增长的趋势,并且总的交易量也主要由 NZU 交易提供。这是因为 2012 年年末国际碳信用额市场供给严重超过需求,导致价格呈现一路下跌的趋势,新西兰政府就对国外碳排放权市场进行了限制。甚至在 2015 年 11 月之后,国际交易全部被国内交易所取代,RMU 转为 0,交易单位主要转向 NZU。

碳价格是 ETS 中的一个关键因素。值得注意的是,2011 年年初至 2012 年年底的碳价格下跌,以及 2013 年的价格分离,是由于截至 2013 年 12 月京都议定书排放单位的使用和供应充足所致,该政策公告改变了某些类型的排放单位在 NZ ETS 中退还的资格。剔除价格差异因素,多年来 NZ ETS 碳价格在不断提高,从 2009 年的 20.00 新西兰元/吨增长到 2020 年的 64.50 新西兰元/吨。

(二)对碳排放交易的管理情况

碳排放交易市场的顺利开展和蓬勃发展离不开各国政府对碳交易市场的管理,并且每个国家的管理程度、管理方式、管理机构都有自身特色。本节将从立法、管理机构、系统、监测等层面介绍日本、韩国、新西兰三个国家对碳排放交易市场的管理情况。

1. 日本碳排放交易管理情况

在立法层面，日本先后通过了《京都议定书》和《全球气候变暖对策推进法》，但二者之后都没有在全国范围内持续进行实践，最后在2010年地方政府先开始施行政策，在东京设立了总量减少义务和排放交易制度(限额与交易制度，Tokyo Cap-and Trade Program，TCTP)，TCTP通过对企业进行定期报告、严密监控、认证机制等方式来促进企业积极落实碳减排和碳交易，如果有企业未能在规定时间内根据配额落实到位，则会被予以一定的惩罚。

在管理机构层面，全国性的碳交易市场主要由环境省和经济产业省两者共同协作来管理，两者的职能有所区别。但由于日本的碳排放权交易体系并没有在全国范围内开展，所以最主要的东京都交易系统是由市政府来主导的，以强制性为主，紧随其后的还有埼玉县碳排放交易体系也采用的是总量减少义务和排放交易制度，京都的碳市场则采用的是企业自愿参与的交易方式。

在系统层面，日本碳交易市场主要由东京系统、JVETS、JVER、JEETS、京都信用等支持，其中JVETS系统主要针对低能耗产业，JVER系统主要针对林业，JEETS由经济贸易产业省设立，主要针对大型、高能耗企业。全国层面的系统不以强制性为主，而是以自愿参与为主，因此碳交易市场无法在全国范围内得到有效的开展，成效较差。相反，东京的总量减少义务和排放交易制度形成的碳市场则是以强制性为主，制定了较为严格和规范的标准，公司进行交易更加有迹可循，成效也比较显著。

2. 韩国碳排放交易管理情况

在立法层面，2010年韩国出台了第一个也是最高的法律基础文件——《低碳绿色增长基本法》，规定了包括促进企业绿色管理，支持和促进金融、能源政策的基本原则，以及适合气候变化的基本方案的条款，还制定了能源的基本规划和应对气候变化的中长期计划，明确了政府要发挥的市场作用和领导作用，国家、经营主体、公民的责任。随后韩国在2012年通过了《温室气体排放配额分配和交易法》及其执行法令，对温室气体配额及碳排放交易市场等进行了具体的规定。

在管理机构层面，KETS的管理主要由环境部(MOE)和经济财政部(MOEF)负责。2016年管理权从MOE转移到MOEF，到了2018年1月责任又被转移回 MOE，尽管 MOEF 仍然主持分配委员会。韩国交易所是碳排放交易市场的主要平台，温室气体研究中心（GIR）则是注册和技术实施中心，定期发布包括关键排放统计、市场绩效指标和对涵盖实体的调查结果的摘要（评估）报告。

在监测层面，韩国碳排放交易体系具有不同不确定度和数据要求的计算法，特殊的是对于某些设施要求采用 CEMS。同时，韩国还建立了有公信力的惩罚制度来处理不履约行为，对于未履约的配额缺口最高可处以给定履约年度平均市场价格 3 倍的罚款或 100 万韩元/吨（约 92 美元/吨）。

3. 新西兰碳排放交易管理情况

在立法层面，2002 年新西兰出台了《2002 年气候变化应对法——第 4 部分新西兰温室气体排放交易计划》。为了将新西兰的关键气候变化纳入法案，该法还纳入了《2020 年气候变化应对（排放交易改革）修正法》和《2019 年气候变化应对（零碳）修正案》，就此完成了全面的立法改革。"零碳法案"详细说明了到 2050 年的韩国国内目标，建立了气候变化委员会，并授权其制定和满足五年国家排放预算。

在管理机构层面，ETS 由三个政府部门负责：环境部（MOE）、农业和林业部（MAF）、经济发展部（MED）。

环境部职能：负责气候变化政策的制定，包括根据该法案制定法规和排放单位分配计划；负责投票气候变化中 ETS 交易的财务预测和报告，包括支出拨款的管理。

农林部职能：负责制定林业和农业部门的法规和排放单位分配计划；负责处理林业部门的参与者申请和排放申报表，以及林业分配计划下的 NZU 申请。

经济发展部：负责处理林业以外所有部门的参与者申请和排放申报表；此外。

在执行层面上，新西兰配有国家注册处 NZEUR（New Zealand Emission Unit Registry），NZEUR 就像一个网上银行系统，包含多个账户，并允许在这些账户之间转移单位。NZEUR 的功能是跟踪其持有的《京都议定书》各单位和交易情况，并与海外登记册和秘书处向《气候公约》保存的国际交易日志交换信息。此外，NZEUR 还跟踪 NZU（New Zealand Unit）的持有和交易，包括将 NZU 转换为 AAU（Assigned Amount Unit）。碳交易的参与者需要在 NZEUR 上注册账号，并能够登录以管理他们的单位。

在监测层面，新西兰碳排放权交易体系针对每个行业都提出了具体的方法。一般来说，计算排放时使用能源/物料投入的活动数据。排放因子由管理部门规定，但各实体可以申请采用自身的排放因子。大部分排放活动必须使用测算法作为标准方法，但也存在特殊规定，在燃烧废油、废轮胎或城市废弃物的情况下，应使用 CEMS。

新西兰要求 NZ ETS 参加方参照 IPCC 方法自我评估排放量，采取月报、季报、年报的方式提交排放报告，政府再通过审计部门核查其是否合规。如果企业未能履行减排义务，政府会采取一定的惩罚措施，还要同时承担民事或者刑事责任。对于没有按照对应标准达到减排的企业，监管部门会处以罚款，每一吨配额缺口将被处以现行市价 3 倍的现金罚款，还有被定罪的可能。

（三）碳排放信息披露的做法

碳达峰、碳中和目标下，企业碳排放信息的披露也越来越受到大家的关注。目前碳排放信息在世界范围内还没有得到充分且规范的披露，政府和企业都还在不断探索中，有很长的路要走。日本、韩国、新西兰三个国家碳排放信息披露的做法不尽相同，取得了不同的成果。

1. 日本的碳排放信息披露

日本在 2006 年进入世界碳排放披露项目（Carbon Disclosure Project，CDP）进行公司碳排放的披露，CDP 调查内容主要有温室气体排放核算、低碳策略、碳减排的公司治理。CDP 日本报告显示，2006—2008 年有 150 家上市公司参加了此调查项目，该数据在 2019 年得到了增长。富时日本指数对 500 家公司进行了受访（以下简称“日本 500”）。在年复一年碳排放越来越得到关注的同时，日本自愿受访企业的数量也在增加，目前受访的还包括了日本 500 以外的企业。2019 年日本共有 578 家企业根据碳披露项目披露了环境和气候影响（ADB 2020），在日本 500 强企业中，有 36 家公司（12%）获得 A，58 家公司（19%）在 2019 年排名 A－。大多数公司（112 家公司，占 37%）得分为 B，得分领先的行业是食品、饮料和农业，可以看出日本在气候变化方面做出的努力。此外从受访率来看，在信息披露方面制造业和材料部门的受访率高，分别为 83%和 80%，同时服务和零售行业比率较低，分别为 46%和 40%，仍然有很大的信息披露空间。

日本第一次提到将 ESG 信息和可持续发展纳入公司出具的单独报告中

是在 2015 年，这一年出台了《日本公司治理守则》，要求各个公司应该积极地将环境与治理结合起来并充分对外披露。强制披露和“强制披露＋不遵守就解释”是目前主要的碳排放信息披露的两种方式，日本采取的就是后者，这意味着如果没有足够的信息可以披露，报告组织可以解释而不是披露。

随着气候问题越来越得到重视，日本进行碳排放披露的企业数量增多，以前需要进行碳排放披露企业的标准是年度能源消耗量达到 1 500 万升、超过 21 个雇员并且碳排放量达到 3 000 吨的企业，后来需要进行碳排放披露企业的标准是年度能源消耗量达到 150 万升的企业。

除了参加 CDP 和进行 ESG 披露，日本在碳排放披露方面还做出了更多的努力。截至 2021 年，258 家公司采用了气候相关财务披露工作组（TCFD）标准，21 家公司在 2020—2021 年根据 SASB 标准编写年报，还有部分公司使用 GRI 标准和经济行业省出台的指导标准。

东京证券交易所主板的 2 162 家公司中，共占主板市值 66％的 477 家公司选择了单独披露的模式，提供了价值总览报告。日本政府成立的可持续投资论坛每年出版日本可持续投资报告，并将于 2021 年出台日本可持续投资白皮书，汇总企业 ESG 披露情况。按照环境部关于环境披露的要求，披露的内容有总能源投入及减排对策、有害气体排放及消减对策、化学物质排放及处置过程等。

2. 韩国的碳排放信息披露

近年，韩国公司积极加入 CDP 中对企业环境进行相关披露汇报。截至 2017 年 2 月，在参加 CDP 项目过程中，韩国 31 家银行、资产管理公司和证券公司等金融机构正在作为签名组织参加。据 CDP 韩国 2017 年年度报告，250 家公司共有 74 家公司正在回应，响应率约为 30％。与 70％～80％的海外 CDP 响应率相比，国内公司的响应率更低。

在国内主要企业，ESG 信息以“可持续经营报告书”的形式自主公开披露。报告载有与 ESG 有关的信息，包括二氧化碳排放量、公司治理和两性平等状况。韩国每年有 100 多家公司出版《可持续发展报告》，但这不是强制性的，以 2019 年为基准，在双交所披露的公司只有 20 多家。

然而近年韩国金融相关委员会和证券交易所一起制定了一份关于 ESG 信息披露的政策，该政策规定了未来在不同的阶段纳入碳信息披露框架的企业以及碳信息披露的具体内容。在 2025—2030 年间，如果公司符合政策规定的披露条件，将被强制要求公布其与 ESG 有关的投资或公司相关数据与信息。在完成第一阶段计划之后，韩国的上市公司都将被纳入碳排放信息披露体系，成为披露的主体。韩国交易所提供 12 个项目 21 个指标供披露时参考，其中包括温室气体排放项目的直接排放量、间接排放量、排放集约度等披露指标。

此外，自 2019 年以来，韩国综合股价指数（KOSPI）上的资产在 2 万亿韩元（约合 118 亿人民币）及以上的公司，都必须披露《公司治理报告》和《交易所报告》。

3. 新西兰的碳排放信息披露

2020 年 12 月，新西兰已经制定了碳中和政府计划（CNGP），以加速公共部门的减排。该计划的目标是从 2025 年起使公共部门内的一些组织实现碳中和。CNGP 的参与者应每年测量、验证和报告其排放量；引入减少组织排放的计划；抵消 2025 年的剩余总排放量，实现碳中和。

到 2022 年 12 月所有部门、部门机构和非公共服务部门将报告其排放情况，并公布 2021/2022 财政年度的减排计划，包括总减排目标。

到 2023 年 12 月所有 Crown-Crown 代理商均应报告 2022/2023 财政年度的排放量并发布减排计划（有待协商并建立政府所有指示），鼓励新西兰储备银行、议会办公室和高等教育机构（包括新西兰技能与技术学院）报告其排放量并发布 2022/2023 财政年度的减排计划。

此前，新西兰在不同方面进行了碳排放信息披露。新西兰银行于 2007 年成为 CDP 的成员，并响应 CDP 气候变化计划，到了 2020 年 CDP 气候变化得分为 A-。2017 年新西兰证券交易所发布了一份关于环境、社会和治理（ESG）报告的发行人指导说明，旨在配合更新后的《企业管治守则》，其中包括自愿报告 ESG 信息。自此以后，新西兰企业不断加入其中来披露 ESG 信息，碳排放信息显然也得到了报告。

2018 年，新西兰环境部针对现有财务报告无法充分披露气候风险的情况，提出了根据气候相关财务披露工作组（TCFD）下的一些指南行动来进行披露的建议。并且一个由新西兰领先企业组成的财团成立了气候领袖联盟，以鼓励新西兰商界衡量、报告和减少温室气体排放。仅仅一年后，该联盟有 119 个组织参加，占新西兰总排放量的 60％以上，占新西兰私营部门 GDP 的 1/3，雇用了 17 万多人。该联盟要求成员拥有独立验证的温室气体足迹，采用基于科学的减排目标，评估和公开披露气候变化风险，并积极支持其员工和供应商减少排放。

2021年4月12日，新西兰政府向议会提交了一项综合法案，旨在对金融业企业提出强制性要求。在每家企业的年度公开财务文件中，披露将在“遵守或解释”的基础上进行，这意味着如果没有足够的信息允许披露，报告组织可以解释而不是披露。温室气体排放的披露需要经过独立审计，披露必须符合XRB设定的标准。

新西兰要求大约200个实体提供与气候相关的披露，这些气候报告实体包括：

(1)所有注册银行、信用合作社和建筑协会，总资产超过10亿美元。

(2)所有管理总资产超过10亿美元的注册投资计划(受限计划除外)的经理。

(3)所有管理的资产高于10亿美元或年毛保费收入高于2.5亿美元的持牌保险公司。

(4)大型上市发行人。如果股票发行人所有股本证券的市场价格超过6 000万美元，则股票发行人规模较大；如果其报价债务的面值超过6 000万美元，则债务发行人规模较大。

在成长型市场上市的发行人被排除在气候报告实体定义之外。外部报告委员会曾发布过碳信息披露的多个标准，出具报告的企业将选择一个或多个标准进行披露。企业披露的信息包括气候变化风险、排放指标、排放成本、排放控制、排放目标、气候变化举措。

(四)促进碳排放信息披露的经验措施

1. 完善碳信息披露法律体系

从日本、韩国、新西兰等发达国家对碳披露相关环保法律的建立来看，立法是规范企业并促进企业进行碳信息披露的重要举措。其中，日本与环保有关的法律制度已经达到700多部。例如《全球气候变暖对策推进法》正式引入并执行针对排放大户的“温室气体排放强制计算、报告和披露系统”，《日本公司治理守则》对ESG框架下的碳排放披露进行了相关的规定。由于法律依据足够完善，日本很多企业已经形成了常态化定期披露的意识。

新西兰制定了碳中和计划并且提交了相关的《气候法案》，这部法案是通过修改和完善《2013年金融市场行为法》《2013年财务报告法》和《2001年公共审计法》来形成对碳披露体系的新要求，旨在确保在商业、投资、贷款和保险承保决策中经常考虑气候变化的影响，为碳排放信息披露提供了相关的立法依据。

2. 制定第三方监管体系

有效的监管体系有利于企业自觉遵守政府提出的向外部披露碳排放等环境指标的方案，根据企业实际出具相应的报告。例如日本在监管方面就有设置专门的机构，不管是在中央还是在地方政府，环境评议会作为监管部门，相应的检查机构独立行政并主导评议会，参与的人员还有环境学家和非营利组织，相关专业人员的参与不仅能使检查碳排放信息披露的公正性和准确性增加，还能够为企业答疑解惑，提供咨询。

3. 健全碳信息披露报告体系

健全碳信息披露报告体系，不仅要完善披露方法，也要完善披露指标。例如日本除了参加 CDP 和进行 ESG 披露，258 家公司还采用了气候相关财务披露工作组标准，21 家公司在 2020 年和 2021 年根据 SASB 标准编写了年报。此外，东京证券交易所主板的 2 162 家公司中 477 家公司选择了单独披露的模式，提供了价值总览报告。韩国每年有 100 多家公司出版《可持续发展报告》，自 2019 年以来符合标准的公司还必须披露《公司治理报告》和《交易所报告》，披露的指标也在逐渐完善，共有 12 个项目 21 个指标，其中包括温室气体排放项目的直接排放量、间接排放量、排放集约度等披露指标。新西兰更新了《企业管治守则》，其中包括自愿报告 ESG 信息，此外披露还在"遵守或解释"的基础上进行，相关的碳排放报告在每家企业的年度公开财务文件中，并需要经过独立审计，披露报告还必须符合外部报告委员会设定的标准。

第十章　碳排放信息披露的影响因素

一、宏观因素

（一）监管压力

制度具有约束和影响企业行为的职能。从本质上来讲，制度最重要的就是合法性，企业进行的行为就是在获取社会的合法性。换句话说，就是企业的行为在社会规范、价值和信仰所规定的体制中被认为是合理的、恰当的，因此在环境问题上必然少不了政府干预。

对于非财务信息而言，企业没有责任和义务对其进行披露。但是利益相关者理论中提到，企业需要关注政府、债权人、管理者、股东等多方的整体利益。虽然碳排放是非财务信息，但是由于其利益相关者需要根据这项信息进行决策，因此企业想要得到利益相关者的帮助就需要披露此项信息。政府作为利益相关者中的一分子，同样需要利用企业的碳排放信息进行决策，从宏观层面发挥调控作用。

由于上述原因，政府在对企业进行监管的时候，会促使企业披露更为详细具体的碳排放信息。基于监管压力，企业会更加注重节能减排以及新型能源的开发。因此，政府的监管越严格，企业就会越主动地进行节能减排，所披露的碳排放信息就越详细具体。

（二）经济压力

Luo 等（2012）通过对 500 家企业的碳排放信息披露的项目进行调查研究

发现，经济压力是影响企业是否主动进行碳信息披露的关键因素。该研究还认为社会和政府是企业进行碳信息披露的第一驱动力，而非股东或债权人等直接与企业相关的利益相关者。这里所指的经济压力并非微观上企业自身的资金或资源的压力，而是指碳税、碳费以及碳排放许可的一些强制性成本的压力。政府为了激励企业减少碳排放、提高能源利用效率，会对企业收取碳税以及碳排放许可证相关费用。

爱尔兰、澳大利亚等国家已经存在碳税的征收，而我国也在 2009 年开始讨论征收碳税。在对其他国家实施碳税之后的经济效果进行分析之后发现，碳税的征收会减少企业的碳排放量，同时也提高了新能源的价格。同时，政府还会对碳排放量有所减少的企业进行碳税的优惠，这会极大地增加企业进行碳排放信息披露的积极性。企业会减少碳排放，来降低碳税以及节约成本，并进行新型能源的开发，以此来取得碳税优惠。所以，由碳税、碳费及碳排放许可权所产生的成本对企业所造成的经济压力，会对企业的碳排放信息披露产生正向影响。

综上所述，企业所面临的经济压力，会促使企业更为详细地披露关于碳排放方面的信息。此外，随着碳税政策的完善以及碳排放权许可证取得成本的规范，会有更多的企业自愿披露碳排放的相关信息。

（三）社会压力

在社会以及市场不断完善的今天，社会公众会更加关注企业所披露的信息，从而发挥自身的监督作用。这种监督作用，会对企业披露的碳排放方面的信息质量及披露的积极性产生正面作用。这种社会压力一般分为两种：

1. 新闻媒体对企业的压力

首先，对于社会公众来讲，新闻媒体发挥的是传递信息的作用。新闻媒体将企业披露的信息向社会发表公布，社会公众通过报纸、网站以及新闻 App 来获取此类信息，进而实现对企业的社会监督。然而对于企业来讲，可以通过新闻媒体所公布的信息来维护自身形象，根据 CI 理论，企业形象是一种长期的战略投资，从长期来看，企业的收益大于投资。因此，通过新闻媒体维护自身形象会对企业产生正向影响，而详细及时的碳排放信息的披露可以树立企业良好的企业形象。

2. 审计师对企业的压力

审计报告是连接专业和非专业的桥梁，专业的审计人员对企业进行审计之后提出自身的审计意见，并给出自己的建议，以此来监督企业。会计师事务所在审计后所出具的审计报告具有权威性、专业性以及客观性等特点。因此经过事务所审计的碳排放信息更为真实可靠。此外，排名靠前的会计师事务所拥有独立的客户来源，对客户的依赖性弱，这对于维护自身的专业信誉形象尤为重要，所以，一般情况下，会计师事务所会更加倾向于设置严格的标准，而且规模较大的会计师事务所拥有自己的独特的审计流程以及标准，对企业所披露的信息要求更高。因此，这方面的审计压力会要求企业披露更为严格细致的碳排放信息。

（四）合法性压力

根据合法性理论，企业为实现自身长期经营的合法性，并自愿执行本企业的“社会契约”，能够更为详细且广泛地披露自己的信息。企业在制定战略、实现自身经济发展的时候会面临不同的利益相关者，站在多元化的经济以及社会立场上对企业实施不同程度的合法性压力。进行信息披露是缓解合法性压力最为高效可行的选择之一，因为企业与不同立场的利益相关者之间存在信息的不对称性。对于处在成长期的企业来讲，按照法规规定的内容进行信息披露显然不能满足利益相关者要求的质量，故企业通过信息披露来减弱信息的不对称是最佳方案。

当企业意识到外部的政府或其他利益相关者即将进行干预或者施加压力时，企业会选择社会责任方面的信息进行披露，并以此作为应对压力的措施。而当企业面临合法性危机时，利用社会责任的相关信息披露可以改变社会或利益相关者对企业的不良印象以及舆论。因此，无论是事前准备还是事后补救，社会责任信息的披露都能够对企业产生正面影响，故而企业会更积极地披露这方面的信息。

在世界对环境问题愈发重视的今天，生态问题对经济的影响也愈发强烈。原本的高耗能、高碳排放也逐渐被低碳环保的生活方式所取代，人们都将低碳生活理念当作一种普遍认同的社会价值观。在某些领域内，企业的碳排放不仅会对自身的经营活动以及财务状况产生直接影响，还会对企业未来的发展产生影响。企业的利益相关者也会基于不同立场对企业所需要履行的减少碳排放的社会责任以及参与碳排放权交易的积极程度给予企业不同的合法性压力，这会对企业的碳排放的信息披露产生不同的要求。此时，企业披露准确及时的碳排放信息是最为有效的解决途径。

（五）制度环境的规范

制度环境意味着来自企业外部的监督管制压力，产权不明晰的环境遭到污染破坏是经济负外部性的典型表现。企业经营对环境造成污染，如钢铁厂排放的废气和造纸厂排放的污水等，企业之外的个人和政府用个人的健康和政府治理成本为企业对自然环境造成的损失买单。为了补偿受到不利影响的市场主体，市场需要更加有力的手段进行干预，而这种干预具体表现为政府的制度规范。

规范市场制度环境传递的管制压力促进了碳信息排放工程中企业的参与度，如限制或禁止高碳产品的生产销售流通能够促使企业按照碳排放标准改进工艺流程，加快产业低碳化转型，在碳排放信息带来的效应趋于正面的时候，企业也就更有意愿和动力进行披露。而合规完善的信息披露也塑造了一个承担社会责任的正面形象，能够帮助企业赢得良好的社会声誉。相反，如果企业面临的制度环境过于宽松，低碳减排进程不尽如人意，碳排放信息披露对于期望收益的影响也不大，企业很可能敷衍对待信息披露事宜，甚至不披露。

但值得注意的是，政府基于可持续发展理论干预管理市场碳排放情况，将环境负外部性损失过渡到企业身上，以促进经营主体关注环境保护。站在企业角度来看这一问题的话，碳排放信息披露事件从无到有，披露成本突然出现在利润表中，绩效压力陡增。为了适应企业设备迭代、技术升级和产业升级的进程，政府需要采取渐进式的调控方式，制度的颁布也需循序渐进，以免太大太突然的经济压力迫使企业无心推动技术升级产业迭代反而试图将成本转移到购买产品和服务的消费者身上，违背政府初衷。

虽然在 2021 年 2 月 5 日，中国证监会发布的《上市公司投资者关系管理指引（征求意见稿）》要求上市公司在进行信息披露时加入公司的环境保护、社会责任以及公司治理方面的内容，然而我国目前暂时还未正式出台成熟的碳排放权交易管理条例，因此在碳排放信息披露的立法方面仍有不足。

首先，在法律法规上，缺乏碳排放权信息披露制度的相关依据。我国虽然推行了碳排放权交易市场的试点工作，但没有整体的机制和法律的规定，仅仅要求各地区自行立法。而各地立法要求的披露范围不尽相同,我国碳排放信息披露的立法基本上基于地方法律法规,效力层级低。因此,我国需要构建系统完善的碳排放信息披露法规。

其次,我国目前关于碳排放信息披露的规定指导性较弱。这主要体现在:我国目前的规定大多是原则性法规,没有出台具体的配套细则,导致可操作性较弱。没有形成系统完善的信息披露机制,中央政府和地方政府的信息公开职责没有清晰的划分。此外,具体信息披露细则也没有详细的说明,如企业该在何平台进行碳排放信息的披露,该披露的信息都包括哪些方面,定期公开期限是多长等等。这些细则均未得到说明,而这些仅靠企业自觉显然不够,因此该方面的法律风险会对企业碳排放信息的披露产生正向影响。

最后,法律上关于碳排放信息披露的激励机制不健全。我国暂行的《碳排放权交易管理办法(试行)》并未明晰对企业的激励机制。根据企业社会责任理论,企业有责任维护社会及公众利益,但作为追求最大利润的企业,显然维护公共利益对于企业来讲是高成本的回报的行为。因此需要政府在法律法规上对企业进行激励,而我国显然缺少这一激励机制。缺少激励机制的市场,会因为信息的不对称,加剧市场主体之间的博弈现象,单纯的信息披露会降低企业信息披露的质量。反之,引入适当的激励政策,既会增加企业对碳排放信息披露的自愿性也会增加其披露信息的质量。

(六)碳排放奖惩机制的分配强度

企业的碳排放披露和碳管理都存在成本,只有当积极主动披露带来的经济收益足以覆盖披露成本支出时,或者不披露带来的惩罚对企业效益带来的冲击足够大时,企业的碳排放信息披露和碳排放管理才会有足够强的经济动力。碳排放奖惩机制能够对企业收益进行二次分配,将碳负债附加给无法实现碳减排目标的企业,将碳资产授予完成碳减排工作的企业,凸显的是社会公平问题。碳排放奖惩机制的分配作用能够有效地转嫁错配的环境污染治理成本,将环境负外部性的损失账单移交给当事企业支付。当分配的强度足够大时,理性的企业才会愿意出面应对气候变化问题,应对温室气体排放问题,融入实现碳中和碳达峰目标的队伍中来,积极披露企业碳排放信息,加快低碳转型步伐。

同样,实施碳排放奖惩与制度环境因素具有相同的要点——引导示范为主，目的是发挥管控作用。在碳管理过渡阶段，可以将一些单位如国有控股企业、大型上市企业或碳密集企业列为重点考察对象，对碳排放及碳管理过渡阶段的工作成果予以公示，公布示范企业获得的激励与处罚，起到规范披露碳排放信息的作用。

二、企业外部微观因素

（一）信息共享程度

在市场经济中，交易主体双方无法拥有对方的全部信息，而这种信息不对称一定会导致信息拥有方更为注重自己的利益并使信息较少方利益受损。在碳排放权交易市场上，也存在信息不对称现象。

首先，碳排放指标完成不好的企业可能会因为自身形象，捏造碳排放信息，而导致碳排放信息披露不实。碳排放指标完成优秀的企业，可能会背负较多的碳排放成本，进而导致企业盈利数据下降，人们会在主观上判断该企业经营不善，却不知道具体原因。企业外部的利益相关者不知道企业内部的具体信息，因此可能会作出不当的决策。从信息披露上看，前者虽然信息比较“好看”，后者却因为碳排放指标完成而导致成本增加，所披露的信息没有前者美观，因此无法掌握完整信息的人们可能会认为后者经营不善，从而出现逆向选择现象。

其次，供应链之间的企业的信息共享也会对碳排放信息披露产生影响。处在供应链上游的企业积极进行信息共享，不仅能够向下游企业传递信号，加强企业间的合作，也能减小供应链企业之间的隔阂，企业也能够因此而降低成本。在当前主流的碳排放权交易模式下，只有企业的碳排放权需求对市场而言是透明的，且外界碳排放权供给量也是透明的，才能有效地打开市场，为企业获利。此外，当供应链上下游企业间信息共享程度高的时候，也会形成规模效应，既能够减少企业获取碳排放权的成本，也保证了企业能够轻易达到国家设置的履约配额。企业碳排放达标之后会基于维护自身形象以及取得优惠政策等原因更加愿意披露自身的碳排放信息。

最后，信息共享能够弱化碳排放权市场上企业间的信息不对称现象，也能够弱化社会与企业间的信息不对称现象。这对于企业来讲，无论是取得外部投资资本还是获得国家优惠政策都是有利的，因为这些资源都更加倾向于碳排放目标完成较好的企业。因此，信息共享与企业披露碳排放信息的积极性呈正相关。

（二）企业所处地区的发展程度

不同发展程度的地区，人们对自身需求也会有所不同。在国家越发强调低碳环保的背景下，对不同地区的发展方向也提出了不同的要求。在经济发展程度较低的地区，为了实现高速发展，无疑会在一定程度上牺牲环境。而该地区的人们更加注重的是企业为社会所创造的价值，因此往往企业的碳排放信息并非社会公众所关注的第一信息。同理，在经济发展程度较高的地区，人们在保证了经济较为发达的时候，就不再关注地区的经济发展，转而追求低碳环保的生活。由此可见，生活在经济发达地区的人们会更加注重企业披露的信息中对碳排放相关信息的质量与比重。当人们更为需要环保信息披露时，企业交上一份令社会满意的碳排放信息的答卷对于企业来讲，会树立起良好的企业形象，反映在企业利益上便是股价以及公司价值的提高。因此，地区发展程度可以提高企业披露碳排放信息的积极性以及披露信息的质量。

其次，经济较为发达的地区能够吸引高质量人才，同时也能够提升本地区的企业管理水平。根据信号传递理论，高质量高水平的管理人员在追求企业价值最大化的同时，会更加注重企业的社会及环境效益。因此会更加愿意进行碳排放信息的披露，以此来吸引优秀的投资者，实现信号的及时传递。

最后，地区发展程度与该地区人才受教育水平呈正相关。经济发达、发展较好的地区，人才的受教育程度就越高，环保意识就越强且格局也越大，因此在进行决策时会综合考虑企业的碳排放水平、节能减排以及新型能源开发等方面的成果。当企业的碳排放信息披露完成较好的时候更加符合利益相关者理论中对企业的要求，而企业也能从中获益。

综上所述，地区发展程度越高，对企业所披露的碳排放信息要求越高。

（三）碳排放权交易市场的成熟程度

在当前市场背景下，主流的碳排放权交易模式可分为两种，即“底线与积分”模式以及“总量控制与交易”模式。而我国目前在碳排放权交易市场试点地区主要以“总量控制与交易”模式为主。这种模式是由企业对自己的“花不完”的免费额度进行售卖，之后再在不额度不足时低价买入进行获利，只要保证在来年的清缴时有足够的履约配额即可。在这种模式下，有需求、有供给，就会形成一定的市场。企业可以通过碳排放权的交易达到国家要求清缴的配额，也能从这个市场上获利。

信号传递理论认为，在企业进行战略调整后，企业外部的利益相关者大多后知后觉。由于信息的不对称性，当企业新的信息无法准确及时地传递到外部的利益相关者时，利益相关者极大可能会作出不符合市场规律的决策，造成不必要的损失。在碳排放权交易市场中，企业对于碳排放权的可供给量以及需求量等信息显然为市场所需要，这样才能让企业在此市场中达到获利的目的。

此外，碳排放权交易市场的完善以及覆盖率也会对企业的碳排放信息披露的积极性以及准确性产生影响。如前文所述，企业会以获利为目的进行信息披露，其前提是，企业本身处于这一市场中。我国已经完成了包括电力、有色金属、民航等多个领域在内的 2000 多家企业碳排放权交易市场的试点工作。随着试点地区市场的完善，这些企业的履约率达 100%，显然，企业也更倾向于积极完善地披露碳排放的信息。

（四）企业所处行业的碳密集程度

企业的资源禀赋能够影响其碳排放信息的披露。碳密集行业（火电、水泥、煤炭、电解铝、钢铁、酿造、化工、纺织、石化、建筑等）会产生更多的碳排放，从其行业特性来讲，理应受到更大力度的政府监管。为了消除社会公众对碳排放量的顾虑，传递健康经营、合规经营的信号，具有高碳资源禀赋的行业往往倾向于披露更多低碳排放循环经济和环境治理的数据资料，以此增添社会公众心中碳平衡的砝码。

同时，对于碳密集企业而言，仅仅强调排放量的减少难以实现低碳经济的持续经营，因此，对于这些行业而言，推动生产技术和设备的迭代和替换，以低碳产品和服务替换现存高碳方案，推进降低温室气体排放和低温室气体排放技术的实现更加具有持续性的现实意义。从实务操作来看，碳排放信息的披露会给碳密集企业带来资产减值损失，影响利润水平。既要实现股东的利润现金等财务指标压力，又要完成“双碳”目标，对于企业来说似乎只有利用政策优惠和资金支持这一方法才能顺利度过转型阵痛期。因此，从持续经营假设来看，在低碳经济的大环境背景下，这些企业最终都会愿意推进绿色技术革命，通过加强节能减排、增加环境治理支出披露正效应碳排放信息，以获得政策优惠和扶持，从而实现绿色技术改革的持续推进和低自主成本推进。

三、企业内部因素

（一）企业规模

社会责任理论认为，在企业规模增大的同时，企业享有了更多的权利，同时也应承担相应的责任和义务。因为当企业的规模增大时，其所进行的经济活动规模就越大，为社会提供的商品和服务就越多，生产规模会更大，也就会加大资源消耗，增大温室气体排放。对于碳信息需求者来讲，企业有责任披露信息需求者所需要的信息，也就是进行碳排放信息的披露。而规模越大的企业，需求者对这方面的要求就越高，因此，规模越大的企业就更应该积极承担这方面的责任，积极地披露企业碳排放的信息。

大规模企业对社会的影响是小规模企业无法与之相比的。大规模企业的业务范围往往更为广泛，向社会提供的商品和服务的种类更为多样，为社会作出的贡献也更多。相比于小规模企业来讲，大规模企业更能够吸引社会公众的眼球，所以更应该做好模范带头作用，积极承担社会责任，及时进行信息披露，树立企业的良好形象，提高企业的影响力。同时，当政府进行监管的时候，大规模企业会由于具有更高的社会关注度而首当其冲，监管压力相较于小规模企业也会更大。

从公司自身角度出发，大规模企业在考虑自身的长期战略发展时，需要用生产力的扩大来推动经济业务的扩张。而且企业在扩大生产时，会产生更多的温室气体，但是国家碳排放量标准不会因为单个企业业务量的增加而变得宽松。故而，公司需要释放出信号来表明自己碳排放权的需求量更多，所以企业会更加愿意披露碳排放的相关信息。因此，企业的规模与其碳排放信息的披露存在正相关性。

（二）企业治理结构

委托代理理论认为，企业的所有者需要委托专业的管理者来管理企业的生产经营活动，来提高工作效率。但是由于信息的不对称性，所有者在将管理权委托出去之后，在了解企业内部经营状态的时候会有一定的障碍。在社会更加注重低碳环保的今天，企业进行更为科学的低碳生产所获得的收益更多，同时也可以提高企业的社会形象。因此所有者希望管理者能够完成企业的碳排放目标，同时积极地响应环保政策，以较少的碳费投入来获得较多的回报。企业希望以此来获得利益相关者的信赖同时也能够获得政府的相关资源的倾斜，促使企业向更好的方向发展。

我国的控股股东分为国有控股股东和私有控股股东。对于由国有控股的企业来讲，直接受到政府的监督，因此其受到的监管压力比其他企业更大，对碳排放信息的披露水平要求更高。此外，作为企业内部的监督者，大股东所占的比例一定程度上代表了股权的分散程度。倘若企业的股权较为集中，大股东有可能会因为自身的利益，牺牲小股东的利益并要求管理者选择性地披露碳排放的相关信息。这样会造成碳排放信息披露不完善的后果。相反，如果股权相对分散，管理者受股东的影响较小，因此会基于商业道德及企业发展需求进行较为完善的信息披露。

随着低碳减排工作的持续推进，企业管理者接收到市场传递的能源成本变动、供应链不稳定和消费受众环保理念改变消费行为等消极信号，为了稳固自己的业绩，完成绩效指标，他们寻求技术改造，配合政策完成转型的愿望会较为强烈。此外，由于股权的分散，经营管理决策方面来自企业内部的压力受到的限制会减弱，在面对市场传递的各类信号时，管理者会有更大的自由度完成产业变革，促使产品和服务契合市场和政策的要求，落实节能减排，保障公共产品的可持续良性发展。当股权集中掌握在大股东手中时，来自社会公众的股权约束力降低，无法以社会责任理论直接影响企业的经营决策，不利于社会层面监督企业的运营，难以实现促进企业积极承担社会责任披露碳排放信息的想法。

（三）企业财务能力

信号传递理论认为，盈利能力强的企业更有意愿向社会传递积极信号，来扩大企业影响力。在向社会传递积极信号的同时，能够让信息需求者了解企业的相关信息，进而做出企业具有较大发展潜力的判断，从而吸引更多的投资。故而，公司的盈利能力越强，进行碳排放信息披露的意愿就更强烈。再者，市场上消费者跟企业之间存在信息不对称现象，可能会出现柠檬市场现象。这是一种畸形的市场形态，即消费者无法对市场上的商品做出准确的价值判断，只能通过商品的平均价格来判断商品价值，因此高出平均价值的商品会遭到消费者的排斥。同时，一些拥有质量高于一般商品的企业，会因为成本较高而使得高质量商品遭到淘汰，进而使市场上出现"劣币驱逐良币"的现象。而积极地披露信息有助于消费者了解企业的经营状况，从而做出准确的价值判断，为企业带来忠实的消费者，因此盈利能力强的企业会更愿意进行相关信息披露。此外，积极的碳排放信息披露有助于营造企业在消费者心目中的美好形象，更容易提高消费者的忠诚度。

根据可持续发展理论，企业为了实现持续时间更长、成长前景更好的目的，会更加重视资源利用率的最大化，也会更倾向于向公众宣布自己在利用资源方面的成果，表现形式即为碳排放的信息披露。倘若企业处于高速发展时期，提高市场占有率、吸引投资以及吸引消费者都是处于这一时期的企业所重视的。而进行积极的碳排放信息披露能够宣布企业优秀的低碳文化、强大的发展潜力以及企业的实力等，并且可以向公众、潜在投资者以及利益相关者表现企业的可持续发展潜力。因此，发展能力对企业的碳排放信息披露具有正相关性。

（四）控股股东性质

依据控股股东性质可以将企业分为国有控股、集体控股、私人控股、港澳台商控股、外商投资等控股形式。相比于其余四种控股形式，国有控股单位不仅需要盈利目标，还需要积极主动地承担社会责任，贯彻落实国家低碳发展绿色经济目标。例如，国内三大电信运营商在基站建设时不仅要基于利润目标考虑人群分布，还要保障全国各地用户的通信需求，边远山区也不例外。新冠肺炎疫情肆虐期间，三大通信运营站第一时间优化基站建设，为雪山顶听网课的孩子做好技术保障，让他们在家就能听网课，彰显了国有控股企业的有为担当。面对四通一达的高效运输压力，中国邮政不仅在提高快递速度上下功夫，还将快递网络覆盖率做到全国第一，北至漠河，南到三沙，都能够看到中国邮政的标志，5000米海拔中国邮政的服务依然能够送达，保障最后一公里的快递运输体现了中国邮政的国企风范。

在绿色循环低碳经济呼声高涨的时代背景下，这些国有控股企业在实现收益之时依然要考虑国家使命，肩负起环境效益的责任，扎实稳步推进企业内部的节能技改、循环利用和节约资源工作，主动全面披露企业碳排放信息。因此，比起非国有控股企业，国有控股企业在利润之外还肩负着社会责任，考虑社会效益和环境效益，更加关注可持续发展，能够更加严格地按照政策要求披露高质量碳排放信息，完成节能减排任务，实现双碳目标。

（五）股东激进主义

股东激进主义是指企业外部股东积极参与、干预企业重大决策的行为。前文提到过，倘若企业的股权较为集中的话，大股东有可能会因为自身的利益，牺牲小股东的利益并要求管理者选择性地披露碳排放的相关信息。而股权分散的企业中，管理人员会基于自身商业道德选择完善的碳排放信息披露。但是，在信息不对称的情况下，难免会出现管理层监守自盗的现象，因为在股权相对分散的企业中，单个股东所拥有的力量在企业间无法形成有效影响，难以对代理人实现有效的监督和约束。因此就出现了企业外部的股东集中力量，从外部对企业进行监督，具体表现为机构投资者利用技术分析监控企业和管理者的行为。这种行为会在一定程度上解决企业中对代理人的激励和控制问题，进而保证企业碳排放信息的质量。

Wegener(2010)利用二元回归分析和跨部门分析方法证明了股东激进主义是企业披露碳排放信息的重要影响因素。外部股东所持有的股份与公司的表现存在极大的相关性，因此，外部股东有极大的动力对企业进行监督与干预。而企业所披露的碳排放信息的质量和效率，一定程度上能够影响企业的表现及形象，这就与外部股东的利益产生了关联，故而外部股东会对企业碳排放方面的信息披露有更为严格的要求。综上所述，股东激进主义与企业碳排放信息披露存在正相关性。

（六）融资需求

企业的会计信息需要提供给各相关利益方，因此会计信息的一大质量要求就是可理解性，要求会计信息便于理解和利用。碳排放信息的披露也同样需要具备这一特点。国内的碳排放信息还在起步摸索阶段，对于企业来说从现存生产经营模式转型为符合低碳标准和要求的生产经营模式还存在四类转型风险——政策法律风险、技术风险、市场风险和信誉风险。这些风险的存在让企业的销售市场具有很大的不确定性，这一点是企业与投资者的共识。为了正确评估风险的量级、企业偿债能力、资产保值性和资金安全性，在期望报酬率基本保持不变的情况下，债券人和潜在投资人愿意看到企业披露更多与环境风险相关的信息，比如企业制定的碳减排目标及实现路径、清洁能源的开发支出、治理环境负外部性的成本支出、碳减排的投入资金及成果产出、量化"双碳"目标对企业的冲击及潜在影响数据等。面对披露片面不完善的企业，投资者青睐于更保守的投资策略和更谨慎的投资态度，避免面对不确定性风险时因信息不对称发生额外损失。面对投资者对碳信息披露的无形要求，具有融资需求高依赖程度的企业为了获取大额融资平衡资金成本，将不得不积极推进企业的碳排放信息披露进程，遵守会计信息质量要求，主动提高碳排放信息披露水平。

（七）企业 ISO14000 环境管理体系认证情况

ISO14000 环境管理体系认证的途径是考察评估企业建立的环境管理体系，通过认证之后如果企业违背认证要求造成环境危害或更改环境管理体系就可能暂停或撤销这项认证。通过 ISO14000 认证能够体现出企业提供产品和服务的合规性和环保性，意味着企业采用的生产工艺、采购的原材料、销售的终端产成品以及售后处理方式符合环境保护方案要求。一般而言，通过 ISO14000 环境管理体系认证有利于弱化"双碳"目标对企业经营生产的冲击，有利于缓冲低碳经济碳排放交易市场带来的风险强度。

环境管理绩效表现亮眼的企业倾向于充分披露信息。根据信号传递理论，由于信息不对称，企业试图通过向外部人员传递企业信息，使其对企业形成全面客观充分的了解。正面的企业形象能够使企业获得社会的认可甚至直接影响企业的利润水平。国货品牌鸿星尔克竭尽所能地为河南水灾捐款，彰显了民族企业的担当与情怀，在亏损的情况下捐款5000万元引发一众网友“野性消费”，扬言要让鸿星尔克的缝纫机踩到冒烟就是最典型的例子。相较于没有通过认证的企业，通过认证的企业往往有更强的经济动机披露其碳排放信息，报告其在环境保护和节能减排方面的投入和成绩，展现其与公共环境良性交互的动态及创建绿色企业的决心，传递其正面的形象及健康稳定的企业经营状况。

不仅单一的环境管理体系认证通过指标能够影响到企业的披露数量和质量，认证通过的时间也会产生显著影响。企业越早获得ISO14000认证，就会越重视企业生产销售的环境影响，“双碳”目标带来的影响冲击越小，企业碳排放信息披露情况越好。位居2020年高碳行业上市公司碳排放强度榜单100位的中国铁建股份有限公司，2012年获得ISO14000认证，2008年来每年都会发布企业年度环境信息，迄今为止共发布13份社会责任报告。在2020年度的社会责任报告中，中国铁建从四个方面履行环境社会责任：绿色管理、绿色施工、节能减排和绿色运营。[①] 2020年，中国铁建的环保总投入高达153219万元，组织人员排查环境保护问题，年度共排查环保问题10655个，整改完成率达100%；多次组织节能环保管理干部培训班，培训人次接近万人次，培训覆盖95%的干部员工；施工过程倡导“绿色工程”理念，施工时多强调降低植被破坏，减少山体开挖；在设计施工中采取多种措施节约用水，打造节水型企业，实现企业与环境的友好协调发展；重视资源再利用，在许昌市忠武路市政工程项目中综合利用建筑垃圾再生料22万吨。相比之下，2018年取得ISO14000认证的泰安盛源粉体有限公司几乎没有披露环境信息的数据。

---

① 《中国铁建股份有限公司2020年企业社会责任报告》。

第十一章　我国企业碳排放信息披露问题及其原因分析

一、我国企业碳排放信息披露现状

（一）碳排放信息披露总况

从2011年开始，随着国家不断出台相应的低碳鼓励政策，碳排放信息披露开始逐渐引起人们的关注，碳会计的理论研究从数量上看相较于前面年度成倍数增长，表明我国理论界在该领域开始展开进一步的研究。然而碳会计对于我国来说还是一个发展相对稚嫩的领域，我国学者与企业主体仍处于不断摸索当中。

我国现在还没有构建起具备全面性的统一碳排放信息披露框架。但现在国际上已经形成一些披露框架，比如全球环境信息研究中心发布的问卷CDP评级。CPD问卷总结了诸如公司战略、治理、风险管理、目标等企业应该对外披露的碳信息内容。CPD的问卷主要分为三个类别，分别是气候变化、水安全、森林安全。其中，气候变化问卷旨在提升企业对自身碳行为的管理意识，是当前回复数量最多的问卷。

2008年，CPD第一次向中国的百家上市公司发出问卷邀请，时至今日已有十余载。2008年至2011年，由于我国刚引入碳会计这一概念不久，国内的相关研究尚不完善，可参考的理论依据较为缺乏，加之企业对于碳排放信息的披露意识相对欠缺，我国企业对于CPD问卷的回复积极性并不是很高。从回复数量的绝对数来看，我国企业在CPD初入中国时期对于CPD问卷的回复积极性的总体趋势是上升的。这说明中国企业参与的积极性在不断提升。

2008—2014 年我国企业对于 CPD 回应情况如表 11-1 所示。

表 11-1　2008—2014 年我国企业对于 CPD 回应情况

年份	2008	2009	2010	2011	2012	2013	2014
回复率/%	25	29	39	46	24	32	50
填写/回复问卷数量/份	5	11	13	11	23	32	—

2018 年至 2020 年，我国受邀上市公司对气候变化的问卷回复数量均为最多且呈现出逐年上升的趋势。2020 年，我国企业对于 CPD 问卷的回复率约为 68%，我国一共有 65 家上市企业回复了投资者的问卷邀请，较 2019 年增加了 35.4%。2020 年我国一共有 65 家企业回复了 CPD 问卷，其中 62 家回复了气候变化这一要素，较前一年增加了 47.6%。这说明我国上市企业对于气候变化的重视程度处于不断上升的状态，如表 11-2 所示。

表 11-2　近三年中国上市企业参与 CDP 信息披露分类数量情况

年份	气候变化/份	水安全/份	森林/份
2018	29	9	4
2019	42	11	11
2020	62	14	13

气候变化既带来了新的发展机遇同时也对企业提出了新的挑战，并产生了一定的环保意识，但在披露内容与披露方式上形式各异、缺乏系统性。从行业分类及特征来看，不同行业相比差别较大。电力、燃气、造纸、金属采矿业等行业信息披露相对其他行业较多，重污染企业较非重污染企业信息披露较多。从披露形式上看，大部分企业通过企业社会责任报告、企业年报、可持续发展报告等渠道进行披露。从披露内容上看，多数企业侧重于披露战略目标等文字性分析，而披露定量数据相对较少。总体来讲，我国企业已经具备了一定的企业社会责任意识并开始重视对碳排放的信息披露情况，但我国还没有形成一个完整的碳排放信息披露框架与监督机制，因此目前还处于企业自行披露、缺乏监管，披露信息质量良莠不齐的状态。

(二)可持续发展报告现状

2006年,深圳交易所颁布了一份关于社会责任的指导文件。这个文件的内容简要总结就是,社会各方的力量都要帮助国内A股上市企业不断积极履行社会责任。自2006年开始,国内开始陆陆续续发布不同名称的有关社会责任以及环境治理方面的企业报告,报告披露的数量总体上呈现逐年增长趋势。据统计,直至2019年年末,披露承担社会责任的报告数量激增至两千份以上。这一数据表明我国在政府以及相关组织的倡导督促下,越来越重视对非财务信息的披露,同时可以体现出我国未来企业报告信息披露内容的一个发展趋势和侧重点。

根据毕马威于2020年发布的可持续发展调查报告,2020财年我国的100强公司中,有78%披露了各种形式的可持续发展报告(或为企业社会责任报告),在A股上市的公司中有约27%(共1129家)在2020年披露了ESG报告或社会责任报告①,说明我国一些有发展优势的企业已经有了披露可持续发展报告的意识。

根据有关数据的变化,我们可以看到,除了环境方面之外的其他与可持续发展目标相关的信息披露已经逐渐受到国内外各行业企业的关注,即使目前大部分的相关信息报告名字和封面都很不一样,形式仍然很多,但是这并不影响他们对内容的高度一致的报告。

1. 我国可持续发展报告编制依据概述

目前在国内的公司报告中,很多公司都会使用GRI所提供的《可持续发展报告指南》。当然不仅仅是这一种编制依据,有些公司还会贴合他们公司的实际发展情况,使用《中国企业社会责任报告编写指南》来作为编写依据。同时不同的企业还会根据所处行业的不同,相应采用其他一些编制依据作为辅助编制工具。例如我国的金融行业,在编制可持续发展报告时,较多内容采用的是金融机构所颁布的一些针对性的文件。虽然GRI所发布的指南与我国目前的经济发展情况并不完全相符,但是大部分企业仍会参照指南编制报告的做法体现了我国企业朝着国际化发展趋势所作出的努力。

---

① 黄世忠.ESG理念与公司报告重构[J].财会月刊,2021(17):3-10.

2. 可持续发展报告的数量

商道融绿所公布的数据显示,A股上市企业所发布的报告关于环境影响、社会责任或者是公司在治理方面的披露情况有着不断的好转。但是定性披露好于定量披露,自主披露还需要加强。

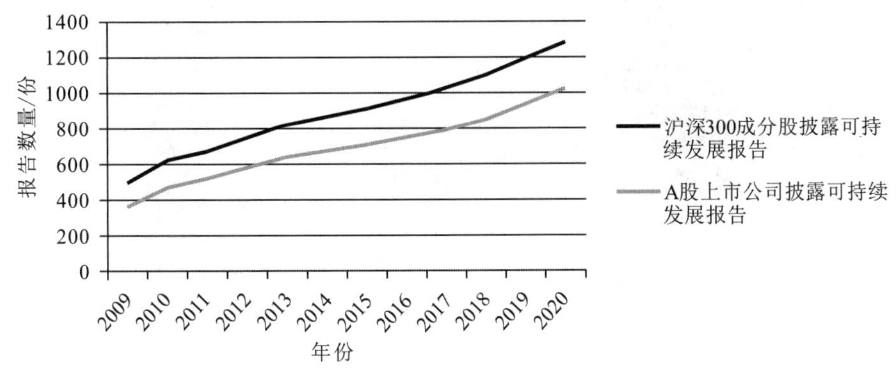

图 11-1　2009—2020 年 A 股可持续发展报告统计

注:本图没有将可持续发展报告和 ESG 报告进行特别区分。

随着可持续发展越来越得到肯定,我国上市公司的环境、社会和治理信息披露量呈不断增长的趋势。根据商道融绿(截至 2020 年 6 月 15 日)所公布的 A 股上市公司可持续发展报告的统计数据,全 A 股上市企业所发布的可持续发展报告数量保持不断增长的趋势,如图 11-1 所示。这些数据表明国内的上市企业越来越重视非财务信息的披露,从环境、社会和治理等方面去评价企业可持续发展能力和长期价值的理念越来越受到有关部门和人员的重视。

3. 可持续发展报告的信息披露指标

如图 11-2 所示,从报告披露的指标层面来看,和 2018 年相比,沪深上市公司中 300 指数的企业的指标披露率在 2020 年都有了一定程度的提高。环境指标的披露情况从 40.4%提升到 49.2%,社会指标的披露率从 28.9%提升到 35.4%,公司治理指标的披露率从 66.3%提升到 67.9%。从具体指标层面来看,大部分的指标披露情况较 2018 年均有所好转。但是从综合统计来看,定性披露还是要比定量披露更好,另外多数自愿披露指标的披露率还没有超过 50%。

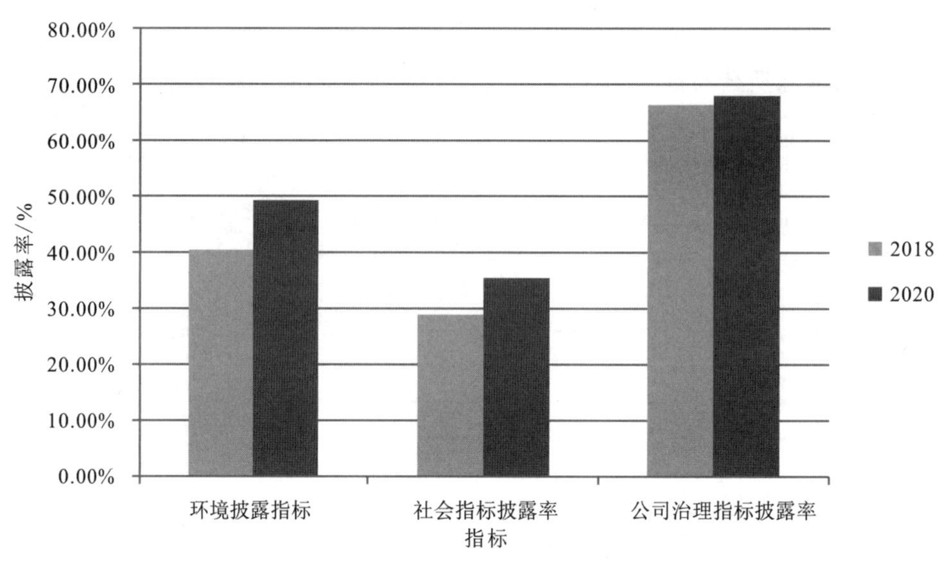

图 11-2　沪深 300 成分可持续发展报告指标披露率

二、我国企业碳排放信息披露存在的问题

（一）碳排放信息披露方式存在的问题

1. 信息披露方式分散

我国企业进行碳排放信息披露的形式呈现出多样化的特点，具体途径有：在公司官方网站进行披露；在年度财务报表中进行披露；通过 CPD 问卷进行披露；在社会责任报告（CSR 报告）/ESG 报告中进行披露；在招股说明书中进行披露；在可持续发展报告中进行披露；在董事会报告中进行披露等等。由于缺乏统一的制度安排，目前我国企业大多数都依照自身习惯进行碳排放信息披露。一个企业可以采取的披露方式多样，可能会采取一种方式，也可能采取多种方式。不同企业采取的披露方式也不尽相同。且有些企业碳排放信息不设单独的索引题目，需要读者从海量信息中搜寻少数可用信息。这使得碳排放信息需求者在收集信息时具有一定的难度，降低了信息使用效率。披露方式变化的随意性也使得信息使用者在进行横向与纵向比较时不具有参考性。

2. 信息披露形式不固定

对于企业来说，一方面，可以通过年度财务报告、企业社会责任报告、ESG报告途径进行披露，并未有统一披露渠道。国泰安数据库（CSMAR）企业数据显示，2018—2020年我国上市公司碳排放相关信息披露中以企业社会责任报告方式体现的数量远远超过单独披露环境报告的数量，如表11-3所示。另一方面，企业在进行碳排放信息披露时并未有明显的段落索引或标题引导，使碳排放信息的披露淹没在冗长的报告中，使披露信息难以观测。多样杂乱的披露方式使信息使用者在查找信息时需要花费更多的时间，付出更大的精力，加大了信息使用者寻找有效信息的难度，降低了信息使用的效率，随意性较强。例如某企业通过年度财务报告等四个途径对其碳排放信息进行披露。通过分析其碳排放信息的披露，可以发现其所披露的信息分散在年报中的各个位置，在不同报告中存在重复性，并且没有指引性的小标题或者段落索引，如果不去逐句逐字地研读，很难在短时间内找到相关的碳排放信息。

表11-3　2018—2020年我国上市公司碳排放相关信息披露

指　标	2020	2019	2018
企业数量/家	4 147	3 773	3 582
披露社会责任报告数/份	1 031	941	892
披露企业占比/%	24.86	24.94	24.90
披露环境报告/份	64	49	36

资料来源：国泰安数据库（CSMAR）。

（二）碳排放信息披露内容存在的问题

1. 碳绩效信息披露较少

通过对王慧等（2019）选取的企业样本数据进行分析，可以看出，我国企业在碳管理战略方面已经逐渐呈现出积极响应的态度，且一些企业已经选择将关于自身碳行为的管理信息进行披露，但它们普遍存在关于碳的绩效信息披露较少的现象。参与CPD问卷回复的企业当中，部分企业选择了部分信息进行回复。其中，在公司治理、战略管理以及风险控制等方面回复的比例较高，而作出碳排放具体目标的企业数目少之又少。这表明我国企业目前仍偏向于制定宏观战略目标。虽然已经意识到气候变化所带来的风险与挑战，并在低碳管理方面作出了努力，但尚未对企业碳排放目标进行数字量化，从而无法从数据方面反映企业实施的低碳行为所产生的具体结果与成效。企业致力于披露碳管理信息而没有给予碳绩效信息同等的关注。这在一定程度上引导信息需求者看到该企业在低碳方面所付出的努力而无法获取最终绩效结果，致使其无法获得全面的信息。

2. 定性信息披露居多

定量信息以数据化的形式呈现事实。企业披露信息时采用数据进行分析会更加具有客观性，使信息更加可信。然而目前我国企业的碳排放信息披露中文字描述的定性分析占大多数，很多只是简单的概念陈述以及年度目标式的文字阐述。大部分企业对于企业自身的低碳行为的投入、费用与效益的量化分析较少，缺乏有力的数据支撑。没有客观事实与数据作支撑就大大降低了企业碳排放信息披露的质量。

相较于客观的定量描述，主观性的定性描述由于缺少数据的支撑，使得信息接收者难以直观判断企业为低碳减排所作出的成果。比如大多数企业会披露其减少了碳排放量，但实际减少的具体数额，却没有明确量化，使利益相关者在花费时间和精力进行逐字查看后，却难以获得有用信息，对现有信息也无从考证，企业通过模棱两可的话语进行披露，使其信息披露的质量降低。例如某上市公司在 2019 年关于碳排放信息的披露在董事会致辞、重要事项、财务报表附注等六个部分中均有提及，但是只有财务报表附注属于定量与定性披露相结合，且更直接的如碳资产、碳负债、碳利润等的碳会计信息并没有披露，也没有在排污研发和污染物清理中列出具体与碳减排有关的量化数据。同时，企业虽然在报告中多次提到花费了大量的人力、物力和资金对低碳设备进行采购和改进，但是却没有在财务报告中披露具体的改进措施，采购了哪些设备，总共耗费多少。其余五个部分均为定性披露，这种主要以定性披露为主的披露方式，使企业信息披露的主观性过强，导致企业披露信息的质量不高，使信息接收者获得的信息较为有限，效率不高。企业碳排放信息披露应该定量与定性分析有机结合，为内外部信息需求者提供质量更高、可信度更强的信息。

3. 非货币性信息披露多

碳排放信息是指与企业二氧化碳等温室气体排放量相关的数据、经营成果等信息。其既包括企业碳排放的整体目标，也包括具体的实施情况、对企业财务报表以及现金流量等的影响；既包括货币性信息，也包括非货币性信息。我国企业目前在进行碳排放信息披露时存在非货币性内容披露较多而货币性内容披露较少的现象。对于一些低碳行为，如购进低碳设备、改善产品与服务、进行低碳办公等等，仅仅进行简单罗列而没有对其具体采购与耗费资金信息进行披露。

4. 披露内容不完善，缺乏全面性

由于没有具体政策限制，大多数企业的社会责任报告更加倾向于强调自身的低碳行为产生的正外部性、所承担的社会责任以及为社会所作出的贡献等信息。这些信息有助于加深企业在投资者以及公众面前的良好印象，树立起一个良好的企业形象，增强自身的软竞争实力，吸引资金，扩大企业影响力；而对于一些碳风险事件可能带来的损益选择避而不谈。低碳浪潮的到来对于企业来说既是转型机遇又会带来挑战与风险。风险不可避免，而大部分企业在“或有事项”以及“或有负债”方面并不涉及碳风险方面的考量，或只是简单提及，并不进行深入分析。这就致使企业披露的碳排放信息在内容上不够完善、客观、可靠。

（三）监管方面存在问题

1. 政府监管力度不到位

第一，目前我国政府对于企业披露碳排放相关信息方面没有强制性的规定与制度约束。由于缺乏政策依据，因而在企业碳排放信息披露方面就存在一个政府监管的空缺。

第二，作为主要纳税主体，企业的发展一定程度上影响着政府税收与财政。企业为经济利益着想而对自身不利的碳风险事件避而不谈；同时地方政府可能出于对自身财政收入情况的考虑而给予企业更大的自主决定权，选择不去干预企业的环境信息披露情况。在政策空缺与利益交错的作用下，当地的政府部门可能就难以对企业的碳排放信息披露情况做到全方位的监管，从而造成监管的力度不到位。

2. 社会审计难以落实

在全球节能减排和低碳经济背景下，我国的碳排放披露企业也越来越多，但与碳排放信息相关的审计工作却未见快速发展，对于目前已经披露碳排放的企业，还是依靠企业自身诚信和道德进行信息披露，大多不会专门聘请第三方审计机构对其碳排放信息进行核查，因此企业披露信息的准确性和真实性也无从考证。

以企业社会责任报告为例，从2014—2018年有外部独立机构核验过的企业社会责任报告数量基本稳定在27份左右，并没有太大波动，但是企业社会责任报告披露的总体数量在逐年增加，也就是说经过第三方审验机构核验的企业社会责任报告的比重正在逐年降低，如图11-3所示。

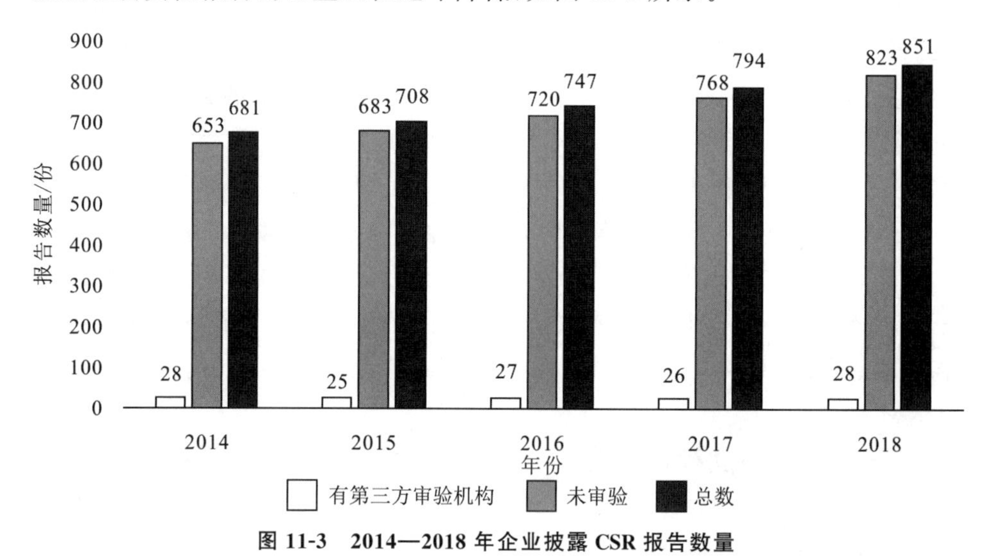

图 11-3 2014—2018 年企业披露 CSR 报告数量

资料来源：闫淑荣，郭晓燕，浅谈我国上市公司社会责任信息披露现状[J].中国市场，2020(34)：2。

首先，我国没有相应政策与刚性制度要求企业对其披露的碳排放信息数据及指标进行审计与核查。其次，我国尚未形成专门针对碳会计的审计业务，因此碳会计的审计工作缺乏系统性的标准。在碳会计审计工作进行过程中，审计人员需要从企业产品的原材料采购、生产、销售等各个环节进行碳信息与数据的采集。数据分散且采集难度相对较大。完成数据采集工作后，工作人员需要将消耗的不同能源等相关数据转化为同一个量体，即温室气体排放量；同时将低碳减排工作中所作出的成果转化为温室气体吸收量。这样的数据转换既需要专业的环境人才来进行，也大幅增加了审计人员的工作量与审计成本。

在王志亮(2015)等人选取的样本企业中，仅有两家企业对其企业社会责任报告中披露的碳排放数据信息进行第三方审核。这表明我国企业目前对于碳排放披露数据的审核意识较差，不能保证数据的高质量与可信度。社会审计难以落实，企业碳排放信息缺乏规范的监管与监督，披露的数据缺乏可靠性。

（四）碳信息披露意识亟待提高

1. 管理层碳信息披露意识不强

经济人假设企业是追名逐利的，企业的经营管理目标往往是经济利益最大化。因而在碳排放信息披露过程中，企业管理层考虑的往往是企业自身的利益能否得到最大满足；碳排放信息披露所需耗费的成本费用与预期给企业带来的利益孰高；对企业的不利环境事件或碳风险信息是否披露等等。基于种种考量，企业管理层最终决定披露的碳排放信息不一定具有真实性与客观性。

2. 社会普遍缺乏对碳信息的关注度

碳会计在我国兴起的时间较晚，还处于相对稚嫩的发展阶段。我国对于碳排放信息的宣传力度不足，国内许多利益相关者对碳信息的了解程度也是浅尝辄止。大多数普通公众只关注碳排放与气候变化层面，对具体的信息披露内容不够了解，没有树立起一个正确的观念。

三、我国企业碳排放信息披露问题的原因分析

（一）理论层面

我国对于碳会计、碳排放信息披露的关注与研究较西方国家来讲开始得较晚。2011 年以前都极少有学者关注与研究关于碳会计方面的理论与实证。2011 年开始研究碳会计、碳排放的专家学者才逐渐增多。但我国目前对于碳会计的相关理论研究仍处于发展初期，相当部分的理论仍需借鉴西方国家的成果，尚未形成结合中国具体国情的碳会计理论研究体系。因而企业在处理

碳会计的实务时，没有很好的理论支撑，很难对事情作出最佳判断与处理。

目前我国国内学者的研究大部分都集中于规范性的理论研究，重点在于对企业信息披露的合意性研究，而相对缺乏以事实与实验为基础的实证研究。没有实证研究的事实与数据支撑，理论研究的发展变得越发艰难。且政府出台相关政策、制度也会因缺乏理论支撑而滞后，从而难以引导、监督企业碳排放信息的披露。这也一定程度上阻碍了我国形成国内统一的碳排放信息披露系统。

（二）政策层面

1. 法律与制度缺位

针对气候变化与温室气体排放披露，我国尚未出台相应的法律法规，对企业不具有强制性约束。在缺乏制度的刚性约束的情形下，信息披露存在着一些问题：有些碳排放量超标的企业可能会利用法律与制度的空白选择不主动披露，隐藏对自身不利的碳排放信息；而有些企业碳排放信息披露不完整、不规律；不同企业信息披露的渠道不规范、不统一等等。

2021 年 3 月 29 日，我国生态环境部办公厅印发了《关于加强企业温室气体排放报告管理相关工作的通知》，规定了其工作范围及工作内容。该项通知仅限于我国企业中的部分行业，我国尚未建立起完整的企业披露二氧化碳排放当量的强制性规定与具体政策。我国目前有五个省份地方政府出台了关于企业温室气体排放披露制度的规定，分别为陕西、江西、吉林、四川与浙江。这些规定为这五个省份的企业碳排放信息的披露提供了一定的方向指引与政策依据。但这也暴露出我国目前温室气体排放企业披露尚未建立起统一的政策制度。各地方之间的碳排放信息披露准则与规定存在差异性，缺乏统一的碳排放信息披露准则。这就使得不同地方企业之间碳信息披露内容与方式不一致，导致不同地方企业碳排放信息不可比与利用率不高。

关于碳排放信息的计量困难问题。一方面与碳排放信息相关的研究发展较为落后，缺乏对碳排放确认与计量的理论与实证研究；另一方面我国也没有碳排放计量的具体操作标准，所以企业对于碳排放信息难以计量，从而也难以全面披露。此外，由于计量的困难性，企业对于碳排放信息的计量需要花费大量的成本，在既没有法律约束需要强制披露，又没有激励机制鼓励企业披露的环境下，企业往往不愿意对碳排放信息进行全面披露。

2. 政府监管不足

我国目前还未出台与碳排放信息披露直接相关的法律法规，法律规定上的空白也就直接致使专门的监管制度与监管机构的缺位。因而我国目前无法对企业碳排放信息的披露进行有效的监管，无法保证企业碳排放信息披露的合法性、合理性、完整性，也无法保证其披露信息的质量。我国共有四个机构与部门对企业会计信息披露与环境问题进行监管，分别为证监会、交易所、财政部和生态环境部。这四个监管机构与部门都有出台关于企业会计信息披露具体的制度，但对于企业的非财务信息的披露，如碳排放信息未作涉及。我国企业碳排放信息披露存在多个机构，但没有明确职责范围，导致政府监管分散、监管效率不高。

3. 缺乏政策激励

我国政府层面缺乏对企业碳排放信息披露的正向激励机制。企业所获取的有关低碳减排的知识有限，对于相关信息披露的重要性以及带来的益处不够了解。缺乏激励机制就难以引起企业对碳信息披露的重视与深入了解。树立企业良好形象、低碳转型需求等因素的激励作用不足，企业难以从中获得充分的动力与信心。

（三）企业层面

1. 社会责任感不足

企业在实际经营过程中不仅应该对股东、实际控制人负责，也应对社会、环境、消费者承担相应的社会责任。企业社会责任要求企业不仅要从经济利益出发考虑自身行为，在经营过程中也应该将对社会、环境等要素的影响与贡献程度综合考虑进来。目前，我国重污染行业的大部分企业对社会责任的承担意识不够，也未充分认识到碳排放信息披露的重要性，因而信息披露水平不够理想。为了树立良好的企业形象，对企业不利的碳信息选择隐藏而只披露利好信息。

2. 企业内部制度缺陷

我国多数企业内部还未能建立起一套完整规范的碳排放信息披露方式与内容的制度与整体框架来对企业的碳信息披露进行整体方向指引与具体行为规范。企业内部制度的不完善就导致了企业在披露碳排放信息时没有参考，不够规范,比较随意。企业的碳排放信息散落在各个角落,缺乏集中的披露,这就为信息需求者筛选有效信息增加了难度,降低了信息使用效率。不同年度聚焦的碳排放信息重点存在差别。定量与定性分析所占比重失衡,前者明显少于后者。注重披露对企业有利的信息而对企业的不利信息进行模糊化处理。

3. 盈利压力限制

第一,仓廪实而知礼节。一个企业首先解决了自身"温饱"问题,才可能有更多的精力和金钱去考虑自身应该承担的社会责任。碳排放信息的收集、处理以及披露需要大量的资金、人力、物力支撑。如果企业没有良好的盈利能力,将难以承担高额的披露费用与支出。因此,企业的获利能力不足可能会导致其碳排放信息披露较少。

第二,不利的碳排放信息的披露可能会导致企业原本的财务数据表现变差。部分投资者可能会认为该企业在会计期间内经营效益不好,因而企业可能会选择隐藏这部分信息。

4. 碳排放信息披露意识不强

我国企业碳排放信息披露意识不强可能包括以下三个原因:

一是我国虽然号召企业对碳排放信息进行积极披露,但都在自愿层面,在国家层面尚未建立起强制性的企业向社会披露碳排放信息的制度。此外,对于企业碳排放信息的披露也没有做出具体的说明,企业应该如何对碳排放信息进行确认、计量,应该对哪些方面进行披露,通过何种渠道进行披露都没有明文要求。这就使得企业在披露碳排放信息的时候方式不固定,披露的内容较为随意,并不全面,导致企业对于碳排放信息披露的积极性也不高,从而导致信息接收者在搜寻企业碳排放信息时面临较大困难。

二是企业若增加关于碳排放信息的披露,那么就必然会增加对该方面的投入,从而导致企业的经营成本增加,因此,大多数企业并不愿意积极地响应号召,并对其碳排放信息进行披露。大多数企业进行生产经营活动是为了实现利润最大化,给股东带来丰厚回报,虽然在低碳经济背景下,国家积极号召企业节能减排,披露其碳排放信息,但是一方面国家并没有强制性的法律法规来约束企业进行披露,也没有建立相关监督机制对其行为进行监管,另一方面由于碳排放信息的确认计量并非易事,企业可能要付出巨大的成本,也不一定获得想要的回报。因此,在企业本身意识较为薄弱的情况下,企业更不愿意对其碳排放信息进行披露。此外,由于碳排放信息披露激励机制的缺乏,使得企业对披露碳排放信息付出的成本难以得到补偿,大大降低了企业的意愿,企业的自主性较弱。

三是企业担心碳排放信息的披露会对企业经营绩效、企业形象、企业价值造成不利影响。由于碳排放会对全球环境造成严重污染,在全球节能减排的背景下,企业害怕披露碳排放这种不利信息,会对其生产经营产生负面影响,因此,企业更倾向于不披露碳排放信息,让利益相关者无法得知其碳排放量,或者只披露企业为降低碳排放所作努力和贡献,从而提高企业在利益相关者心中的形象。但利益相关者作为企业信息披露的接收者,无法得知该信息或者片面接收该信息,都将导致其无法准确地做出判断,可能会对企业的经营发展造成影响。

5. 专业人员配置不齐全

企业碳排放信息需要各专业领域的人员协同配合来进行披露。碳排放信息的披露涉及对低碳战略的制定、各能源量纲的减排转换、温室气体的收集与管理、低碳设备的折旧与减值准备等复杂的程序。这一程序涉及环境、财务等多个学科,因此碳排放信息披露需要成立专门的碳管理部门并配备各专业人员进行运转。有些企业虽然成立了碳管理部门,但人员构成尚不完备。有些企业则没有成立相应的碳管理部门。总体来讲,我国企业关于碳排放的相关专业部门及人员不够完备。

(四)社会层面

1. 对于碳排放信息需求不足

从市场的角度出发,有需求才会产生供给。碳排放信息的需求方包括投资者及其他利益相关者、社会公众以及政府部门等。但就目前情况来看,相关利益方虽然已经具备一定的碳排放及环保意识,但对于碳会计的了解还不够深入,动机不足导致需求不高,加之我国政府未出台相关政策以及制度进行制约,使得企业对于碳排放信息披露的积极性不够高。

2. 社会碳信息审计制度不完善

以上市公司为例,目前我国大部分上市公司对碳排放信息的披露还不够重视。这不仅体现在信息披露的内容与形式上,而且鲜少有企业邀请第三方对自身披露的相关信息进行审核。企业将内部数据直接披露出来而不加审核,其真实性有待商榷。我国政府针对企业环境设立的机构与部门也不够细化,没有专门的人员进行碳信息的审核与监督。社会与政府部门两方审计工作的缺失使得企业的碳信息披露的质量难以保证。

第十二章　碳排放信息披露框架的构建

披露框架的建立能够使中国企业处于统一标准的碳排放披露规则下，从而推动建立透明且高效的碳排放市场。碳披露项目（CDP）和温室气体（GHG）协议是目前国际上存在的两种环境信息披露模式，但由于面临的具体问题不同，其在中国的具体应用尚存在不足之处。国际可持续发展准则理事会的成立为 ESG 信息披露提供了不少指导，也值得我们进行借鉴。总之，我国亟须结合碳排放会计的现状设计一套具有中国特色的碳排放信息披露框架。本章认为企业碳排放披露应该包括碳排放财务信息和碳排放质量信息。这里需要对相关概念做出解释，"碳排放财务信息"也可以认为是碳排放的要素信息，是可以在表内用财务数据呈现的信息；而"碳排放的质量信息"则是指无法定量地在报表中展现的一些重要的非财务信息，这种信息主要在表外进行相关披露。本章参照相关国际标准，结合我国目前的经济发展现状和碳披露现状，认为我国的碳排放信息披露框架体系应当包括以下内容：披露内容、碳排放权交易会计、披露载体、披露形式、审计鉴证，以期满足各方利益相关者的信息需求。碳排放信息披露框架体系如图 12-1 所示。

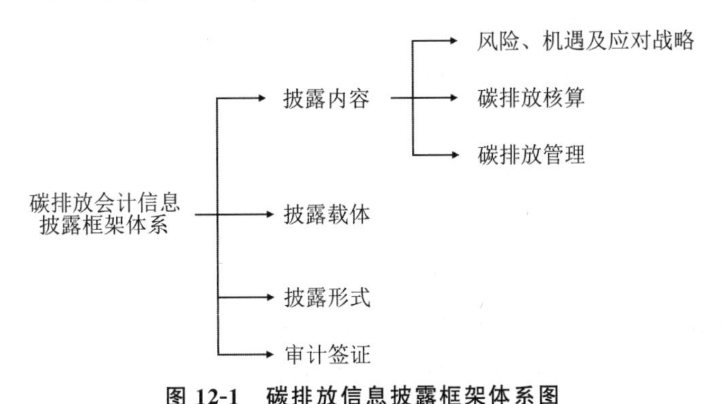

图 12-1　碳排放信息披露框架体系图

一、碳排放信息披露内容

碳披露项目(CDP)通过对企业进行问卷调查的形式获取关于碳排放会计方面的信息,该披露项目旨在为利益相关方提供高质量的碳信息,具体披露内容包括低碳战略、碳排放核算、碳排放管理和全球气候治理四个方面,为我国碳减排活动提供了有益参考和经验借鉴,但碳披露项目(CDP)在我国的应用仍存在问题。首先,不同行业的上市公司对 CDP 调查问卷的参与度差别较大。其次,虽然中国企业对 CDP 项目的调查问卷回复率在逐渐升高,但其与发达国家仍存在差距。最后,CDP 披露项目的调查问卷主要针对碳交易较为完善的企业,而中国目前碳排放交易市场还处于初步阶段,CDP 披露项目在中国的适用性不高(杜丽州,2013)。

因此,本章在碳披露项目(CDP)规定的披露内容的基础上,同时借鉴现有学者的研究(张彩平,肖序,2010),结合我国的实际情况,认为我国碳排放信息披露内容主要包括机遇、风险及应对战略,碳排放核算,碳排放管理三个方面,旨在使中国企业披露的碳排放信息能够服务于政府、外部投资者、内部管理者和社会公众等利益相关方。

(一)风险、机遇及应对战略

企业的碳排放行为会带来风险和机遇,将风险、机遇纳入披露内容,保证碳排放信息披露的完整性,满足相关信息使用者对碳排放的信息需求。面对碳排放带来的风险和机遇,企业需要据此采取应对战略以实现可持续发展。因此,将风险、机遇及应对战略纳入披露内容。

1. 风险

一般而言,碳排放的风险包括气候风险、诉讼风险、经营风险。气候风险是指由于碳排放可能造成气候变化、全球变暖问题,企业需要披露与碳排放相关的气候风险,如评估气候变化对其企业运营、供应链上下游企业的影响,全球变暖导致海平面上升对沿海地区企业的直接影响等;诉讼风险是指中国现有的有关碳排放方面的法规章程对公司经营业务产生直接和间接的后果,如碳排放标准的法规可能导致企业面临诉讼问题,所以企业需要披露因碳排放可能产生的法律诉讼风险;经营风险是指企业的碳排放行为可能对其业务和财务的间接影响,如碳排放行为对融资成本的影响、消费者对碳密集型产品的需求下降、对未来商业趋势的影响、低碳技术的应用、对商誉的影响等。

2. 机遇及应对战略

碳排放给公司带来新机遇是指企业面对碳排放风险,实施长远绿色可持续的发展战略,加快低碳技术的开发和低碳产品的设计,促使企业获得发展机遇、实现社会价值和经济价值的增加。

(二)碳排放核算

碳排放核算将企业碳排放的生态信息转化为经济信息,将定性信息转化为定量信息。对我国企业进行 CDP 调查发现,碳排放信息披露多以定性信息、文字性介绍为主,定量信息较少,定量信息便于各企业碳排放数据的横向对比,也便于同一企业不同时期碳排放数据的纵向对比。碳排放核算的披露内容主要包括核算标准、核算范围、核算方法。

1. 核算标准

碳排放的核算量化需要一个公认的标准,即将各种温室气体排放的定性信息变成公认的量化标准。目前国际上的标准主要有三个:技术标准(technical)、价值标准(value)和认知标准(cognitive)。技术标准是将除 CO_2 以外的其他温室气体全部折算为 CO_2 吨数,称为 tCO_2e(二氧化碳等价物);价值标准是对温室气体的减排进行货币化以提供量化的信息,但由于我国的碳交易市场尚未完善,难以确定每种温室气体的价格,因此价值标准不适合我国碳排放市场初步建立的情况;认知标准是将污染及污染物、碳减排量等归属到直接责任单位,在这种标准下,间接碳排放的归责问题无法解决,而在实际碳排放过程中,间接碳排放比重较高(Huang,2009),因此认知标准也不适合碳排放核算标准在我国的实际应用。因此本书认为将技术标准(technical)确定为目前阶段我国碳排放的核算标准较为合适,即将除 CO_2 以外的温室气体按对环境影响的权重全部折算为 CO_2 等价物,最大限度地提升披露模式的可操作性。

2. 核算范围

根据《温室气体排放议定书》,碳排放通常分为三种不同的范围,包括范围一、范围二、范围三。具体如下:范围一是指直接的温室气体排放,指公司拥有或控制的资产的排放(例如锅炉、车辆等);范围二是指购买电力造成的间接温室气体排放;范围三是指其他所有间接温室气体排放等,包括供应链上下游排放,如运输产品过程中的碳排放。由于范围三的定义范围过于模糊,因此《温室气体排放议定书》中规定范围三的碳排放可以选择性披露,但企业至少应分别核算和报告范围一和范围二的碳排放量。

现阶段,中国企业碳排放的核算范围绝大多数仅包括直接碳排放(范围一)和电力的间接碳排放(范围二),较少涉及供应链的间接碳排放(范围三),而供应链上的碳排放占企业总碳排放的75%(Huang et al,2009:8509),如果忽略供应链的间接碳排放(范围三),会造成碳排放相关责任归属人的扭曲,无法揭示企业真实的碳减排效益,也无法确定企业最具成本效益的碳减排策略,因此企业需要将供应链的间接碳排放(范围三)纳入核算范围,企业的碳排放报告划定范围为企业直接碳排放(范围一)、企业购买电力的间接碳排放(范围二)、供应链间接碳排放(范围三)。范围三具体披露内容参考国际碳信息披露(CDP)同时结合我国的碳排放现状,将其分为员工的通勤、产品内部物流运输、产品的外部物流运输、公司商品或服务的使用和存放以及其他碳排放等五大方面。

3. 核算方法

企业使用碳核算方法量化其碳排放量,目前主要存在三种碳排放量核算方法:一是自下而上的方法,也称为基于物质流或基于生命周期评估法(LCA),该方法通过分析碳排放发生的每一个过程,将每个过程中所排放的温室气体转换为二氧化碳等价物,这种方法可以提供准确的碳排放核算结果;然而,一些复杂产品的生产(例如汽车生产)需要数千个流程,LCA方法计算结果可能会出现偏误。二是自上而下的方法,也称为环境要素的投入产出分析法,该模型通过分析碳要素在不同经济部门之间的流转交易来计算分析碳排放量。投入产出分析法中经济部门之间的边界没有明确定义(Meida et al,2013),但即使缺少基于流程的数据也可以核算碳排放量,因此可以用于计算范围3供应链上的间接碳排放(Mózner,2015)。三是混合方法,即为了解决上述两种方法的缺点,将之前的两种方法结合起来(Crawford,2008)。混合方法也是碳核算的一种重要方法,碳核算的混合方法目前已有许多应用,如Meida等(2013)将其应用于英国一所大学的碳足迹研究,用以计算三个范围的碳排放量。

然而,我国在选择这些核算方法时,可以根据企业不同的碳排放核算范围做权衡。由于自下向上的生命周期评估法(Life Cycle Assessment,LCA)对部门边界定义清晰,计算结果更准确,因此直接碳排放(范围1)和电力间接碳排放(范围2)可以通过LCA直接收集数据进行核算。为了进一步确定供应链间接碳排放(范围3),可使用混合方法,通常计算上游企业的碳排放量使用自上而下的投入产出法,计算下游企业的碳排放量使用自下向上的生命周期评估法,这是由于生命周期评估法可以更好地处理下游客户的碳排放,而投入产出法可以更好地计算上游供应商的碳排放(Bilec et al.,2006)。

(三)碳排放管理

碳排放管理披露内容应包括减排目标、减排措施、减排效果、减排成本、社会责任、质量评价等六个方面的内容,共同构成一个完整的碳排放管理系统。

1. 减排目标

减排目标是企业碳排放管理的目标指导。具体内容包括我国获得的碳排放额度以及企业的减排基准年份的确定、预计减排数量的确定等。

2. 减排措施

企业应该在这一部分详细说明采取的各项碳减排措施,并提供实施证据。采取的碳减排措施可包括:使用低碳技术、工艺;改变不同种类能源的使用配比;改进产品的生产流程,降低能源使用量或能源排放量;减少供应过程中的碳排放;对于无法减少的碳排放,通过碳回收、封存、二次利用、生态固碳等方式最大限度地处理;优化能源使用方式等;组织可披露参与自愿性碳交易的信息,如抵消量的多少。组织应在披露时分别说明各项碳减排措施取得的碳减排效果(直接碳减排效果)及其确定依据和方法。

3. 减排效果

企业可在披露时说明其对外提供的各项绿色节能低碳产品、技术及服务(包括气候金融、绿色金融等),以及相关产品、技术和服务支持其他组织和个人实现的碳减排效果(间接碳减排效果)。企业应在披露时分别说明其直接碳减排效果、已实现的间接碳减排效果、未来计划实施的碳减排活动等,并用数据和文字说明。

4. 减排成本

企业需要披露为实现减排目标,实施减排方案时的各项成本,必须披露碳排放中可能对财务状况产生的重大影响的支出，这是各方利益相关者了解企业碳排放管理资金投入情况的主要途径，包括设备购买成本等资本支出、能源成本等。

5. 社会责任

企业社会责任的义务除包括股东责任、顾客责任、员工责任、供应商责任、政府责任等各方的责任外，还包括对自然环境资源的生态责任。若按照其性态进行区别，则能够将各利益相关方责任划分为经济责任、社会责任和环境责任“三条底线”(Elkington，1997)。由于不同的制度之间存在着明显的约束差异，法律法规的约束程度最高而社会公德和职业道德的社会约束力不足，由此企业对于不同责任的履行程度也存在差异。

经济责任是企业的基础，企业的首要目的是盈利，如果企业丧失了经济活力，也就失去了生存发展的根基。法律责任是公司经营的前提，因其具有强制力，是任何公民都要遵循的规范。伦理责任是社会公序良俗的规定，企业应该主动采取伦理责任的措施。对于慈善责任则是商业主体自愿履行的责任，是其在高标准的道德要求下增加自身价值的实现方式。企业在履行 CSR 的时候必须把该理念融入企业经营管理活动的每个方面，并对该义务的履行实施有效的控制，助力企业可持续发展目标的达成，如表 12-1 所示。

表 12-1　企业社会责任的三维披露内容

动力	企业为什么需要履行社会责任	企业经济职能的要求，法律制度和社会道德的约束，企业对高标准道德水平和慈善价值观的追求、对企业自身和社会可持续发展的追求
内容	企业需要履行哪些责任	按责任性质划分：经济责任、社会责任和环境责任 按责任对象划分：股东责任、员工责任、顾客责任、供应商责任、政府责任和生态责任
方式	企业如何履行社会责任	自觉履行企业社会责任、在能力范围内自愿履行社会责任、将社会责任与企业经营理念全面融合

企业碳排放信息披露指标设计如表 12-2 所示。

表 12-2　企业碳排放信息披露指标设计

一级指标	二级指标	指标含义
风险、机遇及应对战略	1. 风险	企业面临的气候风险、因碳排放引起的诉讼风险以及经营风险。
	2. 机遇及应对战略	企业对与碳排放相关的机遇的识别及风险的应对战略
碳排放核算	1. 核算标准	企业确定的碳排放核算标准。
	2. 核算范围	直接碳排放量(范围 1)、企业购买电力的间接碳排放量(范围 2)、供应链间接碳排放量(范围 3)。
	3. 核算方法	不同碳排放范围采用的不同核算方法
碳排放管理	1. 减排目标	国家或行业规定的温室气体排放标准、本公司预计的碳减排目标数量。
	2. 减排措施	低碳技术研发,企业进行相关低碳技术的研发情况;低碳产品研发,企业设计和生产低碳节能产品的情况。
	3. 减排效果	减排目标完成情况。
	4. 减排成本	碳排放管理资金投入情况

6. 质量评价

质量评价对于碳排放管理也是一项重要内容,它可以起到反馈的作用,充当企业的"温度计",质量过低企业就会有"寒冬"的预警,而质量合适,温度计就会正常显示,企业就可以健康发展。根据会计信息质量原则,可靠性和相关性无疑是比较重要的质量特征,但也不能忽视可比性和可理解性等其他原则在质量评价中的作用。如果缺乏可比性,碳排放信息就成了独木之林,无法了解其发展情况的好坏;而如果缺乏可理解性,所披露的信息将会晦涩难懂,大大降低了其使用效率。本章尝试结合信息质量要求,设置碳排放信息质量的评价指标,如表 12-3 所示。

表 12-3　碳排放信息质量评价指标

一级指标	二级指标	三级指标
可靠性	碳审计及碳监督	企业内控是否健全
		披露的信息是否经过内部审计
		披露的信息是否经过外部审计
		披露的信息是否经过其他监督

续表

一级指标	二级指标	三级指标
相关性	碳风险	法规风险
		战略风险
		经营风险
		财务风险
	碳机遇	碳排放相关机遇
	碳实施	实施目标
		利益相关者
		实施措施
准确性	碳会计	碳排放的会计计量
		碳排放的会计确认
		碳排放的会计处理
	碳核算	核算要素
		核算方法
	碳绩效	目标完成情况
		经济效益
可理解性	信息披露形式与载体	定量/定性信息比重
		专业术语的解释情况
		信息披露渠道
		信息披露载体
可比性	标准一致	政策标准是否发生变化
及时性	披露时间	披露时间区间
		披露延期期限

二、碳排放权交易会计

（一）现有的碳排放权交易会计处理的三种模式

国际会计准则理事会（International Accounting Standard Board，IASB）在2015年通过比较EU ETS企业，将国际上碳排放权交易的会计方法主要归纳为三种模式，这三种模式的具体做法总结如下。

1．模式一

模式一类似于IFRIC3，可看作是IFRIC3的公允价值法，具体做法如下：

（1）碳排放配额初始确认和计量。政府分发的免费配额在签发日确认为资产，并按照市场价值对碳排放配额进行初始计量，贷方对应科目计入政府补助，同时企业需要在履约期内按照恰当的方法对该项政府补助进行摊销；企业从市场上买进的配额确认为资产并以其实际成本为入账价值，后续以公允价值计量，并且在每年年底需对该资产进行减值测试。

（2）碳排放负债的确认和计量。无论该配额已经为该企业持有还是需要从市场上购买，企业在实际产生碳排放行为时确认为负债，并以公允价值计量当期履约所需的碳排放配额，即履约当期期末的市场价格。

2．模式二

模式二与模式一很类似，在碳排放配额和计量以及后续计量方面一致，主要区别在于碳排放配额负债的确认和计量上，模式二下的碳排放配额分为已拥有的碳排放配额和需购买的两种处理方式，具体处理为：

（1）碳排放配额初始确认和计量。政府分发的免费配额在签发日确认为资产，并按照市场价值对碳排放配额进行初始计量，贷方对应科目计入政府补助，同时企业需要在履约期内按照恰当的方法对该项政府补助进行摊销；企业从市场上买进的配额确认为资产并以其实际成本为入账价值，后续以公允价值计量，并且在每年年底需对该资产进行减值测试。

（2）碳排放负债的确认和计量。企业实际使用的碳排放配额超过从政府无偿获得的配额时，确认为负债，并将碳排放配额分为两类进行计量，当碳排放配额是企业已拥有的配额时，既可选择按历史成本对其计量，即参照负债确认当天的市场价值，也可选择按公允价值计量，即参照重估当日的公允价值并按照先进先出或加权平均法进行计量；当其配额需要额外买入时，企业只能以公允价值对其进行计量。

3. 模式三

模式三与模式一、二存在较大的不同，是较为简化的会计处理，具体做法为：

（1）碳排放配额的确认和计量。政府分发的免费配额在签发日确认为资产，并按照取得成本进行初始计量，由于是无条件获得的配额，所以入账价值为零，不进行后续处理；企业从市场上买入的碳排放配额在购买日确认为资产并按照实际成本进行初始确认，按配额成本进行后续计量并进行减值测试。

（2）碳排放负债的确认与计量。企业只有在无偿取得的碳排放配额无法满足其实际需求时才在资产负债表上列示为负债，即确认为负债；在负债的计量方面与模式二相同，将企业的碳排放配额分为两类进行计量：当配额为企业已经拥有的配额时，按照成本法进行计量；当配额为企业需要购买的配额时，按照公允价值进行计量。

由以上可以看出，模式一和模式二在碳排放权资产的确认和计量上会计处理相同，其主要是在碳排放负债的计量上存在分歧。模式二与模式三的主要区别在于政府免费分配的碳排放配额是否按照取得成本入账，模式二下，政府分发的免费配额按照公允价值确认为资产，同时确认政府补助，并在履约期内采用合理的方法对其摊销；而模式三下，政府免费发放的配额按历史成本进行计量，入账成本为零且不进行后续计量。

（二）国际上对于碳排放权交易会计存在的争议

目前，国际上对于碳排放权交易会计的意见还没有同意过，存在的争议主要体现在以下三方面。

1. 碳排放权确认为哪种资产

碳排放权应当以资产的会计处理方法对其进行计量，这是国际上公认的观点，但是这种资产是没有实物形态的无形资产、持有已被出售的存货，还是信用工具，目前国际上还未有统一的规定，各方都有各方的理由。

2. 碳排放权资产应选择取得成本还是公允价值来初始计量

当企业取得碳排放配额时，是按照取得成本进行计量还是按照公允价值进行计量，国际上还没有统一的规定。

3. 从政府免费取得的碳排放配额应当选择取得成本还是公允价值来初始计量

目前，国际上对于无条件取得的碳排放配额的处理有两种方式，是按公允价值进行计量还是按取得成本初始确认金额为零(不做任何账务处理)，还没有统一的标准。

(三)我国碳排放权交易的确认、计量和会计处理

1. 碳排放权交易的确认和计量

在碳排放权资产的科目设置上，我国并未在上述存在争议的三项资产科目中选择，依据其实质将其设置为一个新的会计科目，规定重点排放企业设置“1489 碳排放资产”用以反映其从市场上购买的碳排放配额的交易情况。

碳排放配额中属于政府该年度内应向重点排放企业无偿提供碳排放配额的部分，除了出售该部分配额外，其余均不进行账务处理；超过政府无偿提供的排放配额的部分，需要额外从碳交易市场购买的，应在买入配额的当日按照实际付出的代价计入“碳排放权资产”，用以反映碳排放配额的增加，并且在后续使用、出售以及注销时也按照历史成本计量。

2. 账务处理

(1)碳排放配额的初始确认。若排放配额是从碳排放权交易市场购买的，则企业应当以买入排放配额当日的实际取得成本入账，即购买日实际支付的价税费之和入账，增加“碳排放权资产”的借方余额，相应地，实际或应支付出去的款项冲减“银行存款”的账面余额；若碳排放配额属于政府该年度内应向企业无偿提供碳排放配额的部分，则企业不应该对其进行初始计量，即不确认为碳排放权资产。与上述国际上的三种模式不同的是我国并未要求对碳排放义务对应的负债进行确认，这简化了相关的会计处理。

(2)碳排放配额的使用。当企业使用的碳排放配额是从碳排放权交易市场购买的，按照该部分配额的原值，将已使用部分的配额冲减碳排放权资产的账面原值，同时以相同金额增加“营业外支出”科目的借方余额；当企业使用的

是政府该年度内应向该企业无偿提供碳排放配额的部分，不做任何的账务处理，这一点与国际上的模式三有所相同，均不对政府无偿提供的碳排放配额进行后续计量。

（3）碳排放配额的出售。若企业售出的碳排放配额是从碳排放权交易市场购买的，则应将实际收到或应收到的价款扣除相关增量费用后的净额增加“其他应收款”“银行存款”等科目的借方余额，同时所出售的碳排放配额的账面余额也会冲减碳排放权资产的贷方余额。如果两者之间的差额出现在借方，则相应地增加“营业外支出”的账面余额；如果差额出现在贷方，则相应地增加“营业外收入”的账面余额。

若企业卖出的是政府该年度内应向重点排放企业无偿提供碳排放配额的部分，则实际收到或应收到的价款扣除增量费用后的净额增加“应收账款”“其他应收款”等科目的借方余额，同时以相同金额增加记入“营业外收入”的贷方余额。对于从政府无偿获得的排放配额，只有在出售时才进行账务处理。

（4）碳排放配额的注销。若企业自愿注销的碳排放配额是从碳交易市场购买的，应当终止确认碳排放权资产，则以所注销配额的账面原值减少碳排放权资产的账面余额，相应地，以相同金额增加营业外支出的账面余额；企业自愿注销的碳排放配额部分属于政府该年度内应向重点排放企业无偿提供碳排放配额部分的，不用进行终止确认资产的会计处理。

表 12-4　碳排放权会计处理的分录

交易或事项	通过购入取得的碳排放配额	从政府无偿获得的碳排放配额
碳排放配额的初始确认	借：碳排放权资产 贷：银行存款/其他应收款	不进行账务处理
碳排放配额的使用	借：营业外支出 贷：碳排放权资产	不进行账务处理
碳排放配额的出售	借：银行存款/其他应收款 　营业外支出（借差） 贷：碳排放权资产 　营业外收入（贷差）	借：碳排放权资产 贷：营业外收入
碳排放配额的注销	借：营业外支出 贷：碳排放权资产	不进行账务处理

我国的暂行规定对碳排放权作出的规定大多与国际主流保持一致，如将

碳排放配额作为资产进行计量，但在其他方面也存在较多的不同，如我国并未设置对应的碳排放权负债的科目等等。

（四）碳排放权交易会计的信息披露

1. 碳排放权交易会计信息的表内披露

我国的暂行规定中要求，重点碳排放企业应当分别在反映企业财务状况的资产负债表、反映企业经营成果的利润表中披露碳排放配额的买卖、使用以及注销等相关情况，同时也需要在财务报表附注中进一步说明该企业关于碳排放权的购买、使用以及处置的具体情况。具体而言，期末时，将上一年度剩余的排放配额作为期初数，加上本年度额外买入的配额，再减去本年度已经使用或者注销的配额后的金额，又因为该配额可以在短期内处置，所以该项资产属于其他流动资产，故而应该列示在资产负债表的对应项目中；同时，由于在配额买卖、注销以及使用过程中会涉及营业外收支这两个科目，因此也应当将对应的金额填制在利润表对应的科目中。

2. 碳排放权交易信息的表外披露

控排企业除了上述披露配额相关情况的两种表内披露方法外还会进行一些表外的披露，表外披露的渠道主要体现为三方面，分别为财务报表附注、除财务报表外的其他类型的财务报告以及碳排放权交易市场、杂志等其他渠道。在财务报表附注方面，碳排放企业还会在报表附注中披露列入资产负债表和利润表中项目金额的具体情况以及与碳排放权交易相关的信息，包括企业碳排放实施的基本情况（企业采取的节能减排措施、实施的碳排放策略以及其重大环保事项等等）、排放配额的用途以及其具体使用、处置的变动情况。其他财务报告包括企业社会责任报告、年度应对气候变化报告，随着国际形势以及相关文件的发布，部分上市公司会制定并发布企业社会责任报告，并且在该报告中也会有相关控排的情况说明。同时，企业在其官方网站、报纸、杂志、碳排放交易市场等信息渠道也会披露企业碳排放权交易的部分信息。

3. 碳排放权交易市场的信息披露

从 2011 年到现在，我国已有八个碳排放权交易市场，现对这八个碳排放交易市场的披露情况进行整合，如表 12-5 所示。

表 12-5 碳排放交易市场的披露情况

碳排放权交易市场	信息披露期间	信息披露的内容	信息披露的范围
北京环境交易所	每日、每月、每三个月、每十二个月进行信息披露	每日各产品交易成交的数量、金额以及其平均价格；每个月、每三个月以及每十二个月的碳交易产品成交的数量、金额以及其平均价格；线上交易产品成交的总数量和总金额，线下协议成交的总数量和总金额	本市场碳交易信息披露
		每日各产品交易的收市价格以及总数量	国际市场碳交易信息披露
天津碳排放权交易所	每日进行信息披露	每日各产品交易的种类；各交易产品成交的总数量、总金额以及其平均价格；线上交易产品成交的总数量、总金额以及其平均价格，线下协议成交的总数量、总金额以及其平均价格	本市场碳交易信息披露
		每日各产品交易的品种、成交量、成交均价以及成交额，挂牌协议、大宗协议的成交总量、成交均价以及成交总额	全国市场碳交易信息披露
上海环境能源交易所	每日、每月、每十二个月进行信息披露	每日各产品交易的种类，各产品成交的总数量以及总金额，累计交易量、交易额，有偿竞价（一级市场）、挂牌交易与协议转让（二级市场）的成交量和成交额，现货与期货的成交量与成交额	本市场碳交易信息披露
广州碳排放权交易所	每日进行信息披露	每日各碳交易产品的种类；各产品成交的总数量以及总金额，每日各产品的开市价、收市价、当前以及价格变化趋势，累计成交数量	本市场碳交易信息披露
		每日碳交易产品的种类，各产品成交的总数量以及总金额，各产品的开市价、收市价以及价格变化趋势	全国市场碳交易信息披露

续表

碳排放权交易市场	信息披露期间	信息披露的内容	信息披露的范围
深圳碳排放权交易所	每日进行信息披露	每日各产品交易成交的总数量、总金额以及其平均价格,各产品的开市价、收市价以及价格的变化趋势,各产品累计成交额、总量	本市场碳交易信息披露
		每日碳交易的市场交易指数,交易产品成交的总数量、总金额以及其平均价格	全国市场碳交易信息披露
		每日碳交易的市场交易指数,每日各产品交易成交的总数量、总金额以及其平均价格,各产品的开市价、收市价以及价格变化趋势	国际市场碳交易信息披露
湖北碳排放交易中心	每日、每月进行信息披露	每日各产品交易成交的总数量以及总金额,现货交易数据、期货交易数据以及 CCER 签发项目,企业控排信息	本市场碳交易信息披露
重庆碳排放权交易中心	每日、每月进行信息披露	每日各产品的权益简称、权益代码,交易成交数量以及成交均价	本市场碳交易信息披露
福建海峡股权交易中心	每日、每月、每12个月进行信息披露	每日各产品交易成交数量、成交金额、收市价以及价格走势,累计成交数量以及成交金额,碳排放配额的供需信息	本市场碳交易信息披露

由表 12-5 可以看出,每个碳交易市场对于碳交易披露的期间、内容以及范围不尽相同,有的碳排放权交易市场的披露期间为每日、每月、每三个月、每六个月、每十二个月,披露内容包括每日各产品交易成交数量、成交金额、收市价以及价格走势、累计成交数量以及成交金额、碳排放配额的供需信息等,而有的碳排放权交易市场的披露期间为每日、每月,披露内容为各产品的权益简称、权益代码等,披露范围为本市场碳交易信息等等。正是因为我国目前没有统一的碳排放权交易信息披露的规定要求,使得各个地区的披露都不一样,这可能会使得不同地区的碳排放企业信息披露的主动性以及信息披露的程度不一样。

4. 碳排放权交易会计信息披露存在的问题

(1)碳排放权交易信息披露机制不完善。首先,从表内披露来看,我国规定重点排放企业与碳排放权交易相关的情况应当在资产负债表和利润表中体现出来，但是对于在现金流量表中是否应当披露以及怎样披露却并未作出任何明示，而企业持有碳排放权的目的是满足其将资金投入对产品（劳务）按照供产销的方式进行的经营活动的需要，因此企业买卖碳排放配额带来的现金流量属于经营活动现金流量，但其却未在现金流量表中体现出来，这将不利于其他人评估企业的相关财务状况，如企业的运转情况等等。

其次，从表外披露来看，我国只规定控排企业要在利润表、资产负债表以及财务报表附注中披露与碳排放权交易的相关情况，并没有强制性要求在其他渠道上披露相关情况，专门披露企业碳排放相关情况的报告或者渠道太少，即便有披露内容也不太全面，不太便于相关者查看和评估碳排放企业的碳减排绩效及其他财务状况。

最后，在奖惩制度层面上，我国虽其对碳排放权交易过程中出现的违规做法提出了明确的惩罚，但是对于按照相关要求主动披露碳排放权交易信息的企业却没有任何明确的激励，可能会使得规范披露交易信息企业的产品得不到社会公众的认可，进而可能使得企业为了短期的利益而放弃长远利益。同时，由于在碳排放权会计核算过程中，碳排放企业需要依据自己的生产经营状况计量其碳排放的相关情况，并据此披露相关交易信息，在企业测算和计量碳排放量的过程中必然需要消耗一定的费用，使得企业成本增加，这原本就可能使得企业自愿披露碳排放交易信息的积极性降低。

(2)碳排放交易市场的披露机制不一致。我国在碳排放权交易市场的信息披露方面至今还没有一个一致的要求，使得这几个市场披露的交易信息不尽相同，使得各个市场之间的碳排放交易者交易不方便；同时，相较于披露信息较全的地区来说，那些信息披露不太全面地区的企业披露信息的积极性也就没有那么强。

(3)与碳排放权交易相关的规范性文件不完善。我国对于企业披露碳排放权交易信息的相关指导政策性文件还不完备，目前还未有具体针对碳排放权交易信息披露的规定，只是在相关文件中对碳排放企业碳排放权的披露作出了大致的规范性要求，但这些还不够规范，没有太大的强制性，并且这些文件仅针对同时满足两个条件的重点排放企业，并未涉及其他碳排放企业。如果缺乏专业规范的指导文件督促企业强制性的披露信息，部分碳排放企业就会不愿将全部交易信息披露出来，只是披露了一些无关紧要的信息，对一些负面信息的披露则很少，而这些信息对于评估其碳减排绩效以及其他财务状况来说，并没有太大的实用性。同时，由于缺乏相关的规范性文件，部分监管层容易产生贪污腐败的情况，也就是监管层不加以严格审核便依据企业提供的数据就将排放配额分配给企业。

（五）对碳排放权交易会计信息披露的建议

首先，在表内披露方面，在现金流量表中，可以新增几个项目以反映企业买卖、使用以及处置排放配额对资金所造成的影响。具体而言，分别新设“因买入碳排放配额而付出的资金”以及“因卖出碳排放配额而收到的资金”。这样就可以更好地反映碳排放权交易对企业现金流的影响，也能便于报表使用者评估企业的财务状况等各方面的内容。

其次，在表外披露方面，企业还可规定让碳排放企业于每年度随财务报表编制碳排放权报告书，在该报告中填制配额使用、处置的相关情况以及其他控排的情况，以便其他人了解企业控排的相关情况。碳排放权报告书主要涵盖两方面的内容：一是该公司自身的基本情况，包括该公司自身概况、重大环保事项、主要排放物的种类以及占比、环保达标情况等；二是该公司碳排放权交易的相关情况，主要为企业对于碳排放配额购买、使用以及处置情况。碳排放权报告书能够更好地反映碳排放权交易信息的相关情况，便于他人查看审阅。

最后，我国出台的针对碳排放权交易相关的政策文件虽然对重点排放企业的违规行为进行了明确的处罚，但是并未涉及对自愿详细、规范披露碳排放权交易披露信息企业的奖励措施，使得企业自愿披露交易信息的积极性不高，故而可以针对自愿披露碳排放交易的企业制定系列褒奖措施。例如发布公告说明哪些企业碳排放权交易信息披露系统、全面，奖励做得好的企业下一年度更多的碳排放配额等，这不仅可以让原本就自愿披露交易信息的企业更加愿意披露，还通过奖励措施引导那些不愿披露相关交易信息的企业披露信息。

三、碳排放信息披露载体

由于全面的碳排放信息披露准则尚未正式出台，目前我国企业的碳排放信息披露载体有两种：一种是在传统财务报告或社会责任报告的基础上增加相关碳项目；另一种则是单独编制专门的碳排放会计报告。碳排放作为碳排放会计的组成部分，碳排放信息披露理论也存在两种披露载体：一种是在传统财务报告或社会责任报告上增设碳排放的相关项目或在传统财务报表附注中予以说明企业碳排放核算和管理的内容；另一种是企业除编制传统财务报告外，再单独编制碳排放会计报告作为补充，专门提供与企业碳排放核算和管理有关的详细信息，满足有关碳排放信息使用者的需求。这两种披露载体各有优缺点，主要优缺点及适用范围如表 12-6 所示。

表 12-6 碳排放信息披露载体的优缺点及适用范围

载体类型	优点	缺点	适用范围
传统财务报告或社会责任报告上增设碳排放项目	不必单独编制碳排放会计报告	关于企业碳排放的信息量较少，主观随意性较大	适用于低碳企业或小规模企业
碳排放会计报告	单独的碳排放会计报告能够完整和直观地反映出企业的碳排放行为，让企业的利益相关者和社会公众更为清晰地了解到企业在碳排放方面所做的工作及社会责任履行的情况	需单独编制报表，工作量大，有时不符合成本效益原则	适用于大规模企业、低碳业务较多的企业

我国的碳排放会计发展仍处于初级阶段，理论研究较少，相关碳排放会计标准不统一、规范性不足，目前我国企业碳排放信息的披露载体有社会责任报告、可持续发展报告、财务报告等。面对我国碳排放会计披露载体不统一，又亟待规范披露载体的严峻形势，我国应当实施“两步走”战略，第一步允许企业使用不同的披露载体，第二步统一要求企业使用碳排放会计报告作为单独的披露载体。首先第一步，允许不同行业的企业采用不同的披露载体，这是由于我国目前碳排放信息披露质量较低，直接强制要求使用单独的碳排放会计报告难度较大，可行性不强。同时“一刀切”的方法忽视了个别公司的特点，不适合我国目前的形势。碳排放信息的需求因行业而异，高污染行业企业的碳排放信息需求较大，所以对重污染的企业可要求其单独编制碳排放会计报告，而非重污染行业企业可在社会责任报告中增加碳排放相关项目的方式披露碳排放信息。其次第二步，随着我国碳排放市场的逐步完善、碳交易的增加和对绿色可持续发展的逐渐重视，要求所有企业单独编制碳排放会计报告将是更优的选择。

四、碳排放信息披露形式

目前，企业碳排放信息披露有两种类型，分别是自愿性碳信息披露和强制性碳信息披露。美国、英国以及澳大利亚等要求进行强制性碳信息披露；而我国是自愿性碳信息披露，属于道德自觉范畴。自愿性碳信息披露和强制性碳信息披露两者各有优缺点，如表12-7所示。

表12-7　碳排放信息披露形式的优缺点

披露形式	优点	缺点
自愿性碳信息披露	企业披露成本低 具有企业特色	披露的标准很多，造成了信息的不可比 可信度较差
强制性碳信息披露	披露标准统一规范 便于企业之间对比分析	披露成本高 碳信息披露框架的建立较为困难

考虑到我国的现状，我国应当选择建立强制性碳排放信息披露形式，理由如下：在全球变暖气候恶化的背景下，低碳经济成为新趋势，自愿性碳排放信息由于缺乏统一标准，企业之间的碳排放信息缺乏一致性和可比性，审计鉴证的难度较大，信息可信度不高。从长远角度来看，自愿披露形式与目前的生态形势的迫切要求相悖，不利于企业的可持续发展；而强制性碳信息披露可以依靠法律效力，增强碳信息披露的有用性，可以增加企业的经济价值和社会价值，因此我国应当选择建立强制性碳排放信息披露形式，建议企业的碳排放信息披露形式应当从自愿披露转为强制披露。政府应当尽快制定有关碳排放信息强制披露的法律法规，披露风险、机遇及应对战略，碳排放核算，碳排放管理等情况，全面反映和披露企业的碳排放信息。

五、碳排放信息披露的审计鉴证

会计信息的原则要求企业披露的信息应当可靠准确，对碳排放信息的审计鉴证可以保障其真实性、准确性，满足投资者、政府、社会公众等利益相关者获取可靠的碳排放信息的需求，帮助其科学决策，可以说审计鉴证是企业的碳排放信息披露的一种支撑机制。

我国目前在自愿性披露碳排放信息的背景下，相关数据未经过严格的审核和鉴证，数据可靠性不足。因此应当将审计鉴证纳入披露框架，从而保障碳排放信息的真实性。我国应推动建立一个全方位、多层次的碳排放信息审计鉴证体系，包括政府审计、内部审计以及第三方独立机构审计，全面核实和监督企业的碳排放行为，社会责任的履行情况等，确保企业碳排放信息的准确性和可靠性。

碳审计指的是独立机构对被审计主体的碳信息披露状况进行核查和鉴证，并就其履行环境责任情况进行客观公正的监督和评价，最终出具审计报告的过程。目前，我国的碳审计业务主要集中在碳信息披露和碳排放量测量的审计板块。随着碳排放交易试点的展开，碳审计业务也将进一步深入，碳排放交易企业的碳排放权相关资产也会纳入碳审计的范围。

企业是否公允地反映了碳排放活动的水平，温室气体排放是否得到完整记录，碳排放量是否可靠计量，碳排放活动的潜在影响是否已经完整披露，这些都是碳审计业务需要查证的环节。同时，对于碳排放权交易企业，审计师还需要对企业的交易资质、各项碳排放权交易的记录获取可靠的审计证据。

目前碳审计的难点主要在于准确计量企业的碳排放量，并分析这些排放活动的潜在影响。通过碳审计来保证各个组织的碳排放行为符合法律和行业标准规范，完整准确地记录企业碳排放行为对于发展低碳经济具有重要意义。

第十三章　绿色审计与碳审计

一、绿色审计的概念

在实现经济效益和生态文明建设平衡的过程中，单纯依靠政府行政手段或市场力量，效果并不长久。原因在于：一方面，政府行政手段具有强制性，虽然可以靠其威信保证制度、政策的施行，但成本较高、灵活性较差，可能发生类似"原则上"的钻漏洞情况。另一方面，市场力量虽效率较高，然而环境问题具有公共性和外部性特征，难以保证市场行为主体主动承担责任。因此，要实现绿色发展，来自独立第三方的监督必不可少。绿色审计是一种新型的环境管理工具，其融合多领域学科知识，能对绿色发展中涉及环境问题的各种经济事项进行绩效评价，从而及时发现问题、及时纠偏。

关于绿色审计的定义，目前并没有明确的结论。有些学者在研究绿色审计时将其当作环境审计、生态审计来研究，将三者等同来作为绿色审计的定义部分的开头。而有些学者则认为绿色审计包含环境审计，前者范围大于后者，两者不能等同。目前对绿色审计的定义运用较广泛的是国际商业学会（LCC）给出的定义："绿色审计是环境管理的工具之一，它是对与环境有关的组织、管理和设备等业绩进行系统、有说服力、定期、客观的估价，并通过有助于对环境管理和控制、有助于对公司有关环境规范方面的政策鉴证等手段，来达到保护环境的目标。"此外，国际内部审计师协会也对绿色审计作出了定义："绿色审计是环境管理体系的重要环节，管理部门可以参考环境审计的程序、结果，从而确定被审计组织的环境管理体系与执行是否确保组织的各类业务活动符合相关法规的要求，便于有关部门后续管理，创造良好的可持续发展环境。"

尽管研究者对于绿色审计的定义各有异同，但有以下几个方面的共识：一是绿色审计是围绕绿色发展目标、生态环境问题展开工作的；二是绿色审计的执行者包括政府审计机关、内部审计、注册会计师审计三个主体，且目前以政府审计为主导；三是绿色审计的审计范围包括政府部门、企事业单位、社会组织的与环境有关的活动，检查这些活动是否符合环境标准、可持续发展要求。比如，针对政府部门发布的有关环境保护的法律法规、政策、制度，审计部门需要审计被审计单位对这些法规的执行情况，审计环保项目工程的合法性和实施状况，审计相关环境治理资金的来源、运用和效果。

当前我国绿色审计的主要内容包括资源审计、环境审计以及领导干部自然资源资产离任审计等方面的审计。

在绿色发展战略实施的背景下，资源环境审计主要对政府与企业对生态环境的保护以及自然资源开发利用等起监督作用。其主要内容包括有关绿色发展、环境保护与治理、资源开发管理等重大决策的落实情况，自然资源的开采、开发、利用以及管理情况，对自然环境的相关保护以及对破坏的修复情况，遵守环境保护、自然资源管理等相关法律、法规、准则以及技术标准等情况，对与环境保护相关的项目资金的利用情况以及其他资金的使用情况等。

领导干部自然资源离任审计则主要是指对领导干部在职期间与环境保护、自然资源管理等相关责任事项的履行情况的审计，具体内容还包括相关政策的落实、资金的运用、相关项目的组织情况、对生态保护的监督情况、相关法规的遵守情况等相关责任情况的审计。其对象主要包括两个方面：一是各级党委和政府主要领导干部；二是国务院和地方各级发改委，相关自然资源资产管理和生态环境保护工作部门（单位）的主要领导干部。

二、绿色审计的国内外发展现状

（一）美国绿色审计

美国是最先进行绿色审计工作的国家。1969 年，美国审计署对水污染控制项目进行了审计，并出台了众多环境保护法律法规。1978 年，美国审计总署创立了三大绿色审计部门，主要负责国家用于环保项目的专款专项审计工作，分别是自然资源利用与环境保护司、环境绩效审计部门和内设环境资金部门，工作内容可分为合规审计和绩效审计两部分。而后美国制定并发布了环境污染问题相关的责任认定和补偿法案，并出台了《污染防治法》等，这些法律法规为美国的绿色审计提供了一些法律依据，而绿色审计也能对环境保护法律制度的完善提供一些帮助。

现今，美国绿色审计政策的执行机构主要是环境保护署和审计总署，两者在分工上有所不同。审计总署是宏观方面和标准的制定者，给美国绿色审计的发展给予相关政策帮助，以及对美国国内的政策进行分析和对项目进行评估。此外，它对于环境保护署是监察者的身份，对其的具体运作和工作进行审查，审核环境保护署是否合理运用管理拨款达到项目效果，并给予中肯建议来改进环保审计署的工作效果。另一个执行机构是美国环境保护署，它于1969年成立，主要负责环境审计实践细则的制定和具体的审计工作。美国环境保护署认为环境审计和健全的环境管理是保护公众健康和保护环境的强大工具，其主要负责环境审计的实施工作，号召企业和组织进行绿色审计。

美国的绿色审计法律制度体系由三层构成。一是美国的《国家环境审计标准》，这是美国所有审计的最根本标准，该法律详细描述了美国绿色审计的要素和步骤。二是美国专门的绿色审计准则，引导审计工作的开展，为绿色审计提供执行标准。三是更为详细的环保资金使用和操作指南，由美国审计总署制定颁布。

（二）荷兰绿色审计

荷兰在20世纪60年代就开始进行环境保护运动，而后在20世纪80年代实施了环境保护政策，正式将环境保护融入国家发展战略。也是在这一时期，荷兰建设了系统化的绿色审计政策。1989年8月，荷兰完成了相关环境管理条例的制定，包含特定地区或部门的环境问题治理的审计监督制度，希望能建立绿色审计制度来保证环境保护政策规划的顺利落实。

荷兰政府发现，区域性或部门性的问题会转移至其他部门或区域，因此荷兰环境审计制度也随之调整。考虑到区域性的整体问题，一个国家的环境问题很可能会扩散至他国乃至整片区域，因此荷兰将公共利益也纳入了环境保护义务之中。荷兰的绿色审计还包含了对国家重大事件、紧急事件和公共利益的审计。在这些事件的审计上，国家审计是绝对的主要地位，但为了评估影响，还将大量的研究环境的专家和企业高级管理人员纳入审计队伍，参与审计过程。在绿色审计过程中,专家和审计人员将进行充分的调查和交流,针对不同的审计对象采用不同的审计方法,细致地处理每一个审计步骤,最后以书面报告对公众公布结果。

荷兰目前的绿色审计制度主要运用于监督本国的自然资源开发利用程度以及对国内环境质量、生物多样性的减少等方面进行审计。由国家审计法院主导,中央以及所属分管下的地方政府和公共部门参与管理,采用的审计方法主要以政策执行的绩效审计为主兼用合规审计。在荷兰绿色审计的执行层面,荷兰政府和企业是绝对的审计与被审计的关系,但是荷兰政府确定审计内容时会考虑多方面的因素。

一是被审计方是否有按照环保协议执行,是否有作出违背协议内容的行为。二是审视环保协议的合理性,能否实施,有没有相关指标可采用。三是该审计内容是否会与国家的重大事件或者是受公众关注度较高的事件有关。在荷兰的政治架构中,审计法院对企业和政府都可以进行审计,审计法院通过审计结果向议会进行反馈,这也说明绿色审计的结果可以直接影响国家未来的政策方向。

荷兰绿色审计权力的来源、具体的法律形式和执行方法,为其他各国提供了许多很好的启示。我国绿色审计发展较晚,正处于转型期,更是需要借鉴荷兰经验加快完善我国的绿色审计制度,促进我国可持续发展的步伐。荷兰绿色审计制度建立的历程提醒着其他国家,单靠政府审计是不够的,还需做到以下几点。

第一,需要发挥其他组织和企业环境审计的功效,同时要拓展环境审计的范围和深度。

第二,需要积极构建绩效环境审计的法律制度,如审查环保项目资金的投入和项目效果之间的关系是否最佳。然而大部分国家审计内容都局限于环境保护资金的财务收入和支出内容的审计上。对社会组织的审计,更多的是侧重于合规性审计,即关注实际的环境保护的执行情况。

第三,荷兰审计院在进行审计时积极调动各个部门,同时采纳专家意见,积极听取其他方声音,而非将环境审计做成自己部门内部的事情。

第四,荷兰重视欧盟内部区域协作,同时积极参与国际审计法律制度体系的构建,有效地推进了国际环境审计法律制度的建立。

（三）我国绿色审计的发展情况

1. 崭露头角阶段

自1949年新中国成立以来，并没有设立单独的国家审计部门。直到1983年，我国建立了审计署，审计署的成立说明我国政府中有专门的独立的审计机构可供全面铺设审计工作。1985年，我国开展了第一个绿色审计工作，审计署对重庆、兰州等城市的排污费征缴进行审计。而后由于我国加入世界贸易组织（WTO）的计划需要满足许多条件，其中就包含环境保护的相关指标，如ISO14000等。我国为了满足该指标，进军国际市场加快发展经济，开始重视环境保护，并建立和健全审计制度，希望通过审计制度协助我国达到环境标准。1994年我国颁布《审计法》，标志着我国审计制度标准化的开始。《审计法》中对审计的定义、范围、工作步骤作出了解释，该法律是我国审计工作的核心、基础。

我国绿色审计机制初步成立的一大标志是在1998年成立的农业与资源环保审计司，其专门执行和指导我国的环保资金、资源能源和项目的审计。随后两年里，亚洲审计组织在泰国清迈召开，我国审计署领导成功担任主席，并在组织中设立了环境审计委员会。此后，我国积极推进对绿色审计理论和实践的研究，希望能为亚洲绿色审计制度的区域性建设贡献自己的一份力量。在萌芽起步阶段，我国还没有成立绿色审计机构，但已充分意识到环境保护的重要性，并建立起我国的审计机构及审计制度，为绿色审计的发展铺设道路。

2. 正式发展阶段

2003年，我国绿色审计制度进入发展期。审计署在该年成立了环境审计协调领导机构，其办公室设立农业与资源环保审计司，主要处理协调跨区域流域的绿色审计项目，揭开了我国多元化绿色审计发展的序幕。审计署在此期间主要侧重于审计项目资金使用的真实情况，标志着我国环境审计职能的新拓展。在之后几年里进行了多个环保项目专项审计，但这些项目多是政府部门在主导。随后，我国将绿色审计的范围扩大至企业、财政金融等诸多方面，积极发挥绿色审计在企业和组织之间的功效。为了应对绿色审计范围的扩大，我国的环境审计协调领导机构也进行了扩充，分别在2009年和2010年将财政审计司、金融审计司和外资运用审计中心等几个部门纳入了协调范围。

2010年,我国提出党政领导干部在离任或任中时需要进行经济责任审计。经济责任审计的内容不仅包含领导干部任职期间的经济效益审计,还需要进行相关的环境效益审计。我国经济在经历了持续多年的飞速发展后,可持续发展面临着严重挑战。我国国内煤炭、石油资源等自然资源的枯竭,雾霾、水污染事件的时常发生都在提醒我国急需改善当前局面,大力发展绿色经济,因此我国急需发展绿色审计机制,来抑制我国环境污染和资源枯竭的局面。

随着我国诸多发展规划的制定,生态环境保护和自然资源节约的任务越来越受重视,作为审查环保资金使用管理以及环保工程项目履行是否到位的手段之一,绿色审计逐渐备受重视。2012年,审计署出台的《关于加强资源环境审计工作的意见》意味着我国绿色审计法制化进程正式开始,但其中仍存在不足,有许多提升和改进空间。

3. 快速发展阶段

进入快速发展阶段之后,我国关于绿色审计的法律法规不断发布。在政府审计的相关法规中,有关绿色审计的相关法律法规逐渐增多。2013年,环境审计被审计署纳入政府审计工作重点。2014年,我国首个跨部门学科的环境审计监督学术组织——中国环境科学学会环境审计专业委员会在成都成立。2015年,绿色审计开始在全国范围内进行,在呼伦贝尔、娄底市等多个地区开展试点工作。根据试点工作进行总结,2015年我国发布了《自然资源资产负债表编制制度(试行)》;2017年发布了《领导干部自然资源资产离任审计规定(试行)》,这项规定的颁布意味着绿色审计将成为我国政府审计的重点内容,绿色审计的标准化、制度化也进入正式发展阶段。

纵观审计署近十几年来的工作规划,不难发现,关于绿色审计的内容越来越多,其审计的范围在不断加大并根据我国的环境实情进行调整。习近平总书记在党的十九大报告中也指出,我国面对日益恶化的环境和枯竭的资源,需要实行最严格的生态环境保护政策,并且加强人们的环境保护意识,强化生态文明建设的总体设计和具体实施方案,真正做到金山银山就是绿水青山。我国在追求生态资源可持续发展的道路上从未停止过,在新时代背景下,如何进行生态文明体制改革,是当今改革的重中之重。积极建立完善绿色审计制度,强化绿色属性绩效评估成为引导我国环境资源治理的有效保证手段。

三、绿色审计的实施框架

（一）审计主体

实施绿色审计的主体可以是依法成立的国有审计机关，包括中央政府和地方审计部门和其属下机关，也可以由地方审计部门内部的绿色审计机构实施。另外，社会审计组织和企业内部的审计组织也都可以实施绿色审计。

由此可见，绿色审计的主体力量由政府审计、社会审计、内部审计构成。并且应该在环境、条件和时机允许的情况下，让公众参与审计，作为审计体系的重要补充力量，为主体审计力量提供审计线索。

政府审计主要是针对现有环境法律法规的有效性以及需要改进的缺陷进行审查，以及对有关部门、大型企业等单位执行现行环境法律法规的情况进行审查。内部审计主要是针对企业内部进行，对单位内部的与生态环境保护相关的体系建设进行审计，还包括对本单位在环保、资源利用等方面的举措及法规遵守情况进行自我检查，并且有问题的地方需要进行自我整改。社会审计指的是注册会计师受托对被审计单位的环境质量等相关情况进行审计。

我国目前绿色审计更多的是政府审计，应大力提高内部审计和社会审计在绿色审计发展中的作用。

（二）审计依据

目前，我国已经建立起较为完备而统一的环境与自然资源立法制度，有代表性的包括《宪法》和《刑法》中的环境条款，以及《中华人民共和国环境污染防治法》《中华人民共和国环境法》等的环境单行法、国家国务院政府和各部委制订的环境行政立法和行政管理规章、自然资源立法，另外还包括各地人民政府和地方政府各机构制订的地方性立法和条例、地区环境条例等。这些与环保和资源保护等相关的法律法规，为审计人员就企业在环境管理过程中的规制合法性进行审计提供了审计依据。

然而，与环境保护法规的相对完善形成对比的是，具体规范环境审计工作的法规在国内仍是一片空白。目前已实施的《审计法》《中国注册会计师独立审计准则》等法规中，均没有十分明确对环境保护审核的具体内容的规定，也没有明确进行环境保护审核的法律依据，相关审计准则也有待完善。

（三）审计范围

绿色审计的范围有三个方面。

一是政府部门以及有关职能部门，重点包括制订和实施保护环境方针和措施的政府机构、环保监察部门，以及管理和利用环境资料的有关职能部门。

二是各类型企业及相关经济实体。

三是负责保护当地环境的地方领导和干部。

（四）审计目标

绿色审计的最终目标是促使生态、资源、环境的开发利用和保护之间能够相对平衡，把对生态环境的影响降至最低，实现可持续发展。因此，绿色审计的总体目标是评价责任主体履行相关绿色责任的情况。具体目标应结合具体的项目而定，不同项目的侧重点不一样。比如在实施合规性绿色审计时，绿色审计的目标重点是关注所审计的组织活动是否符合绿色发展相关法律、法规、制度和政策等内容；实施财务审计时，绿色审计的目标重点是关注组织的财务收支情况是否符合财务政策、标准；而在实施绩效审计时，绿色审计的目标重点则是关注企业的经济活动，并判断其组织活动是否符合“3E”要求。

（五）审计类型

1. 财务审计

在企业中，绿色审计中的财务审计主要是对企业的环保资金进行审计。企业环保资金主要来源于三个方面。

一是政府财政拨付的专项资金，如对企业生产新能源汽车的补助、对企业采购使用环保设备的补助等。对于这些环保资金的审计首先应明确企业是否具备申请资格、资质，对于申请到的资金是否专款专用，是否有挪用、闲置以及浪费、骗取等现象。

二是企业专门用于环境污染治理的资金。对于该环保资金，审计主要关注环保资金是否经过企业相关部门批准，金额是否属实、是否真正支出、是否按照企业制度规定进行了使用、是否符合预期的效率和效果，对于该资金在会计处理时是否符合相关准则规定等内容。

三是环保专项奖励资金。该部分资金主要采用"以奖代补"的方式，激励企业在环境治理和节能环保方面提高生态环保水平。审计人员在审计该部分时是应关注资金使用情况以及这些资金所建设项目的实际情况，可以深入项目现场实地考察，客观进行评价。

2. 制度审计

绿色审计中的制度审计主要是指在绿色发展、生态环境保护制度方面设计、执行的审计。在制度设计方面，主要是国家环境保护体系、环境影响评价体系、环境监督体系等的设计是否符合绿色发展，环境保护的战略原则设计得是否合理。在制度执行方面，主要是上述制度在国家、行业、企业等的执行情况。

对于企业而言，企业环境制度审计主要是审计各企业是否根据国家发布的与环境保护相关的法律法规、要求、行业规范，并结合企业自身的发展需要来建立企业的系列规章、制度以及业务流程方面的规范。在对企业的环境制度进行审计时，应围绕环境制度的设计是否合理、是否存在缺陷，制度是否被执行两个角度展开审计。在评价环境建设项目时，制度审计主要是关注该建设项目的工程设计和工程开发是否符合环保法律法规的有关政策，以及工程在建设过程中对环境的影响程度如何，是否设计了相关的建设标准、验收标准、污染物处置标准以符合国家相关政策。

3. 合规审计

环境合规性审计主要是针对企业遵守环境法律法规政策制度情况的审计，其既包括政府制定的环保制度，也包括企业自己制定的环境规范。从外部审计角度来看，主要审计的是其遵守国家发布的环保法律制度的情况。从内部审计角度来看，审计的内容具体包括企业清洁生产、资源利用、能源开发、污染排放以及处置、环保资金的使用管理、排污许可证、排污费和环境处理突发事件等方面的制度。在审计时可以借鉴内部控制测试的方法进行审计，如在审计某企业的污水处理流程时，可以先了解企业相关的管理流程以及规定，然后现场观察具体污水处理设施的运行情况，对流出污水进行监测，以确定管理制度是否健全。

4. 绩效审计

环境绩效审计主要对企业管理活动的经济性、效率性和效果性进行评价。由于不同的企业在环境保护工作方面的差异，往往在设计具体评价指标时也有所不同，但大多关注环保资金投入产出绩效、资源利用、污水废气达标率以及环境政策执行方面。在审计时，可以结合其具体情况设计指标体系来对企业环境进行绩效评估。如煤炭企业可以从环境治理资金投入占企业费用比率、排污费支出占企业费用比率、大气污染排放物（如二氧化碳、二氧化硫）达标率、煤气废渣循环利用率、清洁生产技术使用率、居民投诉率等设计指标来进行审计。对于环保建设项目而言，在项目建设的不同阶段，可以根据对环境不同方面的影响设置不同的指标，评价项目是否符合相关的环境标准，如项目建成运行后是否节能、节水问题设计能耗、水耗指标进行评价，以评价该项目是否节能、节水。

5. 环境责任审计

国有企业的环境责任审计主要对国家层面规定的领导干部进行自然资源资产离任审计，而对于非国有企业应进行离任审计的领导干部并没有从制度层面予以规范。然而，这并不说明只有国有企业的领导干部才需要承担环境责任，而非国有企业的领导干部就不需要承担环境责任了。借鉴财务审计的相关理论，管理层是企业财务信息的提供者，对于披露的环境信息的真实性、合法性和公允性也应该由管理层对其负责。由于企业的环境责任体现在很多方面，如使用绿色环保能源，开发绿色资源，使用环保设备，提供环保产品，不排放对环境有污染的水、气体等，这些环境责任很难去具体的识别和判断，因此在对企业环境责任进行审计时，除了常规的审计方法外，还可以借鉴舆情分析的方法，借助社会公众的力量发现企业在环境责任承担方面的问题。

（六）审计方法和工具

绿色审计工作中，能够选用的审计方法包括检查、询问、观察、分析程序、函证、重新计算、重新执行等一般意义上获取审计证据的方法，但在具体实施中还需要对这些一般方法作一些改进和优化。如询问对象的扩展，除了被审计单位内部人员、顾客、供应商，还应该有国家环保部门、周围居民等；观察和检查，除了检查应有的文件记录，还要关注环保资金的流动情况，环境事项的真实性、合法性，环评报告，环保设备的数量、使用情况等。除此之外，还可以采用环境价值评估法、地理信息系统、遥感技术、环境检测技术、环境风险分析法等一些可用的技术与方法。

同时，审计方法还包括一些审计模式的选择，如过程导向模式、结果导向模式、问题导向模式、风险导向模式以及目标导向模式。由于绿色审计中面对的环境问题十分复杂，采用常规的审计模式虽然能够审计出一些问题，但是很难保证审计结果达到预期，更无法保证审计意见恰当，因此选择采用以风险导向为主的审计模式会比较合适。同时，在绿色审计过程中由于审计内容多样，既包括财务内容又包括环境政策、环境建设项目等内容，面对复杂的审计内容如果只采用风险导向审计模式，可能会难以达到审计的目标，因此在审计过程中还需要采用其他模式。

绿色审计需要不同工具，包括计算机硬件以及不同种类的应用软件。实施过程中还将使用各种监测工具、设备和装置，如空气、水、土壤和其他采样，它们被用来收集和获得审计证据并得出结论。

（七）审计报告

关于绿色审计报告，到目前为止还没有统一的格式和内容。绿色审计报告不同于财务审计报告，不能按照审计财务报告的格式来进行，应有其自己的报告格式与内容，且其报告内容中非财务信息的比重会比较大。

首先，绿色审计报告应该披露的内容比较丰富，同时应该包含被审核单位因生产活动所导致的环境资源消耗与污染情况的审计报告、初始与事后计算和记录的真实性和合法性；与日常经营活动有关的环保负债，环境保护成本、费用、支出的真实性、合法性；与日常经营活动有关的长期应收款、专项存货的计提情况和日后计算的真实性与准确性；环境保护资本日常管理与运用状况；检查单位基于资源的经营活动，是否满足了有关资源标准和环境标准；综合分析资源与环保核算的绩效、环保管理的现状，以及未来的环境绿色发展趋势。

其次，绿色审计报告制度的健全还需要特别注意以下几点：

第一，为了进一步完善绿色审计报告的形式，首先应当进一步完善绿色审计报告的形式。更具体地说，针对绿色审计的各个目标，绿色审计报告应该选择适当的形式，以满足绿色审计的各个目的。在审核建议部分，应当体现被单位环保信息报告的真实感、合法化和价值性。对于产生审核建议的法律基础，需要增加与单位日常业务活动有关的相应环境规章制度，而不应仅局限于我国注册会计师审计规范。对于重要会计事项需要增设与重大环境保护活动有关的长期应付款、专项储备等，对提出审核建议的具体原因及单位所面临的主要环境事项加以解释。

第二，要健全绿色会计制度，完善绿色会计师义务，完善绿色信息发布制度，使得绿色会计师服务和绿色审计证据的获取都是可行的，绿色审计报告的标准也获得保障。

第三，应健全绿色审计报告的交流制度，利用此平台将被审计单位的绿色审计报告成果与大众进行交流，并将绿色审计报告的成果与产品的市场价格挂钩，从而形成对被审计单位绿色发展的鼓励。

第四，要对绿色审计财务报表实施公平评审的制度，使其成为评价绿色审计活动品质的重要尺度。

四、我国绿色审计发展的问题及其建议

（一）存在问题

我国绿色审计的发展仍然处在刚刚兴起的阶段。国内学者对于绿色审计的概念框架有丰富的见解，但目前并未形成统一的论断。绿色审计的主体仍以政府审计为主。在绿色审计的发展历程中，注册会计师审计与内部审计的身影很少出现。从法律的视角来看，与绿色会计、审计有关的系统法律体系目前还未形成。这些问题的存在无疑使得我国绿色审计的发展进程呈现滞后的特点，发展步伐小。

1. 绿色审计的概念框架尚未完善

目前我国学者对于绿色审计的定义或者内涵的讨论非常多，但是还未得出一个统一的结论或共识。国外的最高审计机关国际组织（INTOSAI）已经对环境审计的概念框架进行了探讨并已有结论。美国环境保护署（EPA）、国际标准化组织的ISO4000、欧盟的EMAS等机构对环境审计均有自身的见解。国内学者基本上是在借鉴国外定义的基础上对绿色审计的内涵展开讨论与分析，但结合我国的实际国情来完善绿色审计的概念框架的研究相对较少。

因此,我国绿色审计的概念框架还需根据自身的国情,进一步优化绿色审计概念框架,使其本土化,具备中国特色。

此外,绿色审计的观念目前并未形成整个社会的共识。只有政府监管者与企业管理者对绿色审计的相关内容较为了解,而其他的利益相关者对绿色审计并不十分了解甚至感到比较陌生,因为其在日常工作中所涉及的绿色审计内容较少或是根本与绿色审计无关。目前我国对于绿色审计推广的途径十分单一,主要是依靠相关法律法规的颁布以及相关政府文件的下发。这就导致"绿色审计"观念传播的范围及影响人群十分受限。

2. 绿色审计主体较为单一

按照主体来划分,审计应当分为政府审计、注册会计师审计以及内部审计,因此,绿色审计也不例外。然而,当前我国的绿色审计主要是以政府审计为主,这是在我国的现实基础上发展出来的结果。但是对于肩负企业审计重任的注册会计师审计和内部审计这两大主体来说,尚且没有十分重视绿色审计的工作。毫无疑问,注册会计师审计和内部审计力量的缺乏使得绿色审计的力量被大大减弱。如果仅由政府审计进行绿色审计,审计质量可能就难以得到保证,即其独立性、公正性、全面性难以实现。这主要有以下几个原因。

第一,政府审计的力量有限,政府审计的对象主要是与政府投资有关的工程及项目,并未延伸到与企业有关的环境事项。

第二,如果由政府来对政府的经济活动进行审计,这就有悖于审计的独立性与公正性原则。因此,绿色审计的主体需要具备中立、客观态度的注册会计师审计力量的加入,来对审计对象的有关经济活动是否真实、合法、有效进行相应的评价及监督,以此来确保审计结论兼具客观性、公正性的特征。

第三,目前内部审计的力量虽然较为薄弱,但内部审计的地位与独立性也在不断提高。内部审计在公司治理中以及企业承担社会责任方面的作用不容忽视。内部审计的环境较好,也有利于外部审计工作的实施与开展。

3. 绿色审计的实施范围不够

受限于我国审计主体仍然以政府审计为主的现状,我国的绿色审计范围也主要是拘泥于和财政审计息息相关的政府补助的投入、支出等方面。绿色审计的主要审查范围是检查被审计方是否依据了相关法律法规来使用专项资金,被审计方对于专项资金的使用是否到位等。对于环保方面发挥重要作用的经济效益审计以及社会效益审计来说,这两项审计目前仍然还处于探索阶段，实践应用十分少。

从审计的具体实施范围来看，我国的绿色审计主要还是集中在环境审计与领导干部离任审计上。然而，我国的环境审计相较于外国来说范围较狭窄。我国的环境审计主要集中在水资源、大气污染等方面。而世界审计组织（INTOSAI）把环境审计分为空气、升天系统、治理、人类活动、自然资源以及其他方面。每个方面的内容都十分的丰富，如空气方面，包括酸性降水、气候变化、室内空气质量、当地空气质量（如雾霾、颗粒物、二氧化硫、氮氧化物、二氧化碳等）；生态系统方面，包括生物多样性沿海地区、生态系统管理和生态系统变化、其他生态系统问题、保护区和自然公园、保护海洋生态环境、河流和湖泊等等；自然资源方面，包括渔业、林业和木材资源、矿物（采矿、天然气、石油、其他自然资源问题等等）。因此，我国在环境审计主题事项上应进一步扩展，补充环境审计的盲区，实现自然资源和生态环境审计的全覆盖。

4. 绿色审计相关法律法规和审计准则的限制

我国绿色审计工作的实施仍然没有统一的准则体系为指导。中华人民共和国生态环境部官方数据显示，我国已经发布了 1000 多项环境方面相关的法规标准，环境保护法的发展为绿色审计在各界中的实施提供了一定的评价依据与标准。然而，从审计实务的视角来看，《审计法》《中国注册会计师独立审计准则》等法律之中并没有涉及“绿色审计”这一具体内容，审计相关的法律并未能和环保法律体系形成相辅相成的关系，这说明至今为止，我国还没有建立起比较完善的循环经济法律体系。

绿色审计是对绿色会计的再监督，绿色会计相关准则的制定以及相关信息披露机制的建立是绿色审计工作开展的重要基础。然而，目前我国的会计准则体系中，只有第 4 号会计准则中提及了有关环境成本的问题，即固定资产的弃置费用会计处理。由此可以看出，我国的会计体系目前来说还没有构建出一个以绿色为核心的会计体系。传统的会计体系忽略日常经营过程中的环境成本，使得外部经济成本增加。而绿色会计体系能够直观地反映企业在运营过程中所产生的环境成本、资源损耗情况，为利益相关者提供更加全面的信息。因此，我国应建立并完善相关的会计准则，使得绿色会计的基本前提、核算原则、计量方法以及绿色会计信息的披露形成一套统一的标准，为绿色审计工作的开展打下基础。

另外，我国绿色审计有关的法律制度的建设也居于起步阶段，现存的审计准则也没有对绿色审计作出系统的规定。《审计法》中提及了关于审计机关的职责部分的内容,也只是列出了部分内容。例如,审计机关政府投资的重大项目预决算执行情况具有审计权。但是对涉及环境问题的绿色审计的权利却没有给出明确的规定,这就意味着在法律上绿色审计权利的界定还处于空白的状态。即使在《环境保护法》《大气污染防治法》等法规中给出了对于环保资金必须专款专用的规定,但在这些法律法规之中,并没有实现将审计、环境资源和企业的资金串联起来的效果。显而易见,这并不符合当前绿色审计发展以及全球环境形势发展的要求。尤其是目前绿色审计只是流于形式,许多相关的内容界定并不清晰,发挥不出绿色审计的监督功能。只有在法律的层面采取相应的措施,制定统一的绿色审计基本准则,才能使绿色审计制度化、法律化,以制度的形式来解决审计主体、所适用范围,承担相应的法律责任等现存难题。因此,我国急需制定绿色会计、绿色审计准则相关内容,对其审计方法、流程、具体实施方案、披露报告等作出统一且明确的标准,让绿色审计工作的开展有法可依。

(二)绿色审计发展的建议

针对上述讨论的绿色审计发展中存在的问题,本章归纳了以下几个方面的建议。

1. 绿色审计内外环境优化

首先,绿色审计环境的优化工作需要企业内外部的共同努力。因此,绿色审计工作的开展既需要外部宣传到位,也需要组织内部进行绿色审计知识的学习。外部监管者不仅要通过法律或者行政法规等手段引领企业自觉学习绿色审计、会计的相关知识,并在经营过程中进行运用;还要对企业的运营活动进行后续监督,若发现有不符合或是不遵守相应的法律法规的状况,就应采取相应的措施加以治理。

其次,对于其他的利益相关者而言,要积极引导其加强对于一家企业绿色经济活动的重视程度,而不仅仅是其盈利能力。以此来促进企业管理者自觉开展绿色经济活动,重视绿色会计的落实工作、积极配合绿色审计工作的开展。

除此之外,企业管理者应该树立正确的绿色审计观念。积极主动地开展绿色经营管理活动,将绿色经营理念融入企业的战略管理之中。积极地引导企业各层级工作人员参与绿色经营,让全体企业人员都能从真正意义上理解透彻绿色审计的核心理念,了解绿色经营的优点,最终把绿色会计、绿色审计所体现的核心价值观念融入企业文化中。

2. 建设审计主体

绿色审计的发展离不开政府审计、注册会计师审计、内部审计的共同努力。同时,也应该设置一定的标准,划分相应的审计领域,使得各个审计主体各司其职。政府审计应该继续保持其在绿色审计中的重要角色。政府代表是社会公众的整体利益,因此,政府审计应该对于一些公共受托经济责任项目的履行情况实施审计,比如对一些国有大中型企业的公共项目的实施情况进行监督。

注册会计师审计是审计行业中的中坚力量,其审计具有独立性最强、审计力量庞大、专业能力强等特点,在绿色审计的发展中是必不可缺的主力军。注册会计师审计应把主要精力集中在对企业重点环节的绿色审计上,重点关注企业是否能够实现经济、环境以及社会效益的统一,是否因为要实现经济利益而牺牲了环境及社会效益,产生了多大的环境成本等等。

其次,注册会计师审计应该注重对复合型人才的培养,积极培育具备绿色审计相关知识的人才队伍。绿色审计的出现不仅要求审计人员具备审计知识,还要对相关的环境知识有所涉猎,因此,提高审计人员的素质的要求也日益增强。

注重引导企业建立内部绿色审计控制制度,有利于协助企业识别有关的环境风险因素,针对企业风险管理流程中存在的问题提出相应的建议。内部审计是企业内部环境管理控制的重要方面之一,具有监督企业环境的作用。因此,在发展绿色审计时,我们不能忽视内部审计在其中所发挥的作用。

3. 拓展绿色审计的内容

我国在发展绿色审计的道路上,既要发展环境合规审计,也要重视环境效益审计的发展;也就是说,我们必须要对披露真实绿色公开信息与领导人责任审计两手抓。我国的环境审计目前集中在自然资源离任审计方面,以问责为主,这是我国审计的创新之处。但我国也只是注重环境审计问题的披露,并没有对后续事项(如何改进相关问题等)给予更多的关注,因此如何在环境审计与领导干部离任审计的基础上,强化审计结果的披露是重点问题。

此外,国外一些国家已经开始探索事前审计。美国和加拿大的审计在绩效审计、财务审计、合规审计以及预先审计方面给予了相同的重视程度。世界环境组织(INTOSAI)环境审计工作组网站发布的《第 10 次环境审计调查 2021》调查结果报告显示,几乎所有 (89%)的受访者在 2018—2020 年间都进行了环境绩效审计。其中一半以上(57%)进行了环境合规审计,1/3 以上

(37%)进行了环境财务审计。少数最高审计机关(10%)事先对环境事项进行过审计。而我国不仅在环境绩效审计实施覆盖面上不广,预先审计更是处于一片空白的状态。因此,我们应该借鉴外国的先进实践经验,进行改进并逐步运用于实践。

4. 完善绿色审计相关规范制度

一方面我国急需出台绿色审计相关法律法规,对环境、资源成本作出确切的规定或指出明确合理的计量方案,给绿色审计提供一个可以定量描述的法律参考,让绿色审计人员有确切的法律法规作为依据,以此来保证绿色审计工作的顺利进行,提高审计结果的准确性,达到切实有效地解决企业环境污染的一系列相关问题。

另一方面,我国还需要对环境保护相关的法律法规作出修改,将已有法律与新出台的绿色审计相关法律结合,提高绿色审计相关法律法规在我国法律体系中的地位,更好地为绿色审计人员提供法律参考,提高绿色审计结果的有效性和客观性,约束企业的环境污染行为。例如,将《审计法》中审计的内容在传统财务审计的基础上,增加专门的绿色审计相关内容,在《环境法》《公司法》等相关法律中根据法律主体的不同作出具体内容上的调整。

5. 加强风险意识和风险导向思维

近几年来,世界各地都在不断发生审计失败事件,每一件重大审计事故都在提醒审计人员,不断变化的环境与飞速发展的经济将给审计工作带来挑战,审计人员要不断用知识武装自己才能免受负面影响。

风险导向审计是指审计机构对被审计单位的经营情况、企业内部环境和经营风险等方面进行全面审查,从而降低审计风险。风险导向审计要求审计人员不仅要精通专业知识,还要对其余领域的知识有所了解,针对被审计单位的行业特征提供有针对性的信息。

6. 建立绿色审计持续化发展模式

绿色审计的工作很难一蹴而就,这是一项长期而有持续性的工作。我们要按照渐进式、导向、渗透的原则,首先选择一些实施起来受众积极性相对较高、管理体制相对来说较为完善、治理的结构相对较为全面、有改革发展基础的部分,并选择相应的试点,如一些相对集中的代表行业。然后循序渐进,在试点效果比较好的行业中再慢慢扩大试点范围,最终再在全行业进行绿色审计工作的开展。在试点范围不断扩大的过程中,需要不断地对试点的效果进行评价与反馈，根据不同行业的特点制定差异化的绿色审计监督制度。

另外，绿色审计工作的开展不能仅依靠单个审计部门的力量，而是需要社会各界力量的共同支持。审计部门、环境部门以及财务部门的共同协作会加快绿色审计的发展。当然，我们还要与国际绿色审计接轨，加强绿色审计理论与实践的跨国交流与合作，这样才能推动绿色审计工作的深度开展。

7. 加强人才培养

可以从审计或环境相关专业的高校毕业生或是现有审计人员中进行选拔，对其中具有复合专业背景的人员进行培养，使他们成为同时精通传统审计和绿色审计的复合型人才，既精通财务知识，又对环境、水利、资源等相关学科的知识有所了解。这些复合型人员不仅可以从事审计岗位工作，还可以根据自身所学专业，按照对环保相关人员的急需程度进入企业的各个部门，以此满足企业在经营过程中对绿色审计相关人员的需求，进而达到推行绿色理念，支持绿色审计发展的目的。

五、碳审计概念

碳审计(carbon audit)是随着碳会计的发展而提出的。1990 年，环境保护研究人员认为需要对企业、地区甚至国家的碳流量与碳存量进行核算，即碳会计(Carbon Accounting)。随后，由于需要对碳账户的信息真实性进行鉴证，便产生了碳审计的概念。

当前关于碳审计的本质可归纳为以下四种观点：

第一，强调碳排放责任，认为碳审计是对被审计单位低碳消费社会责任履行的情况进行鉴证；

第二，强调碳排放行为，认为碳审计是对碳消耗及碳排放行为合法性的独立鉴证；

第三，强调碳排放相关信息，认为碳审计旨在验证碳排放信息的可靠性、真实性和准确性；

第四，碳排放环境影响观在审计内容中强调碳排放的环境影响，认为碳审计是对审计客体碳相关行为所造成的环境影响进行评估和审计。

郑石桥(2022)从审计的本质出发，基于委托代理理论，结合上述四个观点，认为碳审计是一种经济控制活动，在碳治理的制度框架下，对碳排放的三个维度进行监督,包括信息、行为和制度,以核查被审计单位碳排放责任的履行情况[①]。

六、国内外碳审计发展情况

(一)英国:全面碳审计

英国的碳审计起步最早,发展到目前也是国际上最先进和全面的国家之一。2003年,英国《我们未来的能源——创造低碳经济》白皮书提出了低碳经济。2008年,英国标准协会颁布了一则规范,是关于审查产品和服务在整个生命周期碳排放情况的评估规范。2009年,《2008—2009年度工作情况报告》由英国环境审计委员会发布,提出了对碳排放的各个方面进行全面审计。直到现在,英国的全面碳审计依然是其他国家和地区的典范。

(二)美国:对碳的直接排放与间接排放结合审计

20世纪60年代开始,对环境的审计就已经在美国开始得到重视,尤其是对水的审计。2009年,《美国清洁能源安全法案》标志美国的法律体系中加入了"碳关税"。2011年制定《二氧化碳排放审计清单制度》。美国实行的是对二氧化碳直接排放源与间接排放源进行双重审计的碳排放审计制度,即既要对直接排放二氧化碳的企业实施碳审计,也要对企业和个人的间接排放进行碳审计。此外,美国十分重视碳审计的人才建设与资格审查,只有通过注册碳审计师的人员才可以进行碳审计业务。

(三)日本:以科技创新带动碳审计的发展

虽然日本的碳审计起步较晚,但是日本政府近年来在不断加大对碳审计的支持力度。日本政府不仅会给予全面履行碳排放信息披露的企业一定补

① 郑石桥.论碳审计本质[J].财会月刊,2022(4):93-97.

贴，而且日本环境厅斥巨资打造了“碳审计帮助系统”，希望碳审计业务能够依托高新技术进行开展。之后，很多碳审计软件公司也应运而生，为碳审计业务提供定制的软件服务，大大提高了日本碳审计的技术水平。

（四）中国香港：以建筑物碳审计为中心

香港是我国碳审计发展比较快的地区。经过统计，香港的温室气体排放中，建筑物的排放占到全香港的近80%。因此，2008年，香港发布首部建筑物碳审计指引，并且为加入建筑物碳审计的企业提供资金和技术支持。之后，香港又颁布了《HKCAS02》等文件来解释国际碳审计标准和准则，进一步完善以建筑物碳审计为中心的体系。

七、碳审计实施框架

（一）碳审计主体

郑石桥(2022)认为，传统审计机构由于以下原因可能不适合作为碳审计主体：一是碳排放信息财务性不强；二是碳审计经济效益不明显；三是碳排放信息的获取技术上难度较大；四是专业人才匮乏。但审计机构也有其优势：一是会计师事务所在审计工作方面经验丰富，碳审计也属于审计范畴；二是随着碳会计的推进，其信息也更具规范性和财务性；三是会计师事务所需要找到新的利润增长点；四是碳审计体现了审计行业的社会责任。具体如何选择审计主体需要基于三项基本原则，依次是审计独立性、审计质量和审计成本，在满足独立性和质量后再考虑审计成本①。

（二）碳审计客体

碳审计客体主要研究“审计谁”的问题，当前主要的观点包括：

---

① 郑石桥.论碳审计主体[J].财会月刊,2022(5):1-5.

第一，碳审计客体是“各种消耗能源的经济活动”（何雪峰，刘斌，2010），即碳排放活动观；

第二，碳审计主要对碳排放信息的真实性进行验证，碳排放信息为碳审计客体（高建慧，2016）；

第三，碳审计客体是各种碳排放单位，包括产生碳排放的个人、组织和企业（王爱国，2012）。

郑石桥（2022）基于委托代理理论，认为应以碳排放单位作为审计客体，并提出几种确定审计客体的特殊情形：第一，产品或服务应以其供应链单位为客体；第二，建筑物应以其内部单位为客体；第三，行政区域应以其政府作为客体；第四，碳汇项目或碳减项目应以实施单位作为客体[①]。总体来说，基于碳排放资源的委托代理关系，碳排放权的最终所有人是全体公民，碳排放单位履行受托责任。

（三）碳审计内容

碳审计内容的核心是“审计什么”。关于碳审计的内容，当前大致包括以下几个方面：第一，对低碳政策的绩效水平及其真实性和执行性进行审计（李兆东、鄢璐，2010）；第二，审计减碳专项拨款的使用（吴静，2013）；第三，反“漂绿”，对产品碳足迹的真实性进行验证（郝玉贵等，2015）；第四，对碳排放行为是否合规进行审计（王爱国，2012）。

（四）审计依据

目前，在国际范围内，针对碳排放报告和鉴证主体的鉴证依据主要有三个。第一个是《温室气体核算体系》（Green House Gases Protocol，GHG），由世界可持续发展工商理事会（World Business Council for Sustainable Development，WBCSD）、世界资源研究所（World Resource Institute，WRI）于2009年发布，规范了碳排放报告主要披露的内容。另外两个依据由国际审计与鉴证准则理事会（International Auditing and Assurance Standards Board，IAASB）发布，分别是《国际鉴证业务准则第3410号——温室气体报告鉴证业务》（International Standard on

① 郑石桥.论碳审计客体[J].财会月刊，2022(7)：100-103.

Assurance Engagements)和《国际鉴证业务准则第 3000 号——历史财务信息审计或审阅以外的鉴证业务》(International Standard on Assurance Engagements)。世界上大部分国家和地区的碳排放报告都以《温室气体核算体系》为标准,围绕碳排放的三个范围进行披露;鉴证主体以 ISAE3000 与 ISAE3410 为准则对企业碳审计报告进行鉴证,并发表意见。

(五)碳审计方法

当前对于温室气体排放的审计程序主要包括面谈、检查和实地考察,这是因为温室气体排放信息声明既包括定性指标也包括定量指标。目前并不强制企业披露碳排放数据,因此不同的企业遵循的标准不一,其披露格式也存在差异,由此其他财务审计程序未必适用。

(六)碳审计报告的内容及格式

由于遵循的准则不同,审计报告的内容及格式也有差异。国际审计与鉴证准则委员会(IAASB)发布的 ISAE3000 为审计机构的选择,而社会和伦理责任协会发布的 AA1000 审验标准主要指导咨询机构。根据不同的规范,审计机构出具的审计报告其格式接近财务审计报告,而专业咨询机构的报告其格式更加灵活,内容更加丰富多样(何丽梅等,2014)。

首先是见证准则的影响。当前碳信息披露大多包含在可持续报告的范围内,由此可持续报告的鉴证报告即包括对碳排放信息相关披露的审计报告,目前缺乏统一审计准则,包括前文提到的 ISAE3000 和 AA1000,以及欧洲会计师联合会发布的《可持续发展报告指南》。三者在审计报告内容和格式上具有共性,都包含标题、执行的工作、审计结论、固有限制、审计范围等。而 ISAE3000 与财务审计报告格式相近,明确了董事会的责任和注册会计师的责任,咨询机构则会对被审计单位提出改善碳排放管理的建议。《独立审计具体准则第 7 号——审计报告》规定的内容及格式包括:(1)鉴证者及其独立性和胜任能力;(2)鉴证标准;(3)评价原则;(4)鉴证工作程序;(5)鉴证意见;(6)鉴证报告。总的来说,审计机构大多遵循 ISAE3000 和 ISAE3410 中关于温室气体排放鉴证的规定,而咨询机构大多遵循 AA1000 的标准,二者的主要区别在于前者是风险导向,后者是利益相关者导向(黄彤,2011)。会计师据此出具的碳审计报告在内容及格式上与财务审计报告更加接近，包括上述六项内容。

其次是业务类型的影响。当前碳审计可以包括三种业务类型：对于碳财务审计，报告重点对碳排放相关财务信息的可靠性下结论；对于碳绩效审计，报告应对绩效的真实性和水平下结论；对于碳制度审计，类似于内部控制审计，报告应关注制度的有效性以及是否得到执行。

最后是保证程度的影响。当前并不是所有的鉴证报告都会说明其保证程度。当前企业可持续报告的鉴证业务大多提供有限保证，因为可持续报告统一的披露准则尚未出台，其信息大多为模糊的定性信息，由此提供有限保证是比较谨慎的。

综上所述，由于审计主体、审计业务类型和保证程度的差异，会对审计报告的内容及格式造成影响。并且由于缺乏统一的鉴证准则，当前的碳审计报告内容及格式还比较混乱，并不利于利益相关者的阅读和对比，其主要原因是统一的可持续报告披露准则尚未出台。离开 ESG 报告准则，独立鉴证将无以为继，甚至沦为主观臆断。同样地，离开 ESG 鉴证准则，独立鉴证将名不副实，甚至沦为“漂绿”的帮凶。引入 ESG 报告的独立鉴证机制，必须加快鉴证准则的制定步伐（黄世忠，2021）。

八、财务报表审计报告与碳审计报告的内容对比

（一）内容对比

由于财务报表审计报告与碳审计报告在本质上具有较大的差别，为了更好地比较两者之间的异同点，我们选取了同一家公司——海通国际证券集团有限公司（以下简称“海通国际”）的两份报告为例进行对比。本节以海通国际证券公开的 2021 年数据为例，分析其财务报表审计报告以及碳排放审计报告有何异同。需要注意的是海通国际的碳审计并未单独出具审计报告，其对碳排放的鉴证意见包含在 ESG 鉴证报告中。2021 年海通国际 ESG 报告审计主体为安永，而财务报表审计主体为德勤，两者均为会计师事务所。

安永对海通证券 ESG 报告的鉴证报告内容：

1. 范围(主体事项)

安永在第一部分“范围”中首先指出其对海通国际ESG报告的鉴证业务是基于《国际鉴证业务准则》进行的有限保证鉴证服务,即明确了执行业务所依据的规范性文件和保证程度。同时,说明了其鉴证业务的五个范围,分别是:

(1)温室气体排放范围1;

(2)温室气体排放范围2;

(3)无害废弃物;

(4)有害废弃物;

(5)能源消耗总计五项选定的ESG关键绩效指标。

2. 海通国际采用的编制标准(适用标准)

该部分对海通国际上述五个范围的编制标准进行了说明,分别是港交所上市规则附录27以及GRI准则。

3. 海通国际的责任

该部分是管理层按适用标准对主体事项进行报告,该责任包括设计并维护相关内部控制,恰当地保存记录,确保不存在由于欺诈或错误导致的重大错报。

4. 安永的责任

该部分是按照《国际鉴证业务准则》第3000号以及与海通国际商定的其他鉴证范围进行鉴证,根据执行的审计程序以及获取的审计证据对结果发表鉴证意见并出具报告。

5. 安永的独立性声明及质量控制

该部分对安永的独立性已经遵守了相关职业道德守则作出声明。

6. 鉴证程序说明

该部分对鉴证主要程序进行列示,其中包括:

(1)与选定的管理人员面谈以了解业务;

(2)与选定的个人进行面谈,以了解收集、分类和报告选定的ESG绩效指标的过程;

(3)检查使用的计算标准是否已按照适用标准正确地指定执行操作的方法;

(4)检查所执行计算的准确性；

(5)对相关数据源进行抽样测试以检查数据的准确性。

7. 固有局限性

该部分对鉴证程序的固有局限性作出说明，即保证具有固有的局限性。由于保证基于选择性测试信息，因此存在舞弊、错误或不合规以及无法被发现的可能性。

8. 结论

注册会计师最后对鉴证结果形成鉴证结论，发表意见。

9. 有限使用

该部分对鉴证报告使用者作出说明，指定该鉴证报告仅供海通国际使用，不提供给指定使用者以外的任何人士使用。

德勤对海通国际2021年财务报告的审计报告内容：

1. 审计意见

德勤在审计报告第一部分表示了其审计意见，说明其对海通国际2021财务报告(包括“四表一注”)进行审计，也表明了审计意见涵盖的范围是“四表一注”。

2. 意见基础

该部分不仅包含德勤实施审计依据的基础，即《香港审计准则》，对独立性的声明以及遵守职业道德守则也包含在其中。

3. 关键审计事项

关键审计事项较长。该部分说明注册会计师在审计过程中遇到的认为重要的事项，并说明会计师如何应对这些事项，其中列举了会计师实行工作过程的一些审计程序。

4. 其他资料

该部分说明了其他资料的范围，并声明会计师对其他资料的责任仅仅是阅读，而不对其发表意见。

5. 董事会和治理层对综合财务报表的责任

本部分规定，董事会和治理层对合并财务报表负责，按照香港会计师公会颁布的香港财务报告准则的披露要求编制真实、公允的合并财务报表，会计师和香港公司条例对内部控制的责任。

6. 会计师的责任

该部分说明会计师的责任是按照《香港审计准则》的要求实施审计程序，

发表审计意见，以及对审计报告的使用者和用途作出说明。

（二）异同点分析

通过比较两份报告的内容和格式，我们可以发现海通国际财务报表审计报告与碳审计报告存在以下异同点：

1. 相同点

海通国际综合财务报表以及ESG报告的鉴证主体均为会计师事务所，这也使得两种鉴证报告的相同点更加直观地得以辨认。

首先，在双方责任的划分上，两种鉴证报告均强调了海通国际对报告承担的责任以及会计师的责任。两种报告下，海通国际的责任是类似的，即管理层按使用的标准编制报告，无论是财务报告还是ESG报告，并说明管理层有责任设置和维护相关的内部控制，对其报告的真实性和公允性负责。

其次，会计师的责任是根据相关标准对报告进行鉴证，并最终发表鉴证意见。两种报告下，会计师都需要作出独立性声明，并说明已遵守职业道德守则，这有利于提升公众对被鉴证信息的可信度。

最后，安永及德勤对鉴证对象的范围都作出了清晰的界定，安永对ESG鉴证报告中明确其鉴证意见仅限于2021年度ESG报告所载的主体事项，鉴证意见不涵盖主体事项以外的其他信息。德勤对财务综合报表的审计报告说明其审计意见仅涵盖“四表一注”，除此之外的包含于年度财务报告中的其他资料不作为会计师发表审计意见的对象。最后，两份报告对会计师执行的程序都进行了说明，尽管详略程度有所不同。

2. 不同点

财务报表鉴证业务与碳排放鉴证业务虽同为鉴证业务，但两者在许多方面有着显著区别。

首先，两者鉴证的对象不同。碳排放审计主要是对《温室气体核算体系》规定的三种范围的温室气体进行鉴证，而财务报告审计则是对“四表一注”进行鉴证。

其次，在形成意见的基础上，由于碳排放鉴证业务体系现阶段还不是很完善，大多数鉴证机构遵循国际准则ISAE3000，这是目前能够指导碳排放鉴证的较为权威的指导性文件；而财务报表审计在不同国家和地区有着不同的准则，德勤对海通国际财务综合报表的审计遵循《香港审计准则》。

再次，在对鉴证程序的说明上，碳排放审计报告较为简略，仅仅罗列了五项程序，当然，安永对海通国际 ESG 的鉴证保证程度仅为有限保证，这在一定程度上使得鉴证的程序变得简单，但需要注意的是，目前对碳排放的鉴证大多是有限保证，这可能是由于该项鉴证业务的特殊性质与会计师事务所专业领域不匹配所导致的。对于财务报表审计而言，其保证程度有合理保证和有限保证，德勤对海通国际 2021 年财报的审计为合理保证，其中对执行的审计程序的说明较为详细。

最后，财务报表审计具有特有的事项段，特别的关键审计事项，使得审计报告的读者能够清晰了解会计师在执行工作的过程中遇到的重大事项，以及他们采取了何种应对措施，这些信息能够很大程度上提升财务报告使用者对财务信息的信赖程度。而碳排放鉴证目前没有类似事项段对鉴证人员在重大方面进行的工作作出详细说明，而仅仅在报告上发表鉴证意见，这就难以说服鉴证报告的读者相信会计师所作的鉴证工作是科学有效的。

九、中美碳审计报告内容对比

采矿业作为碳排放大户，也是碳审计工作的重点，当前其碳信息披露也相对充分。因此为比较中美两国碳审计报告差异，选取同为采矿业的中国神华能源股份有限公司（以下简称“中国神华”）的碳审计报告与美国纽蒙特矿业（Newmont Mining Corporation，以下简称“纽蒙特”）的进行对比。当前温室气体排放信息披露包含在可持续报告中，所以其碳审计报告也包含在对可持续报告的鉴证报告中。通过中美同行业企业的碳审计报告内容与格式比对，可以改进我国碳审计报告的内容与格式。

（一）中国神华碳审计及其报告内容

1. 中国神华简介

中国神华分别于 2005 年、2007 年在港股、A 股上市。截至 2021 年年底，公司资产规模 6071 亿元，总市值 662 亿美元，职工总数 7.8 万人，主营业务包括煤炭、新能源等七项业务。从销量来看，其规模是中国同行业第一甚至在世界上也位居前列。

中国神华按照全球可持续发展标准委员会（GSSB）发布的《GRI 可持续发展报告标准》（GRI Standards）核心方案、港交所《上市规则指引》附录二十七——“环境、社会及管治报告指引”和上交所《上市公司自律监管指引第 1 号——规范运作》编写 ESG 报告。

2. 中国神华碳审计情况

因为可持续报告中财务数据来自经审计的财务报表，为了节约审计成本、提高取证效率，其可持续报告的鉴证机构与财务报告的审计机构一致。并且四大会计师事务所在碳审计方面也有丰富的工作经验，出具的结论具有更大的鉴证意义。

表 13-1 中国神华 ESG 报告鉴证机构

年份	审计主体	GRI 官方审核报告	鉴证标准
2007	无		
2008	毕马威		ISAE3000
2009	毕马威		ISAE3000
2010	毕马威		ISAE3000
2011	毕马威	应用等级 B+	ISAE3000
2012	毕马威	应用等级 A+	ISAE3000
2013	德勤	应用等级 B+	ISAE3000
2014	德勤		ISAE3000
2015	德勤		ISAE3000
2016	德勤		ISAE3000
2017	德勤		ISAE3000
2018	德勤		ISAE3000

表 13-2 可持续报告中碳排放相关指标（定量）

一级指标	二级指标	2019	2020	2021
碳排放	排放总量（万吨二氧化碳当量）	15 741	13 490	17 665
	其中：范围 1（万吨二氧化碳当量）	15 151	12 668	16 779
	范围 2（万吨二氧化碳当量）	589	822	886
	排放强度（吨二氧化碳当量/万元产值）	11.10	9.35	9.56

续表

一级指标	二级指标	2019	2020	2021
环保投入	环保资金投入/亿元	14.24	20.99	23.45
	其中:生态建设投入/亿元	5.01	7.54	7.61
生态保护	新增绿化面积/万平方米	1 472	1 083	9 256

表 13-3　2021 年可持续报告中碳排放相关绩效自评(定性)

	MSCI 评级内容	2021 年自评
碳排放	公司设立激进的减排目标	中
	实现与追踪碳减排目标的良好记录	中
	使用清洁能源	高
	碳捕捉技术	高
	提升能源使用效率及能源使用管理	高
	参与 CDP 披露	高
	其他碳减排举措	高

从表 13-1、表 13-2 和表 13-3 的内容来看,可持续报告中与碳排放相关的披露不但包含量化指标还包含定性分析,所以会计师事务所当前只能对其提供有限保证。

3. 中国神华碳审计报告内容

审计报告以“独立有限鉴证报告”为标题,审计范围为截至 2021 年 12 月 31 日止年度的 2021 年环境、社会责任和公司治理报告,保证程度为有限保证。

报告内容分为五个部分,以下进行简要介绍:

(1)董事会的责任。公司董事会对公司按照上交所指引要求以及香港联合交易所发布的有关指引的披露建议(简称“港交所指引要求”)所编制的 2021 年 ESG 报告的编写和表述负全部责任。

(2)会计师事务所的责任。指出仅提供有限保证和其工作依据:ISAE3000。

(3)独立性和质量控制。遵守独立性及其他职业道德和质量控制标准。

(4)工作及局限性。为达到目标,进行以下程序:A.与管理层和收集 ESG 相关信息和编报相关人员进行访谈。B.检查信息的完整性,即确定港交所和上交所相关披露指引要求数据是否全部包含;检查信息的真实性,抽取总部原始文件与报告信息比对。C.根据上交所和港交所的指引对指标进行复核。D.考虑定量和定性风险,对子公司开展鉴证工作。E.将财务年报数据与 ESG 数据对比。

(5)结论。以消极方式发表意见:……我们没有注意到任何重大事项使我们相信:……存在重大错报。

总的来说,会计师事务所发布的可持续鉴证报告内容与格式与财务报告审计报告较为接近,其审计业务包括对定量指标的鉴证,即碳排放信息真实性的鉴证;而对定性指标的鉴证则主要为对碳排放管理制度绩效的鉴证。尽管与财务审计报告相近的格式和内容更加严谨,但是也使得其阅读价值不大,并没有体现出多少有效的相关信息。

(二)纽蒙特碳审计及其报告内容

1. 纽蒙特简介

纽蒙特主营业务为黄金开采,1906 年成立,不久后在纽约股票交易所、澳大利亚证券交易所和加拿大多伦多证券交易所三大交易所挂牌上市,并成为财富 500 强,同时也是唯一入选标普 500 的采矿业企业。

纽蒙特重视 ESG 报告相关工作,将其上升到战略层面,其披露信息充分且经过第三方独立审计。

2. 纽蒙特碳审计情况

纽蒙特的碳排放信息同样不单独披露,而是包含在其环境报告中,与中国神华不同的是,纽蒙特环境报告的鉴证机构是专业的咨询机构必维国际检验集团(Bureau Veritas,BV)而非审计机构。必维国际检验集团在环境保护、社会责任等鉴证领域是全球最受认可的机构。如上文所说,BV 的审验标准为 AA1000AS 而非 ISAE3000,二者在鉴证目标、鉴证范围、重要性和保证度方面均有所不同,所以审计报告的内容与格式也大相径庭,如表 13-4 所示。

表 13-4 纽蒙特碳审计情况

年份	鉴证机构	GRI 官方审核报告	鉴证标准
2014	必维国际检验集团	应用等级 A+	AA1000AS
2015	必维国际检验集团	In Accordanc.Core	AA1000AS
2016	必维国际检验集团	In Accordanc.Core	AA1000AS
2017	必维国际检验集团	In Accordanc.Core	AA1000AS
2018	必维国际检验集团	In Accordanc.Core	AA1000AS

3. 纽蒙特碳审计报告内容

审计报告以“独立机构保证声明”(Independent Assurance Statement)为题,内容包含七部分:鉴证目标、保证方式、工作范围、鉴证发现、符合 ICMM 可持续发展要求、工作依据、审计建议以及独立性及专业能力的声明。以下列举几项值得说明的报告内容:

工作范围。BV 对纽蒙特 2018 年环境报告进行第三方审验,其工作范围包括:检查报告中的数据的真实性和文本描述是否存在误导;测试其用于收集报告相关信息的数据系统的有效性;以 AA1000AS(2008)和 GRI 为标准,根据第 2 类保证评估 2018 年报告。以下信息不包含在工作范围内:2018 年之外的活动信息;关于被审验单位企业精神、战略意图、规划承诺的表述;经审计的财务报表。

保证方式。为达到高水平的保证,鉴证人员通过观察、检查、分析、评估政策,以及与原始记录进行核对等程序来提供保证。

工作内容。为了出具鉴证报告,BV 进行以下程序以获得证据:

(1)与利益相关者会谈;

(2)与管理层会谈;

(3)实地考察纽蒙特下属 Yanacocha 矿区;

(4)检查绩效数据,抽查样本进行详细检查;

(5)检查内外部文件并考虑其真实性;

(6)实地访问纽蒙特总部办公室;

(7)测试其信息系统的有效性以说明其数据来源值得信赖。

结论。值得一提的是,与中国神华的审计报告相比,其结论不拘泥于格式,而是更加具体:

(1)其环境报告披露信息和数据真实、准确,不存在重大错报;

(2)环境报告客观反映纽蒙特2018年的相关活动;

(3)报告具有可理解性;

(4)纽蒙特遵循ICMM可持续发展框架,在报告中已有所体现,包括10项强制性要求;

(5)纽蒙特生产经营中符合AA1000AS的重要性、响应性和包容性原则;

(6)报告符合GRI标准及行业标准;

(7)对纽蒙特的信息系统和内部控制进行肯定,指出其环境保护相关数据来源可靠;

(8)环境报告实行利益相关者导向;

(9)管理层充分执行可持续发展理念并形成企业文化。

主要意见和建议。这部分也是其报告具有进步性和独特性的地方,德勤对中国神华的可持续报告鉴证报告中并未提及任何的改进建议,而BV在其鉴证报告中设置了这一部分,在检验和评价其报告期内包括温室气体排放管理在内的可持续发展工作成效后,作为独立的第三方提出了建议和意见,包括:

(1)要实现降低碳排放强度的目标,需要在减碳方面加大力度,使用新能源,研发新技术,落实碳汇项目植树造林,在战略中深化对气候变化的应对。

(2)注意控制长期财务、社会和环境风险,通过开垦和植树造林为恢复原有矿产地生态作出努力。

(3)根据利益相关者的反馈,适当展开填海造陆,降低气候变化带来的风险。

(4)改进信息系统,提高自动化程度,减少手动操作,提高一手数据的可信程度;将执行业务时的数据收集流程规范化,出具书面规则,延续对数据的管理,以确保数据的可比性;声明对废物处理和泄漏方面的数据要求,简化流程,提高报告的一致性。

(三)纽蒙特与中国神华碳审计及其报告内容比较

总的来说,我们认为必维国际为纽蒙特提供的碳审计报告更有特色,更具阅读价值,如果不想碳审计报告沦为形式,那么适当地向其学习是必要的。二者的共同点是都为缩小在可持续发展方面的信息差距作出了贡献,提高了

ESG 报告的可信程度，并且都运用了访谈、检查、实地调查等工作方法，但它们仍存在以下不同：

1. 鉴证主体不同

一个是审计机构，一个是非审计机构，同时地区也存在差异。因此其报告内容及格式存在差异，前者更加接近财务审计报告，从而变得格式化和形式化，作为对比，前者报告内容仅为 2 页，后者达到 5 页，其报告的阅读价值和信息量远远落后于必维国际的报告。

2. 鉴证标准不同

我们认为鉴证标准不同是造成报告内容及格式差异的主要原因。而鉴证标准对报告的内容及格式的要求差异则来源于双方导向的差异，由国际鉴证准则委员会制定的 ISAE3000 与财务审计相同遵循风险导向，可以说重点在于“哪里有错”，在于验证其碳排放信息和政策绩效的真实性，所以其审计报告可以简短而统一。而必维国际遵循的 AA1000AS 则为利益相关者导向，重点在于“利益相关者想看什么”，所以其鉴证报告应尽量地根据公司的个性而定制，其结论比中国神华详细得多，而且不是模板化的语句，不同的行业和公司其利益相关者关注点亦不同，因此需要个性化的结论。在其报告中，结论不但评价碳排放相关信息的真实性，而且对其相关工作进行评价，这也是值得借鉴的地方。

3. 鉴证意见

德勤对中国神华出具的意见为消极的无保留意见，必维国际对纽蒙特出具的意见为积极的无保留意见。这是因为后者的鉴证范围更大，鉴证工作更加详细，程序更多，这也使得其保证程度更高。

4. 鉴证建议

德勤的标准格式鉴证报告并未提出建议，必维国际的报告则量身定制地提出了改进建议，这使得其报告更具可阅读性和参考价值，体现了其利益相关者导向，当然也可以合理推测必维国际的收费更高。这也是我们认为需要在鉴证报告中体现的部分，碳审计报告的内容与格式可以不与财务审计报告一致，应具有自己的特色，这个特色既体现在碳审计报告和财务审计报告的差异上，也体现在不同行业不同企业的碳审计报告上，最重要的内容就是鉴证建议。

十、审计机构与非审计机构碳审计业务对比

为了增强企业可持续发展报告和碳审计报告的真实性、可靠性，聘请第三方审计机构对报告进行鉴证是大多数企业的选择。但是由于国际上没有一个统一的标准规定，到底由会计师事务所这样的审计机构，还是由其他非审计机构来执行碳审计，因此，不同企业的碳审计报告出具主体不尽相同，市场上通常是四大会计师事务所和传统的质量认证服务机构。我们查阅了一些企业的碳排放报告和碳审计报告，来寻找由不同主体审计的碳排放报告和碳审计报告的异同。最终，我们选择对比的是2021年腾讯集团（以下简称"腾讯"）和阿里巴巴集团（以下简称"阿里"）的碳报告。

腾讯2021年碳审计报告由香港的罗宾咸永道，即普华永道会计师事务所（以下简称"普华永道"）出具，必维认证（北京）有限公司（以下简称"必维"）为阿里出具2021年的碳审计报告。普华永道是国际知名的会计师事务所，专业从事审计鉴证业务；而必维是全球知名的国际检验、认证集团，属于非审计机构。

（一）碳排放报告的相同点与不同点

1. 相同点

对碳排放总量的核算是碳排放报告的核心。腾讯与阿里的碳排放核算标准是一致的，披露的碳排放总量都是按照《温室气体核算体系》来披露的，即范围一、范围二、范围三的碳排放总量。范围一是企业运营活动中的直接排放，范围二是企业购买的能源产生的排放，范围三是企业上下游价值链所产生的排放。在查阅其他企业的碳排放报告时，大部分企业都是按照这样的标准来披露的。

此外，两家企业在其他方面披露的内容也是大体一致的，如今，国际上对于"碳中和"格外关注，因此两家都说明了自己在低碳经营，为实现碳中和正在做的事情，以及对未来实现碳中和的承诺和发展愿景。

2. 不同点

腾讯与阿里的碳排放报告所处的位置是不同的。腾讯的报告是其ESG

报告的组成部分，因此，在整个报告中除了碳排放报告，还披露了员工成长、产品、科技成果等关于社会责任和公司治理方面的内容。阿里的碳排放报告则是单独披露。

（二）碳审计报告的相同点

1. 鉴证的内容相同

普华永道和必维都对阿里的碳排放报告进行鉴证。但是在碳排放报告的不同点中提到，由于腾讯的碳排放报告是其 ESG 报告的一部分，所以在普华永道的报告中，不只提到碳排放，还包括 ESG 报告中的其他内容，而其所发表的审计结论也不单单针对碳排放内容，是对整个 ESG 报告发表的审计结论。相反，因为阿里的碳排放报告就是其 ESG 报告，必维在报告中指出的审计范围主要就是阿里碳排放的三个范围。因此，两者与其说是对碳排放报告提出鉴证意见，倒不如说是对 ESG 报告提出鉴证意见。

2. 鉴证主体与被鉴证主体的责任划分相同

与财务审计报告类似，无论是会计师事务所，还是非审计的认证机构，其对责任的划分都是相似的。普华永道和必维在报告中都声明，腾讯和阿里对选定环境、社会及资料承担责任，而普华永道和必维只对温室气体排放提供的资料的准确性以及相关的内部控制承担责任。不同的地方就在于表述有所不同。

3. 执行的鉴证程序相同

普华永道在报告中指出，其运用的审计程序主要有问询、观察、检查文档、分析程序、评估选用政策的恰当性、定量分析，并对原始记录予以核对调节，而且，在执行这些程序的同时，普华永道还提到以下活动：

(1)了解环境、社会及管治架构，环境、社会及管治策略，及持有者参与过程。

(2)对负责准备环境、社会及管治报告的相关人员就准备流程及相关内控程序进行询问。

(3)已了解收集和报告选定环境、社会及管治资料的流程。这包括分析并到访深圳总部、2 座办公大楼、2 个数据中心，以了解选定场地环境、社会及管治资料的关键流程和控制。

(4)在选定场地对选定环境、社会及管治资料抽样执行有限的实质性测试，以检查数据是否已经恰当计量、记录、核对和报告。

(5)考虑ESG报告的披露和列报是否按照香港的《环境、社会及管治报告指引》要求编制,是否与腾讯内部信息一致。

必维在报告中说明了以下核查方法:

(1)与阿里员工进行访谈;

(2)评审阿里提供的文件证据;

(3)评审阿里数据和信息系统,以及GHG排放数据的收集、汇总和分析方法;

(4)对阿里GHG排放数据进行抽样核查。

由上可以看出,普华永道和必维使用的审计程序和方法与财报审计方法类似,都有询问、检查、观察、分析等程序,但是普华永道说明得更加具体。

4. 两份报告都附有独立、公正和具备胜任能力的声明

两份报告都附有独立、公证和具备胜任能力的声明。

5. 鉴证报告的基本内容相同

两份报告都有鉴证的依据,保证程度、执行的鉴证程序、得出的鉴证结论等基本的鉴证报告要素。

(三)碳审计报告的不同点

1. 鉴证的依据不同

作为会计师事务所,报告中明确指出,普华永道审计遵循的依据是ISAE 3000;而作为认证机构,ISO14064以及《温室气体核算体系》是必维认证的主要依据。ISO14064是一个温室气体的量化、报告与验证的实用工具,应用于企业量化、报告和控制温室气体的排放和消除。

此外,对于独立、公正以及胜任能力声明的依据也是不同的。普华永道遵守的是《国际会计师职业道德准则(包含国际独立性标准)》中对独立性及其他职业道德的要求。并且,其质量控制遵循的是《国际质量控制准则第1号》。

而必维是没有提到遵守的是哪些具体的准则,而是声明必维是一家历史悠久的独立验证服务的机构,必维核查团队与阿里及其管理人员不存在其他商业关系,核查团队的核查活动是独立的、公正的,不存在任何利益冲突。必维在整个业务范围内实施商业道德准则,以确保员工在日常业务活动中保持最高的道德标准。

2. 鉴证的固有限制

与财报审计类似，普华永道在报告中提到了审计的固有限制，而必维在报告中则没有提及这一点。

3. 鉴证的保证程度不同

普华永道为腾讯的碳排放报告提供的是有限保证。ISAE 3410 提到，会计师事务所为碳排放报告提供的保证程度，既可以是合理保证又可以是有限保证。必维为阿里的碳排放报告出具的是合理保证。

4. 鉴证结论不同

表 13-5　腾讯和阿里碳报告鉴证对比

项目	腾讯	阿里	是否相同
鉴证主体	普华永道	必维国际检验集团	不同
鉴证内容	ESG 报告	ESG 报告	相同
责任的划分	腾讯提供完整准确的资料，普华永道对准确性作出评价	阿里巴巴提供完整准确的资料，必维对准确性作出评价	相同
审计的固有限制	提及	未提及	不同
执行的鉴证程序	询问、观察、检查、分析、核对等	询问、观察、检查、抽样调查等	大致相同
对鉴证主体的独立性和专业胜任能力的表述	有	有	相同
鉴证依据	ISAE 3000 与《国际质量控制准则第 1 号》	ISO14064《与温室气体核算体系》	不同
固有限制声明	有	无	不同
保证程度	有限保证	合理保证	不同
鉴证意见	消极的审计意见	积极的审计意见	不同

腾讯和阿里碳报告鉴证对比如表 13-5 所示。由于普华永道提供的是有限保证，因此最后得出的审计结论是消极的审计结论，即提出未发现有任何事项相信腾讯选定的环境、社会及管制资料在所有重大方面已按照标准编制。必维提供的合理保证，得出的审计结论是积极的审计结论，即阿里巴巴按照鉴证依据给出了准确的碳排放数据，并且建立了适当的程序和内部控制。

从表13-5的对比中可以看出，其实，非审计机构与审计机构的碳排放报告、鉴证报告大体上是类似的，报告中所包含的内容大体上是一致的，只是结论不相同，比如保证程度和最终审计意见。此外，两者最大的不同是鉴证的依据，会计师事务所遵循的是审计准则，而非审计机构遵循的是其他国际组织指定的准则。因此，今后碳审计业务是由审计机构还是非审计机构执行、是否遵循统一的准则还需要进一步论证。

第十四章　中国神华案例分析

一、中国神华背景简介

（一）公司概况

中国神华于2004年11月8日正式成立，是国家能源集团唯一一家A＋H股上市公司。H股于2005年6月15日在港交所上市，A股于2007年在上交所上市，有效地增强了中国神华股票的流动性，提高了其知名度。截至2020年年末，公司总市值3 384亿元，居煤炭上市企业之首。

中国神华主营业务主要包括煤炭、电力、铁路、港口、航运、煤化工六大板块，是一家以煤炭为基础的综合能源上市公司。公司的基础业务为煤炭采掘，结合中国神华自身优越的运输和销售网络，联合下游的电力和销售网络，实现了跨行业、跨产业的纵向一体化发展模式。

中国神华一直以来坚持履行企业社会责任，在生产经营中始终贯彻可持续发展理念，在ESG管治和碳排放信息披露方面一直是我国煤炭上市企业中的标杆。中国神华不但是我国煤炭行业中最先进行社会责任报告披露的企业，而且重视对碳排放信息的披露，其披露质量也处于行业领先水平。

（二）CDP中国报告披露现状分析

国际碳揭露计划（Carbon Disclosure Project，CDP）致力于建立全球气候变化信息披露系统，每年都会向全球的大型企业发送调查问卷，要求公开碳排放信息及应对气候变化所采取的措施，最后从水安全和气候安全两方面进行评级。如前文所述,从2008年开始,中国100家大型企业收到CDP的调查问卷,主要询问有关温室气体的排放数据,然而仅有几家企业进行回复。随着碳披露项目的发展,我国企业CDP回复比例逐步上升,2015年由于问卷结构进行了大的改动,回复数量骤减。但由于我国可持续发展理念的深化以及碳达峰、碳中和目标的推进,中国企业CDP回复数量又回归上升趋势。尤其是2020年,虽受疫情影响,中国仍有65家上市企业参与了2020年CDP环境信息的披露(如图14-1所示)。煤炭企业回复问卷的数量虽然占比不大,但是参考煤炭企业每年样本企业的数量,回复率基本保持在30%~50%,相对良好。

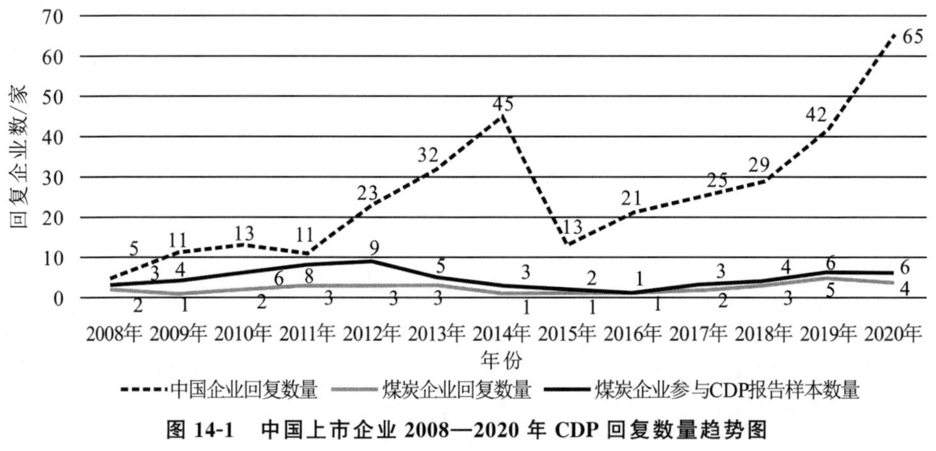

图14-1 中国上市企业2008—2020年CDP回复数量趋势图

数据来源:碳排放披露项目发布的《2008—2020年度中国上市企业报告》。

中国神华作为中国煤炭行业的领军企业,一直都积极参与国际碳披露计划。从2008年开始,中国神华是国内唯一一家持续回复CDP调查问卷的煤炭企业。近两年来,中国神华也同样进行了CDP回复,尤其是2020年,荣获CDP2020企业水安全优秀表现奖。

(三)煤炭行业ESG情况分析

1. 煤炭行业公司ESG评级情况

ESG是综合企业环境、社会、治理绩效的评价标准体系,主流的ESG评级机构包括MSCI、富时罗素、汤森路透、商道融绿、华证指数等。通过对2020年煤炭行业ESG评级表现进行分析,煤炭上市企业在国内商道融绿、华证指数两家的评级中整体表现平平。而在国外的MSCI、富时罗素评级中,煤炭上市企业的 ESG 表现更是不尽如人意。只有 6 家煤炭上市企业——中国神华、兖州煤业、陕西煤业、山西焦煤、美锦能源和潞安环能被 MSCI 纳入评级范围，在这之中仅中国神华一家企业处于 MSCI 评级的平均水平，其他几家公司的评级都较低。综合四家国内外评级机构的 ESG 评级结果来看，中国神华的报告质量在行业中都获得了最高的评价。详见表 14-1。

表 14-1 煤炭行业部分企业 ESG 评级情况

上市公司	公司代码	MSCI	富时罗素	商道融绿	华证指数
中国神华	601088.SH	BB	2.3	A-	AA
兖州煤业	600188.SH	B	1.9	B+	AA
陕西煤业	601225.SH	B	1.6	B	AA
美锦能源	000723.SZ	B	/	C+	BB
潞安环能	601699.SH	CCC	1	B−	AA
山西焦煤	000983.SZ	CCC	1	C	AA

数据来源：Wind、MSCI、富时罗素、商道融绿、华证指数、信达证券研发中心。

2. 煤炭行业发布社会责任报告相关情况

2000 年以来，我国政府一直在鼓励企业披露社会责任信息。通过统计煤炭上市企业的社会责任报告披露次数，40 家企业中，有 25 家上市企业独立发布过社会责任报告，占总数的 62.5%；现在仍然进行社会责任报告独立发布的有 22 家，占总数的 55%。在这 25 家上市企业中，中国神华自 2007 年开始共持续发布了 14 次社会责任报告，数量最多同时持续性也较高。详见表 14-2。

表 14-2 煤炭上市企业独立发布社会责任报告次数统计表

序号	上市公司	披露开始年份	连续披露次数/次	备 注
1	中国神华	2007	14	
2	潞安环能	2008	13	
3	山西焦煤	2008	13	
4	冀中能源	2008	13	
5	开滦股份	2008	13	
6	蓝焰控股	2008	13	
7	兰花科创	2008	13	
8	中煤能源	2009	12	
9	兖州煤业	2010	11	
10	上海能源	2010	11	
11	ST 云维	2010	11	

续表

序号	上市公司	披露开始年份	连续披露次数/次	备　注
12	天地科技	2010	11	
13	ST 林重	2010	11	
14	昊华能源	2011	10	
15	云煤能源	2011	10	
16	伊泰 B 股	2011	10	
17	郑煤机	2012	9	
18	平煤股份	2103	8	
19	陕西煤业	2016	5	
20	新集能源	2016	5	
21	宝丰能源	2019	2	
22	淮北矿业	2019	2	
23	ST 平能	2011	5	2015 年最后一期
24	露天煤业	2009	5	2013 年最后一期
25	山煤国际	2012	4	2015 年最后一期

数据来源：Wind、信达证券研发中心。

二、中国神华碳排放信息披露的方式

煤炭企业是我国碳排放信息披露关注的重点行业，对我国低碳经济的发展具有十分重大的影响。但是我国的碳信息披露体系至今仍然没有统一标准，煤炭企业进行碳排放信息的披露大多出于主观意愿。企业披露的主要方式为企业年报和社会责任报告，少数企业采用 ESG 报告进行披露。研究我国 25 家在沪深两市 A 股上市的煤炭企业（证监会代码为 B06），可以发现 25 家企业都通过年报披露了碳排放信息。然而只有 14 家企业通过社会责任报告进行碳排放信息披露，其中仅中国神华一家企业于 2018 年开始以 ESG 报告的形式详细披露碳排放信息。详见表 14-3。

对中国神华 2020 年相关报告进行研究统计发现，公司进行碳排放信息披露的主要方式为年报及其附注、ESG 报告和公司官网披露的信息。

表 14-3　煤炭上市企业 2017—2020 年碳排放信息披露方式

披露方式	2017 年	2018 年	2019 年	2020 年
企业年报/家	25	25	25	25
社会责任报告/家	14	13	13	13
ESG 报告/家	0	1	1	1

数据来源：证券交易网、巨潮资讯网。

三、中国神华碳排放信息披露的内容

通过梳理中国神华 2020 年的企业年报和 ESG 报告中公布的碳排放信息，其主要内容如下。

（一）年报披露内容

1. 低碳环保风险意识

国家的节能环保政策将进一步趋于严格，环保税的增加以及生态环境需求，将进一步加大公司面临的节能、减排、环保约束。此外，国家的碳达峰、碳中和目标，要求煤炭企业继续深化供给侧改革，实现能源行业的高质量发展。

2. 低碳发展经营策略

公司将加强环境监测，通过提升环保软硬件能力打造“超低排放”煤电品牌；坚持对环保隐患进行排查，完善环境风险预控管理体系，实现企业的节能减排目标。同时公司将持续推进产业升级和结构改革，积极响应国家的碳达峰、碳中和目标。

3. 排污信息

中国神华作为国家重点监控污染源企业，主要污染物排放总量如下：二氧化硫（SO_2）0.89 万吨、氮氧化物（NO_X）1.87 万吨、烟尘 0.15 万吨、化学需氧量（COD）550.9 吨。此外，集团还对各企业的排放情况进行了具体的说明，这里只做部分展示，表 14-4 中均为集团自行监测统计的数据。

表 14-4 中国神华国家重点监控污染源(废气)企业排放情况

单位名称	主要污染物	排放总量(吨)	平均排放浓度/(mg/Nm^3)	核定排放总量/(吨/年)	排放口数量/个	排放口分布情况	排放方式	超标排放情况	防治污染设施运行率/%
神华亿利能源有限公司电厂	SO_2	1 089	76	3 200	4	每台机组一个排放口	有组织连续排放	4 小时	100
	NO_X	2 387	166	3 200				6 小时	100
	烟尘	195	13	480				2 小时	100
锦界能源	SO_2	1 045	18	1 535	2	1、2 号机组共用一个排放口,3、4 号机组共用一个排放口	有组织连续排放	无超标	100
	NO_X	1 856	33	4 911				无超标	100
	烟尘	239	4	1 314				无超标	100
台山电力	SO_2	1 199	18	4 780	6	1、2 号机组共用一个排放口,3~7 号机组每台机组一个排放口	有组织连续排放	6 小时	99.99
	NO_X	1 826	28	9 560				无超标	100
	烟尘	110	2	1 620				无超标	100
神华福能	SO_2	746	19	3 675	2	每台机组一个排放口	有组织连续排放	无超标	100
	NO_X	1 563	42	3 675				无超标	99.82
	烟尘	103	3	309				无超标	100

数据来源:中国神华 2020 年度报告。

4. 防止污染设施情况

包括通过分布式地下水库进行废水防治、低氮燃烧器和 SCR 设施脱硝，以静电除尘器和湿式除尘器等设施控排烟尘等，这些防治污染设备完备，运行也相对稳定。

5. 受环境部门处罚情况

比如 2019 年集团所属企业寿光电力 3 月 24 日因在线监测数据显示氮氧化物日均排放浓度超标 0.64 倍，受到环境保护部门一次性处罚 10 万元等。

6. 环境保护措施及成果

集团加强煤质管理，提高废水、固废利用率，2020 年集团矿井(坑)水利用率 75%，煤矸石综合利用量 1 254 万吨；积极开展土地复垦和植被恢复，2020 年年末预提复垦费用余额高达 61.69 亿元。

（二）ESG 报告披露内容

1. 意识到风险及机遇

中国神华始终高度重视环境风险，并通过环境监督检测、环境隐患排查以及环境应急管理三方面进行环境风险的管控；集团认识到气候变化问题现在是全球共同面临的难题，成立专门部门负责识别气候变化带来的战略风险和经营风险，以及带来了市场扩大和政策扶持的气候机遇。

2. 编制环境目标规划并成立相关机构

中国神华以国家能源团的战略目标为基础，编制了《2020 年污染防治攻坚战行动计划》环保短期规划，以及《中国神华“十四五”ESG 治理专项规划》等多项长期规划，明确公司需要解决突出的水、气、固废、噪声和生态问题。中国神华成立了 ESG 管制机构，负责 ESG 相关风险的识别、评估和管理。其中神华本部负责环境战略及决策部署，子公司、分公司负责组织和监督管理工作，各级基层部门则进行各项指标的具体落实。详见图 14-2。

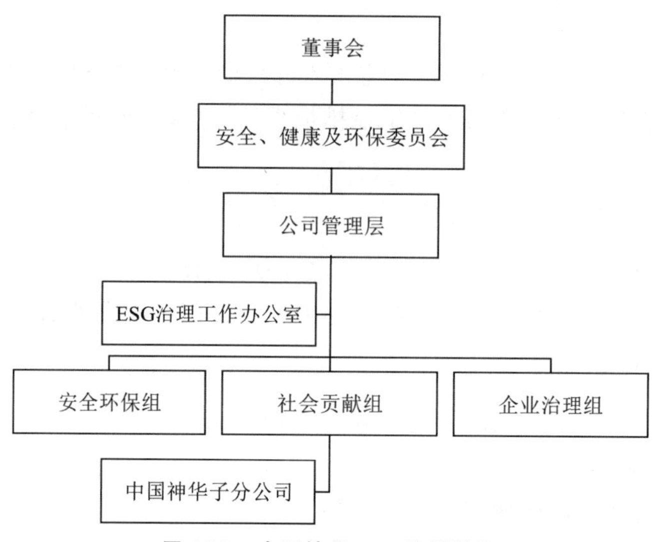

图 14-2 中国神华 ESG 管制结构

资料来源：中国神华 2020 年 ESG 报告。

3. 企业碳排放控制目标

中国神华参照国家有关政策以及公司的战略规划，制定了碳排放控制目标，力争于 2025 年二氧化碳排放量达到峰值，并积极寻求有效路径，努力争取公司在 2060 年前达到碳中和目标。

4. 碳排放相关数据

中国神华在控制温室气体模块用图表形式披露了 2018—2020 年碳排放量及强度，此外在附录关键绩效表中又以数字形式再次披露，可以明显观察到，公司三年间碳排放总量显著减少，排放强度也明显下降(详见图 4-13)。这些举措有效说明，中国神华在治理碳排放上的效果是十分显著的。

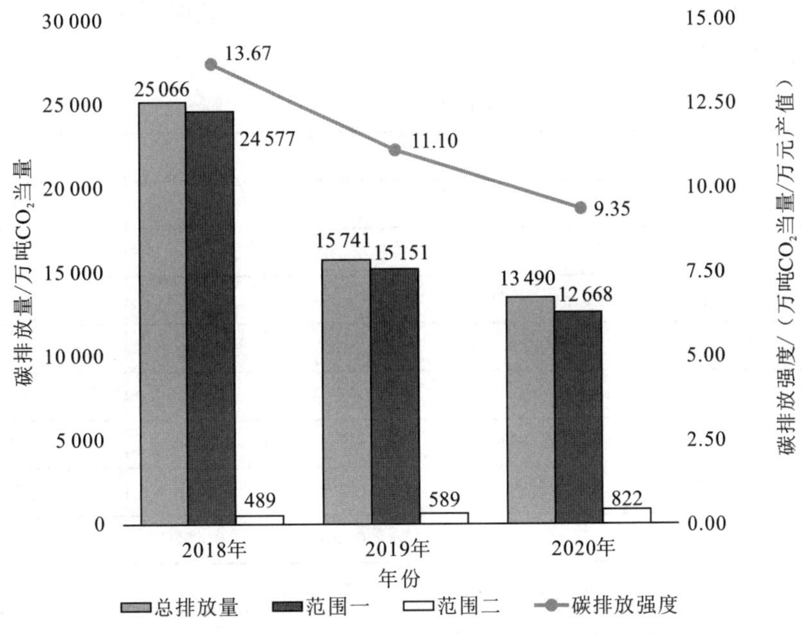

图 14-3　中国神华 2018—2020 年碳排放量与强度

数据来源：中国神华 2020 年 ESG 报告。

5. 碳排放控制措施及成果

中国神华 2020 年环保资金投入 20.99 亿元，较 2019 年增长 47.4%，生态建设投入资金 7.54 亿元，新增绿化面积 1 083 万平方米。

中国神华积极响应国家能源集团的碳达峰、碳中和总体战略布局，推进能源转型。实施措施包括：石圪台煤用太阳能代替燃煤锅炉进行热水供应，有效减少温室气体排放；国华电力使用超临界技术应用进行系统优化、供热改造，有效降低供电煤耗 1.4 克/千瓦时；黄骅港通过部署岸电系统成功减排二氧化碳 8 654 吨/年；锦界能源电厂开展捕集、利用和封存技术（CCS）项目，建成后燃煤烟气 CO_2 捕集率将高于 90%，实现真正意义上的二氧化碳零排放等。

6. 信息披露措施

中国神华积极参与碳排放信息披露工作，自 2019 年开始参与 CDP 问卷回复，2020 年 7 月的问卷评级中，水安全问卷为 B 级，气候变化问卷为 D 级。

7. 其他节能减排数据

除温室气体排放数据外，中国神华在报告中同样通过数形结合的方式披露了企业污废水、废气、固废的排放控制目标和各年度排放总量。每项指标都披露得十分详细。这里以废气指标为例(见表14-5),表中不仅包括总量的变化数据,还对具体指标进行了细分。

表14-5　中国神华2018—2020年废气指标

废气指标	2018年	2019年	2020年
二氧化硫排放总量/万吨	1.96	1.50	1.16
火电二氧化硫排放量/万吨	1.85	1.04	0.89
火电二氧化硫排放绩效/克/千瓦·时	0.070	0.070	0.065
氮氧化物排放总量/万吨	3.86	3.48	3.26
火电氮氧化物排放量/万吨	3.82	2.02	1.87
火电氮氧化物排放绩效/克/千瓦·时	0.14	0.14	0.14
烟尘排放总量/万吨	0.703	0.43	0.222
火电烟尘排放量/万吨	0.289	0.179	0.147
火电烟尘排放绩效/克/千瓦·时	0.0104	0.0121	0.0108

数据来源:中国神华2020年ESG报告。

此外,报告中还披露了直接能源与间接能源的节约目标和消耗数据等。公司针对各项指标都采取了相应措施并取得了显著成效,响应了国家保护环境、节能减排的号召。

四、中国神华碳排放信息披露的先进做法

(一)设置专门的ESG管治架构及信息系统

中国神华将ESG管治与公司的治理与经营相融合,制定了专门的管治架构。董事会负责企业ESG治理的战略规划和决策制定,进行整体部署;委员会承担ESG治理监管职责,下设相关部门负责工作的统筹协调和推进落实。此外,2020年,公司在现有的ERP、SRM等系统基础上,建立并成功应用了ESG信息管理系统,预示着ESG的治理要求正式融入公司的日常管理流程。

碳排放信息的相关数据是披露工作的基础,而最难的也是进行数据的收

集。中国神华ESG信息管理系统的成功建立，与ESG管治架构相结合，形成了“三级填报、二级审核、本部管理”的管控模式。子公司在信息系统上进行碳排放信息在线监测与实施汇报，最大限度减少信息的重复报送，有效提升了数据的准确性与权威性。信息化和标准化模式的应用，也提升了碳排放信息在报表上呈现的质量和编制效率。

（二）披露信息模块化

分析中国神华2020年年报和ESG报告，可以发现报告中有关碳排放信息披露的内容都比较集中，进行了模块化处理。年报中，有关碳排放信息的内容除了风险意识外，其他都披露在“环境保护情况”这一部分，包含企业的碳排放目标、措施、成果以及相关废气排放数据的披露等等。

ESG报告中，除组织结构位于ESG管治模块，其余碳排放信息均披露于“绿色赋能”板块。从环境目标规划，到环境风险与机遇，再到碳排放信息披露，结构清晰，最后为了让数据更加直观，附录中将相关的关键绩效指标进行了统一的披露。

将碳排放信息模块化，结构更加清晰明了，既增强了报告的可读性，也可以让阅读报告的利益相关者在获取中国神华有关碳排放披露信息时，能够得到直观有用的数据，而不需要进行进一步的汇总处理，且不容易遗漏重要的碳排放信息，从而有助于信息使用者做出更加准确、高效的决策。

（三）碳排放信息相关内容详细全面

中国神华碳排放信息质量较高，主要体现在内容的详细性和全面性两方面。详细性方面，观察其年报可以发现，对集团中25家国家重点监控污染源企业污染物的排放总量、平均排放浓度、排放口情况、超标情况等都进行了披露，处罚情况也从时间、文号、金额、原因以及整改情况等方面进行了详细的说明；而在ESG报告中，在对温室气体排放进行披露时，企业从碳排放量和碳排放强度两方面对2018—2020年的数据进行了纵向的分析，展现了企业控制温室气体排放的显著成果。企业对废气、废水、固废的总量及分类项也都分别进行说明，比如将固废分为一般固废和危险固废，对其排放量和万元产值都进行了数据披露。

全面性方面，年报体现在对公司有关碳排放的正面和负面信息都进行了说明。除了介绍中国神华在碳排放方面达到的成就，也对集团所属企业受到环境保护部门的处罚情况进行了披露。ESG报告中，对排放量数据、控制目标、减排措施及成果做了系统化的说明。

碳排放信息的详细性和全面性有助于相关利益者对中国神华进行更加准确的评估，尤其是公司的负面碳排放信息会对企业的股价和投资者的利益产生一定的不利影响。详细的碳排放信息能够增强公司透明度，塑造绿色环保的企业形象。

（四）披露方式：定量与定性相结合

中国神华年报和ESG报告中披露的碳排放信息，大多采用定性与定量相结合的方式。比如ESG报告"科技降耗板块"中，在对黄骅港部署岸电系统案例进行说明时，不仅对该项技术预计将降低二氧化碳和空气污染物的排放进行定性介绍，也对实际达到的成果进行了定量的说明：覆盖10个煤炭泊位，节省燃料油每年2 674吨，有效减少二氧化碳排放每年8 654吨。年报中同样对节能减排的成果进行了定性、定量的说明，除了介绍企业获得的奖项如国华电力荣获第十届"中华环境奖"优秀奖等外，也对2020年集团"燃煤发电机组平均售电标准煤耗为307克/千瓦·时，同比减少1克/千瓦·时"的成果进行了披露。此外，中国神华在ESG报告中采用图表方式对碳排放信息进行披露，有效增强了报告的可读性。

报告中如果大量使用定性数据，会降低报告信息的质量，也会增大信息使用者对报告中有用信息的获取成本。但是以定性与定量相结合的方式对企业的碳排放信息进行披露，不但更加清楚地反映了企业在碳排放方面的实际情况，也有利于信息使用者便捷地取得碳排放信息进行判断。

（五）碳排放信息披露意识强

中国神华较煤炭行业其他上市企业而言，一直保持着高度的碳排放信息披露意识。公司于2007年开始连续14次披露社会责任报告，且报告质量较高，ESG评级结果持续处于行业领先地位。同时公司CDP问卷回复情况也较为良好，是国内唯一一家保持对CDP调查问卷回复的煤炭企业，2019年依据评级结果对年度温室气体排放绩效及披露设定的排放目标都进行了更新。中国神华在2020年年报中有关碳排放信息内容的披露占据了7页,ESG报告中相关部分则超过了20%。此外,中国神华还不断加强企业员工整体的节能减排意识,借助世界环境日等环保主题日开展多样化的宣传和培训工作,为增强企业整体的碳排放信息披露意识打好基础。

一方面,随着绿色消费理念的普及,煤炭行业"高污染、高能耗"的形象一定程度上制约了行业的进一步发展。只有加强碳排放披露意识,及时正确地对相关内容进行披露,煤炭企业才能突破经营瓶颈期,提升竞争能力。高度的碳排放披露意识能有效宣传企业绿色环保的形象,吸引绿色投资和财税补贴,为企业创造更多的发展机会。另一方面,我国是煤炭生产大国,但煤炭在生产过程中又会产生大量的废气污染物,对全球生态气候产生十分不利的影响,所以我国政府对煤炭行业的碳排放信息公开披露愈发重视。政府逐渐增加的监管强度,也要求煤炭企业必须增强自身的碳排放披露意识。

五、中国神华的经验启示

(一)完善企业低碳部门的组织架构

完善的治理架构可以有效地对企业的各项资源进行合理配置,提升企业的核心竞争力和治理水平。为了健全企业碳排放信息披露体系,设立专门的低碳治理部门并进行组织架构的建立是第一步。首先,企业的董事会要明确碳排放信息披露对企业所能带来的巨大价值,准确识别环境风险与机遇,并据此制定应对策略和减碳目标。策略和目标的制定不仅需要解决企业当下突出的碳信息披露问题,也要与企业环境战略发展相适应,推动企业的长期稳定发展。其次,企业的管理层或其他监管部门要严格履行监督职能,对碳排放信息披露工作进行统筹规划和推进落实。监管工作是碳排放披露流程的重中之重,要求对碳排放信息数据进行日常检测,同时注重隐患的排查,及时消除重要的环境风险隐患,降低对环境的影响。最后各级基层部门需要认真执行管理层下达的各项披露指标,实时上报碳排放信息数据并做好低碳减排工作。碳排放信息企业内循环体系具体如图14-4所示。

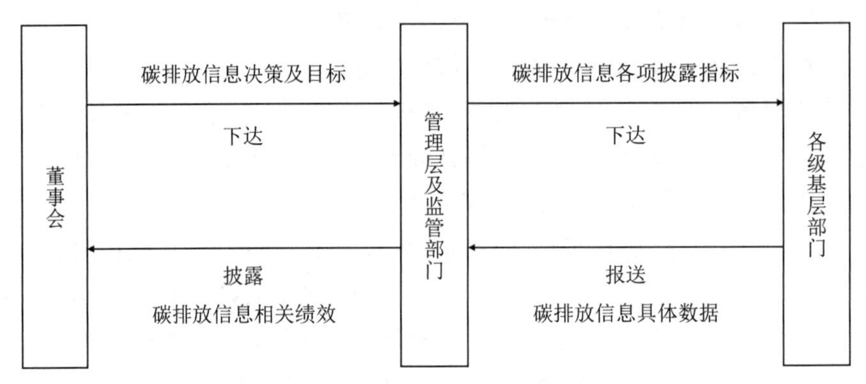

图 14-4　碳排放信息企业内循环体系

（二）增强煤炭行业碳排放信息披露意识

煤炭行业整体的碳排放披露意识不强，制约了煤炭上市企业的绿色健康发展。所以，强化企业整体的碳排放信息披露意识刻不容缓，可以从对外和对内两种路径入手。

首先，煤炭企业应该增强向外部披露碳排放信息的主动性。通过对 40 家煤炭上市企业披露的报告进行分析，只有 22 家企业持续地发布社会责任报告，而且报告的 ESG 评级质量不尽如人意，只有 6 家公司被 MSCI 纳入评级范围，其中仅 1 家公司达到平均水平。此外，煤炭上市企业回复 CDP 调查问卷的数量较少。因此，煤炭行业不仅要提高社会责任报告数量，也要提升报告的质量：未发布过社会责任报告的企业应主动进行发布，发布的企业也应向标杆企业学习；从定性和定量角度出发，详细、全面地披露碳排放信息。煤炭上市企业也需要积极回复 CDP 问卷，展现自身的环境友好形象，增强企业利益相关者和外部投资者对企业发展的信心。

其次，煤炭企业应该提升内部员工的碳排放信息披露意识。从提升管理层的披露意识出发，采用激励制度，用奖励金的方式加大管理部门对碳排放信息的披露程度，提升企业碳排放相关信息的绩效水平。针对基层员工，可以开展有关碳排放信息的披露培训和节能环保主题活动，寓教于乐，让环保理念植根于每个员工的内心，每个员工充分认识到碳排放信息披露对企业的重要性。

（三）提高碳排放信息披露的信息化水平

大数据技术和信息技术已经在我国企业中得到了很好的应用，无论是在企业财务管理还是在战略规划中都发挥着强大的作用。煤炭行业在披露碳排放信息时也可以利用先进的科技力量，增强信息披露的准确性。对于重点的污染企业，可以运用信息化手段实现污染源的在线监测，改善人工操作的低效性，确保数据的及时、完整、准确、可靠。并在企业原有的信息系统中增加环保信息管理模块，将碳排放信息纳入企业信息管理体系。碳排放数据实时上传后，监管部门也可以通过信息系统随时监控企业碳排放工作的开展情况，不仅能保障企业节能环保项目的推进，也能及时发现碳排放过程中的问题，有效管控环境污染风险。

信息化技术在碳排放信息披露中的应用必将成为企业管控气候问题的主要手段，所以煤炭企业应加大在信息技术上的资金、人力投入，在不断优化企业信息系统的同时，注重对高科技人才的招募与培养，增强企业的核心竞争力。

（四）强化碳排放信息披露的监管

对于煤炭行业来说，碳排放信息披露会在一定程度上提升企业的经营成本，而且其价值不会立刻体现在经营效益的提升上。我国对于企业碳排放信息以及社会责任报告的披露采用的是自愿原则，所以煤炭上市企业的整体披露情况不容客观。但煤炭行业是高污染行业，进行碳排放信息披露意义重大，政府应加强引导，从国有企业入手促使其积极主动地披露碳排放数据，发挥领头羊作用。为了提高数据的可信度，政府可以安排部分有条件的会计师事务所对煤炭企业低碳减排绩效进行审核，提升整个煤炭行业的披露水平。政府还可以对企业的碳排放信息披露建立一套完整的奖惩机制，设立基金对信息披露质量高、低碳减排绩效优的企业予以奖励。对于那些污染超标且对碳排放信息隐瞒不报的企业加大惩处力度，提升行业对碳排放信息披露的重视程度。我国正处于碳达峰、碳中和进程的关键时期，政府应充分发挥监管职能，持续关注各行各业的减碳工作。

（五）健全碳排放信息披露的标准

我国虽然出台了大量的文件、指南对环境信息进行规范，但对碳排放信息具体的披露内容、方式却没有统一的标准，因此造成了我国企业碳排放信息披露质量良莠不齐的局面。政府应加快健全我国碳会计准则体系，制定碳资产的核算标准，规范企业报告中对碳排放信息的披露标准，对企业的温室气体排放总量、碳排放交易的数额以及其他相关内容予以明确规定。同时要求企业对碳排放的正面和负面信息都要进行披露，制定法律法规约束企业对负面信息隐瞒不报的行为。政府部门可以参考国际通用 CDP 项目中的碳排放信息披露要求，并结合我国实际情况制定出适合我国企业的碳排放信息披露体系。统一的碳信息披露标准可以提高我国企业碳信息的透明度，加快我国碳达峰、碳中和的脚步，也有利于投资者全面了解企业的绿色发展情况。

第十五章　中国石油案例分析

一、公司背景简介

（一）中国石油简介

中国石油天然气股份有限公司，简称“中国石油”，是我国最大的油气生产商和销售商。公司自开创以来始终坚持发展成为具有国际竞争力的能源企业，并且从事着以石油、天然气为核心的广泛业务，其经营范围有上游的原油和天然气的勘探生产，中游的炼油、化工，最后是下游的管道输送及销售，涵盖了该行业的所有关键环节。在一体化经营下，一条优质高效的完整业务链已经在该企业中形成。中国石油企业油气产量一直处于世界领先地位，2020 年当量突破 2 亿吨，油气产品畅销国内外市场。截至 2021 年，中国石油已经连续 5 年在《财富》世界 500 强排行榜中排名第四，当之无愧是中国最具竞争力的油气企业。图 15-1 是中国石油的组织架构图，原先成立的健康、安全与环保委员会，在 2020 年改名为可持续发展委员会，可持续发展委员会的成立，很好地说明了中国石油企业对环境保护的重视。

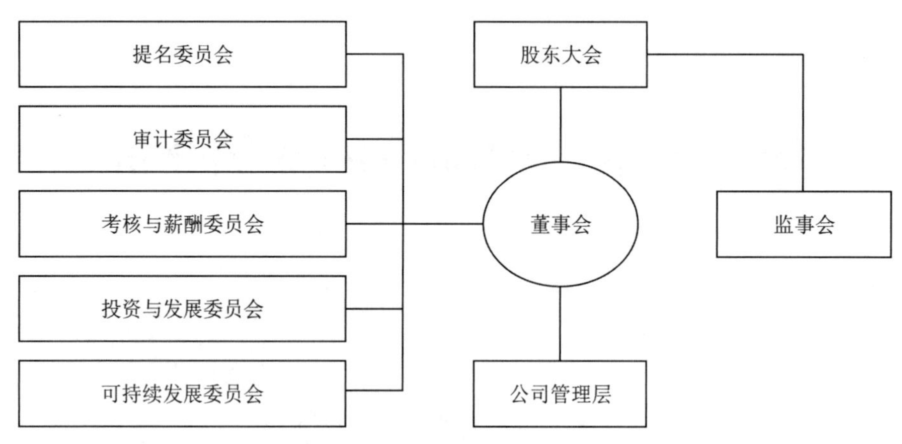

图 15-1 中国石油组织架构图

(二)中国石油碳排放情况

1. 基于 2019 年 CDP 中国报告的披露现状分析

CDP 主要用来统计各国企业披露的碳信息数据,汇集了全世界最多的气候变化信息数据。早在 2008 年,CDP 就邀请中国市值排名前 100 的中国公司,填写有关温室气体排放问卷调查。CDP 问卷内容在 2008—2019 年 10 多年间一直在调整。表 15-1 是 2019 年 CDP 发放的问卷中中国企业回复的数据。从表中可以看到中国石油公司参与了 CDP 问卷调查,说明中国石油对环境的重视程度,尤其是对温室气体排放的关注程度。

表 15-1 2019 年 CDP 报告中国回复企业

公司名称	所属行业	公司名称	所属行业
交通银行	服务业	江西黑福炭黑	制造业
比亚迪	制造业	联想集团	制造业
常熟市联创化学	制造业	立讯精密工业股份	制造业
中信银行	服务业	美的集团股份	制造业
中国建设银行	服务业	明晖集团	制造业
中国光大国际	发电业	中国人民保险集团	服务业
招商局港口控股	运输服务	中国石油天然气	化石燃料

续表

公司名称	所属行业	公司名称	所属行业
中国移动	服务业	中国邮政储蓄银行	服务业
中国石油化工股份	化石燃料	上海电气集团	制造业
中国建筑国际集团	基础设施	中国外运股份	运输服务
中国电信集团	服务业	苏州乐轩科技	制造业
万科企业股份	基础设施	深圳环球国际科技	制造业
海尔电器集团	服务业	雅荣动力股份	制造业
恒安国际集团	制造业	浙江南都电源动力股份	基础设施
华泰证券股份	服务业	总　计/家	29

数据来源:2019 年 CDP 中国报告。

2. 基于 2020 年中国公司碳强度的披露现状分析

企业碳排放强度指标衡量的是企业每获得 1 万元的营业收入,所产生的二氧化碳排放量的多少。分析表 15-2 的数据可知,中国石油的碳排放总量高达上亿万吨(16 744 万吨),但是由于其巨大的营收规模(19 338 亿元),使得其碳排放强度仅为 0.87,不足排名前 10 名上市公司的 1/20,在前 100 中排行 89,远远低于其他高碳行业上市公司碳排放强度。碳排放强度较低,说明中国石油在注重经济收益的同时,碳排放量远远低于其他公司。

表 15-2　2020 年中国高碳行业上市公司碳排放强度

排名	公司	行业	碳排放强度/(吨/每万元)	碳排放总量/万吨	营收/亿元
1	京能电力	电力	32.80	6 593	201
2	内蒙华电	电力	30.15	4 632	154
3	建投能源	电力	25.98	3 694	142
4	金山股份	电力	25.30	1 843	73
5	晋控电力	电力	25.02	2 924	117
6	大唐发电	电力	24.37	23 298	956
7	华电能源	电力	24.15	2 577	107
8	华润电力	电力	24.04	14 071	585
9	祁连山	水泥	21.36	1 668	78

续表

排名	公司	行业	碳排放强度/(吨/每万元)	碳排放总量/万吨	营收/亿元
10	国电电力	电力	21.22	24 708	1,164
89	中国石油	石化	0.87	16 744	19,338

数据来源：中创碳投和财经网《中国上市公司碳排放排行榜(2021)》。

3. 基于中国石油近年来的温室气体排放情况分析

由于中国石油在2019年以前未披露温室气体排放量的相关信息，因此我们选取2019—2020年这两年的数据进行对比。从图15-2可以看出，中国石油在温室气体排放总量、直接温室气体排放量和间接温室气体排放量方面呈现递减的趋势。

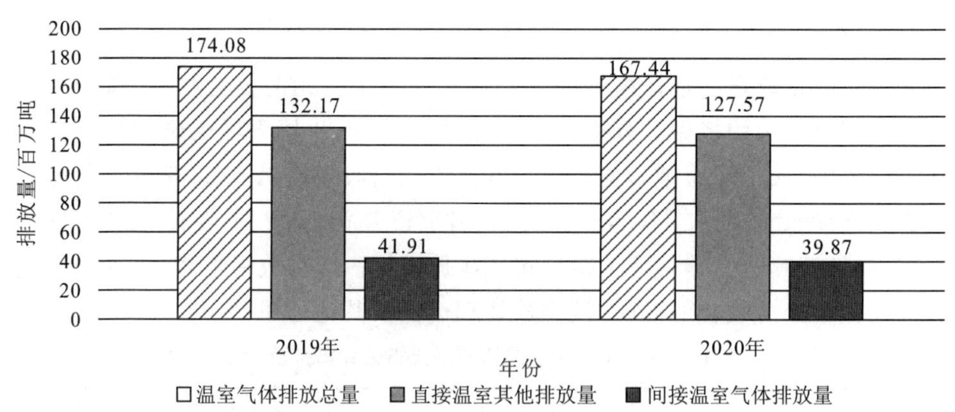

图15-2 2019—2020年中国石油温室气体排放情况

资料来源：中国石油ESG报告(2019—2020)。

从图15-2可以看出，中国石油公司2020年温室气体排放总量为167.44百万吨，比2019年(174.08百万吨)下降3.81%，直接温室气体排放量为127.57百万吨，比2019年(132.17百万吨)下降了3.48%，间接温室气体排放量为39.87百万吨，比2019年(41.91百万吨)下降了4.86%。此外，从披露的信息还可以得知，中国石油2020年温室气体排放强度较2015年下降了6.32%。在国内单位油气产量温室气体排放量指标上，2020年相比于2019年下降了9.65%，其中，甲烷排放强度较2019年降低6%。中国石油2019—2020年碳排放量数据连年减少，显示出近几年中国石油在减排方面取得了巨大成效。

二、中国石油碳排放信息披露的方式

年报、社会责任报告、可持续发展报告和ESG报告是中国石油公司碳排放信息披露的主要方式。中国石油在年报中的监事会报告、董事会报告、重大事项、财务报表及附注几个部分披露相关碳排放信息。在财务报表中，主要是通过有关环境的财务指标，如资源税、污染治理费用来进行披露。除此之外，在中国石油公司的官网上还设置有“环境与社会”专栏，对环境信息进行了补充说明。

在案例分析过程中，我们将所有有关该企业碳会计信息披露的方式全部纳入分析范围之内，具体如表15-3所示。

表15-3　2014—2020年中国石油碳排放信息披露方式

	披露方式	2014	2015	2016	2017	2018	2019	2020
年报	重大事项	—	—	—	—	—	√	√
	董事会报告	—	—	—	—	—	√	√
	监事会报告	—	—	—	—	—	√	√
	财务报表及附注	—	—	—	—	—	√	√
独立环境报告	董事长致辞	√	√	√	√	√	√	√
	可持续发展报告	√	√	√	√	—	—	—
	ESG报告	—	—	—	—	√	√	√

资料来源：中国石油公司官网。

（一）年报补充说明报告

中国石油碳排放信息内容的披露，其中一部分是在年报中进行展示说明的。通过分析2019—2020年的年报可知，相关内容主要分布在监事会报告、重要事项、董事会报告和财务报表及附注等模块，但这几大模块披露的侧重点也有所不同，其中监事会报告、重要事项、董事会报告是对碳排放信息进行了文字表述，而财务报表及附注则是对碳排放信息进行了数据说明。二者交相呼应，充分地体现了中国石油在碳排放方面的战略布局和绩效成果。

（二）独立的环境责任报告

早在2006年中国石油官网就已经发布企业社会、环境方面的会计信息披露报告。2006—2009年选用社会责任报告作为披露方式，2010—2017年选用可持续发展报告作为披露方式，但这两种报告均未对碳排放信息进行披露，因此，中国石油在2018—2020年紧跟时代发展选用最为先进的ESG报告进行披露，其中就包含了碳排放信息披露。中国石油企业在ESG报告中对碳排放信息进行了较多的披露，中国石油ESG报告主要分为四个部分，主要的碳排放信息披露集中在公司治理和能源与环境两大板块中。但是整体报告中都有穿插与碳排放信息有关的内容。在2018—2020年ESG信息报告中包含碳排放信息有77处，具体内容包括碳排放和碳风险管理、完善碳排放管控体系、碳排放权交易市场建设和碳排放配额管控等。

三、中国石油碳排放信息披露包含的内容

中国石油秉持“创建资源节约型、环境友好型企业”的绿色宣言，通过一系列减排措施，致力于削减生产过程中和产品使用过程中的排碳量，提高能源的利用率，并对相关环境信息予以了披露。中国石油企业的碳排放信息内容主要是在年报和ESG报告中进行披露的。笔者将中国石油企业公开的碳排放信息进行归类整理，大体上可以分为定量碳信息披露和定性碳信息披露。

（一）定量信息披露

分析中国石油企业2018—2020年发布的各类公开报告，可以整理出以下所披露的定量碳排放信息内容，如表15-4所示。

表15-4 中国石油定量信息披露情况

项目	单位	2018年	2019年	2020年
资源税	亿元	—	243.88	184.68
环境保护费用	万元人民币	4860	4383	375

续表

项目	单位	2018年	2019年	2020年
节能量	万吨标准煤	81	78	76
单位油气当量生产综合能耗	千克标准煤/t	122	119	118
炼油单位能量因数能耗	千克标准油/[t·因数]	7.81	7.68	7.57
乙烯产品燃动能耗	千克标准油/t	592	580	571
温室气体排放总量	百万吨 CO_2 当量	—	174.08	167.44
直接温室气体排放量	百万吨 CO_2 当量	—	132.17	127.57
间接温室气体排放量	百万吨 CO_2 当量	—	41.91	39.87
国内单位油气产量温室气体排放量	吨 CO_2 当量/t	—	—	0.28

资料来源：根据中国石油天然气股份有限公司年报和ESG报告整理。

从定量信息来看，中国石油在资源税和环境保护费用的花销是逐年递减的。其次，在达到相同产量的条件下，中国石油从2018年耗费能源81万吨煤，到2020年耗费碳能源76万吨煤。乙烯产品燃动能耗——生产每吨乙烯合格产品平均所消耗燃料油，也从2018年的592吨，下降到2020年的571吨。此外，中国石油2020年温室气体排放总量为167.44百万吨，下降到2019年的174.08百万吨；直接温室气体排放量为127.57百万吨，下降到2019年的132.17百万吨；间接温室气体排放量为39.87百万吨，下降到2019年的41.91百万吨。

中国石油在温室气体排放总量、直接温室气体排放量和间接温室气体排放量方面呈现递减的趋势。从已披露的定量碳信息中反映出，中国石油在碳排放方面作出的努力以及取得的明显成效。

（二）定性信息披露

随着气候问题关注程度的不断提高，中国证监会对企业环境信息披露提出了更高的要求，中国石油积极响应国家的有关法规，在碳排放信息披露方面主要是围绕环境绩效，即企业在保持经济发展的同时，对生态环境保护作出了哪些努力。在中国石油定性信息的披露中，对低碳减排目标、低碳减排治理、碳交易市场和碳资产、或有负债管理、温室气体减排战略安排方面等四方面信息给予公开披露。

1. 将碳减排目标纳入公司战略发展

中国石油将绿色低碳纳入公司“十四五”发展战略，大力发展清洁低碳能源。公司设置了安全环保、节能减排的考核指标并纳入其管理层年度业绩考核中，根据未完成考核指标对业绩分值和绩效薪酬进行扣减。对于甲烷排放目标，公司也作了相应的战略部署，旨在2025年甲烷排放强度与2019年相比，降低50%。此外，中国石油作为国内《绿色发展行动计划》的率先制定者和执行者，力求把天然气这类清洁能源摆在优先使用地位。并加快优化调整产业结构，以加快“双碳”目标的实现；中国石油企业作为国内CO_2捕集利用和封存产业技术创新战略联盟的发起者和建立者，携手其他企业共同致力于推进和发展CO_2捕集利用与封存产业。除此之外，中国石油从2016年开始，与OGCI其他成员企业一起发布了《OGCI年度报告》，并制定了《甲烷排放管控行动方案》和《低碳发展路线图》，带领国内众多企业向低碳发展转型迈出了重要一步。[①]。

2. 温室气体排放治理信息披露

2020年11月，中国石油在大庆马鞍山建成首个碳中和林，通过植树造林的化学吸收方式，以降低和抵消其在生产加工过程中产生的二氧化碳，实现二氧化碳零排放的目标。中国石油还积极优化调整企业能源结构和产业结构，对于落后产能予以淘汰，取而代之的是风能、地热能、太阳能等清洁能源。加强温室气体回收利用(CO_2利用，油气田甲烷回收)。中国石油2020年年报显示，中国石油吉林油田CO_2驱油示范工程累计封存CO_2 190多万吨。2021年5月18日，中国油气甲烷控排联盟在中国石油企业的极力推进下已经成立。在各联盟企业成员的共同倡议和努力下，我国全产业链甲烷控排行动在积极开展中，保障了中国“双碳”目标和我国油气企业低碳转型发展的实现。中国石油企业参考HSE管理体系，细化每一个生产经营环节的环境安全质量管理，将环境保护绩效与管理层绩效挂钩，严格要求企业排污标准，大力推广清洁能源的使用、清洁技术的研发，引进低碳节能设备。

3. 碳交易市场和碳资产、或有负债管理

在碳交易市场方面，中国石油开展并参加国内外碳交易业务，旨在利用市

① 司进，张运东，刘朝辉，刘冰.国外大石油公司碳中和战略路径与行动方案[J].国际石油经济，2021，29(7)：28-35.

场化的手段来实现碳减排的目标。中国石油在碳排放权交易方面取得了显著的成绩，2020 年其纳入全国碳排放权交易市场的企业全部完成履约[①]。此外，中国石油还积极参与 GHG 减排行动。2021 年 7 月 16 日，中国石油在上海环境排放交易所举办的首日上线交易活动中，荣获"全国碳市场首日交易集团证书"。公司专门下设了"质量安全环保部"，质量安全环保部对各个子公司的业务交易进行碳排放检测、报告和核查。在碳资产管理方面，中国石油企业成立了专门的低碳管理部门，该部门旨在负责企业生产加工过程中产生的温室气体管理工作，如温室气体控制发展和行动计划、相关温室气体管控的政策措施、管理体系的构建和完善等。中国石油在年报和相关资料文件中对温室气体引发的或有负债进行了披露：在国内，环保法规已经全面实施，该举措将会对油气业务的开展产生巨大影响。但是，在中国石油公司高层看来，根据现有的法律法规，公司相关环保方面已经做得相当完善，不存在产生重大负面影响的环保责任的可能。

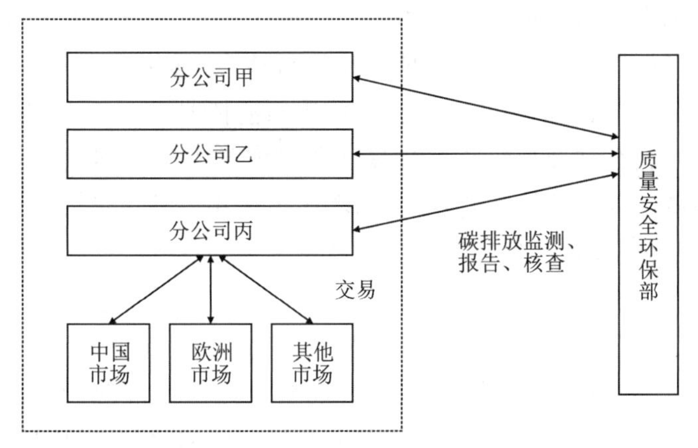

图 15-3　中国石油企业碳资产管理体系

4. 减排策略应对全球气候问题

温室气体排放导致全球气候变暖所引发的一系列风险，使各行各业不得不从自身实际情况出发，制定行之有效的减排策略，中国石油也不例外。在其 2020 年的 ESG 报告中展示，中国石油未来将加大对清洁能源的开发利用力度，减少煤炭资源的使用，从源头上降低温室气体的排放。中国石油公司也将

① 易竞，吉永钊.中荷环境会计信息披露对比研究：以中石油和壳牌石油公司为例[J].投资与合作，2021(11)：94-95.

不断投入研发费用来升级油品质量，提升汽车尾气净化系统的处理能力。我国是汽车生产和使用大国，此举将有利于大范围地降低汽车驾驶所带来的废物污染。同时加大天然气适用范围，使其替代车船用油。2020 年，公司按国家和地方要求对燃煤锅炉开展超低排放改造，实施燃油燃气锅炉低氮改造，催化裂化装置实施脱硝改造，确保加油站油气回收、电厂燃煤锅炉、炼化催化裂化、重整等装置废气治理设施稳定运行。

四、中国石油碳排放信息披露的先进做法

（一）碳排放风险预测和碳排放前景的披露情况

中国石油在碳信息披露报告中不仅披露了碳排放碳治理等方面的信息，还结合考虑了披露信息的预测价值和反馈价值，能够承上启下，上总结历史，下展望未来，对碳信息的披露不仅仅着眼于当前情况，而是有更深入的认识与了解，能够全面、合理地预测全球气候变化可能带来哪些碳风险与机遇，并且将碳信息披露纳入企业战略管理层面，积极披露相关碳信息，以不断强化企业的竞争优势和公司治理，促进企业的可持续发展。危机中往往孕育着新机，气候变化对于中国石油企业来说，不仅仅只有风险，更多的是商机。中国石油在气候变化方面的减排战略信息披露，向公众传递了其对生态的重视。具体体现在，对潜在的能源市场需求的发掘和利用，加速清洁能源的发展。例如，在中国石油 2020 年年报中披露了天然气的开发利用相关信息，中国石油可销售天然气产量 3 993.8 十亿立方英尺，比 2019 年增长了 9.9%。

（二）全方位进行披露，不断提升信息披露水平

中国石油在碳排放信息内容披露方面有一定的针对性和实质性，能够全方面并且根据具体情况，对公司的低碳战略、减排措施、不确定和风险等进行披露。中国石油在报告中详细地披露了其对国内国际低碳政策的回应情况、在清洁能源或燃料上的使用情况、低碳项目与技术投入、产品生产情况、碳排放权交易与碳市场参与情况、员工宣传教育情况以及碳捕集、封存和利用情

况。中国石油在进行碳信息披露时,兼顾减排规划、减排管理、减排措施和其他信息,很好地体现了 CDP 对碳信息披露内容的要求。

(三)增强信息的纵向可比性

中国石油注重碳排放数据可比性的披露,旨在通过对近几年的相关数据的连续披露,便于信息使用者纵向对比,从而更加有利于向信息使用者展现数据绩效和公司在管理方面取得的成效。

比如,针对中国石油炼化业务技术经济指标,报告对 2018—2020 年进行了连续披露,通过数据纵向对比,表现公司炼化业务技术持续改进的发展趋势,如图 15-4 所示。

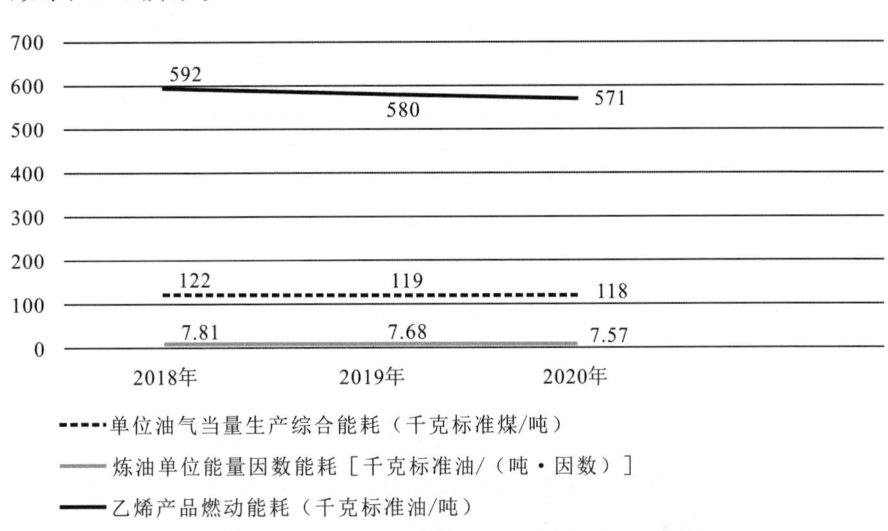

图 15-4 2018—2020 年中国石油炼化业务技术经济指标

资料来源:中国石油天然气股份有限公司环境、社会和治理报告(2018—2020)。

(四)大量数据展示,文字辅以说明

在中国石油 ESG 报告关于碳信息披露内容中,可以看到大量的数据信息,能够直观明了地了解其在环境保护方面的履责绩效;其次,在报告中配有文字和形象的示意图进行说明,为上述数据进一步阐述解释,让报告使用者能够有效地理解并使用这些数据信息。

比如，针对碳排放情况，中国石油报告详细披露了温室气体总排放量、直接温室气体排放量、间接温室气体排放量和单位营业收入二氧化碳排放当量下降比率，展示了公司在碳排放量方面取得的绩效成果。

（五）注重及时披露和定期更新

中国石油注重报告及时披露和定期更新，披露时间稳定在每年的 3 月份，此外 ESG 报告的披露时间和年报的披露时间是相同的，稳定有序的披露方式更有利于信息使用者对信息的获取，如表 15-5 所示。

表 15-5　2018—2020 年中国石油 ESG 报告披露时间

年份	2018 年	2019 年	2020 年
披露时间	2019 年 3 月披露 ESG 报告和年报	2020 年 3 月披露 ESG 报告和年报	2021 年 3 月披露 ESG 报告和年报

资料来源：中国石油天然气股份有限公司环境、社会和治理报告（2018—2020）。

五、中国石油的经验启示

企业积极参与碳排放信息披露有利于提升企业价值，因此中国石油积极参与碳信息披露所带来的经验启示值得我们深思，本案例结合商业伦理关系的类型，主要从中石油与同行之间的竞争伦理关系、企业与股东之间的股东伦理、企业与员工之间的劳务伦理、企业与社会之间的社会责任、企业与政府之间的政商伦理五个方面来谈其所带来的经验启示。

（一）与同行之间的竞争伦理关系——为同行企业信息披露提供借鉴意义

在减少温室气体排放以控制气候变化的大背景下，全球主要国家和国际石油企业普遍制定了 21 世纪中叶左右实现净零排放的目标。与此相适应，ESG 越来越受到国际社会的普遍关注。从目前的形势来看，ESG 对油气行业的影响具有渐趋显现化的趋势，特别是投资者和社会大众与媒体给予油气企业的压力越来越大。因此，中国石油作为我国油气行业的龙头企业，率先选择采用当前较为先进的ESG报告进行披露，并对碳排放信息披露的内容进行了详细的说明，能够为我国其他油气企业提供借鉴。

（二）与股东之间的股东伦理——更好地促进投资者作出正确决策

随着国内碳排放信息披露现象的不断发展，越来越多的人开始关注碳排放信息披露。中国石油积极参与碳排放信息相关内容的披露的行为，彰显了其对投资者的负责和重视程度。中国石油在ESG报告中除了披露了其在减排方面的成就和措施，也对碳排放产生的风险和前景进行了披露。对于广大的投资者而言，这样有利于其更全面地了解企业的价值，从而作出更加正确的决策。此外，为了让企业披露的碳排放信息更容易被信息使用者理解和使用，中国石油对于披露信息报告对专业术语的解释力度更强，专业术语的解释更为细致和具有针对性，增强了投资者使用报告的可理解性，很好地体现了中国石油对投资者责任的承担。

（三）与员工之间的劳务伦理——注重员工培训和碳减排绩效、激考核

中国石油始终坚持以人为本，把员工作为企业发展的动力和改革的主体力量。因此，2015年中国石油投入了16亿元的培训经费，为114万名企业员工提供了各类专业培训，旨在提高员工素质。其中，在38家油气田、炼化企业推进能源管控建设200余人次参加能源管控系列标准培训。

在碳中和绩效考核和激励机制方面，中国石油采取了以下措施。首先，在碳减排绩效与高级管理人员和员工薪酬挂钩方面，中国石油公司规定了一些考核办法。例如，中国石油将环境保护工作纳入公司管理层及地区公司高级管理人员绩效考核内容，实施执行生态环境损害责任终身追究制和环境保护工作问责制，来约束企业员工的行为，以达到保护环境和促进员工发展相结合的目的。

（四）企业与社会之间的社会责任——探索碳交易业务履约践行社会责任

中国石油作为国有重要骨干企业，积极布局绿色低碳发展战略，不断革新节能减排技术。企业在实现盈利的同时，同步进行碳业务的探索和发展，向同行企业乃至国际提供碳交易经验；此外还积极参与市场化的碳减排活动，以履约践行社会责任。中国石油在全球气候治理方面的杰出表现，彰显了中国企业的社会责任担当，提高了我国在环境治理方面的话语权。

（五）企业与政府之间的政商伦理——积极响应政策，不断提高报告披露水平

中国石油积极响应与配合政府政策的实施，将绿色低碳纳入公司“十四五”发展战略，大力发展清洁低碳能源。密切跟踪碳交易市场相关政策和法律法规的出台，不断更新和完善碳排放信息的披露要求。针对政府“双碳”政策，中国石油积极响应，制定了2025年左右实现“碳达峰”，2050年左右实现二氧化碳“近零”排放的战略目标，为中国“双碳”和全球气候目标的实现贡献力量，也为国际碳排放管控提供中国方案，从而不断提高碳排放信息报告的制定标准和披露水平。

第十六章　联想集团案例分析

一、企业背景简介

（一）联想集团简介

联想集团有限公司（以下简称“联想”）是一家《财富》世界500强企业，其营业收入超过了60亿美元，服务客户的范围遍布了全球180个市场。联想的公司愿景是“智能，为每一个可能”。为实现这一愿景，联想积极开发创新技术，打造智能设备与基础设施，提供智能化的服务与软件，携手全球亿万消费者来成就一个包容性更高、可靠性更强和可持续发展的数码化未来。

2020年，联想公司的核心业务分布包括智能设备业务集团（IDG）由个人电脑及智能设备业务组成，其中包括电脑业务（个人和平板电脑）、AR技术、VR技术、智能化设备、软件及智能服务；移动业务集团（MBG），其中包括摩托罗拉智能手机业务；数据中心业务集团（DCG），包括服务器、存储、网络及软件服务。

（二）联想碳排放情况

1. 联想碳减排行动

联想发布第一份与环境、社会和公司治理相关的报告是在2007年，截止到现在已经投入环境、社会和公司治理超过了14年。在温室气体排放方面，联想已经作出了自己的承诺，也就是到2030年把范围1和范围2的温室气体排放量均减少一半。目前企业还在积极评估，力争2050年达成温室气体净零排放，致力于在碳减排和全球控温方面取得更大成就。

由权威组织全球可持续发展倡议组织测算可以得知，IT行业的碳排放量在2020年全球碳排放总量中所占的比重为2.3%，并且预计在10年之后，数据中心、消费类电子产品的制造过程、网络信息通信所产生的能源使用量相较10年前将会增长两倍以上。对于联想所处的电子信息制造业而言，环保材料的使用以及设计节能减排产品、减排的生产技术等是缓解产品生命周期对气候产生影响的有效方式。为此联想积极创新技术，并在2017年独创了低温锡膏也就是LTS制造工艺，在PC制造业务中这一新技术的使用有效减少了印刷电路板组装过程中的能源消耗，减少的碳排放量高达35%。截至2021年4月，在联想所售出的笔记本电脑中，有超过3700万使用的是低温锡膏生产技术。联想还在积极扩大这一工艺的使用范围，目前已经将ThinkPad系列产品超过90%的范围以及IdeaPad系列笔记本电脑超过20%的范围切换成使用该工艺。LTS创新技术已经帮助联想达成了7500公吨二氧化碳排放量的成就，这相当于37万平方公里的森林在一年里能够吸收的温室气体数量。

为了实现低碳战略目标，联想已经着手从工艺、产品、清洁能源、对外赋能以及回收五个方面采取措施，带领产业链上下游供应商共同打造绿色制造体系。在绿色产品设计方面联想不断探索，现在已经拥有了超过100款的绿色产品，国家级的绿色工厂也已经建立了4个之多。随着联想在绿色技术领域的不断深入，自主研发的技术也在增多。温水水冷技术是联想在这一领域取得的相当大的成就之一，这一技术有效地减少了对空调和散热器的需求，将数据中心的能耗减少了40%以上，能源再利用效率也成了业内的佼佼者。

此外，联想还通过制造智能化水平的提升来降低碳排放量，智能排产技术就是一个典型的例子。这一技术已经助力其全球最大的个人电脑生产基地——合肥联宝工厂减少生产线闲置，大幅度提高了生产效率，从而每年可减少2000吨以上的排放量，节省电力2696千瓦时。除此之外，联想投资建设的智慧光伏项目每年产生的发电量可达390万千瓦时，这将减少约1560吨煤炭消耗以及3900吨碳排放量，相当于植树21万棵，极大地促进了行业的节能减排。在供应链领域，联想为供应商制定了一系列的合同规定和行为守则，目前已达成85%的供应商企业公开获得第三方验证的温室气体减排目标的成效。

在过去的几年里，联想独创的温水水冷技术、LTS工艺和智能排产系统已经帮助国电、中石化等近200个企业实现了智能化转型。在国际方面，联想的温水水冷技术已经在除中国外的马来西亚、美国、瑞典、德国等多个国家推广使用，为合作伙伴提供高效环保的服务。此外，在国际标准化工作中联想也积极配合参与，目前已经加入了 40 多个国际标准化组织和 50 多个国内标准化组织，在深度参与标准制定中不断建立和完善绿色低碳标准体系。

2. 联想碳减排取得的成就

在过去的 10 年中，联想为实现"双碳"目标通过技术创新和上下游产业及供应链的协同持续减少碳排放，实际的碳排放已经减少了 92%。

许多国内外权威机构都对联想在碳减排方面所取得的成就予以了肯定。2020 年，联想作为使用清洁能源最多的中国内地企业上榜全球知名榜单 *carbon clean* 200；2020 年年底，MSCI 将联想集团 ESG 评级上调至全球同行业最高等级 AA 级；联想集团在彭博社发布的中国内地上市公司环境、社会与公司治理表现排行榜中排名第一位；2020 年，联想首次在 CDP 气候变化问卷中获评 A 领导力等级并入选 CDP 气候 A 表，获得中国 CDP 气候行动领导力奖。2020 年恒生可持续发展指数，联想获香港品质保证局为 AA 级，取得 IT 行业最佳总成绩，这是联想连续第十年获得此评级；2020 年入选了 Corporate Knights 年度指数榜单，成了最佳可持续发展企业全球百强；2021 年联合国全球契约组织发布的《企业碳中和路径图》中收录了包括联想集团等 13 家中国企业在内的全球 55 家案例企业。

二、联想集团碳排放信息披露方式

（一）ESG 报告披露

联想第一份与环境、社会与公司治理相关的报告发布于 2007 年，报告的内容符合香港联合交易所《环境、社会及管治报告指引》要求、全球报告倡议组织（GRI）标准以及考虑了公司股东需求。

在联想 2020 年之前公布的 ESG 报告中，内容主要由"行政管理人员致辞，综合可持续发展，践行商业道德、产品责任、生产制造及供应链运营，员工，地球家园，综合参数、目的及目标，附录"八个部分构成。而在最新公布的 2020 年 ESG 报告中，主体内容较之前的报告进行了调整，八个部分调整为行政管理人员的话，关于本报告，环境，社会，管治，全球供应链，综合参数，绩效、目的及目标、关键绩效指标，附录。

从联想 2020 年的 ESG 报告来看，有关于企业碳排放信息的披露主要集中在 ESG 报告的第三部分“环境”、第六部分“全球供应链”以及第七部分“综合参数”中，在第八部分“绩效、目的及目标、关键绩效指标”和第九部分“附录”中也有提及。

（二）CDP 报告披露

从 2000 年成立发展至今，CDP 已经成为应对气候变化、关注环境风险的国际权威机构。2002 年，CDP 首次邀请世界范围内的知名企业参与有关碳信息披露的调查问卷，问卷设计了企业在应对气候变化、碳排放的目标战略以及碳减排情况等方面的信息。并依据回复企业的问卷内容进行汇总分析，在最终形成的报告中评价参与文件调查企业在碳相关信息披露内容的质量形，为投资者提供有用信息。在 2020 年已经有超过 1300 家中国企业参与了 CDP 调查问卷并对碳信息进行披露，其中有 11 家企业获得了 A 和 A－的评级。

CDP 问卷分为气候变化、水安全、森林三个主题，每个主题都设有通用问卷，并根据行业特征对来自高环境影响行业发送特定问卷，问卷内容主要涵盖了企业在环境、战略、风险管理、治理等方面的信息。与此同时，CDP 还为每份问卷制定了详细的评分办法，包括每个评级的基础分数和得分权重等信息。CDP 会对参与问卷披露的企业进行评级，四个不同的等级可以反映出企业在环境治理中的表现。这四个等级由低到高依次为披露等级（D）、认知等级（C）、管理等级（B）、领导力等级（A）。CDP 平台会向全社会公布企业的年度评分，企业也可自愿选择在 CDP 官方网站中公开其问卷回复内容。

从 CDP 官方网站中可以查到，联想从 2010 年开始参与 CDP 问卷调查，并在 CDP 官网中公开其问卷回复及评级结果。2020 年首次在气候变化问卷中获评 A 领导力等级并入选 CDP 气候变化 A 表。

（三）财务报告披露

以联想 2020—2021 年财务报告为例，与碳排放相关的信息主要披露在“董事长兼首席执行官报告书”和“管理层讨论及分析”两个部分，以表外披露为主且定性的披露内容居多，包含具体数据的定量披露几乎没有。

（四）官方网站披露

联想的官方网站上对于碳排放信息的披露总的来说是比较全面的。ESG报告中关于环境的具体数据以及目标在官方网站上也可以直接看到。此外，在官方网站中还对联想生产的产品碳足迹进行了披露，在网站中可以找到特定产品碳排放的相关信息和环保宣言。

联想一直在寻找一种有效且可靠的方法计算产品的碳足迹，也希望在了解其产品的同时可靠地披露有关产品的环境资料。为实现这一目标，联想加入了 PAIA 计划，这是由 Quantis 与麻省理工学院推出的咨询及通信科技行业范围内的竞争前合作，旨在减少资讯及通信科技产品的足迹。PAIA 提供一种计算资讯及碳足迹的方法，适用于各种产品及配置。

在碳排放定性方面的披露，在联想的官方网站中也可以看到其在碳排放方面取得的成就。此外，联想建立了专门的网页来发布其在环境、社会责任、产品创新等方面所取得的成就。

三、联想碳排放披露包含的内容

（一）企业碳排放的目标、战略

联想的目标是到 2030 年范围一和范围二的温室气体排放量减少一半，范围三的碳排放降低 25%。目前企业还在积极评估达成 2050 年温室气体净零排放的目标。2020 年 6 月，联想设立了减排放目标，该目标由精益六西格玛管理咨询服务机构（Sigma Breakthrough Technologies Inc.，SBTi）验证。其范围一及范围二减排目标与巴黎协定最高目标（将温度升幅限制为 1.5℃）相一致。根据 SBTi 的方法，其范围三减排目标均符合非常进取的标准，该目标以 2018—2019 财年为基准年，并以 2029—2030 财年为目标年，如表 16-1 所示。

表 16-1 联想 2020—2021 碳减排目标及实施进度

联想碳减排目标	路径图	截至 2020—2021 的进度（基准年：2018—2019）	2029—2030 目标
范围一＋范围二温室气体排放量减少 50％	能源效率、基地可再生能源发电及可再生能源产品的分级组合	－10.00％	－50％
在每单位课比较产品中，使用已售出产品产生的范围三温室气体排放量减少 25％	透过能源效益改善，减少产品排放	－2.88％	－25％
在每百万元采购开支中，采购商品及服务产生的范围三温室气体排放量减少 25％	气候变化的关键绩效指标及评估程序，气候相关资料收集，参与制定及激励达成气候变化绩效	－12.78％	－25％
在每公吨/公里运输及配送产品的过程中，上游运输及服务产生的范围三温室气体排放量减少 25％	转为更环保的运输模式，优化运输规划，提高车辆使用率，提升车辆燃油效率	＋1.63％	－25％

数据来源：联想 2020—2021 年 ESG 报告。

（二）碳排放量

1. 按年度披露的碳排放量

联想在其每一年发布的 ESG 报告的“环境”章节以及官方网页的环境数据上都按照年份披露了其每年温室气体的具体排放量，对于范围二的排放划分为地点和市场两个部分，范围三的排放也细分为差旅、产品运输、废弃物排放、雇员通勤、已购入产品及服务、燃料及能源相关活动、售出产品的使用、售出产品生命周期末端使用以及资本货物来进行排放量的披露。披露的信息可比性和可靠性都较强，如表 16-2 所示。

表 16-2　联想温室气体排放量

单位：二氧化碳当量(公吨)

项目	2018—2019	2019—2020	2020—2021
范围一	6 031	7 766	7 269
范围二(基于地点)	201 321	162 597	177 678
范围二(基于市场)	26 029	23 852	21 519
范围三			
差旅	53 500	46 900	11 900
产品运输	633 000	716 384	1 037 000
废弃物排放	1 920	2 110	1 770
雇员通勤	23 600	24 900	39 800
已购入产品及服务	1 795 000	2 341 000	2 283 500
燃料及能源相关活动	12 100	10 385	11 050
售出产品使用	12 885 000	13 669 000	15 551 000
售出产品生命周期末端使用	273 500	274 000	303 500
资本货物	127 500	446 500	736 500
范围三总计	15 805 120	17 531 179	19 976 020

数据来源：联想 2020—2021 ESG 报告。

2. 特定产品碳足迹

联想在其官方网站上披露了其特定产品型号的碳足迹信息，针对不同的产品公布了其在制造、运输、使用和寿命结束产生的碳排放。制造阶段包括了原材料提取、生产和运输、零部件制造(包括产品包装)和产品装配过程中产生的排放；运输阶段的排放包括在联想工厂到客户的联想半成品的空运、海运或陆运过程中产生的所有排放；使用中的能源消耗是根据美国环境技术保护署的能源之星 TEC 方法计算的，然后将计算出的能源消耗与使用国的平均排放因子相结合计算出的排放量。

(三)碳减排举措

联想通过全球环境管理系统(EMS)管理其业务过程中的环境因素，该系统覆盖了电脑产品、数据中心产品、移动设备、智能设备及配件的全球产品设计、开发及生产制造活动(包括配送、组装及内部维修活动)。在联想的 EMS 框架内,每年识别及评估其运营过程中对环境产生实际或潜在重大影响的因素并及时设立参数和采取监控,追踪参数相关的表现,每年就关注的环境因素设立绩效目标,并将环境参数、环境方针、法律规定、客户要求、股东需求、环境及财务影响、管理层指引等因素纳入绩效考核中。

能源方面,能源消耗过程中的排放是联想碳排放的重要部分,以 2020—2021 年为例,联想采取了包括安装低能源消耗电灯及相关电力设备,提高暖空调系统的能源效率、提升隔热性能、提高计算机服务器机房能源效率、调整工作站及开展员工节能教育等活动来持续提高运营过程中的能源效率。此外,还加大投入建设可再生能源设施。

在物流方面,以 2020—2021 年为例,联想致力于在每公吨运输产品过程中相对于上一财年,将上游运输及配送的范围三温室气体减少了 25%。实施了一系列符合全球物流排放委员会(GLEC)框架的运输减排放举措,通过多种模式供应链、运输模式、整合与利用、网络优化、技术与自动化、奖励及认可合作伙伴等,以计量及改善温室气体足迹。2021 年,联想因其于中国的表现获得亚洲绿色航运(GFA)三叶认证资格,表彰其为实施绿色货运项目支持可持续物流而作出的努力。

在环保型产品方面,联想坚守行业环保标准,产品设计以环保型设计为原则,促进及鼓动循环再利用,将资源损耗降至最低。在可行的情况下,优先使用环保物料并限制其产品使用容易污染环境的物料。此外,联想还在努力扩大 LTS 工艺的使用范围,以帮助实现在生产过程中减缓气候变化的目标,同时提供碳足迹较低的可靠产品。在产品包装上不断改进,目前已经将 ThinkPad 系列产品全部转型为 100%回收可分解的物料。

在供应商方面,联想采用供应商报告的排放数据,就所采购商品和服务类别的范围三排放订立基于科学的目标,和上一财年相比,采购的商品和服务的温室气体排放量减少 12.78%。

除了设定科学目标之外,联想还一直致力于在生产采购和供应商中推广低碳转型的概念,参与并激励供应商遵循 SBTi 的要求。在 2020 年,采购开支的 24%包括获得正式认可为科学目标的供应商,联想的目标是实现 95%的采购开支与实施科学目标的供应商有关。目前已经实现 91%的供应商设有温室气体减排目标,82%的供应商追踪及报告可再生能源的产生和购买情况,

83%的供应商已聘请第三方核实其温室气体排放数据，72%的供应商设有可再生能源目标。

（四）碳排放绩效

联想在其 ESG 报告中披露了其基于产品、基地和供应链管理三个层面的碳减排绩效。由 2020—2021 年的 ESG 报告披露的内容可知，在产品层面，联想通过使用已售产品来减少范围三温室气体排放，正在达成于 2030 年之前每一可比较产品较基准年减少 25%的目标，并且已经确保公布联想所有新产品的碳排放足迹以及开发和建立联想内部 LCA 平台来量化使用联想产品产生的生命周期二氧化碳当量排放量；在基地层面，联想已经在减少经营活动的绝对二氧化碳当量排放量并将与制造、研发及交付产品的能源效益最大化，将与其相关的二氧化碳当量排放量降至最低，将 ISO 50001 认证地区的能源消耗总量较 2019—2020 年能源基线减少至少 1.5%；在供应链层面，积极推动联想全球物流的环保合作，已经加强了碳排放测量及追踪，制定技术方案将优化工作扩展至更多地区，为增加的可循环材料及产品流方法做准备，包括再利用、减少、循环再用、翻新、回收、修理、再制造、再分配及维修。

表 16-3　联想 2020 年全球总排放量较上一年度变化

项　　目	排放变化/公吨 CO_2eq	变化趋势	排放值变化/%
可再生能源消耗量变化	1 704	减少	0.8
其他减排活动	6 763	减少	3.2
产出变化	3 852	增加	1.8
方法学变化	32 370	减少	15.6

数据来源：联想 2020 年 CDP 气候变化调查问卷。

（五）其他碳排放信息

根据联想 2020 年 CDP 气候调查问卷的回复可知，联想被选为中国试点排放交易系统。因为联想消耗了超过 5 000 吨煤当量的电力（二氧化碳排放量超过 10 000 吨/年），北京市政府于 2013 年确定联想北京为重要能源消耗企业，因此必须满足排放交易要求。联想在深圳的服务器工厂也被列为重要的碳排放企业，但释放的排放量没有超过分配的配额，因此不需要减排。

联想制定了气候和能源政策和战略，并致力于在全球以及北京基地减少碳排放。支持该目标的主要活动包括：为北京站点建立综合能源和碳系统，包括能源效率和可再生能源项目的识别和实施，实施能源核查和能源管理审计，购买碳补偿。2020年是联想加入该计划的第六年，由于业务的不断发展，联想预计需要购买配额。

四、联想碳排放披露先进做法

（一）披露的完整性高，定性内容与定量内容结合

从联想披露的碳排放信息来看，定性内容主要包括在财务报告中"董事长兼首席执行官报告书"和"管理层讨论及分析"两个部分以描述性文字的形式披露的碳排放目标和已经达成成就，以及在专门成立的官方网页中同样以文字的形式公布的碳排放的相关信息。在定量内容上，联想不仅在ESG报告中将每一财年的范围一、范围二、范围三的碳排放量具体数值都进行了披露，在CDP调查问卷的回复中对不同范围的碳排放的具体数值基于不同的地区以及商业活动、业务的划分也有详细数据的公布；此外针对目标和绩效，披露的内容也是十分明确地披露了相较于基准年需要减少的百分比。

相较于国内很多对碳排放披露仅限于文字性的定性披露来说，联想对成就等定量描述和具体数值的定性描述相结合的方式能够更加完整地披露碳排放的相关信息，同时也加强了披露信息的可比性。

（二）披露的规范性强，与国际权威组织合作

联想从2007年开始发布与环境、社会与公司治理相关的报告，报告的内容也是根据香港联合交易所《环境、社会及管治报告指引》、全球报告倡议组织(GRI)标准以及公司股东需求来编制的，规范性较强。从联想发布的ESG报告中可以看出，每年有关碳排放的信息都是披露在"环境""全球供应链""综合参数""绩效、目的及目标、关键绩效指标""附录"几个部分中的，披露的形式

也比较固定。

此外，我们也可以查阅到联想从2010年就开始参与CDP问卷调查，针对每年问卷的问题也能够进行比较详细和完整的回复。2020年6月，联想设立的以科学为基础的减排放目标也是经过国际权威组织SBTi验证的。同时，与国际权威组织的合作也能够让披露的碳排放信息的真实性及可靠性得以提升。

（三）具体到产品的碳排放信息披露

联想在其官方网站上公布了特定产品的碳足迹信息，具体到不同型号产品的不同版本都披露了其在制造、运输、使用以及寿命结束的四个阶段的碳排放数据。联想还在积极扩大碳足迹信息所覆盖的产品。这种具体到产品的碳排放数据的披露可以很好地帮助企业制定科学的碳减排目标和更加有效地实施碳减排的措施。这一方式是值得很多电子制造企业借鉴的。

（四）信息披露完全的公开透明化

联想对于其碳排放的披露方式主要有ESG报告披露、财务报告披露、官方网站披露以及CDP问卷调查披露四种。ESG报告和财务报告都是公开发布的，在官方网站或者一些资讯网站中都可以直接下载查阅，也就是说其中披露的有关碳排放的相关信息不只是向股东、投资者或监管部门发布的，而是向全社会公开的，做到了真正的公开透明。此外，CDP调查问卷的具体内容实际上是由企业自愿决定公开与否的，从CDP网站上来看联想自愿选择将其问卷回复内容公开，除了最终的评级之外，问卷的详细内容也完全透明化。

五、联想碳排放披露的经验启示

（一）提升碳排放信息披露的完整性和规范性

由于我国暂时还未对碳排放信息的披露作出明确的规定，缺乏相关的统一标准，所以目前企业披露碳排放信息的规范性不强，很多企业还只是流于形式的简单披露，且披露的内容多以定性的描述为主，定量的内容较少，披露信息的质量差且可比性低。企业可以借鉴国外企业的碳会计信息披露方式以及加入 CDP 等国际权威机构来规范企业的碳排放信息披露，在披露时应该将定性内容和定量数据相结合，可以编制独立的环境报告或者在财务报告、ESG 报告的固定部分对碳相关信息进行披露，披露的碳排放信息应该符合完整性和规范性的要求。

（二）增强企业自愿披露碳排放信息的意识

环境是企业社会责任中非常重要的一个部分，积极主动地披露企业的碳排放信息并制定相应的碳减排措施是企业应当承担的社会责任。在当前的社会环境之下，可持续发展越来越成为全球关注的重点，对于环境问题无论是政府、投资者还是消费者都只会更加重视。企业也不能只关注经济效益，应该承担起保护环境的责任。企业增强自愿披露碳排放信息的意识不仅仅是为了实现环境的可持续发展，也是为了企业更长远的发展。

（三）提高碳排放信息披露的公开透明度

企业除了要主动地披露完整规范的碳排放信息之外，还需要提升信息披露的公开透明度。与碳披露相关的信息和报告应该在企业官方网站或者监管部门的网站中公开，接受社会的监督。这样一方面对企业披露信息的可靠性和规范性提出了更高的要求，有利于企业对碳信息披露的重视；另一方面也能让投资者、消费者等对企业在碳排放方面的行动有清晰的认识，更加全面地了解企业的运营状况，有助于树立良好的企业形象。

（四）加强碳排放信息披露的监管

在我国目前颁布的环境方面的法律法规中，很多都只是简单地提到了要求企业重视节能减排、接受社会公众的监督等，但是并未对碳排放信息披露作出详细且明确的规定。现行的环保条例对于企业来说，约束力是十分有限的，能真正做到的监督和管理的程度很低。大部分的企业也只是形式性地披露碳排放的相关信息，既没有统一的披露方式，也缺乏一致的标准，信息质量和可比性低。为了让企业提供更加高质量的碳排放信息,有效推进碳减排,实现“双碳”目标,国家需要尽快规范碳排放信息披露的相关标准,健全相关法律法规,让企业依据标准进行碳信息披露。相关部门也需要依据法律法规来加强对碳排放信息的监督和管理。

第十七章　安赛乐米塔尔案例分析

一、背景简介

（一）集团简介

安赛乐米塔尔集团是全球最优秀的钢铁制造商之一，在2020年世界钢铁企业技术竞争力排行榜中位列第13位，总部位于卢森堡，业务遍及60个国家，主要炼钢设施遍布17个国家。2020年，安赛乐米塔尔的收入为533亿美元，粗钢产量为7 150万公吨，铁矿石产量达到5 800万公吨。安赛乐米塔尔的目标是用更智能的钢材帮助建立一个更美好的世界，采用创新工艺制造更清洁、更坚固且可重复使用的钢材，碳排放显著减少并降低生产成本。

随着气候变化受到越来越多的关注，钢产量逐年上升势必会引起温室气体的大量排放，因此安赛乐米塔尔一直将温室气体减排视为责无旁贷的工作。2007年安赛乐米塔尔发布了“CSR承诺”和“环境政策”。“CSR承诺”包括社会、环境、社区、企业管理四个承诺，其中环境承诺包括温室气体减排、废物、水资源和污染治理以及产品可持续性的研发。“环境政策”制定了十项原则，包括对碳足迹的直接与间接管理；从2015年起，集团开始对碳排放进行数据化信息披露；2019年发布气候行动报告，针对气候相关财务信息披露工作组关于气候信息披露的建议作出全面的回应，报告中概述了安赛乐米塔尔气候行动战略和关于安赛乐米塔尔及其子公司的前瞻性信息和陈述。报告包括财务预测与估计、未来集团运营、产品和服务的计划和目标、碳排放信息等内容。安赛乐米塔尔十几年来通过积极的行动、透明的数据向公众传递集团致力于实现可持续发展目标。

（二）组织架构

图 17-1 是安赛乐米塔尔集团组织架构图，安赛乐米塔尔集团由董事会作为企业的总领导方，下设不同委员会进行管理与控制。将可持续发展完全融入业务对于为集团股东和其他利益相关者创造长期价值同时保持有利可图的市场份额至关重要，因此董事会专门下设可持续发展委员会。审计和风险、人力资源、薪酬、公司治理和可持续发展（ARCGS）委员会负责监督五个管理主题下的可持续发展问题：安全、社会、环境、气候变化和客户。董事会任命高级官员负责五个主题中的每一个，他们负责监督计划和目标的进展情况，并可以得到涵盖战略、技术、研发、政府事务、企业责任和沟通等公司职能部门的支持。公司还就特定主题召集了多个工作组，跟踪利益相关者的期望和诉求，并考虑这些诉求对业务的影响。除此之外，为了响应《巴黎协定》与气候相关财务信息披露工作组关于减排和加强气候信息披露的号召，集团成立了气候变化与环境委员会，该委员会由集团执行官担任主席，由集团二氧化碳技术委员会提供部门计划的更新。

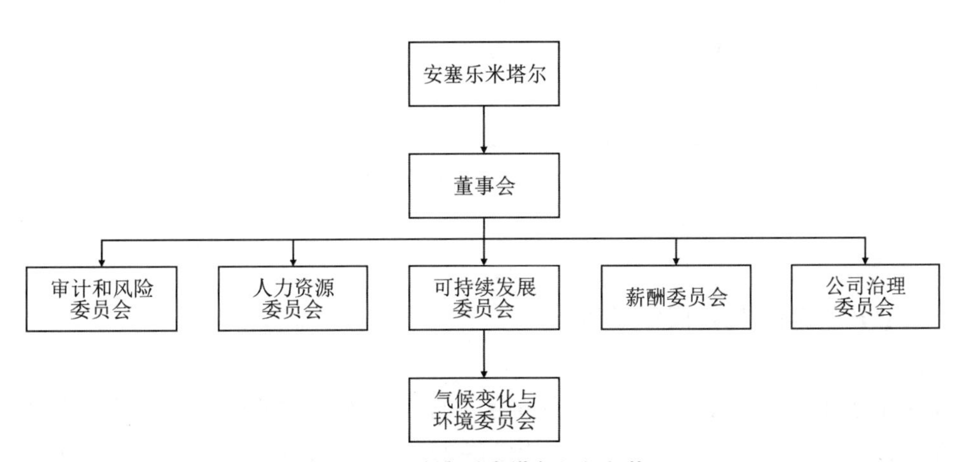

图 17-1　安赛乐米塔尔组织架构

二、安赛乐米塔尔碳排放信息披露的方式

安赛乐米塔尔是全球钢铁制造行业的龙头企业，其内部具备完善的管理体系。安赛乐米塔尔对碳排放信息披露有多种方式，其在年度财务报告、集团概况报告、年度审查报告、报告基础、气候环境报告中均有相关信息披露。各披露方式汇总如表 17-1 所示。

表 17-1 安赛乐米塔尔 2015—2021 年碳排放信息披露方式汇总表

项目	披露方式	2015	2016	2017	2018	2019	2020	2021
年度财务报告	可持续发展	×	×	×	×	√	√	×
	重大事项	×	×	√	√	√	√	×
	ARCGS 委员会年度声明	×	×	×	×	√	√	×
集团相关报告	集团概况报告	√	√	√	√	√	√	×
	年度审查报告	√	√	√	√	√	√	×
	报告基础	√	√	√	√	√	√	×
独立环境报告	气候行动报告	×	×	×	×	√	√	√

数据来源：安赛乐米塔尔集团年报、气候环境报告、集团概况报告、年度审查报告、报告基础。

（一）年度财务报告披露

由表 17-2 可知，安赛乐米塔尔年度财务报告对碳排放信息披露主要集中在“可持续发展”“重大事项”“可持续发展委员会年度声明”部分。需要说明的是，可持续发展委员会于 2018 年正式成立，因此 2018 年之前“可持续发展”和“可持续发展委员会年度声明”没有披露碳排放信息。除此之外，由于目前集团尚未发布 2021 年度财报，因此 2021 年财报对于碳排放信息的披露为空白状态。表 17-2 显示分布在可持续发展部分的碳排放信息有 6 条，分布在重大事项部分的碳排放信息有 5 条，分布在 ARCGS 委员会年度声明部分的有 2 条。

表 17-2　安赛乐米塔尔 2015—2020 年年报碳排放信息披露情况

项目	披露信息来源	披露信息数量/条
年度财务报告	可持续发展	6
	重大事项	5
	ARCGS 委员会年度声明	2

数据来源：根据安赛乐米塔尔 2015—2020 年报整理。

（二）集团相关报告披露

安赛乐米塔尔 2015—2020 年集团概况报告、年度审查报告、报告基础均对碳排放情况进行了披露。表 17-3 显示分布在集团概况报告“可持续发展表现”部分的碳排放信息有 45 条，分布在年度审查报告“如何管理可持续发展”部分的碳排放信息有 28 条，分布在报告基础“报告方法编制”部分的碳排放信息有 50 条。

表 17-3　安赛乐米塔尔 2015—2020 年相关报告碳排放信息披露情况

项目	披露信息来源	披露信息数量/条
集团相关报告	集团概况报告	45
	年度审查报告	28
	报告基础	50

数据来源：根据安赛乐米塔尔 2015—2020 年集团概况报告、年度审查报告、报告基础整理。

（三）气候行动报告

由于气候行动报告于 2019 年开始发布，因此只有近 3 年的信息披露。2019—2021 年气候行动报告披露的碳排放信息总计 63 条，碳排放信息涵盖脱碳战略、风险与机遇、碳绩效、脱碳技术、未来展望等方面。对碳排放进行全方位的信息披露显示出安赛乐米塔尔对气候变化问题的重视，信息的全面性反映了集团内部管理体系的成熟。

三、安赛乐米塔尔碳排放信息披露的内容

钢铁生产是化学、物理的变化过程，对环境污染严重。钢铁生产会产生大量废气，其中含有二氧化硫、一氧化碳、硫化氢、烃、粉尘等有毒物质。因此，钢铁工业作为重污染行业之一，应向外界发布可持续发展报告来反映企业具有节能减排、保护环境的意识。安赛乐米塔尔在2019年之前通过年报、集团概况报告、年度审查报告、报告基础对碳排放信息进行披露，2019年之后在此基础上发布气候行动报告专门对相关信息进行详尽的说明。

本案例研究2017—2020年年报、集团相关报告和2019—2021年气候行动报告的信息，对其碳排放信息披露情况进行分析。

安赛乐米塔尔碳排放信息披露的内容有以下几个方面：

（一）低碳目标与承诺

表17-4 安赛乐米塔尔2017—2021年低碳目标与承诺

年份	碳排放信息披露内容
2017	1. 深化内部工作，为炼钢作业绘制低碳路径图，基于工厂当前减少碳排放的潜力分析每一种潜在干预措施（例如碳捕获与利用技术，即CCU技术）的碳减排成本，全力打造绿色发展的企业形象； 2. 绘制集团跟踪气候变化带来的风险与机遇的内部流程，建立跨职能委员会，分析TCFD的建议； 3. 加快钢铁在低碳循环经济中的作用； 4. 正式要求欧洲政策制定者引入一种方法，确保公平和平衡的体系，使本土钢铁与进口到欧洲的钢铁之间保持公平的竞争环境
2018	1. 针对循环碳技术进行工业试点，实现低碳发展、循环发展； 2. 大力发展清洁能源项目，使用生物能源以减少铁矿石的消耗； 3. 加强对碳排放的监测与管理，积极对设备、技术进行更新以减少温室气体排放； 4. 加大对自动化领域的投资，实施数字化战略

续表

年份	碳排放信息披露内容
2019	1. 2030 年全球钢铁和采矿业务的二氧化碳排放强度降低 25%，欧洲排放量降低至 30%，2050 年在全球范围内实现碳中和； 2. 提高全球炼钢业务的能源效率，以帮助实现集团中期减排目标；根据集团运营地区的可用性，继续使用报废废钢生产钢铁； 3. 参与政策分析以了解和倡导支持集团在不同地区低排放政策； 4. 计划发布气候行动报告，进一步披露集团为应对气候变化而采取的措施； 5. 全力推动产业数字化，研发推行人工智能、大数据等技术，致力于提高企业效率、提供更好的解决方案和最小化环境影响
2020	1. 计划在欧洲推广脱碳生产钢铁技术，与欧洲甚至全球合力向低碳炼钢过渡； 2. 在比利时成立分公司，建设示范工厂，以实现低碳生产； 3. 响应《巴黎协定》与气候相关财务信息披露工作组的号召，继续发布气候行动报告； 4. 继续坚持全面数字化，致力于成为企业全面数字化的领导者
2021	1. 2030 年欧洲排放强度从 30%提高到 35%，2050 年在全球范围内实现碳中和； 2. 不断进行技术创新，向实现净零目标前进； 3. 以气候行动报告为载体，主动披露碳排放信息，将承担社会责任的理念融入企业的日常经营中

由表 17-4 可知，安赛乐米塔尔 2017—2021 年均有对低碳目标与承诺进行披露，2017—2021 年的目标中均有对脱碳技术创新的描述，2018 年提出发展清洁能源并加强碳排放的监测，2019 年对未来二氧化碳排放强度作出了承诺并发布专门反映集团为应对气候变化而积极行动的气候行动报告，2020—2021 年继续研发并推广脱碳技术，对低碳承诺提出更高的要求。安赛乐米塔尔一直将研发推广低碳生产技术放在减排措施的首位，并且主动发布气候行动报告，将实现可持续发展付诸实践，由此可见安赛乐米塔尔的碳目标与企业未来发展方向相契合，因此能够激励企业不断向目标前进。

（二）减排节能措施

表 17-5　安赛乐米塔尔 2017—2021 年减排节能措施

年份	披露内容
2017	1. 开发冶金用煤的替代品，用于高炉还原铁矿石。例如开发 IGAR 技术，从焦炉中捕获碳气体，并将其转化为热还原剂气体，用于高炉中替代煤炭。 2. 与碳回收先驱 LanzaTech 合作，在比利时根特建立工厂以证明 CCU 技术的可行性。CCU 技术所减少的二氧化碳排放量相当于伦敦和纽约之间 600 次波音 747 航班的排放量。 3. 投资 1.58 亿美元用于改善炼钢厂的环境。 4. 启动欧洲资助的 Siderwin 项目，旨在通过使用可再生电力代替铁矿石的消耗
2018	1. 利用碳废物取代煤炭。 2. 利用电解或以大量可再生能源为动力的氢基炼钢，2019 年投资 6500 万欧元运行产出 100%氢气的工厂，年产量达 10 万吨。 3. 进行碳捕捉与碳储存
2019	1. 在欧洲工厂持续推进低排放炼钢创新工程，通过捕获碳废气、使用生物煤替代废木柴、使用氢气还原铁矿石来减少排放。 2. 提高能源效率和可再生能源的使用，2019 年集团投资委员会为相关项目拨款 7.11 亿美元。 3. 推行节能措施，如 LED 照明、能源回收技术、增加使用废料和可再生电力，避免了 41.5 万吨二氧化碳的排放
2020	1. 确定低排放炼钢途径。 2. 利用现有废料生产钢铁，实现钢的循环利用，创造循环经济。 3. 支出 2.49 亿美元投资节能设施，集团 33%的电力来自可再生能源和内部回收能源
2021	1. 推出 XCarb™项目，专注实现净零钢。 2. 实施焦炉注气项目和 EAF 计划，利用各种来源的气体注入高炉生产钢铁，每年减少 12.5 万吨二氧化碳气体的排放

2017—2021 年安赛乐米塔尔通过循环利用废料、利用可再生能源作为动力生产钢铁、进行碳捕捉与碳储存等措施减少碳排放。除此之外，集团每年投入了大量的资本研发新技术，并与各个国家研发中心合作，把这些技术应用于其他国家的工厂之中。安赛乐米塔尔逐渐详尽地披露减排节能相关数据，并

在年度审查报告中披露这些措施的具体实施过程与成果，减排措施与当年目标紧密切合，由此可以看出安赛乐米塔尔对减排节能非常重视。

（三）碳财务信息

安赛乐米塔尔2107—2021年碳财务信息披露情况如表17-6所示。

表17-6　安赛乐米塔尔2017—2021年碳财务信息披露

年份	披露内容
2017	环境资本支出、节能资本支出
2018	环境资本支出、节能资本支出
2019	环境资本支出、节能资本支出
2020	环境资本支出、节能资本支出
2021	暂无

由2017—2020年集团概况报告可知，安赛乐米塔尔对碳财务信息的披露主要集中于两个指标，即环境资本支出与节能资本支出，具体数据如表17-7所示。

表17-7　安赛乐米塔尔2017—2021年碳财务信息具体内容

年份/项目	环境资本支出/亿美元	节能资本支出/亿美元
2017	1.58	3.73
2018	4.05	2.47
2019	6.92	7.11
2020	3.96	2.48
2021	暂无	暂无

数据来源：2017—2020年集团概况报告。

由表17-6可知，2017年、2018年和2020年两项资本支出数据变化较小，2019年资本支出超过5亿美元，原因可能在于2019年正式提出“2030年全球钢铁和采矿业务的二氧化碳排放强度将降低25%，欧洲排放量降低至30%，2050年在全球范围内实现碳中和”的战略目标。基于此目标，安赛乐米塔尔进行了多个环保节能项目的投资与建设，如投资4亿欧元的比利时托雷罗示范项目，将12万吨废木材转化为生物煤，用于减少铁矿石的燃烧，取代化石燃料。

(四)低碳风险与机遇

表 17-8　安赛乐米塔尔 2017—2021 年对低碳风险与机遇的信息披露

年份	披露内容
2017	1. 随着清理标准愈加严格,企业未来可能会面临补救义务; 2. 限制温室气体排放的法律法规可能会增加运营成本,对其运营结果和财务状况产生不利影响; 3. 发展中国家尚未制定温室气体法规,且对发展中国家的贡献没有那么严格,集团相较于发展中国家的企业处于竞争劣势
2018	同上
2019	1. 政策风险:受欧盟排放交易体系关于碳排放权规定的影响,安赛乐米塔尔炼钢厂无法抵御来自进口钢材的竞争。安赛乐米塔尔针对每吨二氧化碳 15 欧元的碳价格进行评估,结果显示在 2021—2030 年期间欧洲业务累积风险敞口超过 30 亿欧元。 措施:安赛乐米塔尔正在开发一系列低排放技术,并且已进入测试阶段;呼吁政府及欧盟组织给予企业支持性政策,比如确保钢铁企业公平竞争的政策、关于能源基础设施和部门配置的国家政策、私人和公共投资支持政策等。 2. 声誉风险:安赛乐米塔尔在碳排放方面的透明度、就复杂问题进行沟通的能力以及承诺可信性的能力会影响投资者的评级。 措施:安赛乐米塔尔每年对 CDP 作出回应,并发布气候行动报告让利益相关方对集团气候相关承诺和当前制约因素进行了解。 3. 技术风险:从中长期角度来看,存在未来技术发展的不确定、能否获得投资和足够的可再生能源来支持技术、政策能否保障研发等风险。 措施:专注能源效率提升与创造循环经济,创新方法侧重灵活,已适用不同地区的情况,继续寻求政策的支持。 4. 市场风险:存在更环保更轻便的竞争材料替代钢的风险。 措施:推出 Steligence 项目和 S-in motion 项目,两个项目注重生产更薄、更轻、更高强度的钢。
2020	同上,但在 2019 年的基础上新增运营风险:在碳政策促使钢铁制造商采用低排放技术的情况下,会产生更高的运营成本。 措施:继续研发低排放技术,使用可再生能源生产,提升能源使用效率

续表

年份	披露内容
2021	1. 政策风险：欧洲政策的设计使得集团无法进行必要的投资去碳化。在欧盟碳排放交易体系第四阶段，由于碳价格上涨、欧盟碳排放交易体系下配额减少、在缺乏公平与竞争环境的情况下与进口钢铁竞争等情况，集团可能会面临政策影响。 措施：倡导欧洲和其他司法辖区制定有效的政策框架，确保低排放钢铁的公平与竞争环境；向政府建议支持钢铁企业脱碳计划的实施，并给企业以资助；进行短期套期保值，降低风险。 2. 声誉风险：脱碳计划能否顺利完成决定了集团从客户、投资者获得评级的高低。 措施：在气候变化和其他可持续发展议题上与投资者广泛接触，并通过季后行动系列报告与所有利益相关方分享集团转型规划的演变，让他们对集团有信心。 3. 技术风险：集团突破性创新技术成功与否取决于创新资金是否可用、测试与开发阶段是否成功、是否有政策扶持集团进行研发，如安赛乐米塔尔的智能碳路线的可行性取决于循环经济政策即鼓励碳的再利用。 措施：安赛乐米塔尔将用于全球碳排放降低 25% 目标计划的 100 亿美元中的很大一部分用于欧洲业务；此外集团向 ETS 创新基金提出申请，支持多项新技术的发展，并继续寻求支持性政策工具

由表 17-8 可知，2017 年和 2018 年安赛乐米塔尔对风险的披露注重于法律规定带来的风险，没有给出应对措施，但是 2019 年安赛乐米塔尔发布了气候行动报告，报告中详细列出了集团面临的风险因素和应对措施，这说明气候行动报告的发布加强了安赛乐米塔尔对碳排放风险与机遇信息披露的力度。

（五）碳排放数据与监测核算

1. 碳排放数据

需要说明的是，在报告基础中，安赛乐米塔尔根据世界资源研究所的温室气体核算体系（GHG protocol）对二氧化碳范围一、范围二与范围三进行了解释：

范围一（过程排放）：安赛乐米塔尔控制下的所有过程的二氧化碳排放。

范围二（“净”购电产生的间接排放）：与外部采购电力相关的二氧化碳排放。

范围三（其他间接排放）：包括在安赛乐米塔尔边界排放范围内其他上游

CO_2 排放，与预处理材料与设施（例如球团、燃烧熔剂、工业气体）的采购和场地之间的中间产品交换（例如焦炭、DRI、生铁）有关。上游排放不包括原材料提取或运输，仅捕获材料加工过程中产生的二氧化碳排放。

表 17-9　安赛乐米塔尔 2017—2020 年碳排放数据信息

年份	披露内容
2017	1. 钢铁和采矿业务二氧化碳排放总量为 2.07 亿吨，其中范围 1 排放量 1.79 亿吨，范围 2 排放量 0.14 亿吨，范围 3 排放量 0.14 亿吨； 2. 钢铁业务二氧化碳排放总量为 1.97 亿吨，其中范围 1 排放量 1.704 亿吨，范围 2 排放量 0.132 亿吨，范围三排放量 0.136 亿吨； 3. 采矿业务二氧化碳排放总量为 0.1 亿吨，其中范围 1 排放量 0.082 亿吨，范围 2 排放量 0.019 亿吨，范围三排放量 0.001 亿吨； 4. 每生产一吨钢铁所排放的二氧化碳数为 2.12 吨
2018	1. 钢铁和采矿二氧化碳排放总量为 2.03 亿吨，其中范围 1 排放量 1.74 亿吨，范围 2 排放量 0.14 亿吨，范围三排放量 0.15 亿吨； 2. 钢铁业务二氧化碳排放总量为 1.94 亿吨，其中范围 1 排放量 1.67 亿吨，范围 2 排放量 0.12 亿吨，范围三排放量 0.15 亿吨； 3. 采矿业务二氧化碳排放总量为 0.09 亿吨，其中范围 1 排放量 0.07 亿吨，范围 2 排放量 0.02 亿吨，范围三排放量 0 吨； 4. 每生产一吨钢铁所排放的二氧化碳数为 2.12 吨
2019	1. 钢铁和采矿二氧化碳排放总量为 1.961 亿吨，其中范围 1 排放量 1.697 亿吨，范围 2 排放量 0.126 亿吨，范围 3 排放量 0.137 亿吨； 2. 钢铁业务二氧化碳排放总量为 1.853 亿吨，其中范围 1 排放量 1.611 亿吨，范围 2 排放量 0.107 亿吨，范围三排放量 0.135 亿吨； 3. 采矿业务二氧化碳排放总量为 0.107 亿吨，其中范围 1 排放量 0.086 亿吨，范围 2 排放量 0.02 亿吨，范围三排放量 0.001 亿吨； 4. 每生产一吨钢铁所排放的二氧化碳数为 2.12 吨
2020	1. 钢铁和采矿二氧化碳排放总量为 1.603 亿吨，其中范围 1 排放量 1.413 亿吨，范围 2 排放量 0.095 亿吨，范围 3 排放量 0.096 亿吨； 2. 钢铁业务二氧化碳排放总量为 1.485 亿吨，其中范围 1 排放量 1.312 亿吨，范围 2 排放量 0.079 亿吨，范围 3 排放量 0.094 亿吨； 3. 采矿业务二氧化碳排放总量为 0.117 亿吨，其中范围 1 排放量 0.1 亿吨，范围 2 排放量 0.016 亿吨，范围 3 排放量 0.001 亿吨； 4. 每生产一吨钢铁所排放的二氧化碳数为 2.08 亿吨
2021	暂无

数据来源：安赛乐米塔尔集团概况报告。

根据图 17-2，2017—2020 年安赛乐米塔尔钢铁与采矿业务二氧化碳总排放量逐年下降，2017—2019 年总排放量下降幅度较小，碳排放量减少 0.109 亿吨；2019—2020 年下降幅度较大，碳排放量减少 0.358 亿吨。除此之外，根据每生产一吨钢铁所排放的二氧化碳的数值来看，2017—2019 年保持平稳，2019—2020 年有所下降，其原因可能在于 2019 年安赛乐米塔尔发布的气候行动报告中强调未来的战略目标为 2030 年全球钢铁和采矿业务的二氧化碳排放强度将降低 25%，欧洲排放量降低至 30%，2050 年在全球范围内实现碳中和，为了给全球交上一份满意的答卷，安赛乐米塔尔加强了减排力度。

虽然采矿业务碳排放指标逐年上升，但是钢铁业务减排力度高于前者，因此整体趋势逐年降低。因此安赛乐米塔尔在对炼钢采用脱碳技术的同时也应对采矿业务加以重视，以尽早实现减排目标。

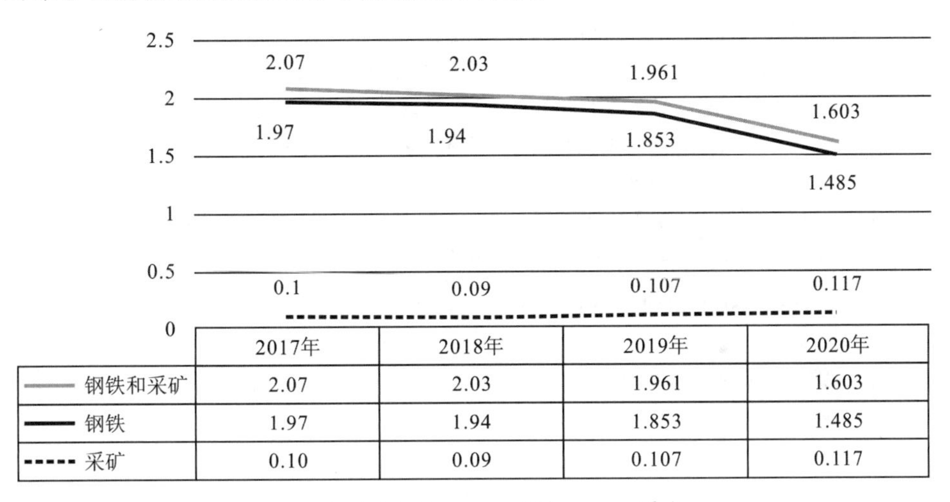

	2017年	2018年	2019年	2020年
钢铁和采矿	2.07	2.03	1.961	1.603
钢铁	1.97	1.94	1.853	1.485
采矿	0.10	0.09	0.107	0.117

图 17-2　安赛乐米塔尔 2017—2020 年碳排放变化情况

（单位：亿吨）

2. 碳排放监测核算

数据由当地站点管理部门提交给环境部门。安赛乐米塔尔要求相关人员在生产现场填写标准模板，提供现场层面的材料使用、能源和甲烷排放信息。这些数据均来自工厂层面的采购交付、库存信息和空气分析，用于计算净使用，然后使用加工材料、公共事业、中间产品的碳含量或上游值的标准排放因子转换为二氧化碳。如果没有当地站点数据，应根据前一年的生产与排放比率进行估计并将其用于本年度的生产数据。

综合以上碳排放数据与监测核算情况，安赛乐米塔尔在报告基础中详细披露碳排放的数据来源与核算方法，其碳排放数据披露情况十分完善，说明集团对碳排放进行了实时监控。安赛乐米塔尔从业务内容角度监测碳排放情况，提供清晰的数据供管理人员参考，便于管理人员及时调整减排方向与力度，平衡资金使用，方便集团后续针对采矿业务加大减排力度。

（六）低碳成果及治理信息披露

表 17-10　安赛乐米塔尔 2017—2021 年关于低碳成果及治理信息披露情况

年份	披露内容
2017	1. 2017 年每吨钢铁的二氧化碳排放量比 2007 年减少 5.8%，距离既定目标 8%差 2.2%。 2. 涉及 3.73 亿美元资本支出，共计 17 个投资项目对能源效率产生重大影响，包括美国 Burn Harbor、加拿大蒙特利尔和根特的加热炉以及 Dofasco 发电厂等项目。 3. 加拿大的采矿单位安装低温系统，每年可减少 5000 吨二氧化碳排放。 4. 安赛乐米塔尔北美自由贸易协定部分有 60 多个重大项目，每年节省 4100 多万美元和 37.9 万吨二氧化碳。 5. Dofasco 发电厂达到 ISO50001 标准，这是北美第一家达到该标准的综合钢厂，集团所有主要的欧洲站点都通过了这一标准或同等认证
2018	1. 2018 年每吨钢铁的二氧化碳排放量比 2007 年减少 5.6%，距离既定目标 8%差 2.4%。 2. 推行一系列减排项目，采矿业务每年共减少 325 万吨二氧化碳排放。 3. 搭建太阳能电池板屋顶、使用风力涡轮机，利用可再生能源进行生产，能为集团贡献 48%的电力支持
2019	1. 2019 年每吨钢铁的二氧化碳排放量比 2007 年减少 5.3%，距离既定目标 8%差 2.7%。 2. 推行节能措施，如 LED 照明、能源回收技术、增加使用废料和使用可再生电力，减少 41.5 万吨二氧化碳的排放。 3. 扩大可再生能源的使用，综合考虑可再生能源和内部回收能源产生的电力，2019 年卢森堡总发电量的 44%来自这些能源。 4. 2019 年完成了在加拿大 Long Products、墨西哥 Lazaro Cardenas 和巴西 Monlevade 的项目，通过更高效的技术更新工厂，并将废气重新利用来发电或替代天然气，每年将减少 9.4 万吨二氧化碳。 5. 初步形成数字化优势，数字化战略在预测产品质量、预测部件故障、提高生产率等方面达到了很好的效果，提高了所有部门的工作效率。例如机器学习算法被用于评估焊接和作出调整，从而消除了人工决策所需的停工时间，机器生产相较于人工每年减少四天的生产时间

续表

年份	披露内容
2020	1. 2020 年每吨钢铁的二氧化碳排放量比 2007 年减少 7.9%，距离既定目标 8%仅差 0.1%。 2. 首批智能碳项目：Carbalyst 和 Torero 均取得进展，测试结果显示智能碳可以实现负碳排放。 3. 投资委员会分配 2.48 亿美元用于提高能源和碳效率，集团 33%的电力来自可再生能源和内部回收能源。 4. 将 2.2 亿吨废钢加工成新钢材，平均回收投入率为 31%，比上一年提高 1%，有助于构建循环经济
2021	暂无

由表 17-10 可知，安赛乐米塔尔对低碳成果及治理信息的披露在每一年都很完善且详细，安赛乐米塔尔低碳成果及治理信息主要集中在创新技术及项目的开发测试上，在年度审查报告中除了对技术和项目进行披露之外还对其结果进行了定量描述，将成果定量化有助于集团利益关联方了解这些项目的真正效用，方便投资主体作出决策。

（七）第三方碳信息鉴证

表 17-11　安赛乐米塔尔 2017—2021 年所获荣誉情况

年份	披露内容
2017	安赛乐米塔尔达到 CDP 气候变化领导级别“C”级别
2018	安赛乐米塔尔达到 CDP 气候变化领导级别“B”级别
2019	在 2019 年 CDP 气候变化评估中，安赛乐米塔尔的得分为“A-”，说明集团在应对气候变化方面获得了显著成效
2020	1. 安赛乐米塔尔达到 CDP 气候变化领导级别“A-”，意味着在企业透明度和应对气候变化方面的领导地位受到 CDP 的认可； 2. 安赛乐米塔尔的第一份气候行动报告于 2020 年 7 月获得 CRRA 最佳气候报告奖
2021	暂无

碳信息鉴证非常重要，通过国际知名机构进行鉴证，结果更具有权威性与公正力。同时像诸如 CDP 机构通过对各个企业进行碳排放信息鉴证，可以发

现企业存在的问题并提出建议，促进企业碳排放信息披露体系的完善。由表17-11可知，在2011—2016年间，集团评级虽然在B和C之间徘徊，但是总体来看，安赛乐米塔尔在CDP气候变化评分中所获等级呈逐年上升的态势。安赛乐米塔尔在这一过程中既为全球可持续发展做出了贡献，又完善了碳信息管理与披露体系，为同行业企业碳排放信息披露做了优秀示范。

四、安赛乐米塔尔碳排放信息披露的先进做法

（一）碳排放数据统计完善准确

完善详细的碳排放数据统计及管理体系是碳排放信息披露的基础与重点。安赛乐米塔尔根据世界资源研究所的温室气体核算体系对二氧化碳排放量进行核算，现场工作人员填写排放信息后交给上级部门进行审核批准，最后提交到当地环境部门存档。完成数据统计不仅要有工作人员的参与还要依托先进的大数据技术，安赛乐米塔尔全力推动产业数字化，研发推行人工智能、大数据等技术，不断提高企业的运作效率，先进技术的应用提高了碳排放数据的准确性与碳信息披露的整体水平。

（二）碳排放披露内容详细全面

安赛乐米塔尔通过年报、集团概况报告、年度审查报告、报告基础和气候行动报告对低碳目标、减排措施、碳财务信息、低碳风险与机遇、碳排放数据、低碳成果和第三方碳信息鉴证七个方面进行了披露。安赛乐米塔尔信息披露质量高，能帮助投资者更加了解企业目前的碳排放情况，能为他们的投资决策提供依据。除此之外，碳排放信息披露质量高可以让企业在CDP评级中的得分不断提高，扩大其社会影响力。

（三）碳排放信息披露意识强，积极参与碳排放信息披露大潮

无论是从企业自身形象提升，还是从促进更多行业和上下游企业减排的

角度来看，企业的碳排放信息披露计划都需要考虑到如何影响社会及利益相关者。因此，企业碳排放信息宜通过各种活动或组织让更多的人知晓，如发布应对气候变化的报告、参与 CDP 评级等。安赛乐米塔尔作为二氧化碳排放者，对碳排放信息披露有高度的责任感，因此其在 2019 年便发布了气候行动报告，根据 TCFD 的要求进行详尽的信息披露。随着公众对气候变化的关注愈加强烈，越来越多的企业投身于减排与披露碳排放信息的热潮中，参与 CDP 评级能够反映企业目前碳信息披露的完善程度。安赛乐米塔尔于 2010 年参与 CDP 评级，由 C 到 A-的跨越反映了安赛乐米塔尔碳排放信息披露处于不断发展与完善的状态。

（四）碳排放披露形式定性与定量相结合

根据以上分析，安赛乐米塔尔碳排放信息披露将定量与定性相结合，以此作为碳排放信息披露的主要形式。对于企业而言，定量披露碳信息能帮助企业总结经验。对于利益相关方而言，数据化处理能将复杂的原始信息加工成形象具体的概念，有利于投资者对碳排放信息有更加清晰明确的认识，为他们投资决策提供依据；除此之外，将碳排放信息数字化可以向利益相关者传递一个信号，即该企业减排节能措施实施到位、相关数据统计工作完成情况良好。

五、安赛乐米塔尔碳排放信息披露的经验启示

（一）完善碳排放信息披露的规范性

首先，在 2019 年之前，安赛乐米塔尔在年报、集团概况报告与年度审查报告中均有披露碳排放信息，2019 年后集团发布气候行动报告，专门概述与气候变化相关的决策与行动，披露规范性得到了提高。其次，安赛乐米塔尔披露减排节能措施、碳排放成果与碳排放数据采用文字与数据相结合的方式，并且数据化程度较高，这有利于企业总结成功经验、为投资者投资决策提供依据。因此，我们应提高碳排放信息披露的规范性，建立健全碳排放信息披露体系，

在低碳目标、减排措施、低碳成果、碳财务费用、碳排放数据版块中提高数据化披露水平，方便读者更加清晰地了解企业碳排放的相关信息。

（二）加强与环保组织和第三方机构的合作

安赛乐米塔尔根据联合国可持续发展目标制定了五个治理主题，针对气候相关财务信息披露工作组关于气候信息披露的建议作出全面的回应，积极参与权威组织 CDP 评级，与政府合作构建循环经济，以上行为帮助安赛乐米塔尔通过外界的监督与反馈不断提升碳排放信息披露的规范性与完善性，扩大集团在欧洲甚至全球的影响力。因此，我们在专注企业内部碳排放信息管理的同时应开拓视野，加强与第三方机构的合作与交流帮助企业提高碳排放信息质量，积极响应世界环保组织的号召，帮助企业提高责任意识，扩大其社会影响力。

（三）加强企业碳治理制度建设

为实现集团的可持续发展，安赛乐米塔尔董事会专门下设可持续发展委员会，与审计和风险、人力资源、薪酬、公司治理委员会一起负责监督五个管理主题下的可持续发展问题：安全、社会、环境、气候变化和客户。根据自身的重大可持续发展问题和关键绩效指标，将可持续发展问题整合到每个业务部门的计划中。可持续发展委员会每个季度讨论总结业务中有关可持续发展的报告。安赛乐米塔尔通过设立可持续发展委员会进一步跟进集团可持续发展进程，要求相关负责人定期讨论解决其中存在的问题，全力为集团可持续发展扫清障碍。因此，我们应加强企业碳治理制度建设，把气候变化放到企业战略层面上，让碳治理上升到企业董事会与高级管理人员层面上，设立专门负责碳治理的部门，持续跟进碳排放相关工作。

参考文献

王艳梅.公司社会责任的法理学研究[D].吉林大学,2005.

南文化.也谈企业社会责任范畴[J].发明与创新(综合版),2007(11):11-12.

李国平,韦晓茜.企业社会责任内涵、度量与经济后果:基于国外企业社会责任理论的研究综述[J].会计研究,2014(8):33-40,96.

卢代富.国外企业社会责任界说述评[J].现代法学,2001(3):137-144.

徐二明,奚艳燕.国内企业社会责任研究的现状与发展趋势[J].管理学家(学术版),2011(1):48-68.

鞠芳辉,谢子远,宝贡敏.企业社会责任的实现:基于消费者选择的分析[J].中国工业经济,2005(9):91-98.

屈晓华.企业社会责任演进与企业良性行为反应的互动研究[J].管理现代化,2003(5):13-16.

李海玲.我国企业社会责任信息披露现状研究[J].兰州学刊,2018(10):162-173.

李岚.战略导向、社会责任与服务创新绩效的关系研究 [J]. 经济经纬,2018(5).

李丽,黄耀苇.企业社会责任对企业业绩的影响:基于企业规模的中介效应[J].延安大学学报(社会科学版),2021,43(5):63-69.

李炫樟.企业社会责任信息披露的影响因素研究[D].南京师范大学,2020.

李阳阳.利益相关者视域下医药企业社会责任研究[D].昆明医科大学,2021.

路云馨.D 公司社会责任绩效评价研究[D].西安石油大学,2019.

聂欣.GQ 集团社会责任绩效评价研究[D].湖南工业大学,2020.

秦续忠,王宗水,赵红.公司治理与企业社会责任披露:基于创业板的中小企业研究[J].管理评论,2018(3):188-200.

邱海斌.食品企业社会责任对企业绩效的影响研究[D].广东财经大学,2014.

阮班鹰.基于科学发展观的企业社会责任评价体系研究[J].管理世界,2010,(9):38-40.

施怡君.企业社会责任与企业避税程度之间的关系研究[D].上海财经大学,2020.

宋岩,孙晓君.企业社会责任与研发投入:基于年报文本分析的视角[J].重庆社会科学,2020(6).

谭欣.所得税激励对企业社会责任的影响研究[D].重庆理工大学,2013.

汤桂鸿.微软(深圳)企业社会责任绩效提升研究[D].兰州大学,2020.

陶倩.利益相关者视角下企业社会责任与企业价值的关系研究[D].长沙理工大学,2020.

王斌.石油石化企业社会责任与财务业绩关系研究[D].东北石油大学,2012.

王成.利益相关者视角下上市公司社会责任与绩效关系探析[J].财会通讯,2010(12):29-31.

王琦,杨安玲.利益相关者影响企业社会责任的研究述评[J].商业会计,2021(18):19-24.

王思思.利益相关者视角下交通银行社会责任评价研究[D].西南大学,2020.

王硕.税收优惠政策对我国民营企业慈善捐赠动机的影响及效用研究[D].华中科技大学,2019.

项宇.HR集团公司社会责任信息披露问题探讨[D].江西财经大学,2019.

肖雅韵,陈俊龙.基于利益相关者视角的企业社会责任多重效应分析[J].科技创业月刊,2021,34(3):116-121.

谢欣.基于利益相关者的A公司社会责任绩效评价研究[D].南京理工大学,2020.

徐尚坤.中国企业社会责任的概念维度、认知与实践[J].经济体制改革,2010(6):60-65.

杨洁,王梦翔.企业社会责任信息披露水平影响因素研究:基于模糊集的定性比较分析[J].唐山学院学报,2020,33(6):61-71.

孔雅斌.拼多多企业社会责任问题研究[D].山东财经大学,2021.

经纬.我国企业履行社会责任面临的问题与对策[J].阅江学刊,2011,3(4):35-40.

郑维珍,毛淑珍.我国中小煤炭企业社会责任履行的问题及对策研究[J].商业会计,2015(2):90-91.

刘志国.我国企业履行社会责任存在的问题原因及对策[J].中国管理信息化,2010,13(6):107-109.

曾欢.声誉视角下企业履行社会责任对融资约束的影响研究[D].苏州大

学,2019.
王若君,张璐.家族企业CEO来源与企业社会责任履行[J].现代企业,2021(11):84-85.
马菱霞.国有企业履行社会责任实践探索[J].长春市委党校学报,2021(5):23-28.
于志宏.履行社会责任 促进共同富裕[J].可持续发展经济导刊,2021(9):1.
雷荣珍,王永明,曲建兴.企业社会责任培育研究[J].沿海企业与科技,2021(3):8-12.
华科.国有企业履行社会责任实践研究[J].企业文明,2021(6):97-98.
孙超杰,董进全,周黎.企业社会责任履行与企业发展态势关系研究[J].企业科技与发展,2021(6):202-204,207.
谢青青.制度压力视角下董事会特征对碳信息披露的影响[D].长沙理工大学,2015.
宋钰元.我国上市公司碳信息披露质量影响因素实证研究[D].兰州理工大学,2014.
张彩平.国际碳信息披露及其对我国的启示[J].财务与金融,2010,(3):77-80.
谢利娜.我国碳会计信息披露问题研究[J].合作经济与科技,2020,(17):164-165.
杨益鹏.政治关联、制度环境与碳信息披露水平[D].华北水利水电大学,2019.
邹武平,李章婷.低碳经济背景下企业碳排放信息披露探究[J].商业会计,2018(20):69-70.
张慧慧.基于公司治理结构视角的我国上市公司碳会计信息披露研究[D].长安大学,2015.
张颖.企业碳信息披露发展现状及启示[J].WTO经济导刊,2014(3):75-76.
向倩慧.低碳背景下上市公司碳信息披露的动机分析[J].时代金融(下旬),2013(1):276.
华雨斐.提升上市公司碳信息披露程度的建议[J].中国商论,2018,(30):170-171.
刘玉俭.气候变化对企业财务活动的影响及企业的财务应对[J].丝路视野,2017(3):31,33.
郭伟.论我国上市公司碳信息披露[J].商业会计,2015(10):93-95.
周悦.碳信息披露水平及其影响因素研究:基于电力行业上市企业[J].中国林业经济,2020(1):93-96.

张梦圆. 资本成本路径下碳信息披露对企业价值的影响研究[D]. 湖南大学,2015.

李慧云. 公共压力、股权性质与碳信息披露[J]. 统计与信息论坛,2018,(8):94-100.

张宁宁. 低碳经济的国际和国内影响因素分析[J]. 经济与管理,2011(7):84-87.

成欢. 自愿减排交易下的分布式供能项目效益评估研究[D]. 华北电力大学,2015.

刘雪梅. 健全生态文明发展体制 大力推进生态环境保护建设[J]. 内蒙古统计,2018(5):41-42.

罗同. 低碳时代企业碳信息披露的探讨[J]. 百科论坛电子杂志,2018(4):658.

王志亮,贾宇虹. 绿色发展驱动下企业碳信息披露影响因素研究[J]. 环境保护与循环经济,2020,40(4):7-13.

LMBERT R,LEUZ C,VERRECCHIA R E. Accounting information, disclosure, and the cost of capital[J]. Journal of accounting research,2007,45(2):385-420.

何玉,唐清亮,王开田. 碳信息披露、碳业绩与资本成本[J]. 会计研究,2014(1):79-86,95.

RICHARDSON A L,WELER M. Social disclosure, financial disclosure and the cost of equity capital[J]. Accounting, organizations and society, 2001, 26(7):597-616.

NAJAH,SALEM M M. Carbon risk management, carbon disclosure and stock market effects: an international perspective [D]. University of Southern Queensl and,2012.

MATSUMURA E M, PRAKASH, VERA-MUNOZ. Firm-value effects of carbon emissions and carbon disclosures[J]. Accounting review,2014(2):695-724.

张巧良,宋文博,谭婧. 碳排放量、碳信息披露质量与企业价值[J]. 南京审计学院学报,2013,10(2):56-63.

王仲兵,靳晓超. 碳信息披露与企业价值相关性研究[J]. 宏观经济研究,2013,(1):86-90.

WEGENER M. The Carbon Disclosure Project,an evolution in international environmental corporate governance: motivations and determinants of mar-

ket response to voluntary disclosures[D].Brock University,2010.
贺建刚. 碳信息披露、透明度与管理绩效[J].财经论丛,2011,(4):87-92.
FREEDMAN M,JAGGI B. Global warming, commitment to the Kyoto protocol, and accounting disclosures by the largest global public firms from polluting industries[J]. The international journal of accounting,2005,40(3):215-232.
蒋琰,周雯雯. 碳信息披露要素与企业绩效关系研究[J].南京财经大学学报,2015(4):68-78.
王妮佳. 我国上市公司碳信息披露问题探析[J].绿色财会,2015,(7):46-49.
文竹. 碳信息披露研究述评及展望[J].福建商学院学报,2017,(3):32-37.
李雪. 企业碳会计信息披露的必要性[J].商,2015(40):152.
徐国平. 上市公司碳信息披露要素与规范性研究[J].工业安全与环保,2021,47(S1):16-19.
陈飞宇. 碳信息披露发展现状研究综述[J].会计之友,2016(15):57-59.
张宏,孙威扬. 我国碳会计信息披露问题及改进措施建议[J].中国商论,2020,(16):140-141.
周盼盼. A上市公司碳会计信息披露问题研究[D].吉林财经大学,2017.
田特. 碳会计理论体系研究[D].吉林财经大学,2016.
李薇. A公司碳会计信息披露研究[D].西安石油大学,2015.
王亮. 低碳经济下我国企业环境会计体系探析[D].江西财经大学,2013.
DALES J H . Pollution, property & prices [J]. Administrative science quarterly, 1968,14(2):306.
GOTTUNGER H W. Greenhouse gas economics and computable general equilibrium[J]. Journal of policy modeling, 1998(5):537-580.
STEVEN S , JOS S . Carbon trading in the policy mix[J].Oxford review of economic policy,2003(3):420-437.
SVENDSEN G T, VESTERDAL M. How to design greenhouse gas trading in the EU ? [J]. Energy policy, 2003, 14:1531-1539.
HIBBARD P J,Tierney S F, Darling P G,et al. An expanding carbon cap-and-trade regime? A decade of experience with RGGI charts a path forward[J] . The electricity journal,2018 (5).
WADUD Z , CHINTAKAYALA P K . Personal carbon trading: trade-off and complementarity between in-home and transport related Emissions re-

duction[J]. ecological Economics，2019，156(FEB.)：397-408.
MIAO Z，BOAMAH K B，LONG X. Research on entropy generation strategy and its application in carbon trading market[J]. Business strategy and the environment，2020，29.
KIM H S，Koo W W. Factors affecting the carbon allowance market in the US [J].Energy policy，2009 (4).
ELKERBOUT M，ZETTERBERG L. Can the EU ETS weather the impact of Covid-19? [J].CEPS Policy insights，2020，14.
周宏春. 世界碳交易市场的发展与启示[J]. 中国软科学，2009(12)：39-48.
谭志雄，陈德敏. 区域碳交易模式及实现路径研究[J]. 中国软科学，2012(4)：81-89.
许向阳，吴凌云，杨文杰. 基于碳排放交易体系的中国造纸企业碳管理研究[M].北京：中国林业出版社，2018.
马忠玉，冶伟峰，蔡松锋，等. 基于SICGE模型的中国碳市场与电力市场协调发展研究[J].宏观经济研究，2019，(5)：145-153.
马天祥. 考虑各省经济人效应的我国省域碳排放权DEA分配[J].中外能源，2019(3)：7-14.
刘林林. 基于区块链技术的碳排放交易模型研究[J]. 中国物价，2021(4)：85-87.
王猛猛，刘红光. 碳排放责任核算研究进展[J].长江流域资源与环境，2021，30(10)：2502-2511.
路正南，罗雨森. 中国碳交易政策的减排有效性分析：双重差分法的应用与检验[J].干旱区资源与环境，2020，34(4)：3-9.
何建坤，全球气候治理变革与我国气候治理制度建设[J].中国机构改革与管理，2019，(2)：37-39.
张海军，段茂盛，李东雅 . 中国试点碳排放权交易体系对低碳技术创新的影响：基于试点纳入企业的实证分析[J].环境经济研究，2019，(2)：10-27.
KOLK A，LEVY D L，JONATHAN P. Corporate responses in an emerging climate regime：the Institutionalization and commensuration of carbon disclosure[J]. European accounting review，2008，V17(4)：717-745.
KIERNAN M J.Climate change and investment risk，presentation at the amsterdam global conference on sustainability and transparency[J]. GRI amsterdam，2008(6) ：112-180.

SHIRO TAKEDA S.The double dividend from carbon regulations in Japan [J]. Journal of the Japanese and international economics, 2007, 21(3): 336-364.

LUCAS M T,WILSON M A. Tracking the relationship between environmental management and financial[J].Service business, 2008(2):203-218.

HASSEL L, NILSSON H,NYQUIST S. The value relevance of environmental performance[J]. European accounting review, 2005, 14(1): 41-61.

GRIFFIN P A, LONT D H,SUN E Y. The relevance to investors of greenhouse gas emission disclosures[J]. Contemporary accounting research, 2017,34(2):1265-1297.

STANNY E,ELY K. Corporate environmental disclosures about the effects of climate change[J]. Corporate social responsibility & environmental management, 2008, 15(6) : 338-348.

朱敏,李晓红. 论清洁发展机制下碳排放权的会计核算[J].会计之友(中旬刊),2010(11):79-80.

张巧良. 碳排放会计处理及信息披露差异化研究[J].当代财经,2010(4):110-115.

郭海芳. 企业绿色财务管理之探析[J].财会研究,2011(3):43-45.

王爱国. 我的碳会计观[J].会计研究,2012(5):3-9,93.

郜东芳. 我国上市公司碳会计信息披露研究[D].北京交通大学,2012.

赵鹏飞,盛李铭. 强制减排交易模式下碳排放信息披露研究[C]//南京:中国会计学会环境会计专业委员会 2014 学术年会论文集, 2014:934-938.

康玲. 上市公司碳会计信息披露研究[J].财会通讯,2015(25):81-83.

左颖谔. 我国企业碳排放权交易会计研究[D].财政部财政科学研究所,2015.

顾署生. 低碳经济下我国碳会计信息披露技术研究[J].科技管理研究,2015,35(22):239-245.

王志亮,郭琳玮. 我国企业碳披露现状调查与改进建议[J].财会通讯,2015(16):27-32,4.

李静. 环境管制、环境会计信息披露质量与市场反应:来自大气污染行业的经验证据[J].财会月刊,2017(20):32-38.

赵则铭,吴梦月. 中国上市公司碳会计信息披露分析[J].现代冶金,2018,46(3):64-67.

杨方蕾. 高污染行业上市公司碳会计信息披露研究[J].财会通讯,2018(25):

10-14.
李廷廷. 我国上市公司碳会计信息披露存在的问题及对策[J].市场研究,2019(3):56-57.
蒋纯. 中英企业碳信息披露比较研究[J].商业会计,2019(4):66-69.
徐国平. 上市公司碳信息披露要素与规范性研究[J].工业安全与环保,2021,47(S1):16-19.
王微. 上市公司碳信息披露制度研究:基于博弈论视角[J].财会通讯,2021(14):105-108,140.
谭德明,邹树梁. 碳信息披露国际发展现状及我国碳信息披露框架的构建[J].统计与决策,2010(11):126-128.
汪方军,朱莉欣,黄侃. 低碳经济下国家碳排放信息披露系统研究[J].科学学研究,2011,29(4):515-520.
陈华,王海燕,荆新. 中国企业碳信息披露:内容界定、计量方法和现状研究[J].会计研究,2013(12):18-24,96.
王雨桐,王瑞华. 国际碳信息披露发展评述[J].贵州社会科学,2014(5):68-71.
吴勋,徐新歌. 企业碳信息披露质量评价研究:来自资源型上市公司的经验证据[J].科技管理研究,2015,35(13):229-233.
杨惠贤,郑肇侠. 区域对企业碳信息披露水平的影响研究[J].西安石油大学学报(社会科学版),2017,26(2):23-29.
江逸. 碳信息披露质量评价体系构建探析:以重污染行业为例[J].财会通讯,2019(10):22-26.
马冰,章雁. 我国企业强制性碳排放披露及框架构建[J].商业会计,2020(1):60-64.
李海燕. 煤炭类上市公司碳信息披露现状和对策研究[J].国际商务财会,2021(13):55-57.
彭娟,熊丹. 碳信息披露对投资者保护影响的实证研究:基于沪深两市2008—2010年上市公司经验数据[J].上海管理科学,2012,34(6):63-68.
田国双,章金霞. 基于CDP的中国100强碳信息披露水平分析[J].林业经济,2013(6):95-98.
王仲兵,靳晓超. 碳信息披露与企业价值相关性研究[J].宏观经济研究,2013(1):86-90.
陈海宁. 上市公司气候变化关联治理披露与实践[D].南京信息工程大学,2013.
刘叶容,喻琴琼. 基于AHP的中美碳信息披露质量比较[J].新会计,2014

(12):41-43.

赵选民,孙武峰.上市公司碳信息披露质量评价研究:以重污染行业为例[J].西安石油大学学报(社会科学版),2015,24(2):8-15.

李慧云,符少燕,王任飞.碳信息披露评价体系的构建[J].统计与决策,2015(13):40-42.

苑泽明,王金月.碳排放制度、行业差异与碳信息披露:来自沪市A股工业企业的经验数据[J].财贸研究,2015,26(4):150-156.

李慧云,陈铮,符少燕.碳信息披露质量评价的技术实现[J].统计与决策,2016(17):70-72.

袁建辉,张灵灵.碳信息披露对上市公司融资约束影响的实证研究:基于资源型企业的经验证据[J].生态经济,2017,33(8):42-47.

闫华红,蒋婕.基于碳会计体系下碳排放指数的构建与应用[J].财务与会计,2018(16):57-59.

李世辉,葛玉峰,王如玉.基于改进变权物元可拓模型的碳信息披露质量评价[J].统计与决策,2019,35(21):57-61.

黄建迪.自愿性碳信息披露与企业财务绩效的相关性研究[D].湖南大学,2014.

黄丽珠.财务绩效对碳信息披露影响的实证研究[D].南京财经大学,2015.

曾晓,韩金红.碳信息披露、行业性质与企业价值:基于2012—2014年CDP中国报告的实证研究[J].财会通讯,2016(18):38-41.

梁德华.碳信息披露、碳业绩与企业绩效的关系研究[D].南京财经大学,2016.

宋晓华,蒋潇,韩晶晶,等.企业碳信息披露的价值效应研究:基于公共压力的调节作用[J].会计研究,2019(12):78-84.

刘宇芬,刘英.碳信息披露、投资者信心与企业价值[J].财会通讯,2019(18):39-42.

赵家正,赵康睿.环境信息披露与企业价值的实证研究:基于政府监管视角[J].财会通讯,2018(21):40-44+48.

施琴,汪凤.碳信息披露水平能否提升企业财务绩效?:基于上证A股的实证经验[J].安徽师范大学学报(人文社会科学版),2019,47(6):133-141.

张静依,邵丹青,黎菁,等.中国高碳行业气候信息披露现状研究:以房地产行业为例[J].现代金融导刊,2021(9):22-28.

柳学信,杜肖璇,孔晓旭,等.碳信息披露水平、股权融资成本与企业价值[J].技术经济,2021,40(8):116-125.

谭婧. 碳信息披露对企业价值的作用机理与测度研究[D]. 兰州理工大学,2012.

KINGSTON S. The polluter pays principle in EU climate law: an effective tool before the courts? [J]. Climate law, 2020, 10(1): 1-27.

张宏翔. 德国排污制度环境税的经济效应与制度启示[J]. 华侨大学学报, 2015, (4): 50-59.

吴斌, 曹丽萍, 沃鹏飞. 复合的碳税和碳排放权交易政策:欧盟的经验与启示[J]. 广西师范大学学报, 2020, 56(4): 84-94.

唐甜. 欧盟气候与能源政策研究[D]. 吉林大学,2016.

张敏. 解读"欧盟2030年气候与能源政策框架"[J]. 中国社会科学院研究生院学报,2015, (6):137-144.

张莉. 美国气候变化政策演变特征和奥巴马政府气候变化政策走向[J]. 国际展望,2011(1):75-94,129.

李继. 美国环境税研究[D]. 吉林大学,2018.

赵红. 美国环境管制政策分析及启示[J]. 管理现代化,2005(5):16-18.

吴健,马中. 美国排污权交易政策的演进及其对中国的启示[J]. 环境保护, 2004(8):59-64.

门丹. 美国低碳经济政策转向研究:原因、定位及经济绩效[D]. 辽宁大学,2013.

焦莉. 奥巴马政府气候政策分析[D]. 上海外国语大学,2018.

郑爽. 国际碳排放交易体系实践与进展[J]. 世界环境,2020(2):50-54.

曹慧. 特朗普时期美欧能源和气候政策比较[J]. 国外理论,2019(7):117-127.

赵行姝. 拜登政府的气候新政及其影响[J]. 当代世界,2021(5):26-33.

张楠. 日本能源安全政策的分析与借鉴[D]. 中国矿业大学,2019.

吴雅. 低碳城市建设的演变规律及提升路径设计研究[D]. 重庆大学,2019.

樊威. 英国碳市场执法监管机制对中国的启示[J]. 科技管理研究,2016,36(17):235-240.

何少琛. 欧盟碳排放交易体系发展现状、改革方法及前景[D]. 吉林大学,2016.

蒋纯. 中美企业碳信息披露比较研究[J]. 绿色财会,2018(10):46-50.

蒋纯. 中英企业碳信息披露比较研究[J]. 商业会计,2019(4):66-69.

李涛. 北美地区碳排放交易机制经验与启示[J]. 海南金融,2021(6):83-87.

李天娇. 国外部分碳市场进展概览[J]. 中国电力企业管理,2021(19):82-86.

王林. 英国脱欧冲击欧盟碳市 碳价或大幅上扬[J]. 能源研究与利用,2019(1):

15-16.
王谦,管河山,万若. 欧盟碳排放权交易体系对中国碳市场发展的影响[J].对外经贸,2019(2):12-16.
吴大磊,赵细康,王丽娟. 美国首个强制性碳交易体系(RGGI)核心机制设计及启示[J].对外经贸实务,2016(7):23-26.
郑爽. 国际碳排放交易体系实践与进展[J].世界环境,2020(2):50-54.
郑晓曦,吴肇庆. 欧盟碳排放交易体系对中国的启示[J].生态经济,2015,(3):49-52,88.
黄世忠. 谱写欧盟 ESG 报告新篇章:从 NFRD 到 CSRD 的评述[J].财会月刊,2021(20): 16-23.
李大元,曾益,张璐. 欧盟碳排放权交易体系对控排企业的影响及其启示[J].研究与发展管理,2017(6): 91-98.
王佳华. 英国脱欧对国际碳交易市场的影响探析[J]. 金融视线,2017(2):13-14.
王文涛,陈跃,张九天,等. 欧盟碳排放交易发展最新趋势及其启示[J]. 全球科技经济瞭望,2013,(8): 64-70.
杨慧. 日本碳排放交易体系的构建及对我国的启示[J].农村经济与科技,2018,29(4):18-19.
张妍,李玥. 国际碳排放权交易体系研究及对中国的启示[J].生态经济,2018,34(2):66-70.
陈志斌,林立身. 全球碳市场建设历程回顾与展望[J].环境与可持续发展,2021,46(3):37-44.
任昊翔. 国内外碳交易市场对比研究[J].节能技术,2020,38(5):472-475.
郭乾. 碳排放权交易体系建设的国际经验及启示[J].河北金融,2021,(11):25-28.
陈洁民. 新西兰碳排放交易体系:现状、特色及启示[J].国际经济合作,2012(11):35-39.
孙天晴,刘克,杨泽慧,等. 国外碳排放 MRV 体系分析及对我国的借鉴研究[J].中国人口·资源与环境,2016,26(S1):17-21.
张亚连,邱明亮,朱友鹏. 中日企业环境会计信息披露比较研究[J].商学研究,2021,28(3):54-63.
LUO L,LAN Y C, TANG Q L. Corporate incentives to disclose carbon information : evidence from the CDP global 500 report[J].Journal of interna-

tional financial management & accounting,2012,23(2):93-120.

WEGENR M. The carbon disclosure project,an evolution in international environmental corporate governance[D]. Motivations and determinants of market response to voluntary disclosures,2010.

谭柏平,刑铈健. 碳市场建设信息披露制度的法律规制[J],广西社会科学,2021(9):124-133.

贾娜. 我国碳排放强制性信息披露制度建设[J].合作经济与科技,2017:130-131.

刘浪. 企业碳排放信息披露研究综述[J].当代经济,2014:128-129.

叶丰滢,黄世忠,郭绪琴,等. 碳排放权会计的历史沿革与发展展望[J].财会月刊,2021.

韩晨. 浅析上市公司碳会计信息披露问题[J]. 现代经济信息,2016(22):161-163.

高佳楠,郭雪萌,王博涵. 构建我国上市公司碳会计信息披露报告的体系探究[J].商业会计,2013:17-19.

程凌香. 碳信息披露存在的问题及我国的立法应对[J].财会月刊,2013:77-78.

刘翠. 可持续发展视角下的企业碳会计信息披露影响因素[J]. 财会月刊,2015(21):118-122.

罗同,张慧. 发电行业碳排放信息披露影响因素研究[J].智富时代,2018(8):127.

王金月. 企业碳信息披露:影响因素与价值效应研究[D].天津财经大学,2017.

马玉芬. 碳的确认、计量与信息披露研究[D].西安科技大学,2018.

高冲. 碳排放量、碳信息披露与权益资本成本[D].南京财经大学,2018.

李蓓. 低碳经济视角下的环境会计信息披露影响因素分析[D].南京林业大学,2018.

任静. 我国碳市场中碳配额交易价格影响因素分析[D].重庆工商大学,2019.

余芙蓉. 中国碳配额交易市场有效性研究[D].吉林大学,2021.

温琪. 碳排放权交易制度研究[D].江西财经大学,2018.

贾茹. 欧盟碳排放权交易体系的运行及启示与借鉴[D].吉林大学,2012.

郭乾. 碳排放权交易体系建设的国际经验及启示[J].河北金融,2021(11):25-28.

张芳. 中国区域碳排放权交易机制的经济及环境效应研究[J].宏观经济研究,2021(9):111-124.

马俊. 中国绿色发展与案例研究[M].北京:中国金融出版社,2016.
汤莉萍. 关于我国碳排放权交易相关问题探讨[J].营销界,2019(25):282-283.
梁美健,迮啸洋. 中外碳排放权交易流程对比分析[J].经济师,2019(5):12-15,18.
刘侃,杨礼荣. 排放权交易制度的国内外比较分析[J].中国机构改革与管理,2019(3):40-43.
温琪. 碳排放权交易制度研究[D].江西财经大学,2018.
王静娴. 我国碳排放权交易的会计问题研究[D].苏州大学,2017.
陈嘉皓. 我国碳排放权交易发展的法律障碍与完善对策[D].清华大学,2015.
王素凤. 中国碳排放权初始分配与减排机制研究[D].合肥工业大学,2014.
许迪. 低碳经济模式下碳排放权交易的会计研究[D].哈尔滨理工大学,2014.
邹武平,李章婷. 低碳经济背景下企业碳排放信息披露探究[J].商业会计,2018(20):69-70.
赵士德. 企业碳信息披露的现状及对策研究[J].扬州大学学报(人文社会科学版),2018,22(1):66-72.
范坚勇,赵爱英. 企业碳信息披露的现状及问题分析[J].会计之友,2018(9):44-47.
田丹宇. 企业温室气体排放信息披露制度研究[J].行政管理改革,2021(10):50-56.
王慧,郝向荣,杨美丽. 碳会计信息披露存在问题及对策研究[J].绿色财会,2019(5):36-40.
李雪婷,宋常,郭雪萌. 碳信息披露与企业价值相关性研究[J].管理评论,2017,29(12):175-184.
王志亮,郭琳玮. 我国企业碳披露现状调查与改进建议[J].财会通讯,2015(16):27-32,4.
闫海洲,陈百助. 气候变化、环境规制与公司碳排放信息披露的价值[J].金融研究,2017(6):142-158.
闻吉尔. 低碳经济下企业碳会计信息披露问题探究[D].江西财经大学,2021.
马相则. 传统文化、环境规制与企业碳信息披露[D].太原理工大学,2021.
张洁. 上市公司碳会计信息披露影响因素研究[D].长安大学,2019.
王慧. 碳信息披露水平对资本成本的影响研究[D].山东农业大学,2020.
袁智琨. 碳排放权会计披露问题研究[D].首都经济贸易大学,2018.
曹袆源. 我国发电行业碳会计信息披露问题研究[D].广东外语外贸大

学,2019.

张伦萍.林业上市公司自愿性碳信息披露现状及驱动因素研究[D].北京林业大学,2020.

2021全球碳中和现状对比,各国政策规划是怎样的[EB/OL].(2021-07-06)[2021-08-30].https://www.xianjichina.com/news/details_272617.html/ 2021.

杜丽州.CDP框架下我国碳排放信息披露模式探讨[J].绿色财会,2013(7):9-11.

张彩平,肖序.国际碳信息披露及其对我国的启示[J].财务与金融,2010(3):77-80.

陈华,王海燕,荆新.中国企业碳信息披露:内容界定、计量方法和现状研究[J].会计研究,2013(12):18-24,96.

刘浪.企业碳排放信息披露模式研究[J].财会通讯,2015(16):23-26.

李秀玉,史亚雅.绿色发展、碳信息披露质量与财务绩效[J].经济管理,2016,38(7):119-132.

娄伟.低碳经济评价指标体系的构建分析[J].新经济,2013(20):72.

母远达.碳会计的确认、计量与信息披露研究[D].西南财经大学,2014.

王仲兵,靳晓超.碳信息披露与企业价值相关性研究[J].宏观经济研究,2013(1):86-90.

叶丰滢,黄世忠,郭绪琴,等.碳排放权会计的历史沿革与发展展望[J].财会月刊,2021,(21):154-160.

葛菁,徐秋菊.重点排放企业碳排放权会计处理探析:基于《碳排放权交易有关会计处理暂行规定》的解读[J].财会通讯,2021(19):96-100.

郑圣赞.论碳排放交易会计处理问题[J].经济师,2021(6):59-60.

魏依然.碳排放权交易有关会计处理探析[J].中国电力企业管理,2021(12):20-21.

沈洪涛.碳排放权交易会计的国际模式与中国实践[J].财务与会计,2020(11):11-15.

李端生,贾雨.碳排放权交易的会计确认、计量与信息披露[J].会计之友,2014(33):33-36.

李海燕.煤炭类上市公司碳信息披露现状和对策研究[J].国际商务财会,2021(13):55-57.

杨洁,乔宇洁.我国企业碳信息披露的现状分析[J].黑龙江工业学院学报(综合版),2021,21(6):110-117.

韩慧林. 煤炭行业碳信息披露质量评价研究[D].西安工业大学,2021.
曾琳丽,雷芳. 中国神华碳会计信息披露问题研究[J].经济研究导刊,2019(20):153-155.
朱博雁. 煤炭行业碳信息披露问题研究[D].新疆财经大学,2018.
刘文琦. 石油行业上市公司环境会计信息披露问题研究[J].现代商业,2018(26):147-14.
闻吉尔. 低碳经济下企业碳会计信息披露问题探究[D].江西财经大学,2021.
司进,张运东,刘朝辉,等. 国外大石油公司碳中和战略路径与行动方案[J].国际石油经济,2021,29(7):28-3.
左颖谔. 我国企业碳排放权交易会计研究[D].财政部财政科学研究所,2015.
易竞,吉永钊. 中荷环境会计信息披露对比研究:以中石油和壳牌石油公司为例[J].投资与合作,2021(11):94-95.
张静依,邵丹青,黎菁,等. 中国高碳行业气候信息披露现状研究:以房地产行业为例[J].现代金融导刊,2021(9):22-28.
孙怡. 中石油碳信息披露与企业价值关系的案例分析[D].苏州大学,2015.
冯保国. ESG对油气企业的影响与应对[N]. 中国石油报,2021-11-16.
邓会允. 碳信息披露质量评价[D].中国石油大学(北京),2019.
刘奕彤. 绿色会计信息披露问题研究:基于中石油的案例分析[J].广西质量监督导报,2020(8):140-141.
李海燕. 煤炭类上市公司碳信息披露现状和对策研究[J].国际商务财会,2021(13):55-57.
王微. 上市公司碳信息披露制度研究:基于博弈论视角[J].财会通讯,2021(14):105-108,140.
李文月. CM公司碳会计信息披露现状研究[J].投资与创业,2021,32(12):64-66.
卢佳友,谢琦,周志方. 碳交易市场建设对企业碳信息披露的影响[J].财会月刊,2021(10):69-76.
王欢. 上市公司碳会计信息披露研究:以SH公司为例[J].当代会计,2021(5):21-23.
孙志梅,张旭丽,路丽华. CDP气候变化A级企业碳信息披露比较[J].会计之友,2019(3):112-116.
王晶晶. 我国企业内部环境审计的问题探讨[D].江西财经大学,2009.
李筱珂. 信息化环境下我国企业内部审计问题分析[J].知识经济,2019(12):

68-69.
韦彩霞,丁波,刘倩.绿色发展背景下的绿色审计:理论体系与实施框架[J].理财,2021(5):84-85.
王宇慧,秦世荣.环境审计研究:文献综述与展望[J].经济研究导刊,2020(29):117-120.
邱吉福,高绍福,常莹莹.构建绿色审计应用框架:基于组织合法性视角[J].东南学术,2018(6):162-169.
孔庆林,杨紫,高彦淳.专项储备核算相关问题思考[J].财会月刊,2012(28):13-14.
李胜.政府审计在环境审计中的主导作用[J].经济研究导刊,2009(20):124-125.
王薇.绿色审计视域下我国现代化产业体系构建的路径探析[J].现代商贸工业,2019(26):1-2.
朱蓉月,顾凡.绿色审计发展现状与例证研究[J].今日财富(中国知识产权),2021(5):185-187.
韦彩霞,丁波,刘倩.绿色发展背景下的绿色审计:理论体系与实施框架[J].理财,2021(5):84-85.
张宁.完善我国绿色审计法律制度的研究[D].郑州大学,2020.
王蓓."两型社会"建设中的企业绿色审计改进研究[D].湖南大学,2014.
汪翔,丁璐.绿色审计研究:动因、现状与对策[J].财会通讯,2012(27):39-41.
邓启稳.经济转型背景下的企业绿色审计探讨[J].未来与发展,2011,34(3):97-100.
付健,史朋彬,付雅.略论我国绿色审计制度的创建[J].社会科学家,2010(12):59-62.
付健,史朋彬,付雅.借鉴荷兰环境审计立法经验,创建我国绿色审计制度[C]//.桂林:生态安全与环境风险防范法治建设:2011年全国环境资源法学研讨会(年会)论文集(第三册),2011:81-85.
李昭禹.略论我国绿色审计制度的创建[J].财会学习,2022(4):123-125.
邢梦玲.我国环境审计法律制度研究[D].山西财经大学,2015.
章峰.我国能源节约审计的优化路径[J].企业经济,2021,40(3):73-79.
潘颖,张宇舟.绿色审计促进生态文明建设[J].现代审计与经济,2019(4):31-35.
邱吉福,高绍福,常莹莹.构建绿色审计应用框架:基于组织合法性视角[J].东南学术,2018(6):162-169.
王广立,戴晓红.企业绿色竞争力构建研究:基于绿色会计与绿色审计协调发展视角[J].财会通讯,2017(16):118-121.
李晓冬,卢亚贤.略论绿色审计[J].商,2016(2):148.
曹伟.国内企业绿色审计的分析与发展[J].中国商贸,2013(14):171-172.
汪翔,丁璐.绿色审计研究:动因、现状与对策[J].财会通讯,2012(27):39-41.
王爱国.国外的碳审计及其对我国的启示[J].审计研究,2012(5):36-41.
钱纯,苏宁,孟南.关于我国碳审计主体的思考[J].会计之友,2011(17):76-78.
SUSIE M. Transitioning to low carbon communities from behavior change to systemic change[J].Energy policy,2010(38):7614-7623.
郝玉贵,陈小敏,张楠.低碳审计机制设计与软件开发研究[J].杭州电子科技大学学报(社会科学版),2015(2):9-16.
管亚梅.免疫系统论下的碳审计模式构建[J].管理现代化,2013(5):26-28,40.
郑石桥.论碳审计本质[J].财会月刊,2022(4):93-97.
KPMG. International survey of corporate sustainability reporting[EB/OL].[2022-05-31]. http://www. kpmg. com/global/en/issuesandin-sights/articlespublications/pages/sustainability- corporate- responsibili- ty-reporting-2008.
何丽梅,张海燕,张苗.企业社会责任报告鉴证内容及方式研究[J].中国注册会计师,2014(12):63-67.
郑石桥.论碳审计主体[J].财会月刊:2022(5):1-5.
何雪峰,刘斌.碳审计理论结构初探[J].会计之友,2010(10):25-26.
高建慧.低碳审计评价指标体系的构建:基于层次分析法(AHP)的设计理念[J].商业会计,2016(11):38-40.
郑石桥.论碳审计客体[J].财会月刊,2022(7):100-103.
李兆东,鄢璐.低碳审计的动因、目标和内容[J].审计月刊,2010(8):21-22.
吴静.低碳经济背景下的低碳审计[J].经济研究导刊,2013(1):99-100.
沈洪涛,万拓,杨思琴.我国企业社会责任报告鉴证的现状及评价[J].审计与经济研究,2010,25(6):68-74.
王静.商业银行社会责任报告鉴证的分析研究[J].兰州大学学报(社会科学版),2014,42(6):109-113.
财政部独立审计具体准则第7号:审计报告[J].财会月刊,2003(17):51.
黄彤.公司社会责任报告外部审验国际标准比较与借鉴[C]//.哈尔滨:中国会计学会财务成本分会2011年年会暨第二十四次理论研讨会论文集.2011:

246-252.
郑石桥. 论碳审计结果及其运用[J/OL]. 财会月刊. 2022(17):94-98[2022-05-31]. DOI:10.19641/j.cnki.42-1290/f.2022.17.012.
王清. 我国企业社会责任鉴证报告评析[J]. 商业会计,2013(24):7-9.
黄世忠. 谱写欧盟ESG报告新篇章:从NFRD到CSRD的评述[J]. 财会月刊,2021(20):16-23.